教育部高等学校软件工程专业教学指导委员会软件工程专业系列教材

普通高等教育物联网工程类规划教材

物联网导论 第2版

魏旻 王平 ◎ 编著

人民邮电出版社

北 京

图书在版编目（CIP）数据

物联网导论 / 魏旻，王平编著. —— 2版. —— 北京：
人民邮电出版社，2020.9（2024.1重印）
普通高等教育物联网工程类规划教材
ISBN 978-7-115-50210-0

Ⅰ. ①物… Ⅱ. ①魏… ②王… Ⅲ. ①互联网络—应
用—高等学校—教材②智能技术—应用—高等学校—教材
Ⅳ. ①TP393.4②TP18

中国版本图书馆CIP数据核字(2018)第273962号

内 容 提 要

本书针对高等院校物联网工程类专业的需求，根据教育部高等学校计算机科学与技术专业教学指导分委员会制定的《高等学校物联网工程专业实践教学体系与规范》的要求编写而成。全书主要包括绪论、自动识别技术、传感器设备及智能终端、无线传感器网络、因特网、窄带物联网、移动通信网、物联网数据融合与管理、物联网安全技术、物联网的测试技术及物联网应用案例等内容。

本书引入了物联网的最新研究成果，融入了应用系统研发的相关案例，既展现了物联网的前沿技术，也紧密结合了产业需求。本书结构紧凑，语言通俗易懂、深入浅出，既可作为高等院校物联网工程专业的教材，也可作为其他各专业选修课教材，还可作为对物联网技术感兴趣的读者的参考用书。

♦ 编　著　魏　旻　王　平
　　责任编辑　李　召
　　责任印制　王　郁　陈　犇
♦ 人民邮电出版社出版发行　　北京市丰台区成寿寺路11号
　　邮编　100164　　电子邮件　315@ptpress.com.cn
　　网址　https://www.ptpress.com.cn
　　固安县铭成印刷有限公司印刷
♦ 开本：787×1092　1/16
　　印张：21.75　　　　　　　　　　2020年9月第2版
　　字数：541千字　　　　　　　　2024年1月河北第8次印刷

定价：59.80 元

读者服务热线：(010)81055256　印装质量热线：(010)81055316
反盗版热线：(010)81055315
广告经营许可证：京东市监广登字 20170147 号

魏旻，重庆邮电大学教授，重庆市青年拔尖人才，国家工业物联网国际科技合作示范基地副主任。韩国建国大学博士，韩国汉阳大学博士后，国家优秀自费留学生奖获得者。ISO/IEC JTC1/SC 41 物联网及其相关技术国际标准工作组专家，IEC SEG8 电工系统通信技术与架构等国际标准工作组专家，NAMUR（国际过程工业自动化技术用户协会）中国智能制造工作组组长，中国仪器仪表学会物联网委员会理事，国家工业控制系统信息安全产业联盟理事，长期从事智能制造和工业通信的研究工作。曾担任国际标准 ISO/IEC 21823-2《物联网系统互操作性第二部分传输互操作》（被评为 2017 中国最受关注标准）主编辑、ISO/IEC 21823-1《物联网系统互操作性第一部分框架》编辑、ISO/IEC 30160《工业设施需求响应能源管理物联网应用框架》编辑、ISO/IEC JTC1/WG10/SRG2、SRG8、SRG10 召集人，国际标准 IEC 62601 WIA-PA（国家标准创新贡献一等奖）的核心起草人员。近年来，牵头主持国家重点研发计划项目、国家科技重大专项子课题、国家智能制造专项子课题、国家留学人员科技活动项目，重庆市重点产业共性关键技术创新专项等省部级项目 12 项、横向项目 4 项，获重庆市技术发明奖一等奖、重庆市教学成果奖二等奖。

王平，二级教授，博士生导师。现任重庆邮电大学自动化学院和工业互联网学院院长、智能仪器仪表网络化技术国家地方联合实验室主任、工业物联网与网络化控制教育部重点实验室主任、重庆市工业物联网协同创新中心主任；为百千万人才工程国家级人选、国家有突出贡献的中青年专家、国务院政府特殊津贴获得者、全国优秀教师、重庆市首席专家工作室领衔专家；中国仪器仪表学会理事、中国仪器仪表学会智能化仪表及其控制网络分会副理事长、中国仪器仪表学会物联网分会副理事长、工业互联网产业联盟理事、重庆市工业互联网技术创新联盟副理事长兼秘书长、重庆电子行业智能制造产业联盟首席专家。主持国家科技重大专项、国家 863 计划、国家智能制造专项等重要科研项目 20 余项，在工业物联网核心技术领域正在形成专利群，在主要技术方向处于国际前沿。

第2版前言

物联网是新一代信息技术的高度集成和综合运用，是战略性新兴产业的重要组成部分，是促进经济发展、改善社会管理、提升公共服务的重要力量，将在智能家居、智慧物流、智慧医疗、智能交通、智慧校园、军事国防等领域获得全面推广应用，对推动国家产业结构调整和发展方式转变具有重要意义。

三年多前，笔者完成《物联网导论》初稿的时候，物联网正飞速发展步入快车道。物联网与传感技术、云计算、大数据、人工智能等技术深入融合，推动全球物联网应用进入高速发展阶段，产业界、学术界对物联网人才的需求越来越强烈。

本教材第1版于2015年8月出版后，在多所学校和学院使用，得到同行的普遍认可，已重印7次。这让我们诚惶诚恐，生怕一些错谬误导大家。

由于物联网发展太快，如NB-IoT、LoRa等技术有了很多进展，出现了很多新的应用。这几年，和很多同行进行交流，他们也对第1版教材提出了一些修改意见，在此非常感谢。根据大家的意见和我们近年来对物联网的进一步研究和学习，本书第2版做了如下调整。

在第1章中，新增了物联网最新发展及其相关应用案例，将第1版第2章中的物联网参考体系、形态结构、技术体系等内容合并到此章中，新增了云计算以及人工智能等新兴技术对物联网技术发展的影响分析。

在第2章中，将第1版的RFID部分内容进行完善，新增了近年来RFID相关应用案例赏析。同时，在本章的"人脸识别"部分，新增了应用于机场的人脸识别技术以及用于高速公路的"移动式护栏巡逻执法机器人"等应用。

在第3章中，在第1版基础上对消费电子中的智能终端应用进行了更新。在可穿戴智能终端方面新增了可穿戴智能手环、可穿戴电子袜，以及智能时尚服装等新的物联网应用。

在第4章中，新增了4.3节"中高速无线网络规范概述"。新增了蓝牙5.0以及蓝牙Mesh技术。在"面向视频通信的无线传感网络技术"部分，新增了相关应用案例，如社区医疗、无线视频监控、教育行业应用等案例。

在第5章中，考虑到技术发展，简化了因特网协议及体系结构，新增了万维物联网和W3C标准的相关描述。

第6章作为主要修订内容，新增了窄带物联网技术。介绍了NB-IoT技术以及LoRa技术的相关发展、技术特性、通信协议以及应用场景等。

在第7章中，新增了近年来5G通信的发展以及5G最新应用案例。

在第8章中，对信息融合的体系结构进行了更新，并对信息融合概念模型中的各级信息融合的关系进行了归纳。

在第 9 章中，对"物联网的安全概述"部分内容进行了修改和完善。新增了"区块链技术与物联网安全"一节，阐述区块链技术以及如何应用区块链技术保障物联网通信安全。

在第 10 章中，对物联网协议符合性测试的描述进行了完善和修改。

在第 11 章中，新增"智能电网典型案例：基于物联网的工厂设备能耗管控系统"，以及对智能电网家庭综合能源管理系统的分布式能源接入进行补充。

在第 12 章中，基于"工厂内网络"和"工厂外网络"展开对工业互联网发展趋势的阐述，并根据工厂内外网络结构介绍相应的新兴技术，如时间敏感网络 TSN、5G 高可靠低时延技术 uRLLC、工厂软件定义网络 SDN 等。

在第 13 章中，更新了近年来国内外车联网的发展，以及从技术、整体两方面展望了车联网发展趋势。

在第 14 章中，针对"智能楼宇"部分，补充了楼宇自动化系统，安防自动化系统以及通信自动化系统；在"智能家居感知层设备"部分，新增了健康监护系统的原理介绍。

本书将第 1 版的宽带无线接入网的内容并入第 5 章，删去了云计算和物联网中间件的章节，使内容更加聚焦于物联网。

本书由魏旻统稿，王平负责第 1 篇的修订，李彩芹负责第 2 篇、第 4 篇的修订，谢昊飞负责第 3 篇的修订，向雪芹、江亚负责第 5 篇的修订，在此对上述各位老师表示感谢。此外，还要感谢实验室多位老师的大力协助与支持，也感谢家人对我们一直处于工作状态的谅解！

编　者

2020 年 8 月

本书结合作者所在的国家工业物联网国际合作示范基地、工业物联网与网络化控制教育部重点实验室与重庆市物联网工程技术研究中心的最新研究成果，针对高等院校物联网类专业的需求，从物联网基本概念入手，针对物联网感知识别层、网络层、管理服务层进行深入阐述，并对物联网在智能电网、智能工业和智能交通等方面的典型应用给出具体案例分析，深入浅出地为读者揭示物联网的技术特征与内涵，帮助读者把握物联网的方向，引领求知者渐渐步入物联网世界。

本书作者所在的国家工业物联网国际合作示范基地、工业物联网与网络化控制教育部重点实验室与重庆市物联网工程技术研究中心牵头承担了包括"基于 IPv6 的无线传感器网的网络协议研发及验证""面向工业无线网络协议 WIA-PA 的网络设备研发及应用——专用芯片研发"及"高实时 WIA-PA 网络片上系统（SoC）研发与示范应用"等 3 项国家科技重大专项项目在内的 15 项国家级物联网项目，突破了系列物联网关键技术问题，与中国台湾达盛电子联合推出全球首款工业物联网核心芯片，核心技术初步形成了专利保护群，参与并主导了10 余项物联网相关国际标准的制定，主要成果得到了国际上的广泛认可。在国际合作方面，与全球领先的网络解决方案供应商——思科公司（CISCO）共建"重庆邮电大学－思科公司绿色科技联合研发中心"，联合研发基于 WSN、3G/LTE 与 IPv6 这 3 种技术的高可适性多用途物联网技术标准与产品架构，共同推进 IETF 标准的制定；与韩国汉阳大学、建国大学等共建中韩工业物联网联合研发中心、中韩（重庆）嵌入式软件和系统研发中心、中韩（重庆）嵌入式系统与泛在网络联合研究中心、中韩（重庆）无线传感器网络研究中心及中韩（重庆）泛在网络应用技术研发中心等，在物联网特别是工业物联网领域拥有国际认可的核心技术，形成了具有国际影响的研究特色与技术优势。

本书既引入了实验室参加制定国际标准的最新成果，也融入了应用系统研发的相关案例；既体现了前沿技术研究成果，也与产业需求紧密结合；既可以作为物联网工程专业的教学用书，也可作为工程技术人员从事物联网研究开发的参考资料。本书共分 5 篇，第一篇为概述，包括绪论和物联网体系结构，其他 4 篇根据物联网的网络架构，分别介绍感知层、网络传输层、管理服务层和综合应用层。

本教材在编写过程中，参考了近年来国内外出版的多本同类教材，在教材体系、内容安排和例题配置等方面吸取了它们的优点，同时结合我们多年来在"物联网导论"课程教学上的经验，形成了本教材的主要特点。

（1）在教材的体系和内容上，按照物联网的应用体系架构对有关内容进行了整合，显得更加紧凑，加强了知识间的联系。

（2）给出了国内外对物联网的最新研究成果，如物联网体系架构研究、基于IPv6的物联网技术研究、体域网、面向视频通信的传感网、工业4.0等，供读者参考。

（3）注重物联网技术的发展对传统网络技术的影响讨论，安排了万维物联网、社交物联网等章节。

（4）注重物联网的实际应用，编选了大量的物联网应用案例，为学生后续学习物联网相关知识、从事物联网相关研究提供方便。

（5）注重学法指导，每章前列出学习要求，使学生明确目标，帮助学生把握学习重点，提出一些启发性的问题激发学生思考。

（6）注重对物联网学习与研究中所蕴含的思维方法的分析与揭示，使读者受到一定的物联网应用系统设计训练。

（7）内容简明，层次清晰，深入浅出，语言表述准确、通俗易懂，习题丰富，可读性强，便于自学。

本书由魏旻统稿，王平参与了第一篇的编写，陈瑞祥、曹志豪参与了第二篇的编写，张帅东参与了第三篇的编写，谢昊飞、王浩参与了第四篇的编写，付蔚、李永福、王震参与了第五篇的编写。

物联网的内涵将有一个长期的演进过程。本书汇集了产业界与学术界对物联网技术的最新认识与实践。如果本书能为期望了解物联网的读者带来一些收获和启示，就是对所有编写人员的最大奖励。对于书中存在的不足之处，请读者原谅，并提出宝贵意见。

编者
2015年3月

目　录

第1篇　概述

第 **1** 章 绪论

学习要求

知 识 要 点	能 力 要 求
物联网的发展历程	掌握物联网产生的原因 了解物联网的发展现状与趋势
物联网的定义	了解各种物联网定义的出发点
物联网的主要特点	掌握物联网的技术特点
相关概念辨析	了解 "E 社会" 与 "U 社会" 的概念 掌握物联网、传感网、泛在网等网络之间的关联与区别 理解广义物联网、泛在网和 CPS 的关系
物联网的标准	了解正在制定物联网标准的国际、国内组织
物联网的应用	理解物联网应用的技术需求 了解物联网在军事、民用及工商业领域的应用
物联网的总体架构	了解物联网的参考体系架构需求 了解物联网的体系架构研究现状 掌握物联网的网络架构
物联网的形态结构	掌握开放式物联网的形态结构 理解闭环式物联网的形态结构 了解融合式物联网的形态结构
物联网的技术体系	掌握物联网技术体系的组成结构 了解物联网技术体系组成部分的主要内容

1.1 物联网的发展历程

1.1.1 国外物联网的发展

国外物联网的实践最早可以追溯到上世纪 80 年代，卡内基梅隆大学的程序员写了一个程序来监控可乐贩售机中可乐的状态，这可以说是物联网的雏形。1990 年施乐公司研制了网络可乐贩售机（Networked Coke Machine），用户可以通过向它发送邮件的方式来获取它的状态，包括机器里有没有可乐，6 排储藏架上的可乐哪一排最凉爽，以确保买到最凉爽的可乐。与网络可乐贩售机相类似的是 1991 年的"特洛伊"咖啡壶。剑桥大学特洛伊计算机实验室的科学家们编写了一套程序，并在咖啡壶旁边安装了一个便携式摄像机，镜头对准咖啡壶，利用计算机图像捕捉技术，可以随时了解咖啡煮沸情况，省去了人工查看咖啡煮沸状态的麻烦。

1995 年，比尔·盖茨在其《未来之路》一书中提及了物物互联的概念。他在这本书中预测了微软乃至整个科技产业未来的走势。在该书中，比尔·盖茨提到了"物联网"的构想，指出因特网仅仅实现了计算机的联网，而未实现与万事万物的联网。书中写道：当你驾车驶过机场大门时，电子钱包将会与机场购票系统自动关联，为你购买机票，而机场的检票系统将会自动检测您的电子钱包，查看是否已经购买机票；丢失或者失窃的摄像机将自动向你发送信息，告诉你它现在所处的具体位置，甚至当它已经不在你所在的城市时也可以被轻松找到。盖茨在书中写道："虽然现在看来这些预测不太可能实现，甚至有些荒谬，但是我保证这是本严肃的书，而决不是戏言。10 年后我的观点将会得到证实。"

1999 年在美国召开的移动计算和网络国际会议上，首先提出了物联网（Internet of Things）的概念，麻省理工学院自动识别（MIT Auto-ID）中心的 Ashton 教授提出了结合物品编码、射频识别（Radio Frequency Identification，RFID）和互联网技术的解决方案。当时基于产品电子代码标准，在计算机互联网的基础上，利用射频识别技术、无线数据通信技术等，构造了一个实现全球物品信息实时共享的实物互联网"Internet of Things"，这也是在 2003 年掀起的第一轮物联网热潮的基础。

2004 年日本提出"u-Japan"（泛在日本，其中，u 是 Ubiquitous——泛在、无处不在的缩写）战略，希望 2010 年能在日本建设成一个"Anytime+Anywhere+Anything+Anyone"（任何时间+任何地点+任何物体+任何人）联网的环境。"u-Japan"战略的主要理念是以人为本，实现所有人与人、物与物、人与物之间的连接（见图 1-1）。为了实现"u-Japan"战略，日本进一步加强官、产、学、研的有机联合，在具体政策实施上，以民、产、学为主，政府的主要职责是统筹和整合。

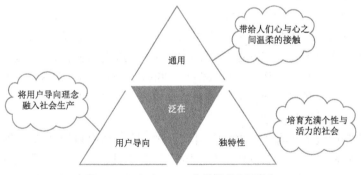

图 1-1 日本"u-Japan"战略的主要理念

2004 年，韩国政府制定了"u-Korea"（泛在韩国）战略。韩国信通部发布了《数字时代的人本主义：IT839 战略》，以具体呼应"u-Korea"。这个战略旨在使所有人可以在任何地点、任何时间享受现代信息技术带来的便利。"u-Korea"意味着信息技术与信息服务的发展不仅要满足产业和经济的增长，而且将在人们日常生活中带来革命性的进步。其发展战略思想如图 1-2 所示。

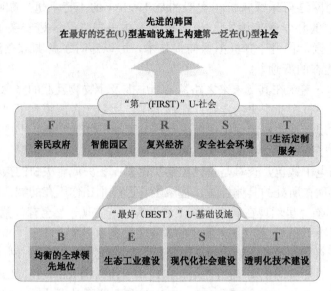

图 1-2　韩国 u-Korea 发展战略图

2005 年 11 月 17 日，在突尼斯举行的信息社会世界峰会（WSIS）上，国际电信联盟（ITU）发布的《ITU 互联网报告 2005：物联网》中引用了"物联网"的概念。物联网的定义和范围已经发生了变化，覆盖范围有了较大的拓展，不再只是指基于射频识别技术的物联网。该报告指出，无所不在的"物联网"通信时代即将来临，世界上所有的物体，从轮胎到牙刷、从房屋到纸巾，都可以通过因特网主动进行交换。射频识别技术、传感器技术、纳米技术、智能嵌入技术，将得到更加广泛的应用。为此，国际电信联盟专门成立了"泛在网络社会（Ubiquitous Network Society）国际专家工作组"，提供了一个在国际上讨论物联网的常设咨询机构。

2009 年 1 月 28 日，奥巴马就任美国总统后，与美国工商业领袖举行了一次"圆桌会议"，IBM 首席执行官彭明盛首次提出"智慧地球"这一概念，其中，物联网为"智慧地球"不可或缺的一部分，奥巴马在就职演讲后对"智慧地球"构想做出积极回应，并将其提升到国家级发展战略高度。2011 年以来，美国政府先后发布了先进制造伙伴计划、总统创新伙伴计划，将以物联网技术为基础的信息物理系统（Cyber-Physical System，CPS）列为扶持重点。美国成立了物联网开放产业联盟，旨在汇聚能够给消费者带来价值的最具创新性的物联网企业，为企业产品之间的互联架起桥梁。

2013 年，欧盟通过了"地平线 2020"科研计划，旨在利用科技创新促进增长、增加就业，以塑造欧洲在未来发展的竞争新优势。"地平线 2020"计划中，物联网领域的研发重点集中在传感器、架构、标识、安全和隐私等方面。2013 年 4 月，在汉诺威工业博览会上，德国正式发布了关于实施"工业 4.0"战略的建议。工业 4.0 将软件、传感器和通信系统集成于 CPS，通过将物联网与服务引入制造业重构全新的生产体系，改变制造业发展范式，形成新的产业革命。2013 年，韩国政府发布了信息通信技术（ICT）研究与开发计划——信息通信技术浪潮计划（ICT WAVE），目标是在未来 5 年投入 8.5 万亿韩元（约 80 亿美元），发展包括"物联网平台"在内的十大 ICT 关键技术和 15 项关键服务。2014 年 3 月，AT&T、思科、通用电气、IBM 和 Intel 成立了工业互联网联盟（Industrial Internet Consortium，IIC），这一举动将促进物理世界和数字世界的融合，并推动大数据应用。IIC 计划提出一系列物联网互操作标准，使设备、传感器和网络终端在确保安全的前提下立即可辨识、可互联、可互操作，未来工业互联网产品和系统可广泛应用于智能制造、医疗保健、交通等新领域。

2016 年，由美国能源部和加州大学洛杉矶分校共同牵头成立的第 9 家制造业创新中心"智能制造创新中心"在洛杉矶成立，联邦机构和非联邦机构各投资 7000 万美元用于重点推动智能传感器、数据分析和系统控制的研发、部署和应用。同年，韩国选择以人工智能、智慧城市、虚拟现实等九大国家创新项目作为发掘新经济增长的动力和提升国民生活质量的新引擎，未来 10 年间韩国未来创造科学部将投入超过 2 万亿韩元来推进这九大项目，同时韩国运营商正积极部署推进物联网专用网络的建设。俄罗斯也首次对外宣称启动物联网研究及应用部署计划。而且，俄罗斯互联网创新发展基金还制定了物联网技术发展"路线图"草案。

物联网技术推动了信息产业的第三次革命，物联网的应用也相继部署。其中，比较有代表性的是瑞典的 ZigBee 城市项目和瑞士阿尔卑斯山监控项目。瑞典的 ZigBee 城市项目主要是指瑞典于 2007 年启动的，在哥特堡为 27 万户居民实施的基于 ZigBee 技术的自动抄表系统。由此，哥特堡便有了世界首个 ZigBee 城市之称。瑞士阿尔卑斯山监控项目主要是希望通过利用物联网中的无线传感器技术来实现对瑞士阿尔卑斯山地质和环境状况的长期监控。监控现场不再需要人为的参与，而是通过无线传感器对整个阿尔卑斯山脉实现大范围的深层监控，监测内容包括温度的变化对山坡结构的影响，以及气候对土质渗水的影响。该项目将物联网中的无线传感网络技术应用于对瑞士阿尔卑斯山岩床地质情况的长期监测，所收集到的数据除可作为自然环境研究的参考外，经过分析后的信息也可以用于山崩、落石等自然灾害的事前警示。通过物联网来监测和预警自然灾害，如图 1-3 所示。

图 1-3 瑞士阿尔卑斯山通过物联网来监测和预警自然灾害

1.1.2 国内物联网的发展

我国对物联网的发展也非常重视，早在 1999 年中国科学院就开始研究传感网。2006 年，我国制定了信息化发展战略，《国家中长期科学与技术发展规划纲要（2006—2020 年）》和"新一代宽带移动无线通信网"重大专项均将传感网列入重点研究领域。"射频识别（RFID）技术与应用"也被作为先进制造技术领域的重大项目列入国家高技术研究发展计划（"863 计划"）。2007 年党的十七大提出了工业化和信息化融合发展的构想。2009 年，"感知中国"又迅速地进入了国家政策的议事日程。2013 年 9 月，国家发展和改革委员会、工业和信息化部等部委联合下发《物联网发展专项行动计划（2013—2015 年）》，从物联网顶层设计、标准制定、技术研发、应用推广、产业支持、商业模式、安全保障、政府扶持、法律法规、人才培养等方面进行了整体规划布局。2015 年的政府工作报告首次提出"互联网+"行动计划，再次将物联网提升到一个更高的关注层面。

短短几年之内，物联网已由一个单纯的科学术语变成了活生生的产业现实。其中，比较有代表性的是"农业物联网"以及"车联网"系统。下面对这两个系统进行简单的介绍。

2017 年 10 月，由中国交通通信信息中心负责实施的"基于车联网大数据的旅游动态监管与服务分析平台"，入选为重庆物联网应用案例。该平台以全国旅游包车动态数据为基础，整合旅游团队信息数据，结合旅游行业主管部门及旅游景区需求，重点打造为旅游主管部门、景区等服务的平台。基于车联网大数据监管与服务分析平台如图 1-4 所示。

该平台主要实现以下功能。

（1）采用"数据+运营"模式。可实现对旅行社、游客、导游、大巴车辆的动态监管，对突发事件的提前预警，对违规行为、安全事故、旅游纠纷的及时处理，并生成针对旅游行业的相关统计分析报告和规划方案，实现旅游事前、事中、事后的全周期管理。

（2）接入 31 个省级平台的数据，使近

图 1-4　车联网大数据监管与服务分析平台

500 万辆车实时动态联控。通过海量数据分析和资源整合，平台可以实现交通大数据在物流、旅游、保险等跨领域方面的创新应用，未来城市出行将更加智慧、便捷。

（3）弯道会车预警系统。针对弯道路段交通事故发生率偏高这一问题，采用智能传感器来监测各向来车。通过提前预警，提醒驾驶人员及时采取控制措施，最大限度降低事故发生概率。

近几年，我国农业高速发展，进入智能农业时代。农业物联网智能测控系统、温室大棚环境远程无线监控系统的应用，使农业成为高新技术产业指日可待。

2017 年石家庄自主研发的 SQ-WS 智能温室大棚控制系统，采用传感器技术，依托传统温室大棚生产工艺，实现了对温室大棚的远程监控与系统管理。SQ-WS 智能温室大棚控制系统主要包括：上位机中心服务器控制平台和下位机现场控制节点。中心服务器控制平台可选用物联网感知应用平台或者是为客户专门定制的操作监测平台，能够实现监测、查询、运算、建模、统计、控制、存储、分析、报警等多项功能；现场控制节点由测控传感器、电磁阀、配电控制柜及安装附件组成，与中心服务器控制平台可通过有线、无线、以太网、4G、Wi-Fi 等网络信号方式连接到一起，能根据温室大棚内空气温湿度、土壤温度水分、光照强度及二氧化碳浓度等参数对环境调节设备进行控制，这些环境调节设备包括内遮阳、外遮阳、风机、湿帘水泵、顶部通风、电磁阀等设备。

1. 系统的控制方式

（1）有线监控：通过现场布线方式进行数据传输。

（2）无线 ZigBee 监控：利用 ZigBee 模块，对 0～20km 范围内的数据进行监测传输。

（3）4G 网络测控：利用通信网络形式，可监测传输距离无限远。

（4）Wi-Fi 网络信号：利用 Wi-Fi 网络信号，可监测传输距离无限远。

（5）有线和无线结合：根据现场实际环境，灵活结合有线和无线。

2. 大棚温室现场数据采集控制系统（见图 1-5）

（1）温湿度监测。通过温湿度传感器监测大棚室外空气环境温湿度、室内空气环境温湿度、地表温湿度、土壤温湿度等，并能对数据进行采集、分析、运算、控制、存储、发送等。

（2）光照度监测。通过光感和光敏传感器监测、记录温室大棚内光线的强度，可以直接与相关的补光系统、遮阳系统等设备相连，必要时可自动打开相关设备，通过无线传输技术将相关数据传送到用户监控终端。

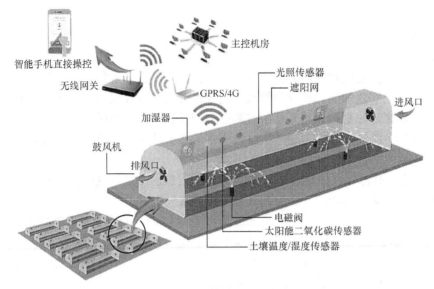

图 1-5 SQ-WS 系统图

（3）CO_2、O_2 浓度监测。在温室大棚内部署二氧化碳及氧气浓度传感器，实时监测温室中二氧化碳及氧气的含量，当浓度超过系统设定阈值时，通过无线传输技术将相关数据传送到用户监控终端，由相关工作人员做出相应调整。

（4）分区域监测。同一个棚内划区域控制管理，可实现每个种植区不同温湿度、不同气体配置等环境技术要求。用户可以通过上位机来监测、查询各区域的数据，也可以对各分块进行单独控制和整体协调控制。

（5）灌溉及喷药施肥控制。水灌溉与农药喷洒采用一套管线系统，根据植物生长模式，可通过自动、手动方式进行操作。

（6）报警控制。用户可设定某些参数指标的上限和下限，比如，大棚温度应在 15℃～30℃，高于或低于这个温度范围都会产生报警信息，并在服务器控制平台和现场控制节点显示出来。

（7）备用冗余功能。为了避免设备故障及异常带来不便，影响作物生长，可进行扩展冗余，当设备出现故障时，辅助设备进行 0 切换，从而实现连续无故障运行，增加系统的稳定性和可靠性。

图 1-6 是物联网发展历程示意图。

比尔·盖茨《未来之路》物物互联物联网的思想出现于20世纪90年代

国际电信联盟《ITU互联网报告2005：物联网》指出物联网时代即将来临

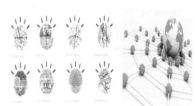

IBM：智慧地球

"互联网+"

推出5G IoT网络，全面部署物联网、SDN，承载更智慧的网络生活

| 1995年 | 2005年 | 2008年 | 2015年 | 2018年 |

图 1-6 物联网发展历程示意图

1.2 物联网的定义

1999 年 MIT 提出的物联网的定义很简单：把所有物品通过射频识别等信息传感设备与互联网连接起来，实现智能化识别和管理。这里包含两个重要的观点：一是物联网要以互联网为基础发展起来，二是射频识别是实现物品与物品连接的主要手段。

后来，随着各种感知技术、现代网络技术、人工智能和自动化技术的发展，物联网的内涵不断地完善，一些具有代表性的定义如下。

定义 1：由具有标识、虚拟个体的物体/对象所组成的网络，这些标识和个体运行在智能空间，使用智慧的接口与用户、社会和环境进行连接和通信。

——2008 年 5 月，欧洲智能系统集成技术平台（EPoSS）

定义 2：物联网是未来互联网的整合部分，它是以标准、互通的通信协议为基础，具有自我配置能力的全球性动态网络设施。在这个网络中，所有实质和虚拟的物品都有特定的编码和物理特性，通过智能界面无缝连接，实现信息共享。

——2009 年 9 月，欧盟第七框架 RFID 和互联网项目组报告

定义 3：物联网是通过信息传感设备，按照约定的协议，把任何物品与互联网连接起来，进行信息交换和通信，以实现智能化识别、定位、跟踪、监控和管理的一种网络。它是在互联网基础上延伸和扩展起来的网络。

——2010 年 3 月，我国政府工作报告所附的注释中对物联网的定义

定义 4：物联网实现人与人、人与物、物与物之间任意的通信，使联网的每一个物件均可寻址，使联网的每一个物件均可通信，使联网的每一个物件均可控制。

——2010 年，邬贺铨院士

定义 5：物联网是一个将物体、人、系统和信息资源与智能服务相互连接的基础设施，可以利用它来处理物理世界和虚拟世界的信息并做出反应。

——2014 年，ISO/IEC JTC1 SWG5 物联网特别工作组

作者认为，定义 5 简单明确，易于理解，其中包含了物联网重要的特征和特点，比如互联、处理事件的能力等。事实上，物联网是现代信息技术发展到一定阶段后出现的一种聚合性应用与技术提升，是将各种感知技术、现代网络技术和人工智能与自动化技术聚合与集成的应用，它使人与物智慧对话，创造出一个智慧的世界。

以一只水杯为例，水杯是真实存在的"物质"；水杯上的商标及其用途是我们对基本信息处理之后再加上我们自身所拥有的知识而形成的新的较为复杂的信息。这样在我们通过眼睛看到这个水杯时，就可以分析得出"这是一个保温水杯，我可以用它来存放需要喝的水"这样复杂并有意义的信息了。在这里，"看"这个动作就是从"物质"中提取"信息"的过程，而从"看"到"分析出结果"，这个过程便是一种"联"。

上面"联"的发生可以分为"感知""传输""应用" 3 个部分。

首先，我们需要"眼睛"，才能"看见"，这就是物联网感知层作用原理。当前，越来越多的传感器进入网络，很多传感器的感知能力已经远远超过了人类感受世界的能力，甚至比人类更加精准。传统的互联网是收集信息，主要通过在键盘上有意识地表达，而物联网通过感知设备大量收集反映我们生活的、非文字的实时数据、图像、视频、声音等信息，而且这些信息常常是在人们无意识之中产生的。

其次，我们需要"神经"才能"传输"，这是物联网网络层的运作方式。Wi-Fi、蓝牙、ZigBee、互联网等不同的通信协议相当于不同的交通工具。当我们的信息采集好了之后，如果不能传输，那么信息就失去了存在的意义。

最后，我们加工"信息"，是对信息的处理和运用。这就是物联网的应用层，这一层面具有最大的想象空间。

本书从第 2 章起将分别从感知层、网络层、管理应用层角度对物联网的关键技术进行分析和介绍。

1.3 物联网的主要特点与相关概念辨析

1.3.1 物联网的主要特点

从物联网的本质来看，物联网具备以下 3 个特点。

（1）互联网：对需要联网的"物"，一定要能够实现互联互通。

（2）识别与通信：纳入互联网的"物"，一定要具备自动识别与物物通信（Machine-To-Machine，M2M）的功能。

（3）智能化：网络系统应该具有自动化、自我反馈与智能控制的特点。

从产业的角度看，物联网具备以下 6 个特点。

（1）感知识别普适化：无所不在的感知和识别将传统上分离的物理世界和信息世界高度融合。

（2）异构设备互联化：各种异构设备利用通信模块和协议自组成网，异构网络通过"网关"互通互联。

（3）联网终端规模化：物联网时代的每一件物品均具有通信功能，都将成为网络终端，5～10 年内联网终端规模有望突破百亿。

（4）管理调控智能化：物联网能够高效、可靠地组织大规模数据，同时运筹学、机器学习、数据挖掘、专家系统等决策手段将广泛应用于各行各业。

（5）应用服务链条化：以工业生产为例，物联网技术覆盖了从原材料引进、生产调度、节能减排、仓储物流到产品销售、售后服务等各个环节。

（6）经济发展跨越化：物联网技术有望成为从劳动密集型向知识密集型、从资源浪费型向环境友好型国民经济发展的重要动力。

1.3.2 物联网的其他特点

从传感信息本身来看，物联网具备以下 3 点特征。

（1）多信息源：在物联网中会存在难以计数的传感器，每一个传感器都是一个信息源。

（2）多种信息格式：传感器有不同的类别，不同的传感器所捕获、传递的信息内容和格式存在差异。

（3）信息内容实时变化：传感器按照一定的频率周期性地采集环境信息，每一次新的采集都会得到新的数据。

从传感信息的组织管理角度来看，物联网具备以下 3 点特征。

（1）信息量大：物联网上的传感器难以计数，每个传感器定时采集信息，不断地积累，形成海量的信息。

（2）信息的完整性：不同的应用可能会使用传感器采集到的不同部分信息，因此，存储的时候必须保证信息的完整性，以满足不同的应用需求。

（3）信息的易用性：信息量规模的扩大导致信息维护、查找、使用方面的困难迅速增加，从海量的信息中找寻需求的信息，要求物联网具有易用性。

从传感信息使用角度来看，物联网具备多角度过滤和分析的特征。对海量的传感信息进行过滤和分析，是有效利用这些信息的关键。面对不同的应用要求，要从不同的角度对信息进行过滤和分析。

从应用角度来看，物联网具备领域性、多样化的特征。物联网应用通常具有领域性，几乎社会生活的各个领域都有物联网应用需求。

1.3.3 物联网相关概念辨析

物联网概念本身就是一个动态发展的过程（见图 1-7），传感器网络（简称传感网）是从"E 社会"向"U 社会"发展的重要基础设施和前提条件。

1. "E 社会"与"U 社会"

自从因特网出现以后，特别是电子商务和电子金融出现以后，个人、家庭、社区、企业、银行、行政机关、教育机构等人类社会的各个组成部分，以遍布全球的网络为基础，超越时间与空间的限制，打破国家、地区以及文化不同的障碍，实现了彼此之间的互联互通，它们之间平等、安全、准确地进行信息交流，使传统的社会转型为电子社会，即"E 社会"（Electronic Society）。

在"E 社会"中，能够实现任何人和任何人在任何时候、任何地点的通信与联系，即"三 A 通信"（Anyone，Anytime，Anywhere）。因此，常用电话普及率（固定电话普及率和移动电话普及率）、互联网用户普及率以及计算机普及率来标识和度量社会

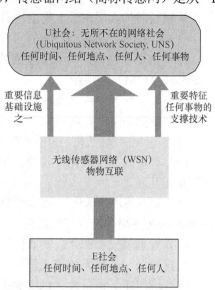

图 1-7 物联网概念的动态发展过程

的电子化程度，即由传统社会向电子社会进化的程度。大部分发达国家已完成由传统社会向电子社会的转型，它们的上述几项普及率（按人口总数计算）均已超过 50%。世界上大多数发展中国家正在向"E 社会"过渡，少数发展中国家已完成了这个过渡。

1998 年美国马克·魏瑟（Mark Weiser）博士首先提出了"泛在运算"（Ubiquitous Computing）的概念。2004 年，日本、韩国等将此概念进一步拓展转化为"U 社会"，即"泛在社会"（Ubiquitous Society）的理念。两国政府还以此为基础，制订了庞大的投资项目，建设"泛在日本"和"泛在韩国"。"U 社会"要实现"四 A 通信"（Anyone，Anytime，Anywhere，Anything），即实现任何人和任何人、任何人和任何东西（对象）在任何时候和任何地点的通信与联系。

与"E 社会"中"三 A 通信"相比，在"U 社会"里，多了一个"A"（Anything），即把社会中所有的东西（对象）都变为通信的对象（即传感网或狭义上的物联网）。因此，首先要标识社会中所有的东西（对象），并且要正确地识别它们，把它们都纳入人们的通信范围，纳入人们的视野，成为人们随时随地可视的东西。同时，它们的位置和移动都要能够为人们所跟踪。

"U 社会"是一个"人—机—物"组成的动态、开放的网络社会，即人类社会、信息世界、物理世界组成的三元世界。从全球发展来看，从"E 社会"到"U 社会"的演进路线率先由

日、韩两国提出，目前全球众多国家和地区都提出了建立"U 社会"的发展目标，"泛在信息社会"是在"信息社会"基础上的延伸和扩展，是"信息社会"高度发展的结果，是今后一段时期内信息技术与人类的生产生活全面对接的一个宏大目标。打造"泛在网络"（物联网是其初级阶段），建设"泛在信息社会"，正成为世界性的话题。

2. 几种典型网络概念

该部分针对典型网络名称给出主要概念，并讨论其关系。

互联网（Internet）是指由两台计算机或者两台以上的计算机终端、客户端、服务器端按照一定的通信协议（TCP/IP）组成的国际计算机网络，人们可以借此与远在千里之外的朋友相互发送邮件、共同娱乐，甚至共同完成一项工作。

传感网（Sensor Network）是由大量多种类型传感节点组成的网络，对动态信息进行分布式协同感知与处理，形成综合信息网络系统，它是人类的远程神经末梢。

移动网（Mobile Network）是指可以使移动用户之间进行通信的网络，其目标是实现人人互联，主要涉及网络中人与人的信息交互。

物联网（Internet of Things）是指人与物、物与物之间进行信息通信的网络，目标是实现物物、人人互联，主要涉及物理信息的交互。物联网获取物理世界信息的手段除了传感网外，还包括 RFID、二维码等方式。但传感网是物联网主动感知物理世界的方式，也是获取物理世界信息最主要、最核心的方式。物联网的概念分为广义和狭义两个方面。从广义来讲，物联网是一个未来发展的愿景，能够实现人在任何时间、任何地点使用任何网络与任何人与物的信息交换，即"泛在网络"；从狭义来讲，物联网是物品之间通过传感器连接起来的局域网，即传感网。传感网不论接入互联网与否，都属于物联网的范畴，这个网络可以不接入互联网，但如果需要也可以随时接入互联网。

泛在网（Ubiquitous Network）即广泛存在的网络，它以无所不在、无所不包、无所不能为基本特征，以实现在任何时间、任何地点，任何人、任何物都能顺畅地通信为目标。从泛在的内涵来看，它首先关注的是人与人、人与物、物与物的和谐交互。各种感知设备与网络只是泛在网的实现手段，泛在网的最终形态既包括互联网、移动网，也包括物联网。

几种典型网络之间的关系如图 1-8 所示。

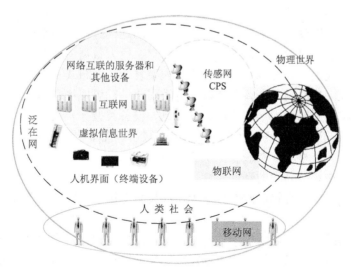

图 1-8　几种典型网络之间的关系

在图 1-10 中，各个网络各有其特点，又相互联系。互联网连接虚拟信息空间，特征是信息挖掘与共享。传感网连接现实物理世界，特征是信息自动获取与协同处理。移动网主要存在于人类社会，实现人与人之间的互联。物联网主要是实现人、物、系统服务之间的互联，这就预示着物联网的发展离不开互联网、传感网以及移动网的支持。至于"泛在网络"，其发展的终态可以是上述网络的集合体。而信息物理系统，是以物联网技术为支持，在环境感知的基础上深度融合计算、通信和控制能力所形成的可控、可信、可扩展的网络化物理设备系统。信息物理系统可使系统更加可靠、高效、实时协同，具有重要而广泛的应用前景。

信息物理系统是物联网的本质含义，它表示的是虚拟世界与物理世界的一种映射和对应关系。但信息物理系统更强调循环反馈，要求系统能够在感知物理世界之后通过通信与计算再对物理世界起到反馈控制作用。

事实上，广义的物联网、泛在网和信息物理系统在概念上并没有多大区别，故本书经常会不加区别地应用这 3 个概念。

1.4 物联网参考体系架构

1.4.1 物联网参考体系架构概述

物联网参考体系架构是物联网发展的顶层设计，关系到物联网产业链上下游产品之间的兼容性、可扩展性和互操作性。物联网参考体系架构是物联网应用的基础。因此，了解和掌握物联网参考体系架构，有利于理解物联网的应用需求和技术需求。

1.4.2 物联网参考体系架构需求

物联网参考体系架构需求如下。

（1）自治功能。为了支持不同的应用领域、不同的通信环境以及大量不同类型的设备，物联网参考体系架构应支持自治功能，使通信设备能够实现网络的自动配置、自我修复、自我优化和自我保护。

（2）自动配置。物联网参考体系架构应支持自动配置，使物联网系统可对组件（如设备和网络）的增加与删除自适应。

（3）可扩展性。物联网参考体系架构应支持不同规模、不同复杂度、不同工作负载的大量应用，同时也能支持包含大量设备、应用、用户、巨大数据流等的系统。相同组件不仅要能够运行在简单系统上，同时也要能够运行在大型复杂的分布式系统中。

（4）可发现性。物联网参考体系架构支持发现服务，可使物联网的用户、服务、设备和来自设备的数据根据不同准则（如地理位置信息、设备类型等）被发现。

（5）异构设备。物联网参考体系架构支持不同类型设备的异构网络，类型包括通信技术、计算能力、存储能力和移动性及服务提供者和用户。同时，物联网参考体系架构也需支持在不同网络和不同操作系统之间的互操作性。

（6）可用性。为了实现物联网服务的无缝注册与调用，物联网参考体系架构应支持即插即用功能。

（7）标准化的接口。物联网参考体系架构组件的接口应该采用定义良好的、可解释说明的、明确的标准。具有互操作性的设备通过标准化的接口能支持内部组件的定制化服务。为了访问传感器信息和传感器观察结果，应具有标准化的 Web 服务。

（8）定义良好的组件。物联网需要连接异构组件来完成不同的功能。物联网参考体系架构应提供特点鲜明的组件，并用标准化的语义和语法来描述组件。

（9）时效性。时效性就是在指定的时间内提供服务，完成请求者需求响应。为了处理物联网系统内一系列不同级别的功能，时效性必须要满足。当使用通信和服务功能时，为了保持相互关联事件之间的同步性，有必要进行时间同步。时效性在物联网系统中是很重要的。

（10）位置感知。物联网参考体系架构必须支持物联网的组件能与物理世界进行交互，需要及时向用户报告物理对象的位置，例如，智能物流。因此，物联网组件要有位置感知功能。位置精度的要求将会基于用户应用的不同而改变。

（11）情感感知。物联网参考体系架构应该支持自定义的情感感知能力。

（12）内容感知。物联网参考体系架构需通过内容感知来优化服务，如路径选择和基于内容路由通信。

（13）可靠性。物联网参考体系架构应在通信、服务和数据管理功能等方面提供适当的可靠性。物联网参考体系架构应具有鲁棒性，并具有应对外部扰动、错误检测和修复而进行变化的能力。

（14）安全性。物联网参考体系架构应该支持安全通信、系统访问控制和管理服务以及提供数据安全的功能。

（15）保密性。物联网参考体系架构应该能实现物联网的保密性和隐私性的功能。

（16）电源和能源管理。物联网参考体系架构必须支持电源和能源管理，尤其是在电池供电的网络里面。不同的策略适合不同的应用，包含低功耗的组件、限制通信范围、限制本地处理和存储容量、支持睡眠模式和可供电模式等。

（17）可访问性。物联网参考体系架构必须支持可访问性。在某些应用领域，对于物联网系统的可访问性是非常重要的，例如，在环境生活辅助系统（Ambient Assisted Living，AAL）里面，有重要的用户参与系统的配置，方便用户操作和管理。

（18）继承组件。物联网参考体系架构应支持原有组件的集成和迁移功能。这样不会限制未来系统的优化和升级。

（19）人体连接。物联网参考体系架构需能够支持实现人体连接功能。在符合法律法规的前提下，为了提供与人体有关的通信功能，保证特殊的服务质量，物联网参考体系架构还需要提供可靠、安全及隐私保护等保障。

（20）服务相关的需求。物联网参考体系架构必须支持相关的服务需求，如优先级、语义等服务、服务组合、跟踪服务、订阅服务，这些服务会根据应用领域的不同而改变，例如，在一些位置识别的应用里面可能需要制定精确的定位服务。

1.4.3 物联网体系架构研究现状

目前针对物联网体系架构，IEEE、ISO/IEC JTC1、ITU-T、ETSI、GSI 等组织均在进行研究，下面是这几个组织对物联网体系架构研究的输出成果。

1. ISO/IEC JTC1

ISO/IEC JTC1 是国际标准化组织/国际电工委员会第一联合技术委员会的缩写。目前，无线传感器网络 ISO/IEC 29182 系列标准由 JTC1 WG7（第七工作组）无线传感器工作研究组制定完成。ISO/IEC 29182 系列成果主要分为 7 个部分，其中，ISO/IEC 29182-1 主要对传感网的特点和需求进行基本的概述；ISO/IEC 29182-2 主要提供了传感网领域的术语，对传感网的概念进行专业性描述；ISO/IEC 29182-3 提供了传感器网络的参考体系架构，如图 1-9 所示。

这个通用传感网架构可以供传感器网络设计者、软件开发商、系统集成商和服务提供商应用，以满足客户的要求，包括任何适用的互操作性要求。根据图 1-9 传感器的参考体系架构，又可以构建出传感器网络应用和服务的实体模型，这是 ISO/IEC 29182-4 部分的内容。该模型提供了有关组成一个传感器网络的各种实体的基本信息。图 1-10 是传感网实体模型。

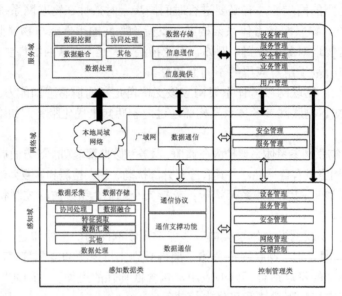

图 1-9 传感器网络的参考体系架构

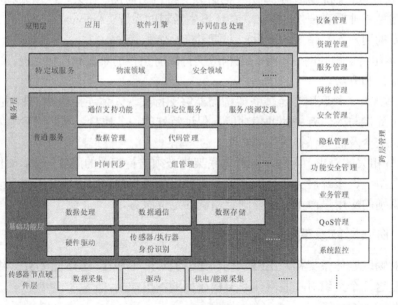

图 1-10 传感网实体模型

从图 1-9 的描述可知，该参考架构可分为 3 个域，即感知域、网络域、服务域。

（1）感知域。感知域不仅要完成数据采集、处理和汇聚等功能，同时要完成传感节点、路由节点和传感器网络网关的通信和控制管理功能。按照功能类别来划分，它包含如下功能。

感知数据类：包括数据采集、数据存储、数据处理和数据通信。数据处理是通过多种处理方式从采集到的数据中提取出有用的感知数据。数据处理功能可细分为协同处理、特征提取、数据融合、数据汇聚等。数据通信包括传感节点、路由节点和传感器网络网关等各类设备之间的通信功能，包括通信协议和通信支撑功能。其中，通信协议包括物理层信号收发、接入调度、路由技术、拓扑控制、应用服务；通信支撑功能包括时间同步和节点定位等功能。

控制管理类：包括设备管理、安全管理、网络管理、服务管理，其中，反馈控制实现对设备的控制，该项为可选项。

（2）网络域。网络域完成感知数据到应用服务系统的传输，不需要对感知数据进行处理，其包含如下功能。

感知数据类：数据通信体现网络层的核心功能，目标是保证数据无损、高效地传输。它包含该层的通信协议和通信支撑功能。

控制管理类：主要指现有网络对物联网网关等设备接入和设备认证、设备离开等的管理，包括设备管理和安全管理，这项功能需要配合应用层的设备管理和安全管理功能才能得以实现。

（3）服务域。服务域的功能是利用感知数据为用户提供服务，包含如下功能。

感知数据类：对感知数据进行最后的数据处理，使其满足用户应用，可包含数据存储、数据处理、信息通信、信息提供功能。数据处理又包含数据挖掘、信息提取、数据融合、数据汇聚等功能。

控制管理类：对用户及网络各类资源的配置、使用进行管理，可包括服务管理、安全管理、设备管理、用户管理和业务管理功能。其中，用户管理和业务管理为可选项。

ISO/IEC JTC 1/SC 6/WG 7（第六分技术委员会的第七工作组）致力于对未来网络（FN）的研究，旨在创造一系列新的网络体系结构、网络设计方法和协议标准。未来网络项目开发计划有3个阶段，第一阶段是问题和总体要求的研究，第二阶段是未来网络架构/框架的建立，第三阶段是未来网络网络协议的制定。目前的成果为 ISO/IEC TR 29181 系列标准的制定。该系列标准包含7个部分，分别是未来网络的概念、问题和需求，未来网络命名和寻址方案，交换和路由技术，未来网络流动性问题，未来网络的安全问题，未来网络媒体分发，未来媒体服务组合。

为了建立科学、合理的物联网参考体系架构，ISO/IEC JTC 1/SWG 5（第五特别工作组）于2012年成立。JTC 1/SWG 5 完成了关于物联网参考体系架构的研究报告，针对物联网参考体系架构需求及模型等提出分析。目前 ISO/IEC JTC 1/SC 41（物联网及相关技术分技术委员会）正针对物联网参考体系架构等标准项目进行研究和标准化工作，已出版了 ISO/IEC 30141:2018《物联网 参考体系结构》等标准。

2. ITU-T

国际电信联盟远程通信标准化组织（ITU-T）对物联网架构研究的主要成果有 ITU-T Y.2060、ITU-T Y.2063、ITU-T Y.2069 和 ITU-TY.2080 等。ITU-T Y.2060 描述了物联网参考模型的每一层功能。此外，也定义了物联网参考模型的生态系统和商业模式，如图 1-11 所示。

ITU-T Y.2069 收集了在 ITU-T 发表的物联网相关的术语和定义，主要包括 RFID、普适计算机、物联网网络、M2M 等方面的术语和定义。ITU-T Y.2080 是分布式网络功能架构。如图 1-12 所示，分布式业务网络（Distributed Service Network，DSN）是一个覆盖网络，为了在下一代网络（NGN）环境中支持各种多媒体的服务和应用，它提供了分布式功能和管理功能。

ITU-T Y.2063 概述了 Web 架构，阐释了服务层、适应层和物理层三层架构以及每一层的功能。ITU-T F.744 描述了传感网（Sensor Network，USN）中间件的服务和要求，并阐述了传感网中间件的功能模型。ITU-T F.771 介绍了由基于标签识别的物理实体、ID 标签（RFID 或条码）、ID 的终端、网络和服务的功能域触发的多媒体信息访问功能模型。ITU-T H.621 介绍了由基于标签的识别触发的多媒体信息访问功能架构。ITU-T Y.IoT 定义了物联网应用网关的功能结构，并介绍了物联网网关的功能实体，ITU-T Y.IoT 文档正在制定中。

图 1–11　ITU–T 物联网参考模型

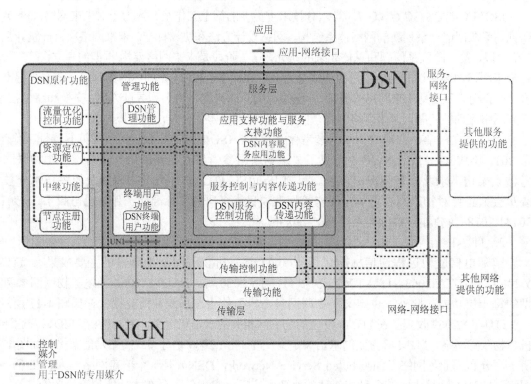

图 1–12　DSN 功能架构示意图

3．ETSI

欧洲电信标准协会（European Telecommunications Standards Institute，ETSI）在物联网架

构的主要成果是提出了 ETSI TS 102 690 标准，它描述了端到端的 M2M 功能架构，如图 1-13 所示，包括对功能实体和相关联的参考点的描述。M2M 功能架构主要关注服务层方面，并采取底层的端至端服务。

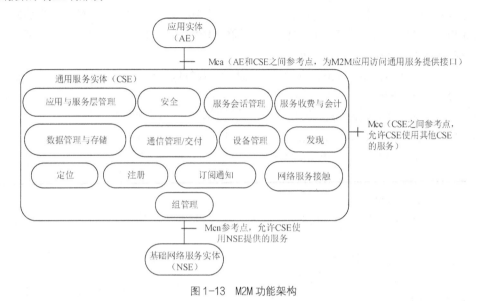

图 1-13 M2M 功能架构

（1）应用实体（AE）：应用实体为端至端的 M2M 解决方案提供应用逻辑。应用程序实体可以快速地跟踪应用程序，如远程血糖监视应用程序、远程电力计量和控制应用程序。

（2）通用服务实体（CSE）：通用服务实体包括一系列的 M2M 环境下常见的服务功能，如管理功能、安全机制等。

（3）基础网络服务实体（NSE）：基础网络服务实体为通用服务实体提供如设备管理、位置定位等服务。底层网络服务实体也在 M2M 系统中提供实体间数据传输的功能。

4. GS1

在全球产品电子编码（Electronic Product Codeglobal，EPCglobal）里，国际物品编码协会（Globe Standard 1，GS1）EPCglobal 框架为其相关标准集合体，包括软件、硬件、资料标准以及核心服务等，由 EPCglobal 及其代表共同经营运作，目标是推进 EPC 编码的使用，促进商业圈和计算机应用的结合，达成有效的供应链管理。从图 1-14 基于 RFID 的物联网应用架构的描述中可知，一个物联网主要由 EPC（产品电子编码）编码体系、射频识别系统、EPC 中间件、发现服务和 EPC 信息服务 5 个部分组成。

（1）EPC 编码体系：物联网实现的是全球物品的信息实时共享，要实现全球物品的统一编码，即对地球上任何地方生产出来的任何一件产品都要打上电子标签。在这种电子标签里携带有一个电子产品编码，并且全球唯一。电子标签包含了该物品的基本识别信息。

（2）射频识别系统：射频识别系统包括 EPC 标签和读写器。EPC 标签是编号的载体，当 EPC 标签贴在物品上或内嵌在物品中时，该物品与 EPC 标签中的产品电子代码就建立起了一对一的映射关系。通过 RFID 读写器可以实现对 EPC 标签内存信息的读取。这个内存信息通常就是物品电子码，它经读写器上报给物联网中间件，经处理后存储在分布式数据库中。用户查询物品信息时，只要在网络浏览器的地址栏中输入物品的编码，就可以实时获悉物品的各种信息。在供应链管理应用中，可以通过产品唯一标识查询到产品在整个供应链上的处理信息。

（3）EPC 中间件：要实现各个应用环境或系统的标准化以及它们之间的通信，在后台应用软件和读写器之间需设置一个通用平台和接口，通常将其称之为中间件。EPC 中间件实现 RFID 读写器和后端应用系统之间的信息交互，捕获实时信息和事件，或上行给后端应用数据库系统以及 ERP 系统，或下行给 RFID 读写器。EPC 中间件一般采用标准的协议和接口，是连接 RFID 读写器和信息系统的纽带。

（4）发现服务（Discovery Service）：EPC 信息发现服务包括对象名称解析服务（Object Naming Service，ONS）以及配套服务，基于电子产品代码，获取 EPC 数据处理信息。

（5）EPC 信息服务（EPC Information Service，EPCIS）：EPCIS 即 EPC 系统的软件支持系统，用以实现最终用户在物联网环境下访问 EPC 信息。

图 1-14 所示为一个典型物联网应用的基本体系架构。该应用系统由 3 个子系统组成：EPC 射频识别系统、中间件系统和互联网系统。其中，RFID 识别系统包含 EPC 标签和 RFID 读写器。中间件系统

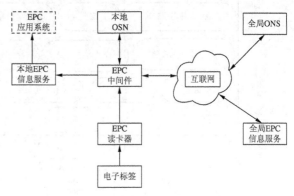

图 1-14　基于 RFID 的物联网应用架构

含有 EPC 信息服务（EPC Information Services，EPCIS）、实体标记语言（Physical Markup Language，PML）、对象名解析服务（Object Name Service，ONS）及其存储系统。中间件系统建立在计算机互联网的基础上，提供 EPC 数据的传输、转换和数据加工功能，并实现 EPC 的跟踪和查询等服务。

5. IEEE

电气和电子工程师协会（Institute of Electrical and Electronics Engineers，IEEE）的 P2413 工作组正在进行物联网体系架构的研究，该工作组希望定义一个物联网体系架构框架，包含各种物联网领域的描述，物联网领域的抽象定义，识别出不同物联网领域之间的共性，提供一个参考模型，这个参考模型定义了各物联网类别之间的关系（例如，交通、医疗等），还有常见的体系结构元素。

1.4.4　物联网体系架构

综上所述，我们能得到的物联网体系架构如图 1-15 所示，该架构由感知层、网络层和应用层组成。感知层实现对物理世界的智能感知识别、信息采集处理和自动控制，并通过通信模块将物理实体连接到网络层和应用层。网络层主要实现信息的传递、路由和控制，包括延伸网、接入网和核心网，网络层可依托公众电信网和互联网，也可以依托行业专用通信网络。应用层包括应用支持子层和各种物联网应用。应用支持子层为物联网应用提供信息处理、计算等通用基础服务设施、能力及资源调用接口，以此为基础实现物联网在众多领域的各种应用。

如果拿人来比喻物联网的话（见图 1-16），感知层就像皮肤和五官，用来识别物体、采集信息；传送层则是神经系统，将信息传递给大脑；大脑对神经系统传来的信息进行存储和处理，使人能从事各种复杂的事情，这就是各种不同的应用。

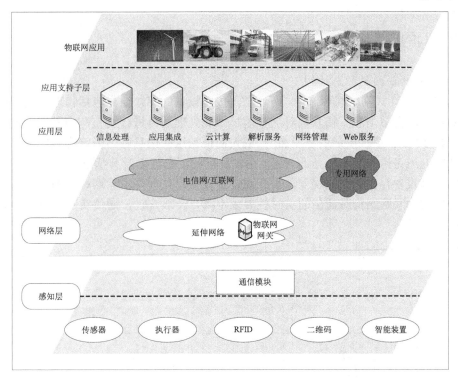

图 1-15 物联网体系架构

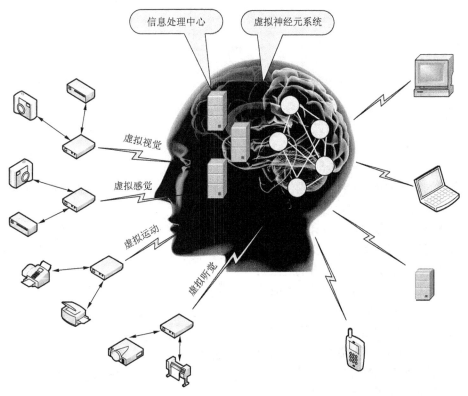

图 1-16 用人对物联网架构进行比喻

1.5 物联网的形态结构

1. 开环式物联网的形态结构

图 1-17 是开环式物联网形态结构示意图，传感设备的感知信息包括物理环境的信息和物理环境对系统的反馈信息，物联网对这些信息智能处理后再进行发布，为人们提供相关的信息服务（如 PM2.5 空气质量信息发布），或人们根据这些信息做出影响物理世界的行为（如智能交通中的道路诱导系统）。物理环境、感知目标的混杂性以及其状态、行为的不确定性等，使感知的信息设备存在一定的误差，需要通过智能信息处理来消除这种不确定性及其带来的误差。开放式物联网结构对通信的实时性要求不高，一般来说，通信实时性只要达到秒级就能满足应用要求。

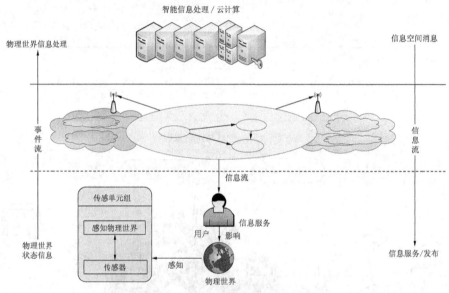

图 1-17 开环式物联网结构

最典型的开环式物联网结构是操作指导控制系统（见图 1-18），检测元件测得的模拟信号经过 A/D 转换器转换成数字信号，通过网络或数据通道传递给主控计算机，主控计算机根据一定的算法对生产过程的大量参数进行巡回检测、处理、分析、记录以及参数的超限报警等处理，通过对大量参数的统计和实时分析，预测生产过程的各种趋势或者计算出可供操作人员选择的最优操作条件及操作方案。操作人员则根据计算机输出的信息去改变调节器的给定值或直接操作执行机构。

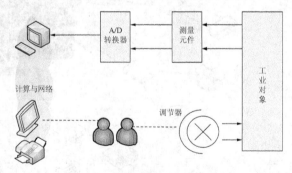

图 1-18 操作指导控制系统示意图

2. 闭环式物联网的形态结构

闭环式物联网结构如图 1-19 所示，传感设备的感知信息包括物理环境的信息和物理环境对系统的反馈信息，控制单元根据这些信息，结合控制与决策算法生成控制命令，执行单元根据控制命令改变物理实体状态或系统的物理环境（如无人驾驶汽车）。一般来说，闭环式物联网结构的主要功能都由计算机系统自动完成，不需要人的直接参与，且实时性要求很高，一般要求达到毫秒级，甚至微秒级。对此，闭环式物联网结构要求具有时间同步精确度、确定性调度功能，甚至要求很高的环境适应性。

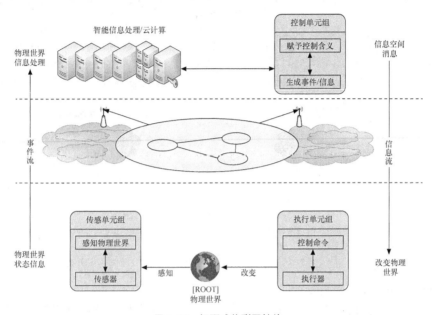

图 1-19　闭环式物联网结构

（1）时间同步精确度：时间同步精度是保证闭环式物联网各种性能的基础，闭环式物联网系统的时序不容有误，时序错误可能给应用现场带来灾难性的后果。

（2）确定性调度：要求在规定的时刻对事件准时响应，并做出相应的处理，不丢失信息，不延误操作。闭环式物联网中的确定性往往比实时性还重要，保证确定性是对任务执行有严苛时间要求的闭环式物联网系统必备的特性。

（3）环境适应性：要求在高温、潮湿、振动、腐蚀、强电磁干扰等工业环境中具备可靠、完整的数据传送能力。环境适应性包括机械环境适应性、气候环境适应性、电磁环境适应性等。

最典型的闭环式物联网结构是现场总线控制系统（见图 1-20）。现场总线（Fieldbus）是随着数字通信延伸到工业过程现场而出现的一种用于现场仪表与控制室系统之间的全数字化、开放性、双向多站的通信系统，它使计算机控制系统发展成为具有测量、控制、执行和过程诊断等综合能力的网络化控制系统。现场总线控制系统实际上融合了自动控制、智能仪表、计算机网络和开放系统互联（OSI）等技术的精粹。

现场总线等控制网络的出现，使控制系统的体系结构发生了根本性改变，形成了在功能上管理集中、控制分散，在结构上横向分散、纵向分级的体系结构，把基本控制功能下放到现场具有智能的芯片或功能块中，不同的现场设备中的功能块可以构成完整的控制回路，使控制功能彻底分散，直接面对生产过程，把同时具有控制、测量与通信功能的功能块及功能块应用进程作为网络节点，采用开放的控制网络协议进行互连，形成现场层控制网络。现场设备具有高度的智能化与功能自治性，将基本过程控制、报警和计算等功能分布在现场完成，使系统结构高度分散，提高了系统的可靠性。同时，现场设备易于增加非控制信息，如自诊断信息、组态信息以及补偿信息等，易于实现现场管理和控制的统一。

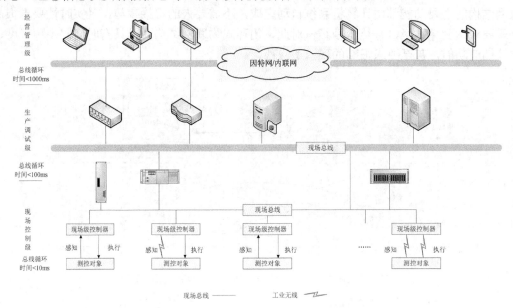

图 1-20　现场总线控制系统

3. 融合式物联网的形态结构

物联网系统既涉及规模庞大的智能电网，又包含智能家居、体征监测等小型系统。对众多单一物联网应用的深度互联和跨域协作，就构成了融合式物联网结构（见图 1-21），它是一个多层嵌套的"网中网"。目前世界各国都在结合具体行业推广物联网的应用，形成全球的物联网系统还需要非常长的时间。提出面向全球物联网、适应各种行业应用的体系结构，与下一代互联网体系结构相比，具有更大的困难和挑战。目前，研究人员通常是从具体行业或应用来探索物联网的体系结构。

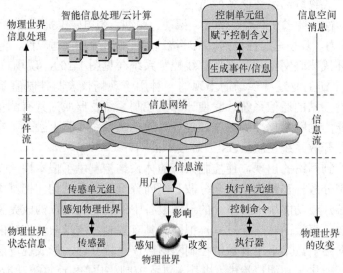

图 1-21　融合式物联网形态结构示意图

　　一个完整的智能电网作为电能输送和消耗的核心载体，包括发电、输电、变电、配电、用电以及电网调度六大环节（见图 1-22），是最典型的融合式物联网结构。智能电网通过信息与通信技术对电力应用的各个方面进行了优化，强调电网的坚强可靠、经济高效、清洁环保、透明开放、友好互动，其技术集成达到了新的高度。

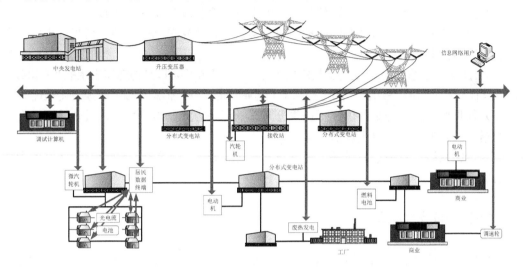

图 1-22　智能电网信息交互架构示意图

　　图 1-23 是内布拉斯加大学的 Ying Tan 等提出的一种 CPS 体系结构原型，表示了物理世界、信息空间和人的感知的互动关系，给出了感知事件流、控制信息流的流程。对比图 1-22 和图 1-23 可以发现，物联网与物理信息融合系统两个概念目前越来越趋于一致，它们都是集计算、通信与控制于一体的下一代智能系统。

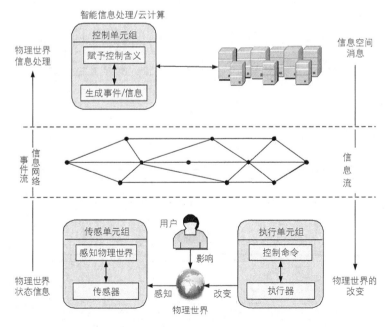

图 1-23　一种 CPS 体系结构原型

CPS体系结构原型的几个组件描述如下。

（1）物理世界：包括物理实体（如医疗器械、车辆、飞机、发电站）和实体所处的物理环境。

（2）传感器：传感器作为测量物理环境的手段，直接与物理环境或现象相关。传感器将相关的信息传输到信息世界。

（3）执行器：执行器根据来自信息世界的命令改变物理实体设备状态。

（4）控制单元：基于事件驱动的控制单元接受来自传感单元的事件和信息世界的信息，并根据控制规则对其进行处理。

（5）通信机制：事件/信息是通信机制的抽象元素。事件既可以是传感器表示的"原始数据"，也可以是执行器表示的"操作"。通过控制单元对事件的处理，信息可以抽象地表述物理世界。

（6）数据服务器：为事件的产生提供分布式的记录方式，事件可以通过传输网络自动转换为数据服务器的记录，便于以后检索。

（7）传输网络：包括传感设备、控制设备、执行设备、服务器，以及它们之间的无线或有线通信设备。

1.6 物联网的技术体系

物联网涉及感知、控制、网络通信、微电子、计算机、软件、嵌入式系统、微机电等技术领域，其技术体系框架如图1-24所示，它包括感知层技术、网络层技术、应用层技术和公共技术。由此可见，物联网涵盖的关键技术非常多。

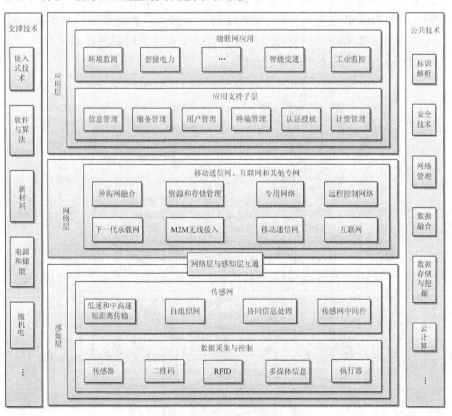

图1-24 物联网技术体系框架

1. 感知层

数据采集与控制主要用于采集物理世界中发生的物理事件和数据，包括各类物理量、标识、音频、视频数据，并通过执行器改变物理世界。物联网的数据采集涉及传感器、RFID、多媒体信息、二维码和实时定位等技术。

感知层的自组网通信技术主要包括针对局部区域内各类终端间的信息交互而采用的调制、编码、纠错等通信技术；实现各终端在局部区域内的信息交互而采用的媒体多址接入技术；实现各个终端在局部区域内信息交互所需的组网、路由、拓扑管理、传输控制、流控制等技术。

感知层信息处理技术主要指在局部区域内各终端完成信息采集后所采用的模式识别、数据融合、数据压缩等技术，以提高信息的精度，降低信息的冗余度，实现原始级、特征级、决策级等信息的网络化处理。

感知层节点级中间件技术主要指为实现传感网业务服务的本地或远端发布，而需在节点级实现的中间件技术，包括代码管理、服务管理、状态管理、设备管理、时间同步、定位等。

2. 网络层

网络层主要用于实现感知层各类信息进行广域范围内的应用和服务所需的基础承载网络，包括移动通信网、互联网、卫星网、广电网、行业专网，以及形成的融合网络等。根据应用需求，可作为透传的网络层，也可升级以满足未来不同内容传输的要求。经过快速发展，移动通信、互联网等技术已比较成熟，在物联网的早期阶段基本能够满足物联网中数据传输的需要。

3. 应用层

应用层主要将物联网技术与行业专业系统相结合，实现广泛的物物互联的应用解决方案。其主要包括业务中间件和行业应用领域。其中，物联网应用支持子层用于支撑跨行业、跨应用、跨系统之间的信息协同、共享、互通的功能。物联网应用包括智能交通、智能医疗、智能家居、智能物流、智能电力等行业应用。

4. 支撑技术

物联网支撑技术包括嵌入式系统、微机电系统（Micro Electro Mechanical Systems，MEMS）、软件和算法、电源和储能、新材料技术等。

嵌入式系统可满足物联网对设备功能、可靠性、成本、体积、功耗等的综合要求，可以按照不同应用定制裁剪的嵌入式计算机技术，是实现物体智能的重要基础。

微机电系统可实现对传感器、执行器、处理器、通信模块、电源系统等的高度集成，是支撑传感器节点微型化、智能化的重要技术。

软件和算法是实现物联网功能、决定物联网行为的主要技术，重点包括各种物联网计算系统的感知信息处理、交互与优化软件和算法、物联网计算系统体系结构与软件平台研发等。

电源和储能是物联网的关键支撑技术之一，包括电池技术、能量储存、能量捕获、恶劣情况下的发电、能量循环、新能源等技术。

新材料技术主要是指应用于传感器的敏感元件实现的技术。传感器敏感材料包括湿敏材料、气敏材料、热敏材料、压敏材料、光敏材料等。新敏感材料的应用可以使传感器的灵敏度、尺寸、精度、稳定性等特性获得改善。

5. 公共技术

公共技术不属于物联网技术的某个特定层面，而是与物联网技术架构的三层都有关系，主要包括架构技术、标识和解析技术、安全和隐私技术、网络管理技术、云计算以及人工智能技术等。

物联网架构技术目前处于概念发展阶段。物联网需要具有统一的架构、清晰的分层，支持不同系统的互操作性，适应不同类型的物理网络和物联网的业务特性。

标识和解析技术是对物理实体、通信实体和应用实体赋予的或其本身固有的一个或一组属性，是能实现正确解析的技术。物联网标识和解析技术涉及不同的标识体系、不同体系的互操作、全球解析或区域解析、标识管理等。

安全和隐私技术包括安全体系架构、网络安全技术、"智能物体"的广泛部署对社会生活带来的安全威胁、隐私保护技术、安全管理机制和保证措施等。

网络管理技术重点包括管理需求、管理模型、管理功能、管理协议等。为实现对物联网广泛部署的"智能物体"的管理，需要进行网络功能和适用性分析，开发适合的管理协议。

物联网需要对传感数据的动态汇聚、分解、合并等处理和服务，在数字/虚拟空间内创建物理世界所对应的动态视图，即需要对海量数据提供存储、查询、分析、挖掘、理解以及基于感知数据决策和行为的基础服务。

云计算将大量计算资源、存储资源和软件资源链接在一起，形成巨大规模的共享虚拟 IT 资源池，为远程终端用户提供"招之即来，挥之即去""大小规模随意变化""能力无边界"的各种信息技术服务。物联网产生、分析和管理的数据将是海量的，原始数据若要具备各种实际意义，需要可扩展的巨量计算资源予以支持。而云计算能够提供弹性、无限可扩展、价格低廉的计算和存储服务，满足物联网需求，两者结合将是未来的发展趋势。可以说，物联网是业务需求构建方，云计算为业务需求计算提供方便。

人工智能（Artificial Intelligence）是研究、开发用于模拟、延伸和扩展人的智能的理论、方法、技术及应用系统的一门新的技术科学。人工智能生产出一种新的能以与人类智能相似的方式做出反应的智能机器，该领域的研究包括机器人、语言识别、图像识别、自然语言处理和专家系统等。人工智能需要的是持续的数据流入，而物联网的海量节点和应用产生的数据也是来源之一。另外，对于物联网应用来说，人工智能的实时分析更能帮助企业提升营运业绩，通过数据分析和数据挖掘等手段，发现新的业务场景。物联网是目标，人工智能是实现方式。人工智能计算、处理、分析、规划问题，而物联网侧重解决方案的落地、传输和控制，两者相辅相成。

1.7 物联网的标准

在标准方面，与物联网相关的标准化组织较多。目前正在制定和已经出版的国际标准中有超过 400 个标准与物联网相关。其中，最活跃的标准化组织包括 ITU-T、IEC、ISO/IEC JTC1、IETF 等。

1.7.1 国际物联网标准的发展

国际电信联盟远程通信标准化组织（ITU-T for ITU Telecommunication Standardization Sector，ITU-T）创建于 1993 年，是国际电信联盟（ITU）旗下专门制定远程通信相关国际标准的组织。早在 2005 年，ITU-T 就开始进行物联网研究。2011 年 5 月 ITU-T 召开了第 1 次物联网全球标准化倡议活动，自此 ITU-T 正式开始了一系列物联网标准的制定工作。到目前为止，ITU-T 已经发布了物联网系列标准，如 Y.2060。

第三代合作伙伴计划（3rd Generation Partnership Project，3GPP）作为移动网络技术主要的标准组织之一，其关注的重点在于增强移动网络能力，以满足物联网应用提出的新需求，它是在网络层面开展物联网研究的主要标准组织。目前，3GPP 针对 M2M 的需求主要研究 M2M 应用对网络的影响，包括网络优化技术等。其具体研究范围：只讨论移动网内的 M2M 通信，不具体定义特殊的 M2M 应用。

因特网工程任务组（Internet Engineering Task Force，IETF）成立于 1985 年年底，是全球互联网最具权威的技术标准化组织，主要负责互联网相关技术规范的研发和制定，当前绝大多数国际互联网技术标准都出自 IETF。IETF 中的多个工作组，如 CoRE 工作组、6LoWPAN 工作组等，涉及互联网应用层和网络层标准（这里的应用层和网络层参考 ISO-OSI 模型）的制定。

电气和电子工程师协会（Institute of Electrical and Electronics Engineers，IEEE）自成立以来一直致力于推动电工技术在理论方面的发展和应用方面的进步，现在也开始着眼于物联网标准制定工作，期望在物联网领域取得一定优势。IEEE 先后成立了 IEEE 2413（物联网体系架构）、IEEE 1451（智能接口）与 IEEE 802.15 等工作组来从事物联网的相关工作：IEEE 2413 主要针对物联网体系架构进行研究，于 2014 年年底成立；IEEE 1451 主要研究工作集中于传感器接口标准方面，发布了 IEEE 1451.1～IEEE 1451.5 系列标准协议；IEEE 802.15 主要规范近距离无线通信，于 2003 年 10 月 1 日发布了第 1 版标准，即 IEEE 802.15.4-2003，随后又陆续发布了 IEEE 802.15.4-2006、IEEE 802.15.4-2011 对先前版本进行完善与改进。

ZigBee 联盟成立于 2001 年 8 月，是 IEEE 802.15.4 组织对应的产业联盟。ZigBee 负责制定网络层到应用层的相关标准，针对不同的应用制定了相应的应用规范。其对应的物理层和链路层标准由 IEEE 802.15.4 组织研究制定。ZigBee 组织目前包含 23 个工作组和任务组，涵盖与技术相关的工作组：架构评估、核心协议栈、IP 栈、低功耗路由器、安全，以及与应用相关的工作组，如楼宇自动化、家庭自动化、医疗、电信服务、智能电力、远程控制、零售业务，还有与市场、认证相关的一些工作组。ZigBee 目前发布了 3 个版本的协议栈规范，第 1 个 ZigBee 协议栈规范于 2004 年 12 月正式生效，于 2005 年 9 月公布并提供下载，称为 ZigBee 1.0 或 ZigBee 2004；第 2 个 ZigBee 协议栈规范于 2006 年 12 月发布，此版本对 ZigBee 1.0 进行了标准修订，为 ZigBee 1.1 版（又称为 ZigBee 2006）；第 3 个 ZigBee 协议栈规范于 2007 年 10 月完成，称为 ZigBee Pro 或 ZigBee 2007。

开放移动联盟（Open Mobile Alliance，OMA）始创于 2002 年 6 月，是由 WAP 论坛（WAP Forum）和开放式移动体系结构（Open MobileArchitecture，OMA）两个标准化组织合并而成的。随后，区域互用性论坛（Location Interoperability Forum，LIF）、信息同步标准协议集（SyncML）、多媒体信息服务互用性研究组（MMS Interoperability Group，MMS-IOP）和无线协会（Wireless Village）这些致力于推进移动业务规范工作的组织相继加入 OMA。OMA 终端管理协议（OMA DM 协议）是目前 M2M 移动终端管理的热门协议之一，目前已有 OMA DM 1.3 和 OMA DM 2.0 两个版本。另外，为了支持资源受限设备的终端管理需求，OMA 还制定了 LightWeight M2M 协议。

ISO/IEC JTC1 下第五特别工作组（Special Work Group 5，SWG5）于 2012 年在 ISO/IEC JTC1 第 27 次全体会议上成立。SWG5 的主要任务是致力于物联网体系架构的研究。2014 年，ISO IEC JTC1 WG10（第十工作组）物联网工作组在 ISO/IEC JTC1 全体会议上成立，其主要目标是着手于物联网基本标准的制定，以便为物联网其他标准的发展奠定基础。制定物联网词汇的形式和定义、制定物联网的参考架构和基础协议等，都是 WG10 物联网工作组的任务。ISO/IEC JTC1/WG7（传感网工作组）由中、美、德、韩 4 国推动并成立，其主要任务是开展传感网领域标准的制定。ISO/IEC JTC1 SC 41（国际标准化组织和国际电工委员会联合工作组 1 第 41 系统委员会）于 2016 年 11 月在 JTC1（联合工作组 1）大会上获得通过并成立。该委员会的主要工作包括开发和定义 JTC1 下关于物联网及其相关技术的国际标准，成立了物联网架构工作组（WG3）、物联网互操作工作组（WG4）、物联网应用工作组（WG5）。同时，成立了可穿戴技术研究组、可信物联网研究组、工业物联网研究组、边缘计算研究组、实时物联网研究组等。

除了前面介绍的物联网组织外，还有很多国际或区域标准化组织也从事与物联网相关的标准研究和制定。图 1-25 标出了相关的标准化组织和它们大体的研究范围。

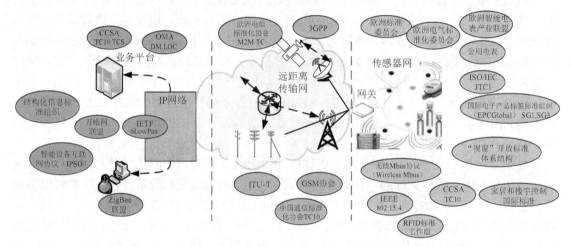

图 1-25　与物联网相关的标准化组织及其大体工作范围

1.7.2　国内物联网标准的发展

物联网是一次科技革命，必然会引起社会的一次飞跃发展。作为最大的发展中国家，我国势必要抓住这次机遇。在建立自有技术体系的同时，也要专注于国内和国际标准的制定与切合。目前，我国在努力的过程中也取得了一些进展。中国提交的"物联网概述"标准草案，于 2012 年 3 月 30 日经国际电信联盟审议通过，成为全球第一个物联网总体性标准。同年 4 月 19 日，由我国提交的《信息技术支持智能传感器网络协同信息处理的服务和接口规范》获得国际传感器网络工作组的认可。

中国通信标准化协会（CCSA）于 2002 年 12 月 18 日在北京正式成立。CCSA 的主要任务是更好地开展通信标准研究工作，把通信运营企业、制造企业、研究单位、大学等关心标准的企事业单位组织起来，按照公平、公正、公开的原则制定标准，进行标准的协调、把关、把高技术、高水平、高质量的标准推荐给政府，把具有中国自主知识产权的标准推向世界，支撑中国的通信产业，为世界通信做出贡献。2009 年 11 月，CCSA 新成立了泛在网技术工作委员会（即 TC10），专门从事物联网相关的研究工作。

RFID 标准工作组于 2009 年 4 月成立，在原信息产业部科技司领导下开展工作，专门致力于中国 RFID 领域的技术研究和标准制定，目前已取得一定的工作成果。

传感器网络标准工作组（WGSN）于 2009 年 9 月正式成立，工作内容包括中国传感器网络的技术研究，加快开展标准化工作，加速传感网标准的制定、修订工作，建立和不断完善传感网标准化体系，进一步提高中国传感网技术水平。

上述标准组织各自独立开展工作，各工作各有侧重。WGSN 偏重传感器网络层面，CCSA TC10 偏重通信网络和应用层面，RFID 标准工作组则关注 RFID 相关的领域。同时，各标准组织的工作也有不少重复的部分，如 WGSN 也会涉及传感器网络以上的通信部分和应用部分的内容，而 CCSA 也涉及一些传感网层面的工作内容。

2010 年 6 月 8 日，"物联网标准联合工作组"成立，以便处理好各个标准组织之间的横向沟通。联合工作组旨在整合中国物联网相关标准化资源，联合产业各方共同开展物联网技术的研究，积极推进物联网标准化工作。

2010 年 11 月 9 日，国家标准委会同国家发改委批准成立了"国家物联网基础标准工作组"。该工作组旨在加快开展标准化工作，制定符合我国国情的物联网总体和通用标准，积极推进国际标准化工作，进一步提高我国物联网领域技术研究水平。表 1-1 给出了上述部分标准组织的相关工作。

表 1-1   标准化组织的相关工作表

标准化组织	标准研究内容
CCSA	TC10 开展了泛在网术语、泛在网的需求和泛在网总体框架与技术要求等标准项目
RFID 标准工作组	专注于 RFID 技术标准体系研究、关键技术、编码标准制定和应用标准制定
WGSN	制定了传感器网络相关标准，包括总则、术语和接口等标准项目
国家物联网基础标准工作组	研究我国物联网术语和架构等标准

1.8 物联网的市场分析及应用前景

物联网概念由来已久，欧美发达国家早在 20 世纪末就已经提出并积极发展，但从发展进程来看，欧美日韩等发达国家早已经度过物联网热炒阶段，逐步进入理性发展期。近期物联网概念频频出现在我国各大媒体，各级政府、论坛均把物联网视为提升产业转型、提高生产效率的国家信息化基础设施，部分专家甚至认为物联网将为我国带来几千亿元的市场规模。各行各业对市场都有着自己的理解，就目前而言，已确定存在两方面的要求，一个是物联网的技术驱动，一个是市场应用前景，接下来就分别介绍这两个方面。

1.8.1 物联网市场的技术驱动

全球互联以及"智能物"联网的可行性导致了物联网的产生。不仅使新技术变得可用，更使得我们能够实现物联网的互联，而且还能够满足用户对于物联网的功能要求。

从物联网的技术成熟曲线（见图 1-26）可知，即使技术可能会被使用，但由于存在一定的市场复杂性，最终的应用也可能不是最初的预想。随着对物联网潜力和显著影响形成普遍共识，这些预期将会显示技术是如何变化的，以及如何成为物联网的一个驱动者的。

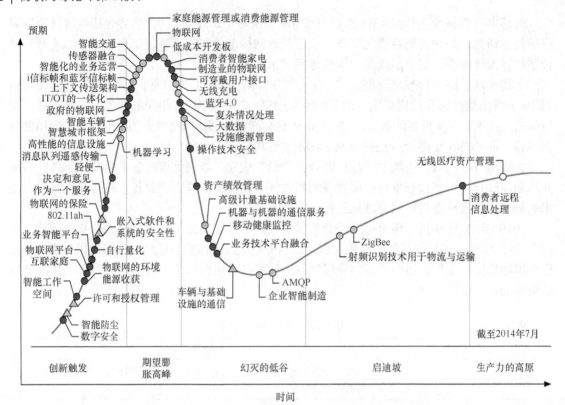

图 1-26　物联网的技术成熟曲线（来源：Gartner 公司 2014 年 7 月）

一些技术被看作物联网的驱动力，例如，低功耗设备、互联设备、高级（智能和预测）传感器、先进的执行器。

要满足物联网应用需求，物联网本身的技术需要具有下面一些特征。

（1）易用性。易用性就是要求物联网系统易于使用、易于构建、易于维护、易于重新调整。

① 即插即用。利益相关者要求能够轻松添加新的组件到物联网系统，来满足用户对物联网的要求。

② 自动服务配置。通过捕获、通信和处理"物"的数据来提供物联网服务，这些数据是基于运营商发布或是用户自己订阅的。自动服务可依赖于自动数据融合和数据的挖掘技术。一些"物"可配备执行器来影响周围环境。

（2）数据管理。数据管理包括下述 3 点内容。

① 大数据。大数据是一种规模大到在获取、存储、管理、分析方面大大超出了传统数据库软件工具能力范围的数据集合，具有海量的数据规模、快速的数据流转、多样的数据类型和价值密度低四大特征。物联网中越来越多的数据被创建出来。物联网相关用户希望利用大量传感器和其他数据发生器得到数据，提供有效预测分析来管理和控制网络。

② 决策建模和信息处理。数据挖掘的过程包括数据预处理、数据挖掘以及知识的评估和表示。

③ 协同数据处理的通用格式。把物联网应用所收集到的数据融入已有数据里作为一个整体，以便于数据交换。物联网应用需要通用数据格式和应用编程接口（API），以便数据可以

被存取，并根据需要结合使用。重点应放在语义互操作性上，因为句法的互操作性可以通过简单的翻译实现。

（3）云服务架构。物联网相关用户希望能够灵活地部署和使用物联网，主要表现在3个方面：第一，任何地方都能够连接到物联网系统；第二，只为使用的服务支付费用；第三，能够快速配置和废止系统。

（4）安全。物联网相关用户希望能够保证物联网系统不会被未经授权的实体用于恶意目的。由于采用物联网构建的系统将实现各种目标，那么就会需要不同的安全级别。物联网相关用户希望他们的个人和商业信息能够被保密。

（5）基础设施。物联网相关用户希望能够使用基础设施，比如有线、无线、封闭的网络或是连接的网络等。

（6）服务感知。物联网提供的服务一般是不需要人工干预的，然而这并不意味着人们（物联网服务的使用者）不需要知道那些存在于使用者周围的服务。当物联网服务提供给使用者时，能够通过一定的方法使用户知道服务的存在，当然，这些方法必须符合相关法规。

（7）辅助功能和使用环境。物联网相关用户希望物联网系统能够满足个人的可访问性要求和所涉及的部门的应用需求。这种方法能够保证不同的用户在不同的环境下的访问性和可使用性。应当意识到，不仅需求是多样化的，而且它们是随时间的变化而变化的，同时，一个用户的需求可能会和另一个用户的需求发生冲突，甚至，用户的需求会因环境的变化而变化，因此，只有能够适应用户需求的方法才能为所有用户提供最佳的可用性。

（8）标准的聚合。物联网相关用户希望有一套大众化的标准来支持物联网的广泛使用。

虽然特定的市场领域可能会有它们自己独特的物联网要求，然而适用于所有市场的重要因素已经在上面罗列出来了。最后，我们要说的是，低成本，低能耗，高度互联的物品、人、系统和信息资源，以及能够使用物联网设备提供的服务的愿望，才是物联网市场发展的重要驱动力。另外，物联网参考架构会很真实地反映物联网技术和用户对物联网市场的需求，这将在本书后面章节中作详细介绍。

1.8.2 物联网的应用前景

物联网的市场前景是广阔的（见图 1-27），比如，在军事领域，通过无线传感网可将隐蔽地分布在战场上的传感器获取的信息回传给指挥部；在民用领域，物联网在家居智能化、环境监测、医疗保健、灾害预测、智能电网等方面得到广泛应用；在工商业领域，物联网在工业自动化、空间探索等方面都得到广泛应用。

未来，全球物联网应用将朝着规模化、协同化和智能化方向发展，同时，以物联网应用带动物联网产业，将是各国的主要发展方向。

1. 规模化发展

随着世界各国对物联网应用的不断推进，物联网在各领域中的应用规模将不断扩大，尤其是一些政府推动的国家级项目，如美国智能电网、日本 i-Japan、韩国物联网先导应用工程等，将吸引大批有实力的企业进入物联网领域，大大推进物联网应用进程，为扩大物联网产业规模起到积极作用。

2. 协同化发展

随着产业和标准的不断完善，物联网应用将朝着智能化和协同化方向发展，形成不同物体间、不同企业间、不同行业乃至不同地区或国家间的物联网信息的互联互通互操作，最终形成可服务于不同行业和领域的全球化物联网应用体系。

图 1-27　物联网的市场前景示意

3. 智能化发展

物联网应用将从目前简单的物体识别和信息采集走向真正意义上的物联网，感知、网络交互和应用平台可控可用，实现信息在真实世界和虚拟时间之间的智能化流动。

4. 重点应用领域

结合各国国情，优先发展重点行业应用，以带动物联网产业。现阶段，物联网应用处于起步阶段，产业支撑力度不足，行业需求尚需引导。一个成熟的应用需要多年培育和扶持，更需要政府通过政策加以引导和扶持。未来几年，各国都将结合本国优势产业，确定物联网应用的重点行业和领域，尤其是电力、交通、物流等全国性基础设施，以及能大力推进国民经济发展的重点经济领域，将成为物联网规模发展的主要方向。

物联网在各行各业应用的不断深化，将催生大量的新技术、新产品、新应用、新模式，其在重点行业和重点领域的应用水平明显提高。据前瞻产业研究院发布的《中国物联网行业应用领域市场需求与投资预测分析报告》显示，未来几年我国物联网行业将持续快速发展，年均增长率30%左右，2018年，物联网行业市场规模总体超过1.5万亿元。

课后习题

1. 物联网的定义有哪些？各有什么优缺点？
2. 物联网的内涵如何理解？
3. 为什么不同的组织和不同的人对物联网有不同的定义？
4. 简述物联网的网络架构。
5. 物联网的形态结构有哪些？它们各有何特点？请简单描述。

第 2 篇　感知层

第 2 章 自动识别技术

学习要求

知 识 要 点	能 力 要 求
自动识别技术	掌握自动识别技术的定义 了解自动识别技术的分类方法
条形码技术	了解一维条形码、二维条形码的结构特点及识读原理 了解 EAN、PDF417 条形码编码方法 了解二维码的优点
射频识别技术	掌握射频识别技术的基本原理与系统组成 了解 EPC 规范与编码方法 了解 RFID 的应用
机器视觉识别技术	理解机器视觉系统的类别与基本原理 了解机器视觉系统的典型结构
生物识别技术	掌握生物识别技术的基本概念 了解指纹、声纹、人脸及手掌静脉识别的基本原理

2.1 自动识别技术概述

2.1.1 自动识别技术的基本概念

自动识别技术作为一门依赖于信息技术的多学科结合的边缘技术，近几十年在全球范围内得到了迅猛发展，初步形成了一个包括条形码、磁条、光学字符识别、射频识别、声音识别及视觉识别等集计算机、声、光、磁、机电、通信技术为一体的高新技术学科。

自动识别技术就是应用一定的识别装置，通过被识别物品和识读装置之间的交互活动，自动地获取被识别物品的相关信息，并提供给后台的计算机处理系统来完成相关后续处理的一种技术。它是信息数据自动识读、自动输入计算机的重要方法和手段，是一种高度自动化的信息或者数据采集技术。

2.1.2 自动识别技术的种类

自动识别系统根据识别对象的特征可以分为两大类，分别是数据采集技术和特征提取技术。这两大类自动识别技术的基本功能都是完成物品的自动识别和数据的自动采集。数据采集技术的基本特征是需要被识别物体具有特定的识别特征载体（如标签等），而特征提取技术则根据被识别物体的本身的行为特征（包括静态的、动态的和属性的特征）来完成数据的自动采集。

1. 条形码技术

条形码技术是最早的也是最著名和最成功的自动识别技术。所谓条形码，是由一组按特定规则排列的条、空组成的图形符号，可表示一定的信息内容。识读器根据条、空对光的反射率不同，利用光电转换器件，获取条形码所示信息，并自动转换成计算机数据格式，传输给计算机信息系统。

2. 射频识别技术

射频识别（RFID）技术，也称为电子标签、无线射频识别技术，是 20 世纪 80 年代开始出现的一种自动识别技术。RFID 可以通过无线电信号识别特定目标并获取相关的数据信息，即无须在识别系统与特定目标之间建立机械或光学接触，利用射频信号通过空间耦合（交变磁场或电磁场）实现无接触信息传递，并通过所传递的信息达到识别目的的技术。射频识别技术最突出的特点：不需要人工干预，可以非接触识读（识读距离可以从 10 厘米至几十米）；可识别高速运动物体；抗恶劣环境能力强，一般污垢覆盖在标签上不影响标签信息的识读；保密性强；可同时识别多个对象或高速运动的物体等。

3. 机器视觉识别技术

机器视觉识别是用机器代替人眼来进行测量和判断，即通过机器视觉产品（即图像摄取装置，分 CMOS 和 CCD 两种）将被摄取目标转换成图像信号，传送给专用的图像处理系统，根据像素分布和亮度、颜色等信息，转变成数字信号。图像处理系统对这些信号进行各种运算来抽取目标的特征，自动识别限定的标志、字符、编码结构或可作为确切识断的基础呈现在图像内的其他特征，甚至根据判别的结果来控制现场的设备动作。

4. 生物识别技术

生物识别指的是利用可以测量的人体生物学或行为学特征来核实个人的身份。这些技术包括指纹识别、视网膜和虹膜扫描、手掌几何学、声音识别、面部识别等。对于任何需要确认个人真实身份的场合，生物识别技术都具有巨大的潜在应用市场。生物识别包括面部识别、签名识别、声音识别和指纹识别系统。

2.2 条形码技术

2.2.1 条形码概述

1. 条形码的概念

条形码（Bar Code）是由一组按一定编码规则排列的条、空符号组成的编码符号，用以表示一定的字符、数字及符号组成的信息。"条"指对光线反射率较低的部分，"空"指对光线反射率较高的部分，这些条和空组成的数据表达一定的信息，并能够用特定的设备识读，转换成与计算机兼容的二进制和十进制信息。

2. 条形码符号的构成

一个条形码图案由数条黑色和白色线条组成，如图 2-1 所示。一个完整的条形码的组成次序：静区（前，左侧空白区）、起始符、数据符、中间分割符（主要用于 EAN 码）、校验符、终止符、静区（后，右侧空白区）。同时，下侧附有供人识别的字符。

图 2-1　条形码符号的构成

3. 条形码的应用

条形码具有可靠准确、数据输入速度快、经济便宜、灵活实用、自由度大、设备简单等优越性，在当今的自动识别技术中占有重要的地位。目前，条形码技术已被广泛应用于商业、邮政、图书管理、仓储、工业生产过程控制、交通等领域。国际上广泛使用的条形码种类有 EAN、UPC 码（商品条形码，用于在世界范围内唯一标识一种商品，超市中最常见的就是这种条形码）、Code39 码（标准 39 码，可表示数字和字母，在管理领域应用最广）、ITF25 码（交叉 25 码，在物流管理中应用较多）、Codebar 码（库德巴码，多用于医疗、图书领域）、Code93 码、Code128 码等。其中，EAN 码是当今世界上广为使用的商品条形码，已成为电子数据交换（EDI）的基础；Code39 码因其可采用数字与字母共同组成的方式而在各行业内部管理中被广泛使用；在血库、图书馆和照相馆的业务中，Codebar 码也被广泛使用。

二维条形码作为一种新的信息存储和传递技术，可把照片、指纹编制于其中，可有效地解决证件的可机读和防伪问题，已广泛应用于护照、身份证、行驶证、军人证、健康证、保险卡等防伪领域。同时，二维条形码也在国防、公共安全、交通运输、医疗保健、工业、商业、金融、海关及政府管理等多个领域得到了广泛应用。

2.2.2　条形码的分类和编码方法

1. 条形码的分类

条形码的分类方法有很多种，主要依据条形码的编码结构和条形码的性质进行分类。按条形码的长度，可分为定长和非定长条形码；按排列方式，可分为连续型和非连续型条形码；按校验方式，可分为自校验和非自校验条形码；按照维数，可分为一维条形码和二维条形码；按应用场合，又可分为金属条形码、荧光条形码等。

（1）按码制分类

条形码种类很多，常见的大概有 20 多种码制，其中，包括 Code39 码（标准 39 码）、Codebar 码（库德巴码）、Code25 码（标准 25 码）、ITF25 码（交叉 25 码）、Matrix25 码（矩阵 25 码）、UPC-A 码、UPC-E 码、EAN-13 码（EAN-13 国际商品条形码）、EAN-8 码（EAN-8 国际商品条形码）、中国邮政码（矩阵 25 码的一种变体）、Code-B 码、MSI 码、Code11 码、

Code93 码、ISBN 码、ISSN 码、Code128 码（Code128 码，包括 EAN128 码）、Code39EMS（EMS 专用的 39 码）等一维条形码和数据矩阵码（Data Matrix）、Maxi 码、Aztec 码、快速响应码、Vericode 码、PDF417 码、Ultracode 码、Code49 码等二维条形码。

（2）按维数分类

按维数条形码可分为一维条形码、二维条形码、多维条形码等。

一维条形码只是在一个方向（一般是水平方向）上表达信息，而在垂直方向上则不表达任何信息，其固定的高度通常是为了便于阅读器的对准。一维条形码的应用可以提高信息录入的速度，减少差错率，但是一维条形码也存在数据容量较小（30 个字符左右），只能包含字母和数字，条形码尺寸相对较大（空间利用率较低），条形码遭到损坏后便不能阅读等一些不足。

二维条形码在平面的横向和纵向上都能表示信息，所以与一维条形码比较，二维条形码所携带的信息量和信息密度都提高了几倍，二维条形码可表示图像、文字、甚至声音。二维条形码的出现，使条形码技术从简单地标识物品转化为描述物品，它的功能起到了质的变化，条形码技术的应用领域也随之扩大。

2．条形码的编码方法

一般来说，条形码的编码方法有两种：宽度调节法和模块组合法。

宽度调节法是指条形码中条与空的宽窄设置不同，用宽单元表示二进制的"1"，而用窄单元表示二进制的"0"，宽窄单元之比一般控制在 2～3。

模块组合法是指条形码符号中，条与空是由标准宽度的模块组成的。一个标准宽度的条模块表示二进制的"1"，而一个标准宽度的空模块表示二进制的"0"。商品条形码模块的标准宽度是 0.33mm。

（1）EAN 编码方法

一维条形码主要有 EAN 和 UPC 两种，其中，EAN 码是我国主要采取的编码标准。EAN 是欧洲物品条形码（European Article Number Bar Code）的英文缩写，是以消费品为使用对象的国际统一商品代码。只要用条形码阅读器扫描该条形码，便可以了解该商品的名称、型号、规格、生产厂商、所属国家或地区等丰富信息。

EAN 通用商品条形码是模块组合型条形码，模块是组成条形码的最基本宽度单位，每个模块的宽度为 0.33mm。在条形码符号中，表示数字的每个条形码字符均由两个条和两个空组成，它是多值符号码的一种，即在一个字符中有多种宽度的条和空参与编码。条和空分别由 1～4 个同一宽度的深、浅颜色不同的模块组成，一个模块的条表示二进制的"1"，一个模块的空表示二进制的"0"，每个条形码字符共有 7 个模块，即一个条形码字符条、空宽度之和为单位元素的 7 倍，相邻元素如果相同，则从外观上合并为一个条或空，并规定每个字符在外观上包含的条和空的个数必须均为 2，所以 EAN 码是一种（7，2）码。EAN 条形码字符包括 0～9 共10 个数字字符，但对应的每个数字字符有 3 种编码形式，左侧数据符奇排列、左侧数据符偶排列以及右侧数据符偶排列。这样 10 个数字将有 30 种编码，数据字符的编码图案也有 30 种，至于从这 30 个数据字符中选哪 10 个字符，要视具体情况而定。在这里，所谓的奇或偶是指所含二进制"1"的个数为偶数或奇数。

EAN 条形码有两个版本，一个是 13 位标准条形码（EAN-13 条形码），另一个是 8 位缩短条形码（EAN-8 条形码）。EAN-13 条形码由代表 13 位数字码的条形码符号组成，如图 2-2 所示。

图 2-2 的 EAN-13 条形码格式中，前 2 位（$F_1 \sim F_2$，欧盟采用）或前 3 位（$F_1 \sim F_3$，其他国家采用）数字为国家或地区代码，称为前缀码或前缀号。例如，我国为 690，日本为 49*，澳大利亚为 93* 等（其中的"*"表示 0~9 的任意数字）。前缀后面的 5 位（$M_1 \sim M_5$）或 4 位（$M_1 \sim M_4$）数字为商品制造商的代码，是由该国编码管理局审查批准并登记注册的。制造

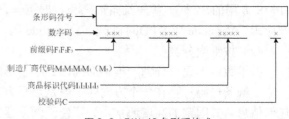

图 2-2　EAN-13 条形码格式

商代码后面的 5 位（$I_1 \sim I_5$）数字为商品代码或商品项目代码，用以表示具体的商品项目，即具有相同包装和价格的同一种商品。最后一位数字为校验码，用以提高数据的可靠性和校验数据输入的正确性，校验码的数值按国际物品编码协会规定的方法计算。

EAN-13 条形码的构成如图 2-3 所示。

左侧空白	起始符	左侧数字符6位数字	中间分隔符	右侧数字符6位数字	校验符1位数字	终止符	右侧空白

图 2-3　典型 EAN-13 条形码的构成

一个 EAN-13 条形码图案由数条黑色和白色线条组成，如图 2-4 所示。

图 2-4 条形码图案实例分成 5 个部分，从左至右分别为起始部分、第一数据部分、中间部分、第二数据部分和结尾部分。

① 起始部分：由 11 条线组成，从左至右分别是 8 条白线、一条黑线、一条白线和一条黑线。

② 第一数据部分：由 42 条线组成，是按照一定的算法形成的，包含了左侧数据符（$d_1 \sim d_6$）数字的信息。

③ 中间部分：由 5 条线组成，从左到右依次是白线、黑线、白线、黑线、白线。

图 2-4　EAN-13 条形码图案实例

④ 第二数据部分：由 42 条线组成，是按照一定的算法形成的，包含了右侧数据符（$d_7 \sim d_{12}$）数字的信息。

⑤ 结尾部分：由 11 条线组成，从左至右分别是一条黑线、一条白线和一条黑线、8 条白线。

校验码的主要作用是防止条形码标志因印刷质量低劣或包装运输中引起标志破损而造成扫描设备误读信息。作为确保商品条形码识别正确性的必要手段，条形码用户在标志设计完成后，代码的正确与否将直接关系到用户的自身利益。对代码的验证、校验码的计算是标志商品质量检验的重要内容之一，应该谨慎严格，需确定代码无误后才可用于产品包装。

（2）PDF417 条形码编码方法

美国 Symbol 公司于 1991 年最先正式推出一种公开域内的 PDF417 二维条形码，即"便携式数据文件"。PDF417 条形码是一种高密度、高信息含量的便携式数据文件，是实现证件及卡片等大容量、高可靠性信息自动存储、携带，并可用机器自动识读的理想手段。

中华人民共和国国家标准 GB/T 17172—1997 文件规定了 417 条形码的相关定义、结构、尺寸及技术要求，具体如下。

① 符号字符（symbol character）：条形码符号中，由特定的条、空组合而成的表示信息

的基本单位。

② 码字（codeword）：符号字符的值。

③ 簇（cluster）：构成 417 条形码符号字符集的与码字集对应的相互独立的子集。

④ 全球标记标识符（Global Label Identifier，GLI）：对数据流的一种特定解释的标识。

⑤ 拒读错误或删除错误（rejection error）：在确定位置上的符号字符的丢失或不可译码。

⑥ 替代错误或随机错误（substitution error）：在随机位置上的符号字符的错误译码。

下面介绍一下 PDF417 条形码的符号。

417 条形码符号是一个多行结构，符号的顶部和底部为空白区，上、下空白区之间为多行结构，每行数据符号字符数相同，行与行左右对齐直接衔接。其最小行数为 3，最大行数为 90。图 2-5 为 PDF417 条形码符号的结构示意图。

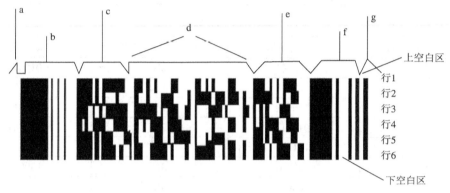

图 2-5　PDF417 条形码符号结构示意图

a—左空白区；b—起始符；c—左行指示符号字符；d—1～30 个数据符号字符；
e—右行指示符号字符；f—终止符；g—右空白区

PDF417 条形码可表示数字、字母或二进制数据，也可表示汉字。同时，二维条形码可把照片、指纹、视网膜等扫描编码于其中，可有效解决证件的可机读和防伪问题。一个 PDF417 条形码最多可容纳 1850 个字符或 1108 个字节的二进制数据，如果只表示数字，则可容纳 2710 个数字。PDF417 的纠错能力依错误纠正码字数的不同分为 0～8 共 9 级，级别越高，纠正码字数越多，纠正能力越强，条形码也越大。当纠正等级为 8 时，即使条形码污损 50%，也能被正确读出。

2.2.3　条形码的生产方法

下面以 EAN-13 条形码的生成为例，说明条形码的生成方法。

（1）由 d_0 根据表 2-1 产生和 d_1～d_6 匹配的字母码，该字母码由 6 个字母组成，字母限于 A 和 B。

（2）将 d_1～d_6 和 d_0 产生的字母码按位进行搭配，产生一个数字-字母匹配对，并通过查表 2-2 生成条形码的第一数据部分。

（3）将 d_7～d_{12} 和 C 进行搭配，并通过查表 2-2 生成条形码的第二数据部分。

（4）按照两部分数据绘制条形码：1 对应黑线，0 对应白线。例如，假设一个条形码的数据码为 6901038100578。d_0=6，对应的字母码为 ABBBAA，d_1～d_6 和 d_0 产生的字母码按位进行搭配结果为 9A、0B、1B、0B、3A、8A，查表 2-2，得第一部分数据的编码分别为 0001011、

0100111、0110011、0100111、0111101、0110111；$d_7 \sim d_{12}$ 和 C 进行搭配的结果为 1C、0C、0C、5C、7C、8C，查表 2-2，得第二部分数据的编码分别为 1100110、1110010、1110010、1001110、1000100、1001000。

表 2-1 映射表

数　字	字　母　码	数　字	字　母　码
0	AAAAAA	5	ABBAAB
1	AABABB	6	ABBBAA
2	AABBAB	7	ABABAB
3	AABBBA	8	ABABBA
4	ABAABB	9	ABBABA

表 2-2 数字-字母映射表

数字-字母匹配对	二进制信息	数字-字母匹配对	二进制信息
0A	0001101	0B	0100111
0C	1110010	1A	0011001
1B	0110011	1C	1100110
2A	0010011	2B	0011011
2C	1101100	3A	0111101
3B	0100001	3C	1000010
4A	0100011	4B	0011011
4C	1011100	5A	0110001
5B	0111001	5C	1001110
6A	0101111	6B	0000101
6C	1010000	7A	0111011
7B	0010001	7C	1000100
8A	0110111	8B	0001001
8C	1001000	9A	0001011
9B	0010111	9C	1110100

2.2.4 条形码识读原理与技术

1. 条形码识读原理

为了阅读出条形码所代表的信息，需要一套条形码识别系统，它由条形码扫描器、放大整形电路、译码接口电路和计算机系统等部分组成（见图 2-6）。

因为不同颜色的物体其反射的可见光的波长不同，白色物体能反射各种波长的可见光，黑色物体则吸收各种波长的可见光，所以当条形码扫描器（或称条形码阅读器）光源发出的光经光源及凸透镜 1 照射到黑白相间的条形码上时，反射光经凸透镜 2 聚焦后照射到光电转换器上，于是光电转换器接收到与白条和黑条相应的强弱不同的反射光信号，并转换成相应的电信号输出到放大整形电路。白条、黑条的宽度不同，相应的电信号持续时间长短也不同。但是，由光电转换器输出的与条形码的条和空相应的电信号一般仅为 10mV 左右，不能被直接使用，因而先要将光电转换器输出的电信号送放大器放大。放大后的电信号仍然是一个模拟电信号，为了避免由条形码中的疵点和污点导致错误信号，在放大电路后需加一整形电路，把模拟信号转换成数字信号，以便计算机系统能准确判读。整形电路的脉冲数字信号经译码器译成数字、字符信息，它通过识别起始、终止字符来判别出条形码符号的码制及扫描方向，通过测量脉冲数字电信号 0、1 的数目来判别出条和空的数目，通过测量 0、1 信号持续的时间来判别条和空的宽度。这样便得到了被辨读的条形码符号的条和空的数目，以及相应的宽度和所用码制，根据码制所对应的编码规则，便可将条形符号转换成相应的数字、字符信息，通过接口电路输送给计算机系统进行数据处理与管理，至此便完成了条形码辨读的全过程。

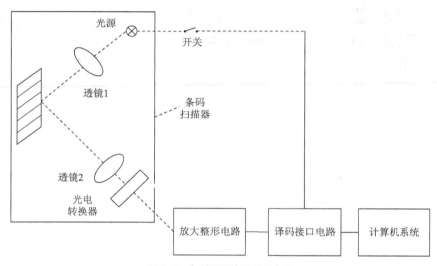

图 2-6 条形码识读原理示意图

2. 条形码阅读器

条形码阅读器又称条形码扫描器、条形码扫描枪。普通的条形码阅读器通常采用以下几种技术：光笔、光耦合装置、激光、影像型红光。

（1）光笔条形码扫描器。光笔是最先出现的一种手持接触式条形码阅读器，它也是最为经济的一种条形码阅读器（见图 2-7）。使用时，操作者需将光笔接触到条形码表面，通过光笔的镜头发出一个很小的光点，当这个光点从左到右划过条形码时，在"空"的部分，光线被反射，在"条"的部分，光线将被吸收，因此在光笔内部产生一个变化的电压，这个电压通过放大、整形后用于译码。

（2）激光条形码扫描器。可分为手持式和固定式两种，分别如图 2-8 和图 2-9 所示。其中，手持式激光条形码扫描器的基本工作原理为：一个激光二极管发出一束光线，照射到一个旋转的棱镜或来回摆动的镜子上，反射后的光线穿过阅读窗照射到条形码表面，光线经过条或空的反射后返回阅读器，由一个镜子进行采集、聚焦，通过光电转换器转换成电信号，最后通过扫描器或终端上的译码软件对信号进行译码。

（3）CCD 阅读器。CCD 阅读器使用一个或多个 LED，发出的光线能够覆盖整个条形码，条形码的图像被传到一排光上，被每个单独的光电二极管采样，由邻近的探测结果为"黑"或"白"区分每一个条或空，从而确定条形码的字符，换言之，CCD 阅读器不是阅读每一个"条"或"空"，而是阅读条形码的整个部分，并转换成可以译码的电信号。3 种 CCD 条形码扫描器分别如图 2-10、图 2-11 和图 2-12 所示。

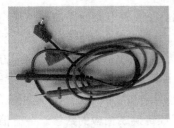  

图 2-7　光笔条形码扫描器　　　图 2-8　手持式激光条形码扫描器　　　图 2-9　固定式激光条形码扫描器

图 2-10　手持式 CCD 条形码扫描器　　　图 2-11　固定式 CCD 条形码扫描器　　　图 2-12　基于安卓平台的手机条形码扫描器

　　手机条形码扫描器能扫描条形码到各款智能手机，并与之成为一体，通过调用手机镜头的照相功能，软件将快速扫描识别出一维码和二维码内的信息，使得手机变身数据采集器，能很好地应用于快递物流、医疗管理、家电售后、销售管理、政府政务等各个行业，帮助企业提高移动办事效率，降低规模成本。

2.2.5　二维码

1. 二维码概述

　　二维码是用某种特定的几何图形按一定规律在平面（二维方向）上分布黑白相间的图形记录数据符号信息的；在代码编制上巧妙地利用构成计算机内部逻辑基础的"0""1"比特流的概念，使用若干个与二进制相对应的几何形体来表示文字数值信息，通过图像输入设备或光电扫描设备自动识读，以实现信息自动处理。它具有条形码技术的一些特性，每种码制有其特定的字符集，每个字符占有一定的宽度，具有一定的校验功能等。同时，还具有对不同行的信息自动识别的功能，以及处理图形旋转变化等的特点。

　　二维条形码也有许多不同的编码方法，或称码制。就这些码制的编码原理而言，通常可分为以下 3 种类型。

　　（1）线性堆叠式二维码：在一维条形码编码原理的基础上，将多个一维码在纵向上堆叠而产生的。典型的码制如 Code16K 码、Code49 码、PDF417 码、Stacked 码等。Stacked 码如图 2-13 所示。

　　（2）矩阵式二维码：在一个矩形空间通过黑、白像素在矩阵中的不同分布进行编码。典型的码制如 Aztec、Maxi Code、QR Code、Data Matrix 等。Data Matrix 码如图 2-14 所示。

　　（3）邮政码：通过不同长度的条进行编码，主要用于邮件编码，如 Postnet、BPO 4-State。

2. 二维码基本原理

　　快速响应（Quick-Response，QR）码是被广泛使用的一种二维码，解码速度快。它可以存储多用类型数据。我们以 QR 码为例来说明二维码的基本原理。

　　（1）QR 码的基本结构。图 2-15 为一个 QR 码的基本结构。

Stacked

图 2-13 Stacked 码

Matrix

图 2-14 Data Matrix 码

图 2-15 QR 码基本结构

① 位置探测图形、位置探测图形分割符、定位图形：用于对二维码的定位，对每个 QR 码来说，位置都是固定存在的，只是大小规格会有所差别。

② 校正图形：规格确定，校正图形的数量和位置也就确定了。

③ 格式信息：表示该二维码的纠错级别，分为 L、M、Q、H。

④ 版本信息：即二维码的规格，QR 码符号共有 40 种规格的矩阵（一般为黑白色），从 21×21（版本 1）到 177×177（版本 40），每一版本都比前一版本每边增加 4 个模块。

⑤ 数据和纠错码字：实际保存的二维码信息和纠错码字（用于修正二维码损坏带来的错误）。

（2）QR 码简要的编码过程。叙述如下。

① 数据分析。确定编码的字符类型，按相应的字符集转换成符号字符；选择纠错等级，在规格一定的条件下，纠错等级越高其真实数据的容量越小。

② 数据编码。将数据字符转换为位流，每 8 位一个码字，整体构成一个数据的码字序列。其实知道这个数据码字序列就知道了二维码的数据内容（见表 2-3）。

表 2-3　　　　　　　　　　各种模式字符对应的指示符

模　式	指　示　符	模　式	指　示　符
ECI	0111	中国汉字	1101
数字	0001	结构链接	0011

续表

模　式	指　示　符	模　式	指　示　符
字母数字	0010	FNC1	0101（第一位置）
8 位字节	0100		1001（第二位置）
日本汉字	1000	终止符（信息结尾）	0000

③ 纠错编码。按需要将上面的码字序列分块，并根据纠错等级和分块的码字产生纠错码字，并把纠错码字加入数据码字序列后面，成为一个新的序列。在二维码规格和纠错等级确定的情况下，其实它所能容纳的码字总数和纠错码字数也就确定了，比如，版本 10，纠错等级为 H 时，总共能容纳 346 个码字，其中有 224 个纠错码字。也就是说，二维码区域中大约 1/3 的码字是冗余的。这 224 个纠错码字能够纠正 112 个替代错误（如黑白颠倒）或者 224 个拒读错误（无法读到或者无法译码），这样纠错容量为 112/346=32.4%，大概错误修正容量如表 2-4 所示。

表 2-4　　　　　　　　　　　QR 码错误修正容量

L 水平	7%的字码可被修复	Q 水平	25%的字码可被修复
M 水平	15%的字码可被修复	H 水平	30%的字码可被修复

④ 构造最终数据信息。在规格确定的条件下，将上面产生的序列按次序放入分块。按规定把数据分块，然后对每一块进行计算，得出相应的纠错码字区块，把纠错码字区块按顺序构成一个序列，添加到原先的数据码字序列后面，如 D1，D12，D23，D35，D2，D13，D24，D36，…，D11，D22，D33，D45，D34，D46，E1，E23，E45，E67，E2，E24，E46，E68，…。

⑤ 构造矩阵。将探测图形、分割符、定位图形、校正图形和码字模块放入矩阵，如图 2-16 所示。QR 码的每种版本都对应各自的图形矩阵，该矩阵是 $n×n$ 模块构成的正方形阵列。除了周围的空白区外，整个图形分为功能图形区域和编码区域。功能图形区域包括寻像图形、定位图形、校正图形和分割符等；编码区域包括数据和纠错码字、格式信息和版本信息等。对于不同版本来说，功能图形的位置都是确定的。

⑥ 掩摸。将掩摸图形用于符号的编码区域，使得二维码图形中的深色和浅色（黑色和白色）区域能够呈现比率最优的分布。

图 2-16　矩阵构造图

⑦ 格式和版本信息。生成格式和版本信息放入相应区域。版本 7～版本 40 都包含了版本信息，没有版本信息的全为 0。二维码上有两个位置包含了版本信息，它们是冗余的。版本信息共 18 位，6×3 的矩阵，其中 6 位是数据位，如版本号 8 对应的数据位的信息是 001000，后面的 12 位是纠错位。

3．加密二维码的优点

与传统的条形码相比，加密二维码有以下优点。

（1）符号面积小。由于二维码的横向以及纵向都携带有信息，二维码能够编码同样数量的数据但是只占传统条形码空间的 1/10。一维条形码与二维码的面积比较如图 2-17 所示。

（2）高容量的数据编码。以前的条形码只能存储最多 20 位数，而二维码是能够处理数十甚至数百倍的信息的。二维码可以处理不同类型的数据，比如假名、二进制和控制代码、平假名、符号、数字等。多达 7 089 个字符都能编码在同一个二维码符号中。

（3）抗污和抗损伤。二维码具有纠错能力，即使二维码符号部分毁坏，数据也是可以恢复的，而且最多可以恢复到 30%的编码字。可恢复的二维码图片损伤如图 2-18 所示。

图 2-17　一维条码与二维条码面积比较　　　　图 2-18　可恢复的损伤的二维码

（4）结构化附加功能。二维码能够分为多个数据区域，但存储在多个二维码中的信息能够作为单独的数据符号进行重建。一个数据符号能够分为 16 个符号，允许印刷在同一个窄小的区域。同样的数据能够从上部符号读取或者低 4 个符号读取。如图 2-19 所示。

（5）任何方向可读。二维码可以 360 度高速读取，因为二维码可通过位置检测模式定位于坐落在三个角落的符号。位置检测模式保证平稳的高速读取，回避产生负面影响的背景干扰。

图 2-19　一个二维码中含有多个二维码

（6）个人信息的安全性。在信息时代，人们更加注重个人的信息安全，加密后的二维码具有保护个人隐私的优点，比单纯的二维码更加安全。

Base64 是一个函数，使用方便，可以将二进制流转换为字符流。数据加密标准（Data Encryption Standard，DES）算法的优点：DES 加密算法密钥只用到了 64 位中的 56 位，具有更高的安全性。采用这两种加密方式能实现基于安卓系统的加密二维码生成、扫描技术的研究与实现。

2.2.6　条形码技术的应用

条形码功能强大，具有输入速度快、准确率高、可靠性强等特点，在商品流通、工业生产、仓储标证管理、信息服务等领域具有广泛的应用。在供应链物流领域，条形码技术就像是一条纽带，把产品生命周期各阶段发生的信息连接在一起，可跟踪产品从生产到销售的全过程。条形码可贯穿整个生产环境，具体应用包括仓库货物管理、生产线人员管理、流水线的生产管理、货物信息控制及跟踪管理等。

2.3　射频识别（RFID）技术

2.3.1　射频识别技术概述

1. RFID 的概念

RFID 是一种非接触式的自动识别技术，是一项利用射频信号通过空间耦合（交变磁场或电磁场）实现无接触信息传递并通过所传递的信息达到识别目的的技术。它通过射频信号自动识别目标对象并获取相关数据，识别工作无须人工干预，可工作于各种恶劣环境。RFID技术可识别高速运动物体并可同时识别多个标签，操作快捷、方便。短距离射频产品可工作于油渍、灰尘污染等恶劣的环境，可在这样的环境中替代条形码，如在工厂的流水线上跟踪物体；长距离射频产品多用于交通，识别距离可达几十米，如自动收费或车辆身份识别等。

射频识别系统通常由电子标签（应答器，Tag）和阅读器（读头，Reader）组成。

2. RFID 的特点

RFID 是一项易于操控、简单实用且特别适合用于自动化控制的灵活性应用技术，其所具备的独特优越性是其他识别技术无法企及的。它既可支持只读工作模式，也可支持读写工作模式，且无须接触或瞄准；可自由工作在各种恶劣环境下；可进行高度的数据集成。另外，该技术很难被仿冒、侵入，这使得 RFID 具备了极高的安全防护能力。

与传统的条形码识别技术相比，RFID 具有以下优势。

（1）快速扫描。条形码识别设备一次只能扫描一个条形码。RFID 辨识器可同时辨识、读取多个 RFID 标签。

（2）体积小型化、形状多样化。RFID 在读取上并不受尺寸大小与形状的限制，无须为了读取精确度而配合纸张的固定尺寸和印刷品质。此外，RFID 标签更可往小型化与多样形态发展，以应用于不同产品。

（3）抗污染能力和耐久性。传统条形码的载体是纸张，因此容易受到污染，而 RFID 对水、油和化学药品等物质具有很强抵抗性。此外，因为条形码是附于塑料袋或外包装纸箱上的，所以特别容易受到损坏；而 RFID 卷标是将数据存于芯片中，因此可以免受污损。

（4）可重复使用。现今的条形码印刷之后就无法更改，RFID 标签则可以重复新增、修改、删除 RFID 卷标内存储的数据，方便信息的更新。

（5）穿透性和无屏障阅读。在被覆盖的情况下，RFID 能够穿透纸张、木材和塑料等非金属或非透明的材质，并能够进行穿透性通信。条形码扫描机必须在近距离且没有物体阻挡的情况下才可以辨读条形码。

（6）数据的存储容量大。一维条形码的容量是 50 字符，二维条形码最大可存储 2000～3000个字符，RFID 最大的容量则有数兆个字符。随着存储载体的发展，数据容量也有不断扩大的趋势。未来物品所需携带的信息量会越来越大，对卷标所能扩充容量的需求也相应增加。

（7）安全性。RFID 承载的是电子式信息，其数据内容可经由密码保护，以使其内容不易被伪造及变造。

2.3.2 射频识别系统的组成

RFID 系统在具体的应用过程中，根据不同的应用目的和应用环境，系统的组成会有所不同，但从 RFID 系统的工作原理来看，系统一般都由图 2-20 所示的信号发射机（电子标签）、信号接收机（阅读器）、发射接收天线几部分组成。

（1）电子标签（Tag，或称射频标签、应答器）：由芯片及内置天线组成。芯片内保存有一定格式的电子数据，作为待识别物品的标识性信息，是射频识别系统真正的数据载体。内置天线用于与射频天线进行通信。

（2）阅读器：读取或读/写电子标签信息的设备。主要任务是控制射频模块向标签发射读取信号，并接收标签的应答，对标签的对象标识信息进行解码，将对象标识信息连带标签上的其他相关信息传输到主机以供处理。

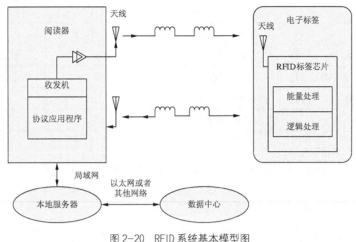

图 2-20 RFID 系统基本模型图

（3）天线：标签与阅读器之间传输数据的发射、接收装置。

在 RFID 系统中，信号发射机为了不同的应用目的，会以不同的形式存在，典型的形式是标签。信号接收机一般称为阅读器。对于可读可写标签系统，还需要编程器，完成向标签写入数据的功能。天线是标签与阅读器之间传输数据的发射、接收装置。

电子标签与阅读器之间通过耦合元件实现射频信号的空间（无接触）耦合，在耦合通道内，根据时序关系，实现能量的传递和数据的交换。由图 2-20 可以看出，射频识别系统的工作过程，始终以能量为基础，通过一定的时序方式来实现数据的交换。因此，在 RFID 工作的空间通道中存在着 3 种事件模型：以能量提供为基础的事件模型、以时序方式实现数据交换的事件模型、以数据交换为目的的事件模型。

2.3.3 射频识别系统的主要技术

当前，RFID 技术研究主要集中在工作频率选择、天线设计、防冲突技术和安全与隐私保护等方面。

1. 工作频率选择

工作频率选择是 RFID 技术研究中的一个关键问题。工作频率的选择，既要适应各种不同的应用需求，还要考虑各国对无线电频段使用和发射功率的规定。当前 RFID 工作频率跨越多个频段，不同频段具有各自的优缺点，既影响标签的性能和尺寸大小，也影响标签与读写器的价格。此外，无线电发射功率的差别也会影响读写器的作用距离。

低频段能量相对较低，数据传输率较小，无线覆盖范围受限。为扩大无线覆盖范围，必须扩大标签天线尺寸。尽管低频无线覆盖范围比高频无线覆盖范围小，但天线的方向性不强，具有相对较强的绕开障碍物能力。低频段可采用 1～2 根天线，以实现无线作用范围的全区域覆盖。此外，低频段电子标签的成本相对较低，且具有卡状、环状、纽扣状等多种形状。高频段能量相对较高，适于长距离应用。低频功率损耗与传播距离的立方成正比，而高频功率损耗与传播距离的平方成正比。由于高频以波束的方式传播，故可用于智能标签定位。其缺点是容易被障碍物阻挡，易受反射和人体扰动等因素影响，不易实现无线作用范围的全区域覆盖。高频段数据传输率相对较高，且通信质量较好。表 2-5 为 RFID 频段特性表。

表 2-5 RFID 频段特性表

频　　段	描　　述	作用距离	穿透能力
125kHz～134kHz	低频（LF）	45cm	能穿透大部分物体
13.553MHz～13.567MHz	高频（HF）	1～3m	勉强能穿透金属和液体
400MHz～1 000MHz	超高频（UHF）	3～9m	穿透能力较弱
2.45GHz	微波（Microwave）	3m	穿透能力较弱

2. RFID 天线设计

天线是一种以电磁波形式把无线电收发机的射频信号功率接收或辐射出去的装置。天线按工作频段可分为短波天线、超短波天线、微波天线等；按方向性可分为全向天线、定向天线等；按外形可分为线状天线、面状天线等。

受应用场合的限制，RFID 标签通常需要贴在不同类型、不同形状的物体表面，甚至需要嵌入物体内部。RFID 标签在要求低成本的同时还要求具有高的可靠性。此外，标签天线和读写器天线还分别承担着接收能量和发射能量的作用，这些因素对天线的设计提出了严格要求。当前对 RFID 天线的研究主要集中在天线结构和环境因素对天线性能的影响上。

天线结构决定了天线方向图、极化方向、阻抗特性、驻波比、天线增益和工作频段等特性。方向性天线由于具有较少回波损耗，比较适合电子标签应用；由于 RFID 标签放置方向不可控，读写器天线必须采取圆极化方式（其天线增益较大）；天线增益和阻抗特性会对 RFID 系统的作用距离产生较大影响；天线的工作频段对天线尺寸以及辐射损耗有较大影响。

天线特性受所标识物体的形状及物理特性影响。例如，金属物体对电磁信号有衰减作用，金属表面对信号有反射作用，弹性基层会造成标签及天线变形，物体尺寸对天线大小有一定的限制等。人们根据天线的以上特性提出了多种解决方案，如采用曲折型天线解决尺寸限制，采用倒 F 型天线解决金属表面的反射问题等。

天线特性还受天线周围物体和环境的影响。障碍物会妨碍电磁波传输；金属物体产生电磁屏蔽，会导致无法正确地读取电子标签内容；其他宽频带信号源，如发动机、水泵、发电机和交直流转换器等，也会产生电磁干扰，影响电子标签的正确读取。如何减少电磁屏蔽和电磁干扰，是 RFID 技术研究的一个重要方向。

3. 防冲突技术

由于 RFID 系统的特点之一是可以多目标识别，但同时有多个识别进程时就会产生冲突。在 RFID 系统中，冲突又分为标签冲突（见图 2-21）和阅读器冲突（见图 2-22）。

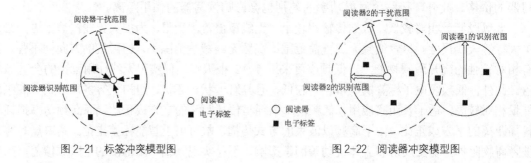

图 2-21　标签冲突模型图　　　　　　图 2-22　阅读器冲突模型图

标签冲突是指在阅读器可识别范围内有可能会有多个标签同时响应,向阅读器发送数据。当两个或两个以上阅读器的工作范围相互重叠时，会导致重叠范围内的标签同时接收到多个阅读器的识别命令，在多个阅读器对同一个标签进行识别的过程中，由于标签无法区分查询指令具体来自于哪一个阅读器，从而会产生阅读器冲突。下面介绍两类标签防冲突算法。

（1）基于 ALOHA 的防冲突算法

① 纯 ALOHA 防冲突算法。ALOHA 算法是一种随机接入方法，当任意一个标签接收到阅读器广播的识别命令之后，立即以定长信息包形式向阅读器发送其表示符号，在标签发送数据的过程中，若有其他标签也在发送标识符，则它们之间的信号发送叠加导致冲突或部分冲突。阅读器接收信号之后，检测是否有冲突发生。如没有冲突发生，阅读器正确识别标签标识符并发送确认消息；如有冲突发生，阅读器就发送冲突确认，标签接收到冲突确认之后随机独立地等待一段时间后再重新发送以避免冲突，直到发送成功为止。该算法总结为以下3 个过程。

- 系统范围内各标签随机选择某个时间点发送数据信息。
- 阅读器对接收的数据信息进行检测，判断是否有冲突发生。
- 标签发送完数据信息被检测到冲突，随机等待一段时间再重新发送。

ALOHA 算法的模型图如图 2-23 所示。

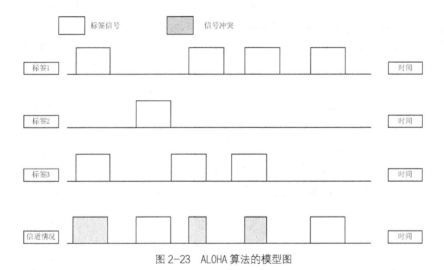

图 2-23　ALOHA 算法的模型图

② 时隙 ALOHA 防冲突算法。纯 ALOHA 算法简单，易于实现，但信道利用率仅为 18.4%，性能非常不理想。针对这个问题，很多人提出方案进行改进，其中，S-ALOHA（分时隙 ALOHA）算法将纯 ALOHA 算法的时间分为若干时隙，每个时隙大于或等于标签标识符发送的时间长度，并且每个标签只能在时隙开始时刻发送标识符。S-ALOHA 协议需要发送时间进行同步，由 RFID 系统阅读器通过时隙开始命令实现时隙的同步控制。S-ALOHA 算法模型图如图 2-24 所示。每个标签的传送起始时间被时隙所限定，只能有完全识别和完全冲突两种情况，杜绝了部分发生冲突，因而 S-ALOHA 协议的信道利用率达到 36.8%，是纯 ALOHA 的两倍。

③ 基于帧的时隙 ALOHA 防冲突算法。在 S-ALOHA 算法的基础上，将若干个时隙组织为一帧，阅读器以帧为单元进行识别，这就是基于帧的时隙 ALOHA（FSA）防冲突算法。其识别过程如下。

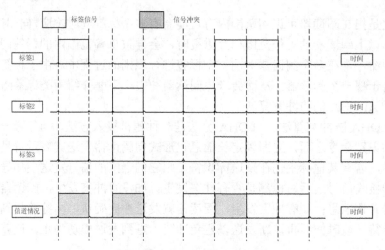

图 2-24　S-ALOHA 算法模型图

- 在每一帧开始时，阅读器广播帧的长度 f，即帧所包含的时隙个数，并激活场中所有标签。
- 每个标签在接收到帧长之后随机独立地在 $0 \sim (f-1)$ 中选择一个整数作为自己发送标识符的时隙序号，并将其存在寄存器 SN 中。
- 紧接着，阅读器通过时隙开始命令启动一个新的时隙，如果标签 SN 的值等于 0 则立即发送标识符，如果不等于 0 则只让标识符减 1 而不发送标识符。
- 如果发送成功即无冲突发生，则该标签立即进入休眠状态，之后的时隙不再活动；如果冲突发生，则该标签进入等待状态，在下一帧中再选择一个时隙重新发送。

这个过程一直重复持续下去，直到阅读器在某一帧中没有收到任何标签信号，则认为所有标签均被识别。FSA 算法模型如图 2-25 所示，图中帧长为 3，即每一帧有 3 个时隙。每个标签在每一帧中只能产生 $0 \sim 2$ 的随机数。标签选择一个随机数代表的时隙进行数据传输。每个标签在一个帧内只有一次选择时隙的机会，只能向阅读器发送一次数据。FSA 的优点在于逻辑简单，电路设计简单，所需内存少，且在帧内只随机发送一次，这样能够更进一步地降低冲突的概率。FSA 是 RFID 系统中最常用的一种基于 ALOHA 的防冲突算法。

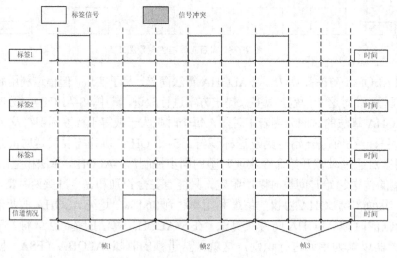

图 2-25　FSA 算法模型

④ Q 算法。FSA 算法中帧的长度是固定的，当标签个数远大于帧的长度时，冲突发生的概率会增大，识别标签的时间也会极大地增加，相反，当标签个数远小于帧的长度时，会造成时隙的巨大浪费，也会增加识别的时间。从理论方面很容易证明只有当帧的长度等于阅读器场内标签数目时，FSA 的性能才能达到最大。但是，实际中标签的数目是未知的，并且动态变化，所以 FSA 帧长的设置是一个难题。为了解决 FSA 算法的局限性，动态自适应设置帧长度的算法呼之而出。目前流行的帧长度调整的方法有两种：一种方法是根据前一帧通信获取的空的时隙数目、发生碰撞的时隙数目和成功识别的标签的时隙数目来估计当前的标签数，从而设置下一帧的最优的长度；另一种方法是根据前一时隙的反馈动态调整帧长为 2 的整数倍，最具有代表性的是 EPCglobal Gen2 标准中设计的 Q 算法。

在 Q 算法中，当一帧出现过多的冲突时隙时，阅读器会提前结束该帧并发送一个新的更大的帧；当一个帧出现过多的空闲时隙时，此帧也不是最佳的帧，阅读器提前结束该帧，启动一个新的更小的帧。其算法模型图如图 2-26 所示。

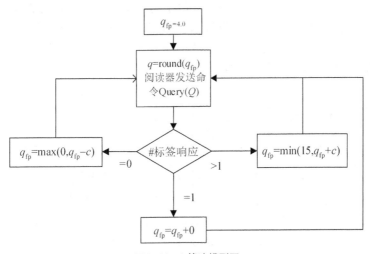

图 2-26 Q 算法模型图

用 Q 值标记 FSA 中帧尺寸的长度，取值范围为（0～15），作为 Query 命令的参数。Q_{fp} 作为 Q 的浮点表示形式，其初始值为 4.0，c 是 Q 的浮动因子，是一个常量，取值为 0.1～0.5。

• Query 为帧开始命令，其输入为 Q，广播的帧长为（0～15）。

• 处于非休眠状态的标签一旦接收到阅读器的 Query 命令，就会通过标签中的随机数产生器得到一个序列号（0～2^Q-1），此序列号存入寄存器 SN，某个标签的 SN 为 0 则向阅读器回复，若不为 0 则不回复。

• 阅读器的过程如下：阅读器根据时隙回复情况来跳帧 Q_{fp}，如果前一个时隙没有标签回复，则 Q_{fp} 减去常量 c 后最小为 0；如果前一个时隙有多个标签回复即冲突，则 Q_{fp} 加上常量 c 后最大为 15；如果前一个时隙只有一个标签回复，则 Q_{fp} 保持不变。最后，阅读器根据新的 $Q=round(Q_{fp})$ 来决定是需要继续该帧还是重新开启新的帧。实际证明，Q 算法能够自适应地调整帧数，识别效率高，在超高频射频识别系统中得到广泛的应用。

（2）二进制搜索防冲突算法

二进制搜索防冲突算法的原理：执行算法的过程中，阅读器要多次向标签发送命令，每次命令都会把标签群分成两组，多次分组，最后会得到唯一的一个标签。

该算法中有两个基本命令：请求（Request）和休眠（Sleep）。请求 Request(SN)：携带一个参数 SN，当标签收到该命令时，将自身的 SN 与收到的 SN 对比，若自身的 SN 小于或者等于收到的 SN，则向阅读器回复标签的 SN。休眠 Sleep(SN)：携带一个 SN 参数，若标签收到的这个 SN 与自身的 SN 相等，则被阅读器选中，进入休眠状态。

二进制搜索防冲突算法的步骤如下。

• 标签在阅读器的工作范围内，阅读器发送一个最大序列号，因为所有的标签序列号都小于阅读器的最大序列号，所以所有标签在同一时间向阅读器回复自身序列号。

• 每个标签的序列号都是唯一的，因而当存在两个以上的标签同时回复阅读器时，必然发生碰撞。碰撞后，阅读器将标签序列号中发生了碰撞的最高位置 0，高于该位的保持不变，低于该位的置 1（序列号从右到左为由高到低）。

• 阅读器将处理后的序列号 SN 发送给标签，标签序列号与此序列号 SN 相比较，若自身序列号小于或等于此序列号 SN，则向阅读器回复自身的序列号。

• 执行这个过程，可以选出一个序列号最小的标签，则阅读器选中这个标签与其通信。通信结束后发送休眠（Sleep）命令令其休眠，不再参与通信（除非重新上电）。

• 重复上述过程，则可以按照序列号从小到大的顺序选择标签进行通信。

二进制搜索防冲突算法演示如图 2-27 所示。

	第一轮			第二轮			.....
阅读器	11111111	11110101	11100101	11111111	11110101	11110101	.....
T1	10100101	10100101	10100101				.....
T2	10101101			10101101			.....
T3	11010101	11010101		11010101	11010101	11010101	.....
T4	11101101			11101101	11101101		.....
碰撞	1XXXX101	1XXX0101		1XXXX101	11XXX101		.....

图 2-27 二进制搜索防冲突算法演示

示例如下。

（1）阅读器初始值 SN（11111111），标签 T1（10100101），标签 T2（10101101），标签 T3（11010101），标签 T4（11101101）。当 4 个标签同时位于阅读器工作范围内时，阅读器发出请求 Request（11111111），所有标签在收到命令之后将自身的 SN 与 11111111 进行比较，所有标签都小于此最大序列号，因而 4 个标签同时向阅读器回复自身序列号 SN。

（2）阅读器检测到碰撞。阅读器检测到数据为 1XXXX101（4 个标签序列号的碰撞），X 表示碰撞位，为 0 或者 1。此时阅读器将碰撞初始位置 0（从右往左发生碰撞的第一位），高于此位保持不变，低于此位则置 1，因此得到 11110101，作为 Request（11110101）请求命令再次发送给标签。

（3）阅读器发送 Request（11110101）请求命令，T1 和 T3 小于此序列号，则同时回复。

（4）阅读器接收到碰撞，碰撞序列号为 1XXX0101，将碰撞最高位置 0，低于此位置 1，得到 11100101。

（5）阅读器再次发送 Request（11100101）请求命令，只有 T1 小于此序列号，则向阅读器回复自身序列号 SN。阅读器端未检测到碰撞，则与 T1 通信。阅读器再发送 Sleep（11100101）休眠命令，选中 T1，则 T1 进入休眠，不再响应 Request 命令。

（6）启动第二轮，阅读器发送 Request（11111111）请求命令，则除了 T1 的其他 3 个标签都要响应。重复以上步骤选出第二个标签，启动第三轮、第四轮会分别选出第三、第四个标签。

4. 安全与隐私保护

RFID 安全问题集中在对个人用户的隐私保护、对企业用户的商业秘密保护、防范对 RFID 系统的攻击，以及利用 RFID 技术进行安全防范等多个方面，具体面临的挑战如下。

（1）保证用户对标签的拥有信息不被未经授权访问，以保护用户在消费习惯、个人行踪等方面的隐私。

（2）避免因 RFID 系统读取速度快，可以迅速对超市中所有商品进行扫描并跟踪变化造成的用户商业机密被窃取的风险。

（3）防护对 RFID 系统的各类攻击，例如，重写标签以窜改物品信息，使用特制设备伪造标签应答欺骗读写器以制造物品存在的假象，根据 RFID 前后向信道的不对称性远距离窃听标签信息，通过干扰 RFID 工作频率实施拒绝服务攻击，通过发射特定电磁波破坏标签等。

（4）把 RFID 的唯一标识特性用于门禁安防、支票防伪、产品防伪等。

2.3.4　射频识别系统的分类

（1）根据 RFID 系统完成的功能不同分类。根据 RFID 系统完成的功能不同，可以粗略地把 RFID 系统分成 4 种类型：电子物品监视系统、便携式数据采集系统、物流控制系统、定位系统。

（2）按电子标签的工作频率不同分类。通常阅读器发送时所使用的频率称为 RFID 系统的工作频率，可以划分为以下主要范围：低频（30kHz～300kHz）、高频（3kHz～30MHz）、超高频（300MHz～3GHz）和微波（2.45GHz 以上）。电子标签的工作频率是其最重要的特点之一。

（3）按电子标签的供电形式分类。根据电子标签内是否装有电池为其供电，可将其分为有源系统和无源系统两大类。

（4）根据标签的数据调制方式分类。根据调制方式的不同，可将其分为主动式、被访式和半主动式。

（5）按电子标签的可读写性分类。根据电子标签内部使用存储器类型的不同，可将其分成 3 种：可读写卡、一次写入多次读出卡和只读卡。

（6）按照电子标签中存储器数据存储能力分类。根据标签中存储器数据存储能力的不同，可以把标签分成仅用于标识目的的标识标签与便携式数据文件两种。

2.3.5　射频识别技术标准

RFID 的标准化是当前亟须解决的重要问题，各国及相关国际组织都在积极推进 RFID 技术标准的制定。目前，还未形成完善的关于 RFID 的国际和国内标准。RFID 的标准化涉及标识编码规范、操作协议及应用系统接口规范等多个部分。其中，标识编码规范包括标识长度、编码方法等，操作协议包括空中接口、命令集合、操作流程等规范。当前主要的 RFID 相关规范有欧美的电子产品代码（Electronic Product Code，EPC）规范、日本的泛在标识规范和 ISO 18000 系列标准。其中，ISO 标准主要定义标签和阅读器之间互操作的空中接口。

目前 RFID 存在两个技术标准阵营：一个是总部设在美国麻省理工学院的自动识别中心，

另一个是日本的泛在 ID 中心（UID）。前者的领导组织是美国的 EPC（电子产品代码）环球协会，成员有沃尔玛集团、英国 Tescd 等 100 多家欧美的零售流通企业，同时，有 IBM、微软、飞利浦、Auto-ID Lab 等公司提供技术研究支持。后者主要由日系厂商组成，有日本电子厂商、信息企业和印刷公司等，总计达 352 家。该中心实际上就是有关电子标签的标准化组织，提出了 UID 编码体系。

EPC 规范由 Auto-ID 中心及后来成立的 EPCglobal 负责制定。Auto-ID 中心于 1999 年由美国麻省理工学院发起成立，其目标是创建全球"实物互联网"，该中心得到了美国政府和企业界的广泛支持。2003 年 10 月 26 日，成立了新的 EPCglobal 组织，接替以前 Auto-ID 中心的工作，继续管理和发展 EPC 规范。关于标签，EPCglobal 已经颁布了第 3 代规范。

UID 规范由日本泛在 ID 中心负责制定。日本泛在 ID 中心由 T-Engine 论坛发起成立，其目标是建立和推广物品自动识别技术，并最终构建一个无处不在的计算环境。该规范对频段没有强制要求，标签和读写器都是多频段设备，能同时支持 13.56MHz 或 2.45GHz 频段。UID 标签泛指所有包含 ucode 码的设备，如条形码、RFID 标签、智能卡和主动芯片等，并定义了 9 种不同类别的标签。

中国的 RFID 标准包括 RFID 技术本身的标准，如芯片、天线、频率等方面，以及 RFID 的各种应用标准，如 RFID 在物流、身份识别、交通收费等各领域的应用标准。如何让国家标准与未来的国际标准相互兼容，让贴着 RFID 标签的中国产品顺利地在世界范围中流通，是当前亟须解决的问题。

2.3.6　EPC 规范

EPC 的载体是 RFID 电子标签，通过计算机网络来标识和访问单个物体，就如在互联网中使用 IP 地址来标识、组织和通信一样。EPC 旨在为每一件单品建立全球的、开放的标识标准，实现全球范围内对单件产品的跟踪与追溯，从而有效提高供应链管理水平、降低物流成本，提供对物理世界对象的唯一标识。

1. EPC 工作流程

EPC 系统的工作流程如图 2-28 所示，在由 EPC 标签、读写器、EPC 中间件、因特网、对象名称解析服务器（ONS）、EPC 信息服务（EPC IS）以及众多数据库组成的实物互联网中，读写器读出的 EPC 只是一个信息参考（指针），由这个信息参考从因特网中找到 IP 地址

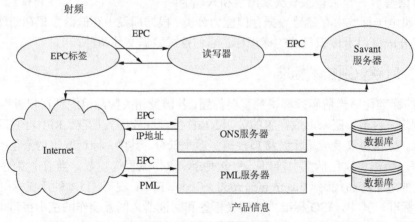

图 2-28　EPC 的数据流程

并获取该地址中存放的相关的物品信息，并采用分布式的 EPC 中间件处理由读写器读取的一连串 EPC 信息。由于在标签上只有一个 EPC 代码，计算机需要知道与该 EPC 匹配的其他信息，这就需要 ONS 来提供一种自动化的网络数据库服务，EPC 中间件将 EPC 代码传给 ONS，ONS 指示 EPC 中间件到一个保存着产品文件的服务器（EPC IS）上查找，该文件可由 EPC 中间件复制，因而文件中的产品信息就能传到供应链上。

（1）EPC 标签。EPC 标签由天线、集成电路、连接集成电路与天线的部分、天线所在的底板 4 部分构成。96 位或者 64 位 EPC 码是存储在 RFID 标签中的唯一信息。EPC 标签有主动型、被动型和半主动型 3 种类型。主动型标签有一个电池，这个电池为微芯片的电路运转提供能量，并向读写器发送信号（与蜂窝电话传送信号到基站的原理相同）；被动型标签没有电池，相反，它从读写器获得电能。读写器发送电磁波，在标签的天线中形成了电流；半主动型标签用一个电池为微芯片的运转提供电能，但发送信号和接收信号时却是从读写器处获得能量的。主动和半主动标签在追踪高价值商品时非常有用，因为它们可以远距离地扫描，扫描距离达 30m，但这种标签每个的成本要 1 美元或更多，这使得它不适合应用于低成本的商品。

（2）读写器。读写器使用多种方式与标签交互信息，近距离读取被动标签中信息最常用的方法就是电感式耦合。只要贴近，盘绕读写器的天线与盘绕标签的天线之间就形成了一个磁场。标签就是利用这个磁场发送电磁波给读写器的，这些返回的电磁波被转换为数据信息，即标签的 EPC 编码。

（3）Savant。每件产品都加上 RFID 标签之后，在产品的生产、运输和销售过程中读写器将不断收到一连串的 EPC 码。整个过程中最为重要同时也是最困难的环节，就是传送和管理这些数据。于是自动识别产品技术中心开发了一种名叫 Savant 的软件技术，相当于新式网络的神经系统。Savant 与大多数的企业管理软件不同，它不是一个拱形结构的应用程序，而是利用了一个分布式的结构，以层次化组织、管理数据流。Savant 系统需要完成的主要任务是数据校对、读写器协调、数据传送、数据存储和任务管理。

（4）对象名称解析服务。当一个读写器读取一个 EPC 标签的信息时，EPC 码就传递给了 Savant 系统。Savant 系统在局域网或因特网上利用对象名称解析服务（Object Naming Service，ONS）找到这个产品信息所存储的位置。ONS 给 Savant 系统指明存储这个产品的有关信息的服务器，因此，就能够在 Savant 系统中找到这个文件，并且将这个文件中关于这个产品的信息传递过来，从而应用于供应链管理。

（5）物理标记语言。EPC 码能够识别单品，但是所有关于产品有用的信息都用一种新型的标准计算机语言——物理标记语言（Physical Markup Language，PML）所书写，PML 是基于为人们广为接受的可扩展标识语言（Extensible Markup Language，XML）发展而来的。因为它将会成为描述所有自然物体、过程和环境的统一标准，所以 PML 的应用将会非常广泛，并且会进入所有行业。PML 还会不断发展演变，就像互联网的超文本标记语言（Hyper Text Markup Language，HTML）一样，演变为更复杂的一种语言。PML 文件包括不会改变的产品信息、经常性变动的数据（动态数据）和随时间变动的数据（时序数据）。关于这方面的信息，通常通过 PML 文件都能得到，用户可以用自己的方式利用这些数据。PML 文件将被存储在一个 PML 服务器上，此 PML 服务器将配置一个专用的计算机，为其他计算机提供所需要的文件。PML 服务器由制造商维护，并且存储有这个制造商生产的所有商品的文件信息。

2. EPC 信息网络系统

EPC 信息网络系统由本地网络和全球互联网组成，是实现信息管理、信息流通的功能模块。EPC 系统的信息网络系统是在全球互联网的基础上，通过 EPC 中间件、对象名称解析服务（ONS）和 EPC 信息服务（IS）来实现全球"实物互联"。

（1）EPC 中间件

EPC 中间件是具有一系列特定属性的"程序模块"或"服务"，并被用户集成，以满足他们的特定需求，EPC 中间件以前被称为 Savant。EPC 中间件是加工和处理来自读写器的所有信息和事件流的软件，是连接读写器和用户应用程序的纽带，其主要任务是在将数据送往用户应用程序之前进行标签数据校对、读写器协调、数据传送、数据存储和任务管理。图 2-29 描述了 EPC 中间件组件与其他应用程序的通信。

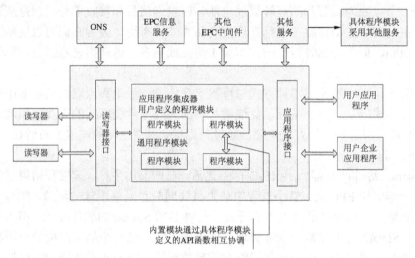

图 2-29 EPC 中间件及其应用程序的通信

（2）EPC 信息服务

EPC 信息服务（EPC IS）提供了一个模块化、可扩展的数据和服务的接口，使得 EPC 的相关数据可以在企业内部或者企业之间共享。它处理与 EPC 相关的各种信息。

① EPC 的观测值：What/When/Where/Why，通俗地说，就是观测对象、时间、地点以及原因，这里的原因是一个宽泛的说法，它具体指的是 EPC IS 步骤与商业流程步骤之间的一个关联，如订单号、制造商编号等商业交易信息。

② 包装状态：例如，物品是在托盘上的包装箱内。

③ 信息源：例如，位于 Z 仓库的 Y 通道的 X 识读器。

EPC IS 有两种运行模式：一种是 EPC IS 信息被已经激活的 EPC IS 应用程序直接应用；另一种是将 EPC IS 信息存储在资料档案库，以备今后查询时进行检索。独立的 EPC IS 事件通常代表独立步骤，如 EPC 标记对象 A 装入标记对象 B，并与一个交易码结合。对于 EPC IS 资料档案库的 EPC IS 查询，不仅可以返回独立事件，而且有连续事件的累积效应，如对象 C 包含对象 B，对象 B 本身包含对象 A。

3. EPC 编码体系

EPC 编码体系是新一代的与 GTIN 兼容的编码标准，它是全球统一标识系统的延伸和拓展，是全球统一标识系统的重要组成部分，是 EPC 系统的核心与关键。

EPC 编码是由标头、厂商识别代码、对象分类代码、序列号等数据字段组成的一组数字，具体结构如表 2-6 所示，具有以下特性。

（1）科学性：结构明确，易于使用、维护。

（2）兼容性：EPC 编码标准与目前广泛应用的 EAN.UCC 编码标准是兼容的，GTIN 是 EPC 编码结构中的重要组成部分，目前广泛使用的 GTIN、SSCC、GLN 等都可以顺利地转换到 EPC 中去。

（3）全面性：可在生产、流通、存储、结算、跟踪、召回等供应链的各环节全面应用。

（4）合理性：由 EPCglobal、各国 EPC 管理机构（中国的管理机构为 EPCglobal China）、被标识物品的管理者分段管理、共同维护、统一应用。

（5）国际性：不以具体国家、企业为核心，编码标准全球协商一致。

（6）无歧视性：编码采用全数字形式，不受地域、语言、经济水平、政治观点的限制，是无歧视性的编码。EPC 中码段是由 EAN.UCC 来管理的。在我国，EAN.UCC 系统中的 GTIN 编码由中国物品编码中心负责分配和管理。同样，ANCC 也已启动 EPC 服务，以满足国内企业使用 EPC 的需求。

EPC 编码是由一个版本号加上另外 3 段数据（依次为域名管理、对象分类、序列号）组成的一组数字。其中，版本号标识了 EPC 的版本，它使得 EPC 随后的码段可以有不同的长度；域名管理用于描述与此 EPC 相关的生产厂商的信息，如表 2-6 所示。

表 2-6　　　　　　　　　　　　　　　　EPC 编码的具体结构

		版本号	域名管理	对象分类	序列号
EPC-64	TYPE I	2	21	17	24
	TYPE II	2	15	13	34
	TYPE III	2	26	13	23
EPC-96	TYPE I	8	28	24	36
EPC-256	TYPE I	8	32	56	160
	TYPE II	8	64	56	128
	TYPE III	8	128	56	64

目前，EPC 编码有 64 位、96 位和 256 位 3 种。为了保证所有物品都有一个 EPC 编码，并使其载体（标签）的成本尽可能降低，建议采用 96 位。这样，其数目可以为 2.68 亿个公司提供唯一标识，每个生产商可以有 1 600 万个对象种类，并且每个对象种类可以有 680 亿个序列号，这对未来世界所有产品来说已经非常够用了。

因为当前不需要使用那么多序列号，所以只采用 64 位 EPC，这样会进一步降低标签成本。但是随着 EPC-64 和 EPC-96 版本的不断发展，EPC 编码作为一种世界通用的标识方案，已经不足以长期使用，由此出现了 256 位编码，至今已推出 EPC-96 I 型，EPC-64 I 型、II 型、III 型，EPC-256 I 型、II 型、III 型等编码方案。

（1）EPC-64 码

目前研制了 3 种类型的 64 位 EPC 编码。

① EPC-64 I 型。EPC-64 I 型编码如图 2-30 所示，提供了 2 位版本号编码，21 位管理者编码（即 EPC 域名管理），17 位对象分类（库存单元）和 24 位序列号。该 64 位 EPC 编码包含最小的标识码。因此，21 位管理者字段就会允许 200 万个组使用该 EPC-64 码。对象种类

字段可以容纳 13 1072 个库存单元——远远超过 UPC 所能提供的，这样可以满足绝大多数公司的需求。24 位序列号可以为 1 600 万件单品提供空间。

② EPC-64 Ⅱ型。除了 EPC-64 Ⅰ型，还可采用其他方案来满足更大范围的公司、产品和序列号的需求，如建议采用 EPC-64 Ⅱ型（见图 2-31）来迎合众多产品及对价格反应敏感的消费品生产者的需求。

EPC-64 Ⅰ型			
1 .	XXXX .	XXXX .	XXXXXXXX X
版本号	EPC域名管理	对象分类	序列号
2位	21位	17位	24位

图 2-30　EPC-64 Ⅰ型

EPC-64 Ⅱ型			
2 .	XXXX .	XXXX .	XXXXXXXX X
版本号	EPC域名管理	对象分类	序列号
2位	15位	13位	34位

图 2-31　EPC-64 Ⅱ型

那些产品数量超过 2 万亿并且想要申请唯一产品标识的企业，可以采用方案 EPC-64 Ⅱ。采用 34 位的序列号，最多可以标识 17 179 869 184 件不同产品。与 13 位对象分类结合（允许最多达 8 192 个库存单元），每一个工厂可以为 140 737 488 355 328 或者超过 140 万亿件不同的单品编号，这远远超过了世界上最大的消费品生产商的生产能力。

③ EPC-64 Ⅲ型。除了一些大公司和正在应用 UCC.EAN 编码标准的公司，为了推动 EPC 应用过程，很多企业打算将 EPC 扩展到更加广泛的组织和行业，希望通过扩展分区模式来满足小公司、服务行业和组织的应用需求。因此，除了扩展单品编码的数量，就像 EPC-64 那样，也会增加可以应用的公司数量来满足需求。

通过把管理者字段增加到 26 位，如图 2-32 所示，采用 64 位 EPC 编码可以提供多达 67 108 864 个公司标识。6 700 万个号码已经超出全世界公司的总数，因此现在已经足够用了。

采用 13 位对象分类字段，这样可以为 8 192 种不同种类的物品提供空间。序列号字段采用 23 位编码，可以为超过 800 万的商品提供空间，因此，对于 6 700 万个公司，每个公司允许对超过 680 亿（$2^{36}=68719476736$）件不同产品采用此方案进行编码。

（2）EPC-96 码

EPC-96 码（见图 2-33）的设计目的是成为一个公开的物品标识代码。它的应用类似目前统一的产品代码（UPC），或者 UCC.EAN 的运输集装箱代码。

EPC-64 Ⅲ型			
3 .	XXXX .	XXXX .	XXXXXXXX X
版本号	EPC域名管理	对象分类	序列号
2位	26位	13位	23位

图 2-32　EPC-64 Ⅲ型

EPC-96 Ⅰ型			
01 .	0000A89 .	00016F .	000169DCD
版本号	EPC域名管理	对象分类	序列号
8位	28位	24位	36位

图 2-33　EPC-96 码 Ⅰ型

EPC 域名管理负责在其范围内维护对象分类代码和序列号，它必须保证对 ONS 可靠的操作，并负责维护和公布相关的产品信息。域名管理字段占据 28 个数据位，允许大约 2.68 亿家制造商使用，这超出了 UPC-12 的 10 万家和 EAN-13 的 100 万家制造商的容量。

对象分类字段在 EPC-96 码中占 24 位。这个字段能容纳当前所有的 UPC 库存单元的编码。序列号字段则是单一货品识别的编码。EPC-96 序列号为所有的同类对象提供 36 位的唯一标识号，其容量为 $2^{36}=68719476736$。与产品代码相结合，该字段将为每个制造商提供 1.1×10^{18} 个唯一的项目编码，这超出了当前所有已标识产品的总容量。

（3）EPC-256 码

EPC-96 和 EPC-64 码是为物理实体标识符的短期使用而设计的。而在原有表示方式的限制下，EPC-64 和 EPC-96 码版本的不断发展，使得 EPC 编码作为一种世界通用的标识方案已经不足以长期使用，更长的 EPC 编码表示方式一直以来就被广受期待并已酝酿很久。

256 位 EPC 是为满足未来使用 EPC 编码的应用需求而设计的。因为未来应用的具体要求还无法准确知道，所以 256 位 EPC 版本必须可以扩展，以便不制约未来的实际应用。它的多个版本就提供了这种可扩展性。

EPC-256 I 型、II 型和 III 型的位分配情况分别如图 2-34、图 2-35 和图 2-36 所示。

EPC-256 I 型			
1 .	XXXXXXX .	XXXX .	XXXXXX
版本号	EPC域名管理	对象分类	序列号
8位	32位	56位	160位

图 2-34　EPC-256 I 型

EPC-256 II 型			
2 .	XXXXXXX .	XXXX .	XXXXXX
版本号	EPC域名管理	对象分类	序列号
8位	64位	56位	128位

图 2-35　EPC-256 II 型

同时，EPC 编码兼容了大量现存的编码，我国的企业和服务器代码（NPC）也可以转化到 EPC 编码结构之中。

当前，出于成本等因素的考虑，参与 EPC 测试所使用的编码标准采用的是 64 位，未来将采用 96 位的编码结构。

EPC-256 III 型			
3 .	XXXXXXX .	XXXX .	XXXXXX
版本号	EPC域名管理	对象分类	序列号
8位	128位	56位	64位

图 2-36　EPC-256 III 型

2.3.7　射频识别的应用

RFID 最早应用于军事领域，近年来，RFID 技术得到了很大程度的发展和应用。

1. RFID 行李跟踪系统

目前，各大航空公司均利用条形码标签对乘客的行李进行分拣，这种技术虽然已经较为成熟，但对于分拣的准确度却不尽如人意，这表明该系统不能做到乘客与行李的完全匹配，因而还需要人力去分拣和管理，造成时间和精力的大量浪费。而射频识别技术（RFID）作为新生的高新技术，除具备了条形码技术的优点，还弥补了条形码技术的缺点。利用 RFID 技术可以同时识别多个标签的功能，以及不需要阅读器对准标签进行识别的功能，对于时间的节省有了显著的成效。因此，将 RFID 技术投入机场的管理后，解决了繁重的机场管理问题。2017 年重庆江北机场行李分拣如图 2-37 所示。该系统优势如下。

图 2-37　基于 RFID 的重庆江北机场行李分拣

（1）行李、货物的分拣，解决了行李丢失问题。在机场登机柜台处给行李安装上 RFID 射频识别标签，在柜台、行李传送带和货舱处分别安装上射频识别读写器，这样系统就可以全程追踪行李，直到行李到达旅客手中，解决了以往出现的行李丢失问题。

（2）机场还可以根据每位工作人员的职位、身份对他们的活动范围进行限制，然后把以上资料的电子标签安放在员工的工作卡上。RFID 技术可识别该员工是否进入了未被授权的区域，以便对员工进行更好的管理。

2．RFID 防伪溯源管理系统

近年来，食品安全不但威胁着消费者的身体健康，也严重影响了食品行业的健康、持续、稳定发展。RFID 技术的发展与应用，为食品安全问题的解决提供了一个新的思路。RFID 防伪溯源系统，利用先进的 RFID 技术并依托网络技术和数据库技术，实现信息融合、查询、监控，为每个生产阶段以及分销到最终消费领域整个过程提供针对每件货品安全性、食品成分来源及库存控制的合理决策，建立食品安全预警机制。RFID 技术贯穿食品全产业链，包括生产、加工、流通、消费各环节，对全过程严格控制，建立了一个完整产业链的食品安全控制体系，形成了各类食品企业生产销售的闭环生产，以保证向社会提供优质的放心食品，并可确保供应链的高质量数据交流，让食品行业彻底实施食品的"源头"追踪，以及实现食品供应链的完全透明。

2014 年 6 月，"阳澄湖大闸蟹"采用 RFID 技术为每一只大闸蟹进行 RFID 标识，其运营模型如图 2-38 所示。其具体做法如下所述。

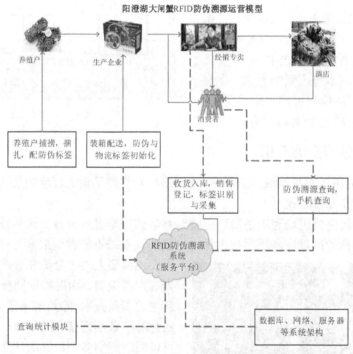

图 2-38　阳澄湖大闸蟹 RFID 防伪溯源运营模型
注：1. 实线箭头代表产品和标签流向；2. 虚线箭头代表标签的信息流向

（1）在大闸蟹每批次捕捞时，给每一只经过检验合格的大闸蟹佩戴一枚扎带式 NFC 防伪电子标签。

（2）在大闸蟹的外包装盒上粘贴 NFC 不干胶防伪标签，在运输包装箱上粘贴物流跟踪RFID 电子标签，同时完成防伪标签和物流跟踪标签的初始化，标签数据保存到服务平台的数据库中。

（3）配送发货时用 RFID 手持机扫描物流跟踪标签并上传发货信息到服务平台数据库，经销商收货时同样用 RFID 手持机扫描物流跟踪标签并上传收货信息到服务平台数据库。

（4）在消费者购买时，消费者用自己的 NFC 手机扫一下 NFC 防伪电子标签，App 就自动找到大闸蟹的真伪信息和物流配送过程信息，就如快递单配送过程跟踪一样，清晰明了。

（5）完成销售之后经销商把销售数据上传到服务平台的数据库中。

（6）生产企业进入系统后台查询、统计产品当前流向及实时的销售进度等信息。

利用最新物联网 RFID 防伪溯源技术，能够帮助构建特色品牌并保护品牌价值，帮助企业保证产品质量和正宗来源，能够树立消费者信心，带动移动互联网营销，促进产品销量和扩大品牌影响力。

3．RFID 监狱监控系统

随着经济生活繁荣发展，科技进步日新月异，公安机关急需利用科技创新手段来提高监狱的管理模式。在监管场所这样一种特殊的环境里，运用一种安全、可靠的自动识别系统来区分、识别、跟踪和定位在押人员，将信息系统中每个人的信息和现实中的每一个人动态地联系起来，充分发挥监管场所信息系统的作用。

2017 年金华看守所应用了 RFID 室内定位系统。首先将监狱划分为几个区域，然后在每个区域建设一个射频基站；其次在监狱的围墙、建筑物、各出入门禁处、监狱狱内活动场所等安装射频定位器；最后给监狱的所有工作人员和服刑人员配发唯一的 RFID 电子腕带射频卡，工作人员的射频卡为主动式的，可以主动上传数据，服刑人员的为被动式的，进入射频读卡器范围并被激活后才能上传数据信息。射频读卡器读取的数据通过腕带 RFID 无线网络传输到基站，即可识别、分析出相关人员的具体位置，如图 2-39 所示。

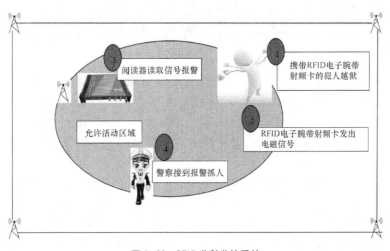

图 2-39　RFID 监狱监控系统

系统功能如下。

（1）出入监控。在出入大门、接见室、工厂和监狱宿舍等安装阅读器，当戴着 RFID 电子腕带射频卡的服刑人员经过时，系统就即刻记录下服刑人员经过的时间和服刑人员的信息（服刑人员信息内置于 RFID 电子腕带射频卡），监管人员可以在系统设定的时间段允许服刑人员出入，发现有违规出入大门的情况，就会即刻报警通知监管人员出动。

（2）区域人数监控。当佩戴在手腕上的 RFID 电子腕带射频卡脱落时，就会向系统发出报警。

监管人员可以随时掌握服刑人员的数量以及根据定位知道是否出现了大量聚集行为。

（3）行动区域监控。可对所有人员的位置进行监控，根据人员的相关权限，对人员的行动区域进行监控，判断人员是否有越界行为，如果有越界行为，则触发系统的越界告警。

（4）周界围墙管理。在监狱周界围墙每隔一段距离安装一台 ZigBee 阅读器，设定扫描范围，此范围为服刑人员不可越狱范围。当在此扫描范围内扫描到服刑人员的射频卡数据时会发出周界围墙预警信息，提醒监管人员核查，如发现有越狱行为，可立即启动越狱事件处理。

4. RFID 在停车场的应用

目前停车场大多是依靠人工管理的，当有车辆进出时，都需要人工控制自动伸缩门，并且每当有外来车辆出入时，管理员只能逐个登记，十分费时费力，而且不免会出现人为错误。传统的车辆监控管理已经不能满足及时有效地记录出入车辆的要求了。对此，我们可以利用 RFID 技术管理车辆，该系统可对车辆进行实时监控，节省了车辆出入的时间，也大大降低了管理员的工作强度，如图 2-40 所示。

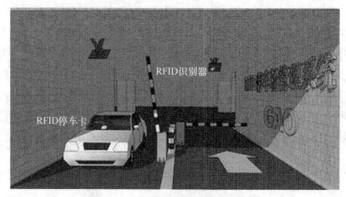

图 2-40　RFID 智能停车场

RFID 智能停车场管理系统既保留了传统停车场管理系统的所有功能，又以原有收费介质为依托，对管理介质进行了改进。当车辆进入停车场时，系统自动摄取车辆图像，经计算机处理后得到车辆型号、牌照、颜色信息，并将这些信息与用户卡唯一地对应起来，一同存入数据库。当车辆驶离停车场时，用户卡、车牌号码或车辆图像等相关指标匹配后才能放行。

智能停车场管理系统是将标识车辆的标签附于汽车风挡玻璃上，并对汽车识别信息进行编码，校准标签，使其与系统信息一致。当带有标签的汽车进入阅读区域时，读头向其发射射频信号，标签调节所接受的部分信号反射回阅读器，阅读器再将反射信号中含有的识别密码反射至读码器，读码器从信号中分解出识别密码，根据用户确定的标准确认密码，并将密码传递至主计算机或其他数据记录设备。

当车辆到达出口时，系统通过读取 RFID 卡的信息自动识别卡号，并通过内部数据库里的信息检索查到相应的车辆记录，这样界面显示出用户类型、车牌号码、车辆照片等信息，以便管理员进行核对校验，一旦出现非法用户，系统将会产生报警提示。

5. RFID 轮胎

2016 年 7 月 1 日，由工业和信息化部批准的 4 项《轮胎用射频识别（RFID）电子标签》行业标准开始实施。在轮胎生产过程中，植入了 RFID 芯片的轮胎就有了全球唯一的"身份证",如图 2-41 所示,从配料、密炼、压延到成型、硫化,每道生产工序的压力、黏度、温度、精度都会实时存到芯片里,消费者通过网络就能看到数据库里面的信息,知道轮胎是怎么诞生的,用的什么材料,材料是否合格。

图 2-41 RFID 轮胎

有了这个芯片,在轮胎使用过程中,驾驶员就能实时掌控转速、胎温、压力等关键信息,超载、超速、超压都会有所体现。例如,通过刹车距离和撞击力度可以分析事故责任,通过胎压、胎温的变化可以分析车辆是否超载等。在轮胎的全生命周期中,电子标签会伴随轮胎终身使用。写入电子标签的数据不能随意修改,不仅可以在"三包"理赔过程中快速识别轮胎各项数据信息,还能帮助企业有效解决轮胎串货、恶意替换的问题。此外,加装了芯片的轮胎还可以辅助北斗卫星系统对车辆进行实时高精度定位。

目前已经实现轮胎用 RFID 电子标签产品产业化,并在国内外 20 余家大型轮胎企业和大型车队开展应用。

2.4 机器视觉识别技术

2.4.1 机器视觉识别概述

在物联网的体系架构中,信息的采集主要靠传感器来实现,视觉传感器是其中最重要也是应用最广泛的一种。研究视觉传感器应用的学科即机器视觉。

美国制造工程师协会(SME)机器视觉分会和美国机器人工业协会(RIA)自动化视觉分会关于机器视觉的定义:"Machine vision is the use of devices for optical non-contact sensing to automatically receive and interpret an image of a real scene in order to obtain information and/or control machines or processes." 译成中文就是:"机器视觉是使用光学器件进行非接触感知,自动获取和解释一个真实场景的图像,以获取信息或控制机器的过程。"

从应用的层面来看,机器视觉研究包括工件的自动检测与识别、产品质量的自动检测、食品的自动分类、智能车的自主导航与辅助驾驶、签名的自动验证、目标跟踪与制导、交通流的监测、关键地域的保安监视等。从处理过程来看,机器视觉分为低层视觉和高层视觉两阶段。低层视觉包括边缘检测、特征提取、图像分割等,高层视觉包括特征匹配、三维建模、形状分析与识别、景物分析与理解等。从方法层面来看,有被动视觉与主动视觉之分,又有基于特征的方法与基于模型的方法之分。从总体来看,机器视觉也被称作计算机视觉。可以说,计算机视觉侧重于学术研究方面,而机器视觉侧重于应用方面。

机器视觉作为一门工程学科,正如其他工程学科一样,是建立在对基本过程的科学理解之上的。机器视觉系统的设计依赖于具体的问题,必须考虑一系列诸如噪声、照明、遮掩、背景等复杂因素,折中地处理信噪比、分辨率、精度、计算量等关键问题。

2.4.2 机器视觉系统的典型结构

机器视觉系统的典型结构如图 2-42 所示,机器视觉检测系统采用照相机将被检测目标的像素分布和亮度、颜色等信息转换成数字信号，传送给视觉处理器，视觉处理器对这些信号进行各种运算，来抽取目标的特征，如面积、数量、位置、长度，再根据预设的允许度实现自动识别尺寸、角度、个数、合格/不合格、有/无等结果，然后根据识别结果控制机器人的各种动作。典型的视觉系统包括以下五大部分。

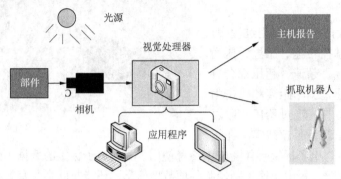

图 2-42　典型的机器视觉系统组成结构示意图

1．照明

照明是影响机器视觉系统输入的重要因素，它直接影响输入数据的质量和应用效果。因为没有通用的机器视觉照明设备，所以针对每个特定的应用实例，要选择相应的照明装置，以达到最佳效果。光源可分为可见光和不可见光。常用的几种可见光源是白炽灯、日光灯、水银灯和钠光灯。可见光的缺点是光能不能保持稳定。如何使光能在一定程度上保持稳定，是实用化过程中亟须解决的问题。另外，环境光有可能影响图像的质量，所以可采用加装防护屏的方法来减少环境光的影响。照明系统按其照射方法可分为背向照明、前向照明、结构光照明和频闪光照明等。其中，背向照明是将被测物放在光源和相机之间，它的优点是能获得高对比度的图像。前向照明是光源和相机位于被测物的同侧，这种方式便于安装。结构光照明是将光栅或线光源等投射到被测物上，根据它们产生的畸变，解调出被测物的三维信息。频闪光照明是将高频率的光脉冲照射到物体上，相机拍摄要求与光源同步。前向照明和背向照明的照明方式如图 2-43 所示。

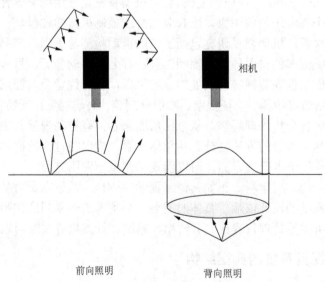

前向照明　　　　　　　背向照明

图 2-43　照明方式示意图

2．镜头

视场（Field Of Vision，FOV）=所需分辨率×亚像素×相机尺寸/PRTM（零件测量公差比）。镜头选择应注意焦距、目标高度、影像高度、放大倍数、影像至目标的距离、中心点/节点、畸变等参数。镜头选择如图 2-44 所示。

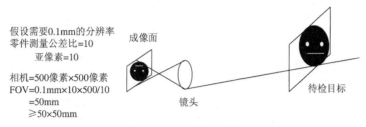

图 2-44　镜头选择示意图

3．相机

相机按照不同标准可分为标准分辨率数字相机和模拟相机等。要根据不同的实际应用场合选择不同的相机。线扫描相机、面阵相机、黑白相机、彩色相机如图 2-45 所示。

图 2-45　相机种类示意图

4．图像采集卡

图像采集卡只是完整的机器视觉系统的一个部件，但是它扮演着一个非常重要的角色。图像采集卡直接决定了相机的接口，如黑白、彩色、模拟、数字等，如图 2-46 所示。

比较典型的是外设部件互连标准（PCI）或加速图形接口（AGP）兼容的采集卡，它可以将图像迅速地传送到计算机存储器进行处理。有些采集卡有内置的多路开关，例如，可以连接 8 个不同的相机，然后告诉采集卡采用哪一个相机抓拍到的信息。

图 2-46　图像采集卡

有些采集卡有内置的数字输入，可以触发采集卡进行捕捉，当采集卡抓拍图像时，数字输出口就触发闸门。

5．视觉处理器

视觉处理器集采集卡与处理器于一体。以往计算机速度较慢时，采用视觉处理器可以加快视觉处理任务。现在因为采集卡可以快速传输图像到存储器，而且计算机速度也快多了，所以视觉处理器用得越来越少了。视觉处理器原理图如图 2-47 所示。

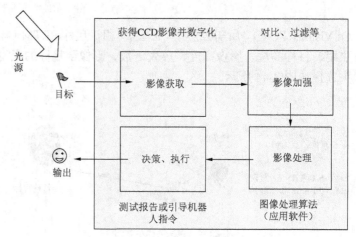

图 2-47　视觉处理器原理图

2.4.3　机器视觉识别技术的应用

机器视觉识别技术通常广泛应用于质量检测和工业自动化。以下以印刷品质量自动检测为例进行说明。

印刷品质量自动检测设备采用的检测系统，多是先利用高清晰度、高速摄像镜头拍摄标准影像，在此基础上设定一定标准，然后拍摄被检测的影像，再将两者进行对比。CCD 线性传感器将每一个像素的光量变化转换成电子信号，对比之后只要发现被检测影像与标准影像有不同之处，系统就认为这个被检测影像为不合格品。印刷过程中产生的各种错误，对计算机来说只是标准影像与被检测影像对比后的不同，如污迹、墨点色差等缺陷都包含在其中。

最早用于印刷品质量检测的是将标准影像与被检测影像进行灰度对比的技术，现在较先进的技术是以 RGB 三原色光模式为基础进行的对比。全自动机器检测与人眼检测的区别在哪里？以人的目视为例，当我们聚精会神地注视某印刷品时，如果印刷品的对比色比较强烈，则人眼可以发现的最小的缺陷是对比色明显、不小于 0.3mm 的缺陷，但依靠人的能力是很难保持持续的、稳定的视觉效果的。可是换一种情况，如果是在同一色系的印刷品中寻找缺陷，尤其是在一淡色系中寻找质量缺陷的话，则人眼能够发现的缺陷至少需要有 20 个灰度级差。而自动化的机器则能够轻而易举地发现 0.10mm 大小的缺陷，即使这种缺陷与标准图像仅有一个灰度级的区别。

但是从实际使用上来说，即便是同样的全色对比系统，其辨别色差的能力也有所不同。有些系统能够发现轮廓部分及色差变化较大的缺陷，而有些系统则能识别极微小的缺陷。对于白卡纸和一些简约风格的印刷品来说，如日本的 KENT 烟标、美国的万宝路烟标，简单的检测或许已经足够了，而国内的多数印刷品，特别是各种标签，具有许多特点，带有太多的闪光元素，如金、银卡纸，烫印、压凹凸或上光，这就要求质量检测设备必须具备足够的发现极小灰度级差的能力，也许是 5 个灰度级差，也许是更严格的 1 个灰度级差。

标准影像与被检印刷品影像的对比精度是检测设备要解决的关键问题，通常情况下，检测设备是通过镜头采集影像的，在镜头范围内的中间部分影像非常清晰，但边缘部分的影像可能会产生虚影，而虚影部分的检测结果将直接影响整个检测的准确性。从这一点来说，如果仅仅是全幅区域的对比，并不适合于某些精细印刷品。如果能够将所得到的图像再次细分，比如将影像分为 1024dpi×4096dpi 或 2048dpi×4096dpi，则检测精度将大幅提高，同时因为避免了边缘部分的虚影，从而会使得检测的结果更加稳定。

采用检测设备进行质量检测，可提供检测全过程的实时报告和详尽、完善的分析报告。现场操作者可以凭借全自动检测设备的及时报警，根据实时分析报告，及时对工作中的问题进行调整，或许减少的不仅仅是一个百分点的废品率，管理者可以依据检测结果的分析报告对生产过程进行跟踪，这样更有利于生产技术的管理。因为客户所要求的高质量的检测设备，不仅仅要求检出印刷品的好与坏，还要求具备事后的分析能力。某些质量检测设备所能做的不仅可以提升成品的合格率，还能协助生产商改进工艺流程，建立质量管理体系，以达到一个长期稳定的质量标准。

2.5 生物识别技术

2.5.1 生物识别技术概述

人作为物联网的发明者和应用主体，应该而且必然要融入物联网的运作之中，成为物联网中一个具有特殊符号的元素，最终形成物体与人之间的有效互动，确保物联网功能的实现。目前对于物体识别往往采用 RFID 标签，该标签配置的识别数据具有唯一性，但是如果用此标签作为人员识别标识，则由于携带者可能发生变换，会导致识别系统运作的混乱。同时，又不允许把 RFID 标签植入人体，那么可行的方式只能是运用生物识别技术。每个人都有自身固有的生物特征，人体生物特征具有"人人不同、终身不变、随身携带"的特点。由于人体生物特征具有人体所固有的不可复制的唯一性，这一生物密钥无法复制，不会失窃或被遗忘。

生物识别技术就是通过计算机与光学、声学、生物传感器和生物统计学原理等高科技手段的密切结合，对生物特征或行为特征进行采集，将采集到的唯一的特征转成数字代码，并进一步将这些代码组成特征模块存储进数据库，这样配合网络就能够对人员身份识别实现智能化管理。人体可用于生物识别的主要特征器官如图 2-48 所示。

根据人体不同部位的特征，典型的生物识别技术分为以下几类。

1. 手形识别

手形的测量比较容易实现，对图像获取设备的要求较低，手形的处理也相对比较简单。在所有生物特征识别方法中，手形认证的速度是最快的。手形识别示意图如图 2-49 所示。

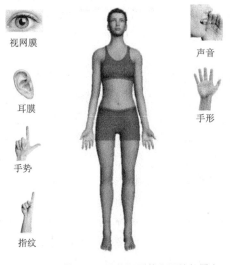

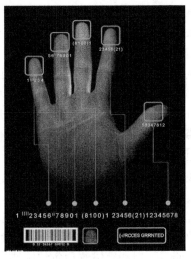

图 2-48　人体可用于生物识别的主要特征器官　　　　　图 2-49　手形识别示意图

手形特征并不具有高度的唯一性，但是对于一般的认证应用，它足以满足要求。目前手形认证主要有基于特征矢量的方法和基于点匹配的方法，以下将分别予以介绍。

（1）基于特征矢量的手形认证：大多数的手形认证系统都是基于这种方法的。典型的手形特征包括手指的长度和宽度、手掌或手指的长宽比、手掌的厚度、手指的连接模式等。用户的手形表示为由这些特征构成的矢量，认证过程就是计算参考特征矢量与被测手形的特征矢量之间的距离，并与给定的阈值进行比较判别。

（2）基于点匹配的手形认证：基于特征矢量的手形认证简单快速，但是需要用户很好的配合，否则其性能会大大下降。基于点匹配的方法可以提高系统的鲁棒性，但是以增加计算量为代价的。点匹配方法的一般过程：抽取手部和手指的轮廓曲线；应用点匹配方法，进行手指匹配；计算匹配参数并由此决定两个手形是否来自同一个人。

2. 面像识别

面像识别包含面像检测、面像跟踪与面像比对等内容。面像检测是指在动态的场景与复杂的背景中判断是否存在面像并分离出面像。面像识别如图 2-50 所示。

3. 签名识别

签名识别是一种行为识别技术，目前签名大多还只用于认证。签名认证的困难在于数据的动态变化范围大，即使是同一个人的两个签名也绝不相同。签名识别如图 2-51 所示。

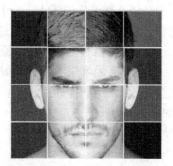

图 2-50　面像识别　　　　　　　图 2-51　签名识别示意图

签名认证按照数据的获取方式可以分为离线认证和在线认证两种。离线认证是通过扫描仪获得签名的数字图像，在线认证是利用数字写字板或压敏笔来记录书写签名的过程。离线数据容易获取，但是它没有利用笔画形成过程中的动态特性，因此比在线签名更容易被伪造。

从签名中抽取的特征包括静态特征和动态特征，静态特征是指每个字的形态，动态特征是指书写笔画的顺序、笔尖的压力、倾斜度以及签名过程中坐标变化的速度和加速度。

目前提出的签名认证方法，按照所应用的模型可以归为 3 类：模板匹配的方法、隐马尔可夫模型（HMM）方法、谱分析法。模板匹配的方法是计算被测签名和参考签名的特征矢量间的距离进行匹配；HMM 是将签名分成一系列帧或状态，然后与从其他签名中抽取的对应状态相比较；谱分析法是利用倒频谱或对数谱等对签名进行认证。

4. 虹膜识别

虹膜是一种在眼睛中瞳孔内的相互交织的各色环状物，其细部结构在出生之前就以随机组合的方式确定下来了。每一个虹膜都包含一个独一无二的基于像冠、水晶体、细丝、斑点、结构、凹点、射线、皱纹和条纹等特征的结构，据称没有任何两个虹膜是一样的。虹膜识别如图 2-52 所示。

虹膜识别技术将虹膜的可视特征转换成一个 512 字节的虹膜代码，这个代码模板被存储下来，以便后期识别所用。对生物识别模板来说，512 字节是一个十分紧凑的模板，但对从虹膜获得的信息量来说是十分巨大的。虹膜扫描识别系统包括一个全自动照相机，用于寻找眼睛并在发现虹膜时开始聚焦。单色相机利用可见光和红外线，红外线定位在 700mm～900mm 的范围内。生成虹膜代码的算法是通过二维 Gobor 子波的方法来细分和重组虹膜图像，因此能提供数量较多的特征点，所以虹膜识别是精确度相当高的生物识别技术。

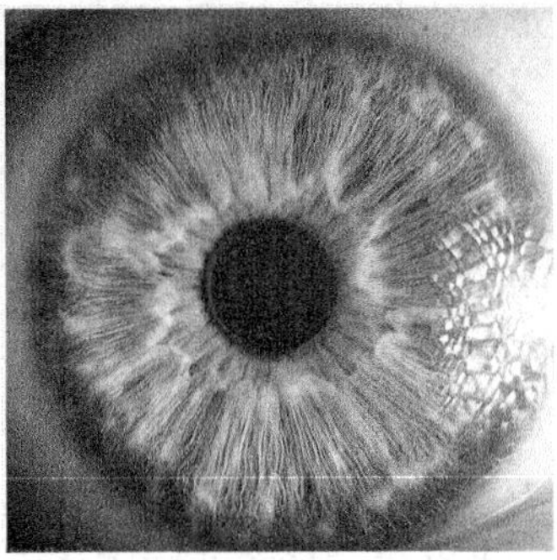

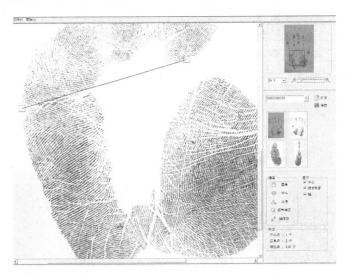

图 2-52　虹膜识别示意图

5．声音识别

声音识别也是一种行为识别技术，同其他的行为识别技术一样，声音的变化范围比较大，很容易受背景噪声、身体和情绪状态的影响。

6．掌纹识别

与指纹识别相比，掌纹识别的可接受程度较高，其主要特征比指纹明显得多，而且提取时不易被噪声干扰，另外，掌纹的主要特征比手形的特征更稳定和更具分类性，因此，掌纹识别是一种很有发展潜力的身份识别方法。掌纹识别如图 2-53 所示。

图 2-53　掌纹识别示意图

手掌上最为明显的 3～5 条掌纹线称为主线。在掌纹识别中可利用的信息有：几何特征，包括手掌的长度、宽度和面积；主线特征；皱褶特征；掌纹中的三角形区域特征；细节特征。目前的掌纹认证方法主要是利用主线和皱褶特征，一般采用掌纹特征抽取和特征匹配两种掌纹识别算法。

7．真皮层特征识别

以真皮层对于特定波长光线产生反射的特性，采集手部或相关部位真皮形状作为人的生物特征。此技术的防复制能力明显高于指/掌纹特征识别技术，只要相关取样部位受损程度不大，未伤致真皮形变，就可以实现快速而更准确的识别。

8．静脉特征识别

以特定波长光线被体内特定物质吸收原理制成传感器，采集手指/掌等相关部位静脉分布形态作为特征识别依据，由于手指/掌的静脉位于肌体深处，在生长定型之后不会随年龄增长发生明显变异，而且目前的技术在读取静脉图形时需要同时满足静脉几何形状和内部供血两个条件，因此伪造难度极大。除非发生重度创伤，导致静脉受损或者截断，否则其余的因素不会对准确识别产生影响。当然，在长期提拿重物之后需要短暂恢复，另外，还需要应对在环境温差大的条件下静脉图形相应的差异。

生物识别技术可广泛应用于政府、军队、银行、社会福利保障、电子商务、安全防务。例如，一位储户走进了银行，他既没带银行卡，也没有回忆密码就径直提款，当他在提款机上提款时，一台摄像机对该用户的眼睛扫描，然后迅速而准确地完成了用户身份鉴定，办理完业务。而该营业部所使用的正是现代生物识别技术中的"虹膜识别系统"。

2.5.2 指纹识别

指纹是指人的手指末端正面皮肤上凸凹不平的纹线有规律的排列而形成的不同的纹型。纹线的起点、终点、结合点和分叉点，称为指纹的细节特征点。指纹识别即通过比较不同指纹的细节特征点来进行鉴别。每个人的指纹都不同，就是同一个人的十指指纹也有明显的区别，因此，指纹可用于身份鉴定。

指纹识别技术涉及图像处理、模式识别、机器学习、计算机视觉、数学形态学、小波分析等众多学科，是目前最成熟且价格便宜的生物特征识别技术。由于每次捺印的方位不完全一样，着力点不同会带来不同程度的变形，又存在大量模糊指纹，如何正确提取特征和实现正确匹配，是指纹识别技术的关键。指纹识别原理如图 2-54 所示。

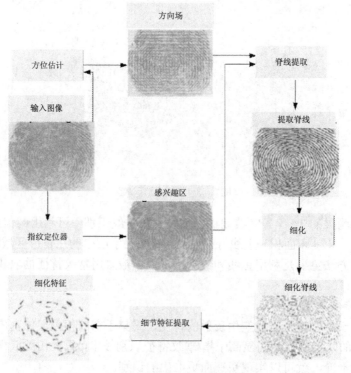

图 2-54　指纹识别原理

指纹识别包括指纹图像获取、压缩、处理、分类、特征提取和比对等模块。

（1）指纹图像获取。通过专门的指纹采集仪可以采集活体指纹图像。目前，指纹采集仪主要有活体光学式、电容式和压感式。对于分辨率和采集面积等技术指标，已经形成了国际和国内标准，但其他方面还缺少统一的标准。根据采集指纹面积，大体可以分为滚动捺印指纹和平面捺印指纹，公安部门普遍采用滚动捺印指纹。另外，也可以通过扫描仪、数字相机等获取指纹图像。

（2）指纹图像压缩。大容量的指纹数据库必须经过压缩后存储，以减少存储空间，主要方法包括 JPEG、WSQ、EZW 等。

（3）指纹图像处理。指纹图像处理包括指纹区域检测、图像质量判断、方向图和频率估计、图像增强、指纹图像二值化和细化等。

（4）指纹分类。纹型是指纹的基本分类，是按中心花纹和三角的基本形态划分的。从属于纹型，以中心线的形状定名。我国的指纹分析法将指纹分为三大类型，9 种形态。一般的，指纹自动识别系统将指纹分为弓形纹（弧形纹、帐形纹）、箕形纹（左箕、右箕）、斗形纹和杂形纹等。

（5）指纹形态和细节特征提取。指纹形态特征包括中心（上、下）和三角点（左、右）等，指纹的细节特征主要包括纹线的起点、终点、结合点和分叉点。

（6）指纹比对。可以根据指纹的纹形进行粗匹配，进而利用指纹形态和细节特征进行精确匹配，给出两枚指纹的相似性得分。根据应用的不同，对指纹的相似性得分进行排序或给出是否为同一指纹的判决结果。

2.5.3　声纹识别

声纹识别（Voiceprint Recognition，VPR）也称说话人识别（Speaker Recognition），分为说话人辨认（Speaker Identification）和说话人确认（Speaker Verification）两类。前者用以判断某段语音是若干人中的哪一个人所说的，是"多选一判别"问题；而后者用以确认某段语音是否为指定的某个人所说的，是"一对一判别"问题。不同的任务和应用会使用不同的声纹识别技术，如缩小刑侦范围时可能需要辨认技术，而银行交易时则需要确认技术。不管是辨认还是确认，都需要先对说话人的声纹进行建模，这就是所谓的"训练"或"学习"过程。

所谓声纹（Voiceprint），是用电声学仪器显示的携带语言信息的声波频谱。人类语言的产生是人体语言中枢与发音器官之间一个复杂的生理物理过程，人在讲话时使用的发声器官——舌、牙齿、喉头、肺、鼻腔在尺寸和形态方面的个体差异很大，所以任何两个人的声纹图谱都有差异。每个人的语音声学特征既有相对稳定性，又有变异性，不是绝对的、一成不变的。这种变异可来自生理、病理、心理、模拟、伪装，也与环境干扰有关。尽管如此，因为每个人的发音器官都不尽相同，所以在一般情况下人们仍能区别不同人的声音或判断是否是同一个人的声音。声纹生理图如图 2-55 所示。声纹识别原理如图 2-56 所示。

声纹识别有两个关键问题，一是特征提取，二是模式识别（模式匹配）。

1. 特征提取

特征提取的任务是提取并选择对说话人的声纹具有可分性强、稳定性高等特性的声学或语言特征。与语音识别不同，声纹识别的特征必须是"个性化"特征，而说话人识别的特征对说话人来讲必须是"共性特征"。虽然目前大部分声纹识别系统用的都是声学层面的特征，但是表征一个人特点的特征应该是多层面的，包括：

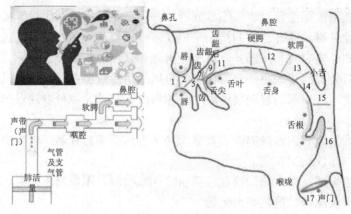

图 2-55　声纹生理图

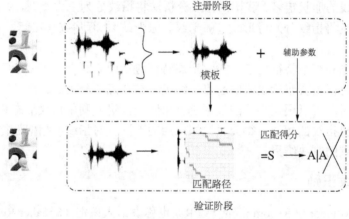

图 2-56　声纹识别原理

（1）与人类发音机制的解剖学结构有关的声学特征（如频谱、倒频谱、共振峰、基音、反射系数等）、鼻音、带深呼吸音、沙哑音、笑声等。

（2）受社会经济状况、教育水平、出生地等影响的语义、修辞、发音、语言习惯等。

（3）个人特点或受父母影响的韵律、节奏、速度、语调、音量等特征。

从利用数学方法可以建模的角度出发，声纹自动识别模型目前可以使用的特征包括声学特征（倒频谱），词法特征（说话人相关的词 n-gram，音素 n-gram），韵律特征（利用 n-gram 描述的基音和能量"姿势"），语种、方言和口音信息，通道信息（使用何种通道）等。

根据不同的任务需求，声纹识别还面临着一个特征选择或特征选用的问题。例如，在刑侦应用上，希望不用信道信息，也就是说，希望弱化信道对说话人识别的影响，因为我们希望不管说话人用什么信道系统都可以辨认出来；而在银行交易上，希望用信道信息，即希望信道对说话人识别有较大影响，从而可以剔除录音、模仿等带来的影响。

2. 模式识别

对于模式识别，有以下几大类方法。

（1）模板匹配方法：利用动态时间曲线（DTW）以对准训练和测试特征序列，主要用于固定词组的应用（通常为文本相关任务）。

（2）最近邻方法：训练时保留所有特征矢量，识别时对每个矢量都找到训练矢量中最近的 K 个，据此进行识别，通常模型存储和相似计算的量都很大。

（3）神经网络方法：有很多种形式，如多层感知、径向基函数（RBF）等，可以显式训练以区分说话人和背景说话人，其训练量很大且模型的可推广性不好。

（4）隐式马尔可夫模型（HMM）方法：通常使用单状态的 HMM 或高斯混合模型（GMM），是比较流行的方法，效果比较好。

（5）VQ 聚类方法（如 LBG）：效果比较好，算法复杂度也不高，和 HMM 方法配合起来可以收到更好的效果。

（6）多项式分类器方法：有较高的精度，但模型存储和计算量都比较大。

声纹识别需要解决的关键问题还有很多，例如，短话音问题，能否用很短的语音进行模型训练，而且用很短的时间进行识别，这主要是声音不易获取的应用需求决定的；声音模仿（或放录音）问题，要有效地区分开模仿声音（录音）和真正的声音；多说话人情况下目标说话人的有效检出；消除或减弱声音变化（不同语言、内容、方式、身体状况、时间、年龄等）带来的影响；消除信道差异和背景噪声带来的影响等，此时需要用到其他一些技术来辅助完成，如去噪、自适应等。

对说话人的确认，还面临着一个两难的选择问题。通常，表征说话人确认系统性能的两个重要参数是错误拒绝率（False Rejection Rate，FRR）和错误接受率（False Acceptation Rate，FAR）。前者是拒绝真正说话人而造成的错误，后者是接受真正说话人而造成的错误，二者与阈值的设定相关，两者相等的值称为等错率（Equal Error Rate，EER）。在现有的技术水平下，两者无法同时达到最小，需要调整阈值来满足不同应用的需求，如在需要"易用性"的情况下，可以让错误拒绝率低一些，此时错误接受率会增加，从而安全性降低；在对"安全性"要求高的情况下，可以让错误接受率低一些，此时错误拒绝率会增加，从而易用性降低。前者可以概括为"宁错勿漏"，而后者可以概括为"宁漏勿错"。我们把真正阈值的调整称为"操作点"调整。好的系统应该允许对操作点自由调整。

2.5.4 人脸识别

人脸识别（Human Face Recognition）特指利用分析比较人脸视觉特征信息进行身份鉴别的计算机技术。人脸识别是一个热门的计算机技术研究领域，可以进行人脸明暗侦测，自动调整动态曝光补偿，人脸追踪侦测，自动调整影像放大。人脸识别技术属于生物特征识别技术，是根据生物体（一般特指人）本身的生物特征来区分生物体个体的。人脸识别过程如图 2-57 所示，具体识别示例如图 2-58 所示。

广义的人脸识别实际上包括构建人脸识别系统的一系列相关技术，包括人脸图像采集、人脸定位、人脸识别预处理、身份确认以及身份查找等；而狭义的人脸识别特指通过人脸进行身份确认或者身份查找的技术或系统。

人脸的识别过程一般分 3 步。

（1）建立人脸的面像档案，即用摄像机采集单位人员人脸的面像文件或提取他们的照片形成面像文件，并将这些面像文件生成面纹（Faceprint）编码存储起来。

（2）获取当前的人体面像，即用摄像机捕捉当前出入人员的面像，或取照片输入，并将当前的面像文件生成面纹编码。

（3）用当前的面纹编码与档案库中的作比对，即将当前面像的面纹编码与档案库中的面纹编码进行检索比对。上述的"面纹编码"方式可以抵抗光线、皮肤色调、面部毛发、发型、眼镜、表情和姿态的变化，具有强大的可靠性，从而使它可以从百万人中精确地辨认出某个人。人脸的识别过程，利用普通的图像处理设备就能自动、连续、实时地完成。

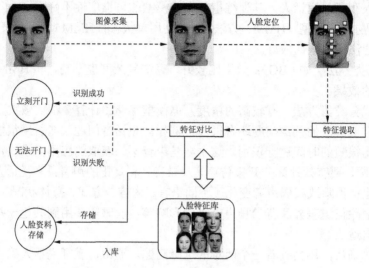

图 2-57　人脸识别过程

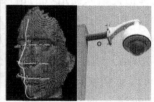

图 2-58　人脸识别

人脸识别技术包含 3 个部分。

（1）人脸检测。人脸检测是在动态的场景与复杂的背景中判断是否存在面像并分离出这种面像。一般有以下几种方法。

① 参考模板法。首先设计一个或数个标准人脸的模板，然后计算测试采集的样品与标准模板之间的匹配程度，并通过阈值来判断是否存在人脸。

② 人脸规则法。人脸具有一定的结构分布特征，所谓人脸规则法即提取这些特征生成相应的规则以判断测试样品是否包含人脸。

③ 样品学习法。这种方法即采用模式识别中人工神经网络的方法，即通过对面像样品集和非面像样品集的学习产生分类器。

④ 肤色模型法。这种方法是依据面貌肤色在色彩空间中分布相对集中的规律来进行检测。

⑤ 特征子脸法。这种方法是将所有面像集合视为一个面像子空间，并基于检测样品与其在子空间投影之间的距离来判断是否存在面像。

值得注意的是，上述 5 种方法在实际检测系统中也可综合采用。

（2）人脸跟踪。人脸跟踪是指对被检测到的面貌进行动态目标跟踪，具体采用基于模型的方法或基于运动与模型相结合的方法。此外，利用肤色模型跟踪也不失为一种简单而有效的手段。

（3）人脸比对。人脸比对是对被检测到的面像进行身份确认或在面像库中进行目标搜索。实际上就是说，将采样到的面像与库存的面像依次进行比对，并找出最佳的匹配对象。因此，面像的描述决定了面像识别的具体方法与性能。目前主要采用特征向量与面纹模板两种描述方法。

① 特征向量法。几何特征的人脸识别是先确定眼虹膜、鼻翼、嘴角等五官轮廓的大小、位置、距离等属性，然后计算出它们的几何特征量，利用这些特征量形成描述该面像的特征向量。这种算法识别速度快，需要的内存小，但识别率较低，如图 2-59 所示。特征脸方法是基于 KL 变换的人脸识别方法，KL 变换是图像压缩的一种最优正交变换。高维的图像空间经过 KL 变换后得到一组新的正交基，保留其中重要的正交基，由这些基可以转换成低维线性空间。如果假设人脸在这些低维线性空间的投影具有可分性，就可以将这些投影用作识别的特征矢量，这就是特征脸方法的基本思想。这些方法需要较多的训练样本，而且完全是基于图像灰度的统计特性的。

② 面纹模板法。该方法是在库中存储若干标准面像模板或面像器官模板，在进行比对时，将采样面像所有像素与库中所有模板采用归一化相关度量进行匹配。此外，还有采用模式识别的自相关网络或特征与模板相结合的方法。

应用于机场的人脸识别技术，如图 2-60 所示。

银川机场在 2016 年 12 月实现了全面智能化，将人脸识别技术同时应用于安检、登机、VIP 迎宾、动态布控等多个环节，并且首次出现了智慧航显、绿色通道等提升用户体验的应用。该机场采用动态布控和人证合一比对两个系统，可以强化机场风险防范能力。

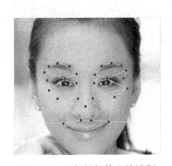

图 2-59　几何特征的人脸识别

图 2-60　机场人脸识别

（1）人证合一系统主要部署于机场安检口、员工通道入口以及候机厅登机口等关卡位置。人证合一确认乘客即身份证本人，读取保存在身份证芯片中的肖像数据，与乘客的脸进行对照。确认身份无误，通知安检员放行。在提升速率的同时，还保证了验证准确度：机器人脸识别率远高于人眼 75% 左右。

① 安检入口人脸识别系统完全深度融合于机场安检信息系统，不改变安检人员原有工作模式。

② 员工通道旨在加强内部管理，杜绝冒用他人工作证进出等安全隐患。

③ 候机厅登机口部署人脸识别闸机，旅客仅需通过刷一下登机牌即可进入廊桥登机。

（2）动态布控系统主要部署在航站楼出入口、贵宾厅入口以及廊桥出入口。

① 出入航站楼的人员均会被所有关联的相机进行人员抓拍，并将照片与后台黑名单库中照片进行比对，如有嫌疑人比对值超过设置阈值，将进行报警，报警方式可以是邮件、信息等多种方式。

② VIP 客户在进入贵宾厅时系统即自动识别其身份，并在服务终端显示其相关信息（如航班信息），VIP 用户无须再通过登机牌或会员卡进行身份确认。通过航班信息，直接自动生

成"叫醒服务"，将服务隐形化，提高客户体验。同时，客户在贵宾厅的相关信息将会被进行数据收集，存储于银川机场的大数据库，为以后机场的大数据应用进行前期数据收集工作。

③ 廊桥登机口通过对登机旅客人脸信息与后端本航班人脸库进行 1:N 比对，确认登机乘客与航班正确匹配，减少误登机的可能性。廊桥入港口对进入本市的旅客人脸进行检测及相关信息收集存储。同时，该库可开放接口给公安部门使用，能够辅助查询进入本市的人员情况，为实现全城布控系统提供数据信息。

应用于高速公路的人脸识别技术，如图 2-61 所示。

2017 年 10 月，在北京高速公路运用的"移动式护栏巡逻执法机器人"配备了先进的面部识别软件。在巡逻过程中，它们将通过转动"头顶"的摄像头来进行人脸识别，一旦发现嫌疑犯、危害公共安全秩序等人员，将立即向后方人员报警，并把发现的时间、地点和人脸图像发送给工作人员，起到预警的作用。另外，机器人警察还有监测空气质量以及天气变化等功能。该机器人还专门对高速公路违法停车行为进行拍摄取证，利用高科技手段打击高速公路违法停车行为。

图 2-61 公路人脸识别机器人

高速公路的人脸识别技术，除了国内应用的高速公路人脸识别摄像头外，国外也广泛应用。如 2013 年，刚果共和国的首都金沙萨安装了一批大型太阳能机器人交警来减少交通事故。该机器人代替人类警察站在繁忙的十字路口，集信号灯、行人通行指示、交通摄像头功能于一体。人脸识别机器人会用红色和绿色的机械臂指挥交通，并且引导路人安全地穿过繁忙的马路。和其他同款机器人一样，其携带监控摄像头，并将探测驾驶录像传回警察局，以威慑危险驾驶。

2.5.5 静脉识别

静脉纹络在人体内部很难被伪造，手掌静脉识别原理是根据血液中的血红素有吸收红外线光的特质，将能感应红外线的小型照相机对着手指进行摄影，从而对血管的阴影摄出图像，并对血管图样进行数字处理，制成血管图样影像。静脉识别系统就是首先通过静脉识别仪取得个人静脉分布图，依据专用比对算法从静脉分布图提取特征值，通过红外线 CCD 摄像头获取手指、手掌、手背静脉的图像，将静脉的数字图像存储在计算机系统并存储特征值。进行静脉比对时，实时采集静脉图，提取特征值，运用先进的滤波、图像二值化、细化技术对数字图像提取特征，同存储在主机中的静脉特征值进行比对，采用复杂的匹配算法对静脉特征进行匹配，从而对个人进行身份鉴定，确认其身份。静脉识别全过程为非接触式，如图 2-62 所示。

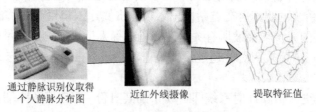

通过静脉识别仪取得   近红外线摄像   提取特征值
个人静脉分布图

图 2-62 静脉识别原理

静脉识别分为指静脉识别和掌静脉识别，如图 2-63 所示。掌静脉识别由于要保存及对比的静脉图像较多，识别速度较慢；指静脉识别由于其容量小，因此识别速度快。但是两者都具备精确度高、活体识别等优势，在门禁安防方面各有千秋。总之，指静脉识别反应速度快，掌静脉识别安全系数更高。

（a）指静脉识别　　　　　　　　　　（b）掌静脉识别

图 2-63　静脉识别

掌静脉识别过程如下。

（1）静脉图像获取：获取手背静脉图像时，手掌无须与设备接触，轻轻一放即可完成识别。这种方式没有手接触设备时的不卫生等问题，以及手指表面特征可能被复制所带来的安全问题，避免了被当作审查对象的心理不适，同时也不会因脏物污染而无法识别。手掌静脉识别由于静脉位于手掌内部、气温等外部因素的影响程度可以忽略不计，几乎适用于所有用户，用户接受度好。除了无须与扫描器表面发生直接接触以外，这种非侵入性的扫描过程既简单又自然，减轻了用户由于担心卫生程度或使用麻烦而可能存在的抗拒心理。

（2）活体识别：用手掌静脉进行身份认证时，获取的是手掌静脉的图像特征，是手掌活体才存在的特征。在该系统中，非活体的手掌是得不到静脉图像特征的，因此无法识别，从而也就无法造假。

（3）内部特征：用掌背静脉进行身份认证时，获取的是手掌内部的静脉图像特征，而不是手掌表面的图像特征，因此，不存在任何由于手掌表面的磨损、干湿等带来的识别障碍。

（4）特征匹配：先提取其特征，再与预先注册到数据库或存储在 IC 卡上的特征数据进行匹配，以确定个人身份。因为每个人的静脉分布图具备类似于指纹的唯一性且成年后持久不变，所以它能够唯一确定一个人的身份。

课后习题

1．什么是自动识别技术？自动识别技术有哪几类？
2．谈谈你对二维码的认识，可以从定义、原理、特点等方面进行描述。
3．RFID 系统的组成有哪些？举例说明生活中 RFID 的应用实例。
4．简述基于 ALOHA 的防冲突算法以及二进制搜索防冲突算法流程。
5．生物识别技术与物联网有何关联？

第 3 章　传感器设备及智能终端

学习要求

知 识 要 点	能 力 要 求
传感器特性参数	了解传感器的静态特性、动态特性 理解传感器的线性度、灵敏度、分辨力
传感器分类方法	掌握传感器的工作原理分类和输出信号性质分类方法 理解传感器的物理量分类和生产工艺分类方法
传感器的工作原理	掌握电阻、电容以及电感传感器的基本工作原理
智能终端的特点	掌握智能终端的三大特点 理解智能传感器为何能够成为智能终端的重要组成部分
智能终端的应用	了解智能终端在消费电子领域的应用 了解智能终端在工业中的应用
智能终端的发展	了解智能终端的发展现状 了解智能终端的发展趋势

3.1　传感器设备

3.1.1　概述

传感器是一种物理装置或生物器官，能够探测、感受外界的信号、物理条件（如光、热、湿度）或化学组成（如烟雾），并将探知的信息传递给其他装置或器官。"传感器"在新韦式大词典中被定义为：从一个系统接受功率，通常以另一种形式将功率送到第二个系统中的器件。根据这个定义，传感器的作用是将一种能量形式转换成另一种能量形式，所以不少学者也用"换能器（Transducer）"来称谓"传感器（Sensor）"。

- 传感器是测量系统中的一种前置部件，它将输入变量转换成可供测量的信号。

——国际电工委员会 IEC

- 能感受规定的被测量并按照一定的规律转换成可用信号的器件或装置，通常由敏感元件和转换元件组成。

——传感器通用术语国家标准 GB 7665—87

　　最广义地来说，传感器是一种能把物理量或化学量转变成便于利用的电信号的器件。传感器系统由某种或多种有信息处理（模拟或数字）能力的传感器组合而成。传感器是传感器系统的一个组成部分，它是被测量信号输入的第一道关口。如图 3-1 所示，传感器是接收信号或刺激并反应的器件，能将待测物理量或化学量转换成另一对应输出的装置。

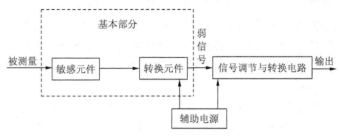

图 3-1　传感器的组成

　　传感器节点是无线传感器网络的基本功能单元。传感器节点可采用自组织方式进行组网，利用无线（有线）通信技术进行数据转发，节点都具有数据采集与数据融合转发双重功能。节点对本身采集到的信息和其他节点转发给它的信息进行初步的数据处理和信息融合之后以相邻节点接力传送的方式传送到基站，然后通过基站以互联网、卫星等方式传送给最终用户。

　　传感器节点的基本组成模块：数据采集模块、数据处理模块、通信模块以及供电模块。如图 3-2 所示，数据处理模块是传感器节点的核心，负责整个节点的设备控制、任务分配与调度、数据整合与传输等；数据采集模块由传感器和模数（A/D）转换器两部分组成，主要负责监测区域内的信息采集和数据转换；通信模块一般包含有线和无线两种通信模式（传感器节点主要采用无线通信模式），主要负责与其他传感器节点之间的通信、控制信息交换以及数据收发；供电模块为传感器节点提供运行所需的能量，在设计传感器节点时，应尽可能地延长整个传感器网络的生命周期。

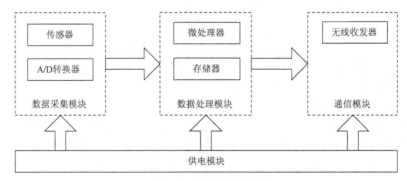

图 3-2　传感器节点结构

　　根据功能，传感器网络可以把节点分成传感器节点、路由节点（亦称簇头节点）和网关（亦称汇聚节点）3 种类型。当节点作为传感器节点时，主要是采集周围环境的数据（温度、光度和湿度等），然后进行 A/D 转换，交由处理器处理，最后由通信模块发送到相邻节点。同时，该节点也要执行数据转发的功能，即把相邻节点发送过来的数据发送到汇聚节点或离汇聚节点更近的节点。当节点作为路由节点时，主要是收集该簇内所有节点所采集到的信息，经数据融合后发往汇聚节点。当节点作为网关时，其主要功能就是连接传感器网络与外部网络（如因特网），将传感器节点采集到的数据通过互联网或卫星发送给用户。

3.1.2 传感器的特性和分类

传感器的输入-输出特性分为静态特性和动态特性。静态特性主要指标有线性度、迟滞、重复性、灵敏度与灵敏度误差、分辨率与阈值、稳定性、温度稳定性、多种抗干扰能力、静态误差。常用的拟合方法有理论拟合、过零旋转拟合、端点拟合、端点平移拟合、最小二乘法拟合。动态响应特性一般并不能直接给出其微分方程，而是通过实验给出传感器与阶跃响应曲线和幅频特性曲线上的某些特征值，来表示仪器的动态响应特性。

1. 传感器的静态特性

传感器的静态特性是指对静态的输入信号，传感器的输出量与输入量之间所具有的相互关系。因为这时输入量和输出量都和时间无关，所以它们之间的关系，即传感器的静态特性可用一个不含时间变量的代数方程，或以输入量作横坐标、与其对应的输出量作纵坐标而画出的特性曲线来描述。表征传感器静态特性的主要参数有线性度、灵敏度、分辨力和迟滞等。

（1）传感器的线性度

通常情况下，传感器的实际静态特性输出是条曲线而非直线。在实际工作中，为使仪表具有均匀刻度的读数，常用一条拟合直线近似地代表实际的特性曲线。线性度（非线性误差）就是这个近似程度的一个性能指标。拟合直线的选取有多种方法，如将零输入和满量程输出点相连的理论直线作为拟合直线；或将与特性曲线上各点偏差的平方和最小的理论直线作为拟合直线，此拟合直线称为最小二乘法拟合直线，如图 3-3 所示。

实际的输出-输入特性曲线与拟合曲线（工作曲线）间最大偏差的相对值 E_L 即为线性度。

（2）传感器的灵敏度

灵敏度是指传感器在稳态工作情况下输出量变化 Δy 与输入量变化 Δx 的比值，如图 3-4 所示。它是输出-输入特性曲线的斜率。如果传感器的输出和输入之间成线性关系，则灵敏度 S 是一个常数。否则，它将随输入量的变化而变化。

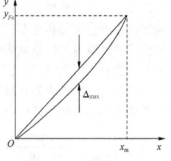

图 3-3 传感器的线性度

① 纯线性传感器灵敏度为常数：$S=a_1$。

② 非线性传感器灵敏度 S 与 x 有关。

灵敏度的量纲是输出量、输入量的量纲之比。例如，某位移传感器，在位移变化 1mm 时，输出电压变化为 200mV，则其灵敏度应表示为 200mV/mm。当传感器的输出量、输入量的量纲相同时，灵敏度可理解为放大倍数。提高灵敏度，可得到较高的测量精度。但灵敏度越高，测量范围越窄，稳定性往往也越差。

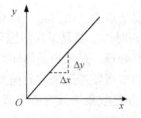
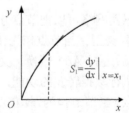

图 3-4 传感器的灵敏度

（3）传感器的分辨力

分辨力是指传感器可能感受到的被测量的最小变化的能力。也就是说，如果输入量从某一非零值缓慢地变化，当输入变化值未超过某一数值时传感器的输出不会发生变化，即传感器对此输入量的变化是分辨不出来的。只有当输入量的变化超过分辨力时，其输出才会发生变化。

通常传感器在满量程范围内各点的分辨力并不相同，因此，常用满量程中能使输出量产生阶跃变化的输入量中的最大变化值来作为衡量分辨力的指标。上述指标若用满量程的百分比表示，则称为分辨率，即 $\dfrac{\Delta x_{\mathrm{m}}}{x_{Fs}} \times 100\%$。

（4）传感器的迟滞特性

迟滞特性表征传感器在正向（输入量增大）和反向（输入量减小）行程间输出-输入特性曲线不一致的程度，通常用这两条曲线之间的最大差值 $\Delta\mathrm{max}$ 与满量程输出 F_{S} 的百分比表示，迟滞可由传感器内部元件存在能量的吸收造成，如图 3-5 所示。

2. 传感器的动态特性

被测物理量 $x(t)$ 是随时间变化的动态信号，不是常量。因此，所谓动态特性，是指传感器在输入变化时的输出特性，系统的动态特性反映测量动态信号的能力。在实际工作中，传感器的动态特性常用它对某些标准输入信号的响应来表示。这是因为传感器对标准输入信号的响应容易用实验方法求得，并且它对标准输入信号的响应与它对任意输入信号的响应之间存在一定的关系，往往知道了前者就能推定后者。

动态响应特性一般并不能直接给出其微分方程，而是通过实验给出传感器与阶跃响应曲线和幅频特性曲线上的某些特征值来表示仪器的动态响应特性。用数学模型来描述，对于连续时间系统主要有 3 种形式：时域中的微分方程、复频域中的传递函数 $H(s)$、频率域中的频率特性 $H(j\omega)$。最常用的标准输入信号有阶跃信号和正弦信号两种，所以传感器的动态特性也常用阶跃响应和频率响应来表示。

（1）阶跃响应。给原来处于静态状态的传感器输入阶跃信号，在不太长的一段时间内，传感器的输出特性即为其阶跃响应特性，如图 3-6 所示。其中，σ_{p} 为最大超调量；t_{d} 为延迟时间；t_{r} 为上升时间；t_{p} 为峰值时间；t_{s} 为响应时间。

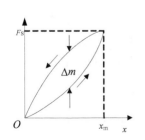

图 3-5　传感器的迟滞特性

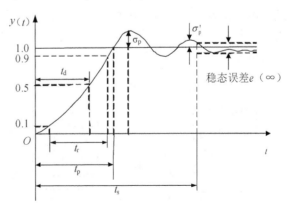

图 3-6　传感器的典型阶跃响应特性

输入量 $x(t)$ 一般可以表示为

$$x(t) = \begin{cases} 0, t \leqslant 0 \\ b_0, t > 0 \end{cases} \tag{3-1}$$

（2）频率响应。传感器的频率响应是指各种频率不同而幅值相同的正弦信号输入时，其输出的正弦信号的幅值、相位（与输入量间的相差）与频率之间的关系，即幅频特性和相频特性。

3. 传感器的分类

目前对传感器尚无一个统一的分类方法，但比较常用的有如下4种。

（1）按传感器的物理量分类，可分为位移、力、速度、温度、流量、气体成分等传感器。

（2）按传感器的工作原理分类，可分为电阻、电容、电感、电压、霍尔、光电、光栅、热电耦等传感器。

（3）按传感器输出信号的性质分类，可分为输出为开关量（"1"和"0"或"开"和"关"）的开关型传感器、输出为模拟量的模拟型传感器、输出为脉冲或代码的数字型传感器。

（4）按传感器的生产工艺分类，可分为普通工艺传感器、MEMS型传感器。

3.1.3 代表性传感器原理

按照传感器的主要工作原理，可以将传感器分为电阻、电容、电感、电压、霍尔、光电、光栅、热电耦等传感器。以下主要介绍电阻传感器、电感传感器、电容传感器，包括它们的结构、特性与工作原理。

1. 电阻传感器

电阻传感器就是利用一定的方式将被测量的变化转化为敏感元件电阻值的变化，进而通过电路变成电压或电流信号输出的一类传感器。其主要有应变式、压阻式、热电阻、热敏、气敏、光敏等电阻式传感器件，可用于各种机械量和热工量的检测，它结构简单、性能稳定、成本低廉，因此，在许多行业得到了广泛应用。按照测量物理量的不同，电阻传感器可以分为电阻应变式传感器、压阻式传感器、热敏电阻传感器、光敏电阻传感器等，按照不同需求，电阻传感器可部署于各种不同的场景。

（1）电阻应变式传感器

传感器中的电阻应变片具有金属的应变效应，即在外力作用下产生机械形变，从而使电阻值随之发生相应的变化。电阻应变片主要有金属和半导体两类，金属电阻应变片的结构形式有丝式、箔式和薄膜式3种，结构示意图如图3-7所示。半导体应变片具有灵敏度高（通常是丝式、箔式的几十倍）、横向效应小等优点。电阻式应变片主要用于测量机械形变，如测量拉力的大小等。

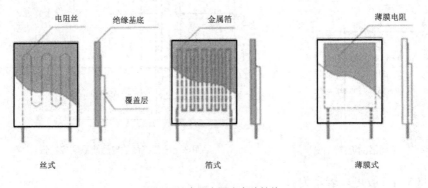

图 3-7　金属电阻应变片结构

（2）压阻式传感器

对一块半导体材料的某一轴向施加一定的载荷而产生应力时，它的电阻率会发生变化，这种物理现象称为半导体的压阻效应。压阻式传感器的半导体应变片，是根据半导体材料的压阻效应在半导体材料的基片上经扩散电阻而制成的一种纯电阻性元件。其基片可直接作为测量传感元件，扩散电阻在基片内接成电桥形式。当基片受到外力作用而产生形变时，各电阻值将发生变化，电桥就会产生相应的不平衡输出。用作压阻式传感器的基片（或称膜片）材料主要为硅片和锗片，硅片为敏感材料，其制成的硅压阻传感器越来越受到人们的重视，尤其是以测量压力和速度的固态压阻式传感器应用最为普遍。半导体应变片有体型半导体应变片、薄膜型半导体应变片、扩散型半导体应变片几种。

（3）热敏电阻及热敏电阻传感器

热电阻传感器主要是利用电阻值随温度变化而变化这一特性来测量温度及与温度有关的参数。在温度检测精度要求比较高的场合，这种传感器比较适用。目前较为广泛的热电阻材料为铂、铜、镍等，它们具有电阻温度系数大、线性好、性能稳定、使用温度范围宽、加工容易等特点，用于测量−200℃～+500℃的温度。

热敏电阻是一种利用半导体制成的敏感元件，其特点是电阻率随温度而显著变化。热敏电阻因其电阻温度系数大、灵敏度高、热惯性小、反应速度快、体积小、结构简单、使用方便、寿命长、易于实现远距离测量等特点得到广泛应用。

根据电阻值的温度特性，热敏电阻有正温度系数、负温度系数和临界几种类型。根据热敏电阻的结构，可以分为柱状、片状、珠状和薄膜状等几种形式。

热敏电阻的缺点是互换性较差，同一型号的产品特性参数有较大差别。而且，其热电特性是非线性的，这给使用带来一定不便。尽管如此，热敏电阻灵敏度高、便于远距离控制、成本低适合批量生产等突出的优点使得它的应用范围越来越广。随着科学技术的发展、生产工艺的成熟，热敏电阻的上述缺点都将逐渐得到克服，在温度传感器中热敏电阻已取得了显著的优势。

热敏电阻与简单的放大电路结合，就可检测 1‰℃的温度变化，将其与电子仪表组成测温计，能完成高精度的温度测量。普通用途热敏电阻工作温度为−55～+315℃，特殊低温热敏电阻的工作温度低于−55℃，可达−273℃。

按温度特性，热敏电阻可分为两类，随温度上升电阻增加的为正温度系数热敏电阻外，其他均为负温度系数热敏电阻。常用的 MF58 型高精度负温度系数热敏电阻如图 3-8 所示。

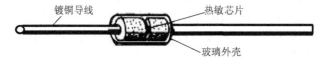

图 3-8　MF58 型高精度负温度系数热敏电阻的外形结构

通过以上的性质可知，热敏电阻多用于测量区域温度的变化。

（4）光敏电阻传感器

光敏电阻是采用半导体材料制作，利用光电效应工作的光电元件。它在光线的作用下阻值往往变小，这种现象称为光导效应，因此，光敏电阻又称光导管。

用于制造光敏电阻的材料主要是金属的硫化物、硒化物和碲化物等半导体。通常采用涂敷、喷涂、烧结等方法，在绝缘衬底上制作很薄的光敏电阻体及梳状欧姆电极，然后接出引线，封装在具有透光镜的密封壳体内，以免受潮影响其灵敏度。光敏电阻的原理结构如图 3-9

所示。在黑暗环境里，它的电阻值很高，当受到光照时，只要光子能量大于半导体材料的禁带宽度，则价带中的电子吸收一个光子的能量后可跃迁到导带，并在价带中产生一个带正电荷的空穴，这种由光照产生的电子-空穴对增加了半导体材料中载流子的数目，使其电阻率变小，从而造成光敏电阻阻值的下降。光照越强，阻值越低。入射光消失后，由光子激发产生的电子-空穴对将逐渐复合，光敏电阻的阻值也就逐渐恢复为原值。

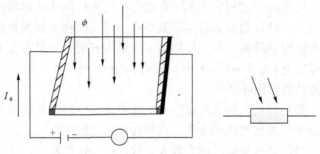

图 3-9　光敏电阻结构示意图及图形符号

在光敏电阻两端的金属电极之间加上电压，其中便有电流通过，受到适当波长的光线照射时，电流就会随光强的增加而变大，从而实现光电转换。光敏电阻没有极性，纯粹是一个电阻器件，使用时既可加直流电压，也可加交流电压。该特性可以运用于光控开关等多种场景。

2. 电容传感器

电容传感器是把被测量转换为电容量变化的一种传感器。它具有结构简单、灵敏度高、动态响应特性好、适应性强、抗过载能力大及价格低廉等优点。因此，可以用来测量压力、力、位移、振动、液位等参数。但电容传感器具有的泄漏电阻和非线性等缺点，也给它的应用带来一定的局限性。随着电子技术的不断发展，特别是集成电路的广泛应用，这些缺点也得到了一定的解决，这进一步促进了电容传感器的广泛应用。

电容传感器的基本工作原理可以用图 3-10 所示的平板电容器来说明。设两极板相互覆盖的有效面积为 A（m^2），两极板间的距离为 d（m），极板间介质的介电常数为 ε（$\mathrm{F \cdot m^{-1}}$），在忽略极板边缘影响的条件下，平板电容器的电容量 C（F）为

$$C=\varepsilon A/d \tag{3-2}$$

由式（3-2）可以看出，ε、A、d 这 3 个参数都直接影响着电容量 C 的大小。如果保持其中两个参数不变，而使另外一个参数改变，则电容量就将发生变化。如果变化的参数与被测量之间存在一定的函数关系，那么被测量的变化就可以直接由电容量的变化反映出来。因此，电容式传感器可以分为 3 种类型：改变极板面积的变面积式、改变极板距离的变间隙式、改变介电常数的变介电常数式。

（1）变面积式电容传感器

图 3-11 是一直线位移型电容式传感器的示意图。当极板移动 Δx 后，覆盖面积就发生变化，电容量也随之改变，其值为

$$C=\varepsilon b(a-\Delta x)/d=C_0-\varepsilon b \cdot \Delta x/d \tag{3-3}$$

电容因位移而产生的变化量为 $\Delta C = C - C_0 = -\dfrac{\varepsilon b}{d}\Delta x = -C_0 \dfrac{\Delta x}{a}$。

其灵敏度为 $K = \dfrac{\Delta C}{\Delta x} = -\dfrac{\varepsilon b}{d}$。

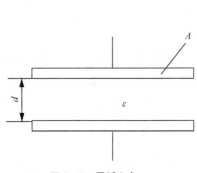

图 3-10 平板电容

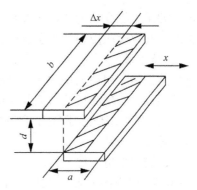

图 3-11 直线位移型电容式传感器

可见，减小 b 或增加 d 均可提高传感器的灵敏度。

图 3-12 是电容传感器的几种派生形式。图 3-12（a）是角位移型电容传感器。当动片有一角位移时，两极板间覆盖面积就发生变化。

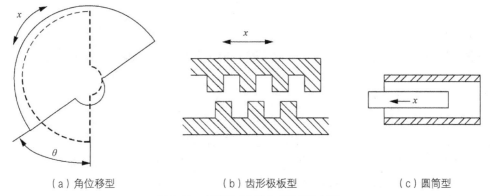

（a）角位移型   （b）齿形极板型   （c）圆筒型

图 3-12 变面积式电容传感器的派生型

图 3-12（b）中极板采用了锯齿板，其目的是增加遮盖面积，提高灵敏度。

通过公式分析可得出结论，变面积式电容传感器的灵敏度为常数，即输出与输入成线性关系。

（2）变间隙式电容传感器

图 3-13 为变间隙式电容传感器的原理图，图 3-14 为介质面积变化的电容传感器原理图，其中，1 为固定极板，2 为与被测对象相连的活动极板。当活动极板因被测参数的改变而引起移动时，两极板间的距离 d 发生变化，从而改变两极板之间的电容量 C。

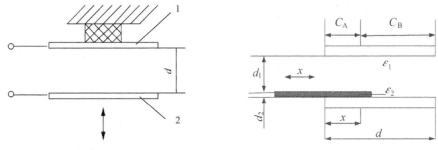

图 3-13 变间隙式电容传感器   图 3-14 介质面积变化的电容传感器

电容量 C 与 x 不成线性关系，只有当 $x \ll d$ 时，才可认为二者之间最近似线性关系。同时，还可以看出，要提高灵敏度，应减小起始间隙 d。但当 d 过小时，又容易引起击穿，同时加工精度要求也提高。为此，一般是在极板间放置云母、塑料膜等介电常数高的物质来改善这种情况。在实际应用中，为了提高灵敏度、减小非线性，可采用差动式结构。

3. 电感传感器

电感传感器是利用被测量的变化引起线圈自感或互感系数的变化从而导致线圈电感量改变这一物理现象来实现测量的。因此，根据转换原理，电感式传感器可以分为自感式和互感式两大类。自感式电感传感器分为可变磁阻型和涡流式两种，可变磁阻型又可分为变间隙型、变面积型和螺管型3种。

（1）可变磁阻型电感传感器

① 变间隙型电感传感器。变间隙型电感传感器的结构如图3-15所示。传感器由线圈、铁心和衔铁组成。工作时，衔铁与被测物体连接，被测物体的位移将引起空气隙的长度发生变化。由于气隙磁阻的变化，导致了线圈电感量的变化。

线圈的电感可表示为

$$L = \frac{N^2}{R_m} \tag{3-4}$$

式中，N 为线圈匝数，R_m 为磁路总磁阻。

一般情况下，导磁体的磁阻与空气隙的磁阻相比是很小的，因此，线圈的电感值可近似地表示为

$$L = \frac{N^2 \mu_0 A}{2\delta} \tag{3-5}$$

其中，A 为截面积，μ_0 为空气磁导率，δ 为空气隙厚度。

由式（3-5）可以看出，传感器的灵敏度随气隙的增大而减小。为了消除非线性，气隙的相对变化量要很小，但过小又将影响测量范围，所以要兼顾两个方面。

② 变面积型电感传感器。由变间隙型电感传感器可知，间隙长度不变，铁心与衔铁之间相对而言的覆盖面积随被测量的变化而改变，从而导致线圈的电感量发生变化，这种形式称之为变面积型电感传感器，其结构如图3-16所示。

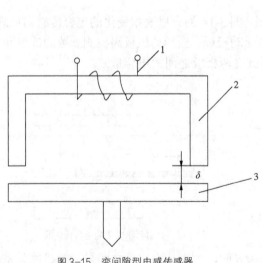

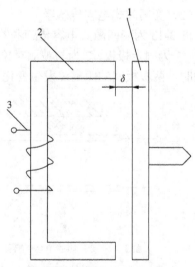

图3-15　变间隙型电感传感器
1—线圈；2—铁心；3—衔铁

图3-16　变面积型电感传感器
1—衔铁；2—铁心；3—线圈

通过对式（3-5）的分析可知，线圈电感量 L 与气隙厚度是非线性关系，但与磁通截面积 A 却成正比，是一种线性关系。

③ 螺管型电感式传感器。图 3-17 为螺管型电感式传感器的结构图。螺管型电感传感器的衔铁随被测对象移动，线圈磁力线路径上的磁阻发生变化，线圈电感量也因此而变化。线圈电感量的大小与衔铁插入线圈的深度有关。

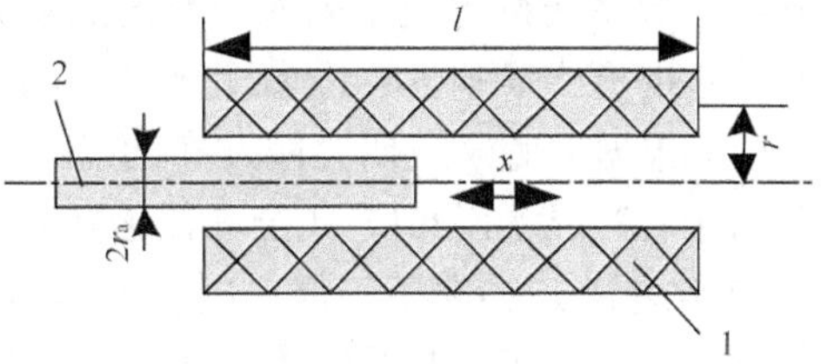

（2）电涡流式传感器

电涡流式传感器是一种建立在涡流效应原理上的传感器。电涡流式传感器可以实现非接触地测量物体表面为金属导体的多种物理量，如位移、振动、厚度、转速、应力、硬度等参数，也可用于无损探伤。

图 3-17　螺管型电感式传感器
1—线圈；2—衔铁

当通过金属体的磁通变化时，就会在导体中产生感生电流，这种电流在导体中是自行闭合的，这就是所谓的电涡流。电涡流的产生必然要消耗一部分能量，从而使产生磁场的线圈阻抗发生变化，这一物理现象称为涡流效应。电涡流式传感器是利用涡流效应，将非电量转换为阻抗的变化来进行测量的。

如图 3-18 所示，一个扁平线圈置于金属导体附近，当线圈中通有交变电流 I_1 时，线圈周围就产生一个交变磁场 H_1。置于这一磁场中的金属导体就产生电涡流 I_2，电涡流也将产生一个新磁场 H_2，H_2 与 H_1 方向相反，因而抵消部分原磁场，使通电线圈的有效阻抗发生变化。

一般来讲，线圈的阻抗变化与导体的电导率、磁导率、几何形状、线圈的几何参数、激励电流频率以及线圈到被测导体间的距离有关。如果控制上述参数中的一个参数改变，而其余参数恒定不变，则阻抗就成为这个变化参数的单值函数。如果其他参数不变，则阻抗的变化就可以反映线圈到被测金属导体间的距离大小变化。

我们可以把被测导体上形成的电涡流等效成一个短路环，这样就可以得到图 3-19 所示的等效电路。图中 R_1、L_1 为传感器线圈的电阻和电感。短路环可以认为是一匝短路线圈，其电阻为 R_2、电感为 L_2。线圈与导体间存在一个互感 M，它随线圈与导体间距的减小而增大。

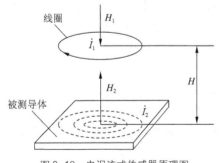

图 3-18　电涡流式传感器原理图

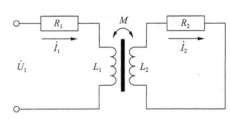

图 3-19　电涡流传感器等效电路

运用以上原理可将电涡流式传感器分为高频反射式电涡流传感器与低频透射式电涡流传感器。电涡流式传感器结构简单、频率响应宽、灵敏度高、测量范围大、抗干扰能力强，特别是具有非接触测量的优点，因此在工业生产和科学技术的各个领域中得到了广泛应用。

3.1.4　传感器产业发展与现状

传感器技术作为信息技术中信息采集、信息传播、信息处理三大技术领域之一，是不可或缺的技术。国外各发达国家都将传感器技术视为现代高技术发展的关键。从 20 世纪 80 年代起，传感器大国日本就将传感器技术列为发展重点，美国等国家也将此技术列为国家科技和国防技术发展的重点内容。

我国传感器行业始于 20 世纪 50 年代初期，虽起步较早，但直到 1986 年"七五"期间才开始正式将传感器技术列入国家重点攻关项目，投入了以机械敏、力敏、气敏、温敏、生物敏为主的五大敏研究。随着全球市场的逐步复苏，2013 年全球传感器市场规模已达 1055 亿美元。根据前瞻产业研究院发布的《2018—2023 年中国传感器制造行业发展前景与投资预测分析报告》显示，2017 年全球传感器市场规模已突破 2000 亿美元，而我国传感器市场规模于 2017 年达到 1200 亿元。但与国外和国内客观要求相比，还存在很大差距。相关机构行业分析师指出：近几年，中国传感器行业发展总体规模逐渐扩大，显著应用于汽车工业、工业控制、环境保护、设施农业、多媒体图像及其他相关领域。

《2014—2018 年中国传感器行业预测及投资策略研究报告》显示，中国传感器行业虽然发展迅速，但是也存在一些不利因素。例如，在产品技术上，存在产业基础薄弱、科技与生产脱节、产品技术水平偏低、产品种类欠缺、企业产品研发能力弱等问题。但另一方面国家又不断制定有利传感器产业发展的战略与政策，全年整机系统市场的快速发展，新兴技术的不断推动，都成为传感网发展的利好因素。《物联网十二五规划》在重点工程内容中也提到了发展微型和智能传感器、无线传感器网络等。

3.2 智能终端

人们现在生活在一个不断膨胀的数字世界，这个世界由大量的智能设备组成。物理世界被广泛地嵌入各种传感器和控制设备，这些设备可以感知环境信息，智能地为人们提供方便快捷的服务。

伴随着无线传感器网络的发展与普及，越来越多的设备与基础设施紧密地融入物理环境。集成电路和芯片的快速发展，使得电子设备体积更小、成本更低、操作更可靠、能耗更少。智能手机除了可以拨打电话发短信，还可以作为多种音频和视频摄像机和播放器，或者当作信息设备和游戏控制台，通过共享个性化服务模式，移动设备可以获取用户上下文信息。

3.2.1 智能终端的定义

终端（Terminal）是一台电子计算机或者计算机系统，供用户输入数据及显示其计算结果的机器。终端有些是全电子的，也有些是机电的。其又名终端机，与一部独立的计算机不同。终端其实就是一种输入输出设备，相对于计算机主机而言属于外设，本身并不提供运算处理功能。

而智能终端设备，是指那些具有多媒体功能的智能设备，这些设备支持音频、视频、数据等方面的功能，如可视电话、会议终端、内置多媒体功能的 PC 及 PDA 等。这些终端之所以被称为"智能"，是因为该终端内置处理器，它们能够理解转义序列，可以定位光标和控制显示位置。

据 IDC 报告，2012 年全球智能终端的出货量约为 12 亿台，较 2011 年增长 29.1%。智能终端的主要表现形式有智能电视、智能机顶盒、智能手机、平板电脑等，智能终端包含的主要要素有高性能中央处理器、存储器、操作系统、应用程序和网络接入。

3.2.2 智能终端特点

1. 设备的高度集成

智能终端设备的高度集成体现在两个方面：快速发展的半导体制造工艺和高速发展的硬件架构。

从智能终端的半导体制造工艺来讲，一直遵循摩尔定律快速地发展着。在 28nm 制造工艺还没有大规模普及的时候，22nm 的制造工艺在 Intel、台积电等公司已经较为成熟。Intel在 22nm 芯片中采用的鳍式场效应晶体管技术，将大大提升芯片的性能。14nm 的制造工艺已经在半导体厂商的规划之中。工艺的提升，能有效减小芯片的面积，提高终端的集成度。

从智能终端的硬件架构来讲，智能终端应有高集成度、高性能的嵌入式系统软硬件。智能终端是 SoC 的典型应用，其系统配置类似于个人计算机，既包含了中央处理器、存储器、显示设备、输入输出设备等硬件，也包含操作系统、应用程序、中间件等软件，要求系统的集成度高于个人计算机。

智能终端的硬件呈现集成度越来越高的趋势，使得 SoC 单颗芯片的功能越来越多，SoC的设计趋于模块化，不同的芯片设计厂商设计不同的 IP 核，SoC 系统厂商将中央处理器单元和 IP 软核或硬核集成在单颗芯片中，提高了系统的集成度。

目前市场上用于智能终端的中央处理器主要包含 Arm 系列处理器、Intel ATOM 系列处理器等。这些高性能的处理器，增强了智能终端的运行速度，为智能终端所承载的多业务、多应用提供了支持。与个人计算机市场不同，在智能终端领域，Arm 系列处理器凭借低功耗、高性能的特点赢得了大部分的市场份额。

2. 开放式操作系统的广泛应用

开放式操作系统不同于开源操作系统，其具备开放的应用编程接口（Application Programmable Interface，API），能为应用程序开发者提供统一的编程接口，方便应用程序的开发，也提高了应用程序的运行效率。图 3-20 为简化的智能终端开放式操作系统架构模型，主要包含驱动、操作系统内核、系统库资源和开放式应用编程环境和接口。开放式操作系统是智能终端的核心，也是智能终端系统资源管理、应用程序运行的基础。开放式操作系统决定了应用程序开发的环境和应用程序的生态链系统，决定了智能终端利用系统软硬件资源的能力。

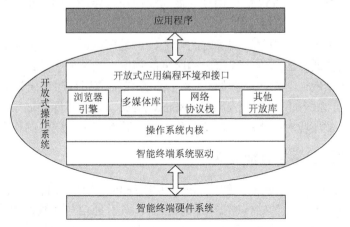

图 3-20　智能终端开放式操作系统架构模型

目前市场上针对智能终端的操作系统主要有苹果的 iOS 系统、谷歌的安卓（Android）系统和微软的 Windows Phone 系统。苹果的 iOS 操作系统只在苹果产品上有应用，以 Darwin 操作系统为基础。安卓是谷歌为智能终端开发的操作系统，以 Linux 操作系统为基础。截至 2012 年年底，安卓系统的智能手机市场份额达到 66%，成为智能终端市场的第一大操作系统。

与非智能终端相比，基于安卓等开源系统开发一款智能终端产品，需要在软件方面投入更多的资源，开发工作涉及对芯片的支持、元器件的驱动、系统稳定性和性能优化、耗电、运营商认证、用户界面和上层应用开发等诸多方面。在硬件技术越来越成熟和标准化的情况下，智能手机中"软成本"越来越高，包括 HTC、三星、联想等领先的智能终端厂商，无一不在软件方面大量投入，使其在系统功能和用户体验方面形成了独特的竞争力。

而作为行业龙头的芯片厂商，如高通、联发科、展讯、英特尔等，也都在开发和推广其"Turnkey"方案，即硬件/软件/服务一体化的参考设计，为产业链提供更成熟和具有竞争力的一揽子方案。在 Turnkey 方案开发中，操作系统软件开发和支持部分要占到其工作量的一半以上。

3. 完善的应用程序开发环境

智能终端具有很强的扩展性。和非智能终端相比，智能终端的扩展性来源于其能安装大量的应用程序。智能终端的应用程序开发环境涉及应用程序的开发、发布、下载、安装、使用等环境，具体包含应用程序开发的软件开发工具包（Software Development Kit，SDK）、应用程序的发布方式和下载安装方式。

智能终端的 SDK 和操作系统息息相关，SDK 是应用程序的开发工具，一般包含编译器、调试器、系统库、文档和示例等。Android 操作系统支持 C/C++作为底层的开发工具，应用层 SDK 则采用 Java。而 iOS SDK 于 2008 年 2 月发布，采用 C/C++编写应用程序。截至 2018 年 11 月，Windows Phone 最新的 SDK 版本为 8.1。

为方便应用程序的开发，编写应用程序还需遵循统一的应用编程接口。任何操作系统或中间件系统均有 API 的标准，统一的 API 方便了应用程序调用系统资源，加快了应用程序的开发速度和应用程序的质量，同时也决定了 API 是标准化的重要环节。

Android、Windows Phone 和 iOS 均支持第三方应用程序开发者向应用程序商店上传应用，不同的是谷歌只审核 Android 应用程序的数字签名是否正确，不审核应用程序的质量和用户界面。而 Windows Phone 和 iOS 的应用程序商店对应用程序的质量、用户界面均有严格的审核制度。

购买智能终端不再仅仅局限于购买时的功能，而是可以通过安装并运行应用程序扩展终端的功能。用户主要通过应用程序商店选购所需的程序，安装在智能终端上。智能终端的应用程序商店和操作系统一一对应，例如，iOS 操作系统的应用程序商店为 Apple App Store，采用 Windows 操作系统的应用程序商店为 Marketplace。无论智能终端采用何种操作系统，完善的应用程序开发环境对应用程序开发者和用户体验都起着决定性的作用。

3.2.3 智能传感器与智能终端

智能传感器（Intelligent Sensor）的信息处理功能使其区别于传统传感器。一个良好的"智能传感器"是由微处理墨驱动的传感器与仪表套装，具有通信与板载诊断等功能，为监控系统或操作员提供相关信息，以提高工作效率及减少维护成本。智能传感器集成了传感器、智能仪表全部功能及部分控制功能，具有很高的线性度和低的温度漂移，降低了系统的复杂性，简化了系统结构。

智能传感器带有微处理机，具有采集、处理、交换信息的能力，是传感器集成化与微处理机相结合的产物。与一般传感器相比，智能传感器具有以下 3 优点：通过软件技术可实现高精度的信息采集，而且成本低；具有一定的编程自动化能力；功能多样化。

智能传感器作为智能终端的重要组成部分，可完成数据采集、数据传输、数据处理等功能。

3.2.4 智能终端的应用

智能终端可应用于多个领域，包括机械制造、工业过程控制、汽车电子、通信电子、消费电子，传感器领域等。与传统的终端相比，这些智能终端的显著特点是都为网络的终端，能够连接到网络。这也是物联网的显著特征。

1. 消费电子中的智能终端

"消费电子"是指围绕着消费者应用而设计的，与生活、工作、娱乐息息相关的电子类产品，最终实现消费者自由选择资讯、享受娱乐的目的。消费电子主要侧重于个人购买并用于个人消费的电子产品。目前较流行的消费电子中的智能终端，包括可穿戴设备、智能手机、平板电脑、智能家居设备等。

（1）可穿戴智能终端

可穿戴智能终端如图 3-21 所示，为可穿戴在身上进行外出活动的微型电子设备。此种终端由轻巧的设备构成，利用小的机械、电子零件组成，更具便携性，如头戴式显示屏（HMD）。目前已出现了将衣服与计算机进行结合的技术。可穿戴智能终端对于除了需要硬件编码逻辑外，还需要更复杂计算支持的应用非常适合。

图 3-21　可穿戴智能终端

可穿戴智能终端的主要特征之一是持续性，在计算机和用户之间要保持稳定交互，例如，设备不需要主动打开或关闭。其他特征还有多任务运行能力，如不需停止你正在做的事情来使用设备，它是被增强到其他动作上的，设备与用户的结合像假肢一样。因此，它可以成为用户大脑或身体的延伸。

在移动计算（Mobile Computing）、环境智能（Ambient Intelligence）、普适计算研究组织中，很多主题经常与可穿戴智能终端相关，包括电源管理（Power Management）、散热片、软件架构、无线和个人局域网。国际可穿戴计算机研讨会（International Symposiumon Wearable Computers）是以可穿戴式计算机为研究主题的长期学术会议。

以个人计算机为理念，可穿戴式计算机具有作为终端与用户进行直接联系的重大意义。手表型计算机与 PDA、小型计算机、随身通信设备、感应设备（相机、GPS 等接收设备）等不胜枚举的多样化、广范围研究正在进行与提出。但是，如同头戴式显示屏一样，在室外使用时外观及使用会显得较为奇特，因此，其在实用与普及上还有许多课题需要克服。

其他高度智能化的手机、掌上型游戏机、IC 卡等，在广义上也被称作可穿戴式计算机。

目前智能可穿戴设备终端种类和品牌众多，如手表、手环、眼镜、服饰等。以下是近年来发展迅速的相关智能可穿戴设备终端。

① 可穿戴智能手环如图 3-22 所示。通过手环，用户可以记录日常生活中的锻炼、睡眠、饮食等实时数据，并将这些数据与手机、平板、iPod touch 同步，起到通过数据指导健康生活的作用。

② 可穿戴电子袜如图 3-23 所示。电子袜是跆拳道比赛中所用的一种脚套，电子袜上方有大面积的感应区，当有一定面积和护具接触并有充足的力道时，感应区就会回传得分讯号，场边的计分器也会显示得分。电子袜还可提供精准的跑步数据，而且能像普通袜子一样机洗。它由软织物传感器编织而成，这些传感器能实时追踪用户跑动时的足部活动并生成精准的数据，为用户分析自己的跑步技术提供有力的依据。

③ 智能时尚服装。在 CES2014 展会上，荷兰人展示了一件可根据人体情感变化而变化透明度的时装。它采用了皮革和智能箔片，配合电子学、LED 灯光等技术，人穿上这种衣服后，其情感变化（比如说谎），会使得衣服自动变得透明。

图 3-22　可穿戴智能手环

图 3-23　可穿戴电子袜

（2）移动智能终端

现今关注度最高的智能终端无疑为移动智能终端，它是安装有开放式操作系统，使用宽带无线移动通信技术实现互联网接入，通过下载、安装应用软件和数字内容为用户提供服务的终端产品。生活中常见的移动智能终端包括智能手机、PDA、平板电脑、笔记本电脑与可穿戴设备等。同时，移动智能终端具有移动性、实时性、硬件可靠性、软件可靠性、上网功能、多任务性、多媒体功能以及应用程序安装使用广泛、易用且基于操作系统等特性。

移动智能终端最初的发展始于 1999 年摩托罗拉 A6188 的出现，同时也标志着智能手机的诞生。经过多年的创新，移动智能终端呈现快速发展趋势。随着信息技术的发展，成本越来越低，移动智能终端逐渐以用户为中心，向更加智能化、环保化、云化和融合化的方向发展。我国移动智能终端制造自 1998 年起步，多年来一直保持着高于全球平均水平的发展速度，本土品牌终端实力有了长足进步。截至 2018 年 3 月，国产品牌在我国智能移动终端设备的市场占比率为 67.4%，并且占比率持续提高。随着移动智能终端市场的逐渐饱和，各大终端企业在智能手机、平板电脑等领域的竞争也日趋激烈。

（3）智能家居设备

① 智能电视

智能电视（Smart TV）也被称为联网电视（Connected TV）或混合式电视（Hybrid TV），是一种加入互联网与 Web2.0 功能的电视机或数字视频转换盒（Set-top Box）。智能电视可以运行完整的操作系统或移动操作系统，并提供一个软件平台，可以供应用软件开发者开发他们自己的软件在智能电视之上运行。它将计算机的功能集成进电视，许多人预测它将是未来的潮流。目前最为人所知的智能电视为 Google TV、Apple TV。

智能电视是谷歌推出的一个开放平台，可加载"无限的内容，无限的应用"，具有强劲的网络搜索、良好的用户界面、社交网络服务（Social Networking Services，SNS）、精准的广告等功能。英特尔公司与行业领先企业谷歌、索尼和罗技等公司合作，共同开发智能电视产品。他们表示，智能电视中的互联网将与广播电视、个性化内容及搜索功能无缝集成。简单来讲，就是在电视上插上网线，利用机顶盒来处理电视视频、互联网等多种内容，向家庭用户提供更多服务，融合 PC、数字电视和互联网的功能。相比互联网电视，智能电视的体验更加全面，不仅仅是通过电视下载、播放高清视频，而是让互联网的所有功能都在上面得以体现。

② 智能音箱

智能音箱不仅仅是一台音乐播放器，如图 3-24 所示，AI技术作为整个产品的核心在其背后支撑。智能音箱通常可连接 Wi-Fi，可语音控制，可触屏，可云共享，可兼容各种音乐 App，也可以与智能家居接口打通，实现与智能家居的融合控制。操

图 3-24　智能音箱

控智能音箱需要下载智能音箱提供的手机 App，并按照 App 提示配置网络。语音操控一台智能音箱，必须要叫它的"名字"，即唤醒词。因此，响应速度可以表征智能音箱的性能，目前市场上的智能音箱语音响应时间在 2 秒左右。

2. 工业领域的智能终端

在工业领域的智能终端包含智能表、智能手持终端以及现场智能设备等。

（1）智能表

传统的供水、供电、供气计量操作，通常是由各管理部门派人到装表地点抄表，由于用户面广、量大，极易造成差错，人工抄表效率低且不利于科学管理，给城市管理网络的建模、分析、规划等都带来很大的困难。远程智能抄表系统不仅能够节约人力资源，更重要的是可提高抄表的准确性，减少因估计或誊写而造成的账单出错，所以这种技术越来越受到用户欢迎。

智能表系统一般包括 3 个部分：上位机、集中器和采集终端。其中，采集终端是介于集中器和终端之间的中间设备，主要具有数据采集、处理、存储及转发等功能。根据终端的不同，采集终端以智能通信方式（规约）或脉冲采集方式采集数据，并以一定的算法或程序将采集数据加以周期性和选择性存储，同时将实时或历史电量数据以集中器要求的格式和内容传递给集中器。

（2）智能手持终端

智能手持终端根据应用场景的不同可以包含不同的功能，如条码扫描，IC 卡读写，非接触

式 IC 卡读写，指纹采集、比对，GSM/GPRS/CDMA 无线数据通信，RS232 串行通信，USB 通信，其他功能如拍照、可插 CF 卡、可插 SD 卡等，可根据用户的需求选择。

工业手持终端包括工业 PDA、条形码手持终端、RFID 手持中距离一体机等，如图 3-25 所示。工业手持终端的特点就是坚固、耐用，可以用在很多环境比较恶劣的地方，同时针对工业使用特点做了很多优化。工业手持终端可以同时支持 RFID 读写和条码扫描功能，同时具备了 IP64 工业等级，这些是消费类手持终端所不具备的。

图 3-25　智能手持终端

（3）现场智能设备

当前工厂设备管理维护工作是基于经验和被动的，随着现场总线技术的发展，为了实现主动和有效的设备实时管理，微机化的、具有通信和自诊断能力的现场智能设备应运而生且安装数量日益增多。

现场智能设备是微机化的、具有完善通信功能的、能够在工业现场实现测量控制功能的现场智能设备。现场智能设备主要包括不同类型的变送器和执行机构，它除了能够向工厂监控软件提供生产过程变量外，还具有额外的传感器，可向微处理器提供判定现场设备状态或者设备周围环境的信息，所以能够提供现场智能设备本身的状态信息。例如，变送器能够检测 RAM 故障、模块 EEPROM 写失败、传感器污染严重、应变片疲劳过度等，执行机构既控制它们的输出，也可以检测它们的反馈，如阀门的响应速度过慢、控制输出与实际开度误差太大等。在工厂测控网络中，每个现场智能设备都是一个网络节点。

将工业领域中的智能终端进行有机的结合，便形成了工业物联网。工业物联网是通过将具有感知能力的智能终端、无处不在的移动计算模式、泛在的移动网络通信方式应用到工业生产的各个环节，来提高制造效率，把握产品质量，降低成本，减少污染，从而实现智能工业的。常用的工业物联网需要满足以下几点要求：精确的时间同步要求，通信的准确性，工业环境的高适应性。

3.2.5　智能终端发展现状与趋势

1. 智能终端发展现状

当前已经迈入智能终端大规模普及阶段，不仅终端产业本身发生巨变，智能终端也引发了整个 ICT 产业的颠覆性变革，其引领的制造与服务的一体化创新和跨界融合深刻冲击着整个信息通信产业。从具备开放的操作系统平台、PC 处理能力、高速数据网络接入能力和丰富的人机交互界面四大基本特征出发，智能终端产品形态已从智能手机、平板电脑延伸至智能电视、可穿戴设备、车载电子等泛终端领域。总的来说，我国在整机制造和代工制造方面具有较好积累，但在基础软件、重要元器件等关键环节还相对薄弱。

（1）智能终端技术网络化

目前，智能终端技术已基本完成了数字化演进，进入网络化的发展阶段。"十三五"期间各种网络技术将进一步蓬勃发展，并向智能终端应用环境渗透。智能终端中的网络连接技术将呈现出多样化、宽带化、融合化的发展趋势。家庭内部布线技术包括以太网、Wi-Fi、PLC、Bluetooth、ZigBee 等，将构建出一个覆盖各种应用场景需求的完整智能终端网络，突破设备间彼此独立的传统模式，完成智能终端设备的互联互通。而各种宽带接入技术，包括 xDSL、PON、3G/4G、WiMax 等，将各种公共网络服务及内容引入智能终端，使得信息在智能终端内部、智能终端之间以及智能终端与公共网络之间实现无缝的流通和协同。

（2）智能终端技术智能化

随着网络技术在智能终端的普及，传感器技术的进步，以及嵌入式芯片计算能力的大幅提高，智能终端将呈现出深度智能化的趋势。通过各种传感器、信息设备，以及互联网服务之间的互联互通、协同服务，智能终端可对各类情境数据进行存储、建模、推理及分析，并最终反馈至各个智能终端，最大程度地方便用户使用，并形成各种创新产品和应用模式。

（3）对智能电网应用的支持

通过网络化、智能化的室内外环境传感器、用户行为监测、实时能耗提示、自动控制反馈等新型技术手段，可实现系统管理上的节能，并通过智能终端来转变和改善用户的生活方式及习惯，从而在日常生活中实现主动式的"绿色节能"。此外，通过与智能电网技术的结合，通过智能终端与电网的自动交互，可实现能源资源的大范围优化配置。

2.　智能终端发展趋势

随着物联网概念的诞生与发展，智能终端也有了新的理解与定位，呈现出 7 个新的趋势，即更深入的智能化、更透彻的感知、更全面的 IP 化、通过云计算获取服务、更高效的操作系统、新型网络接入、终端技术的融合与互动。

（1）更深入的智能化

物联网中的设备具备了更深入的智能化，这包含两重意思：纵向智能化与横向智能化。

纵向智能化是传统意义上的智能化，即在个体设备性能上的提升，利用硬件设备更多样的功能和更强大的处理能力来实现设备的智能化。

横向智能化则是指在智能化的广度上作提升，让那些没有处理能力的简单设备也融入整个智能化的系统，通过给其他智能设备提供更加丰富的信息并执行其他智能设备做出的反馈和决策来实现自身的智能化。

未来的智能终端将具有高集成度和高性能。从消费类终端来看，终端的处理性能直接影响到用户体验。未来，随着集成电路设计能力的提高和集成度的不断发展，智能终端将呈现更高的集成度和性能。高集成度体现在智能终端上，是将更多的功能模块集成到中央处理器中完成，而传统的计算机主板南北桥将会更加模糊，更强功能的处理器和系统将是智能终端未来发展的基础。

智能终端的高性能体现在中央处理器上，将继续向高主频和多核方向发展，提高硬件和系统的性能。而多核中央处理器的发展，必将对基于智能终端的应用产生巨大影响，终端应用如何利用多核的协同工作以提升软件运行的效率，是未来研究的重点，也是提升终端运行速率的有效手段。

同时，智能终端将变得更加人性化。智能终端发展的核心理念是为人类提供更好的服务。而智能终端的人机交互将向更加人性化的方向发展，为人类提供更好的用户体验。随着新型交互技术的采用，体感、语音等方式已被集成到智能终端上。体感输入能让智能终端"感受"到用户的特定手势，并且根据用户的特定手势做出回应。体感输入能完善智能终端用户体验，并且能带动创新性的应用，如交互式游戏等。

语音输入将实现人机对话，智能终端不再仅仅是将用户的语音翻译成文字，而是智能终端能够"理解"用户的语言，并且根据语言的内容做出回应。智能终端的用户界面设计将更加趋向人性化，配合智能终端的多种输入方式，提供直观、清晰的用户使用界面。通过设备上的摄像头和其他传感器，可以进行更复杂的交互，如模式识别、场景识别等，进一步提高移动智能终端的"智能"，提高使用效率，带来新的应用方式以及商业机会。

（2）更透彻的感知

更透彻的感知是物联网向物理世界延伸的基础，这样的感知同样分为两个层面：主动感知和被动感知。

主动感知即传统意义上的感知，通过分布在物理环境中的各种各样的传感器设备来感知复杂多变的物理世界。随着感知技术的发展，人类日常工作和生活所需的各种环境参数都可以通过传感器感知所得。

除了设备主动感知环境的信息和状态外，设备还会自动向周围广播自身的功能和状态，以便与其他新加入环境的设备进行更好的协作。设备可以被动获取环境中其他终端发来的信息，包括它们的功能和状态等。物联网将感知从传统意义上的传感器扩展到空间里的任何一个可以被描述的设备，实现更透彻的感知。

（3）更全面的 IP 化

只有实现全面的互联互通，才能实现更深入的智能化和更透彻的感知，不仅让一个空间内的所有终端可以自由地互联互通，还要通过互联网这个强大的信息共享平台实现更广阔的互联互通。

终端之间广泛的互联互通在实现信息共享的同时有利于相互协作完成既定任务。通过互联网的连接，可以形成一个数量庞大、功能完善的终端群，这些数以万计的设备联合起来，将发挥难以想象的潜力。

物联网的终端是多种多样的，小型化、智能化和低成本是物联网的必然需求，此外，物联网是任何物体都需要在网络中被寻址，所以物体就需要一个地址，整个网络必然需要庞大的地址空间来支撑。IPv6 从根本上解决了地址紧缺的问题，其强大的地址空间完全可以满足物联网的需要，每件物品都可以直接编址，确保了物联网中端到端连接的可能性。

（4）通过云计算获取服务

伴随着物联网、云计算等技术的应用，智能终端不再是一个独立的电子产品，而是可以通过软件升级、应用安装等方式提供更多的增值服务，这为智能终端功能扩展奠定了基础。未来的智能终端不仅仅是个人娱乐中心，也是个人信息服务中心。因此，智能终端将在物联网和云计算中充当重要的角色。

在物联网应用模型中，所有物体通过不同类型的传感器连接到物联网数据中心的传感适配器中，传感适配器处理数据，智能终端可通过其物联网应用程序通过网络访问物联网数据中心，获取物体的信息，并且通过一定的指令可以在一定范围内控制物体，实现物联网业务的应用。

在云计算领域，智能终端是云计算的载体。云计算把智能终端的部分业务置于云端，让智能终端通过控制云端来处理部分工作，从而实现云计算功能。

智能终端和云端服务具有良好的互补性，由智能终端产生的大量用户数据将聚集在云服务器端，形成大数据。未来，对于云端服务器大数据的使用和发掘，将催生全新商业模式的应用，带来全新的消费体验。

（5）更高效的操作系统

操作系统是智能终端的软件灵魂，智能终端的软件开发环境、资源管理的效率和软件运行的效率，都和操作系统有一定的联系。目前，随着越来越多的厂商采用 Arm 处理器架构，国内外嵌入式软硬件开发商和服务提供商都对基于 Android 平台的开发表示出了更大的兴趣，希望通过 Android 等开源操作系统开发出基于 Linux、开源和免费软件的数字电视产品。Android 开源操作系统给国内数字电视厂商提供了一个新平台，以便开发网络视频、网络下载、内容提供等方面的新应用。在面向各种工业和更多行业的嵌入式智能设备领域，国内嵌入式软件开发商基于 Arm 架构和 Android 平台开发的投入，不仅可以降低成本，也是解决我国缺乏核心技术的一个出路。

除了 Android 与 iOS，还有众多的潜在操作系统，如 Chrome OS 正准备进入智能终端市场，这些产品为市场带来了多元化发展的基础，加强了竞争，产生了新的技术，避免了商业垄断。随着软硬件技术的进一步发展，未来肯定会出现应用于智能终端领域的更加高效的新兴操作系统。

（6）新型网络接入

网络的接入速度和接入方式直接影响到智能终端的用户体验。随着 802.11n 的普及，未来 WLAN 将成为视频流传输的载体，尽管有线技术实施起来仍更可靠，但是在 QoS 和吞吐量方面逐渐得到改善的 WLAN 由于具有移动性，将会占据优势地位。电力线上网在欧洲将获得广泛应用，欧洲的建筑结构可能意味着 WLAN 的应用并不太适合。2012 年中国移动部署商用 4G 网络 TD-LTE，5G 移动通信技术也呼之欲出。由于 IPv6 等技术的快速发展，智能终端的网络接入技术将随宽带技术的发展而发展，智能终端未来将会兼容移动通信网络。

在接入技术提升的同时，智能终端的数字接口如 HDMI、DisplayPort 等技术的应用，也使得智能终端具备网络数据的转发功能。该功能让智能终端代替了传统的路由器，成为家庭内部的网关系统，让家庭内部的网络设备、智能终端设备之间的网络不再仅仅是通过 RJ45 或者 Wi-Fi 等方式接入。通过数字接口实现网络连接功能，大大简化了家庭内部终端之间的连接。

（7）终端技术的融合与互动

触摸屏、LED、数字高清和 3D 等技术，将被更大规模地应用到智能终端产品中去。三网融合对普通消费者来说意味着实现三屏合一，对于传统的计算机、手机、电视来说，屏幕所具备的功能将趋于一致，只是各自的角色不同，消费者选择使用任何一个屏幕，都将可以获得同样的功能。单向机顶盒变为双向互动机顶盒，已是必然趋势，双向、高清机顶盒将成为主流产品，机顶盒技术将向高集成度方向发展。未来几年，超高清逐行扫描分辨率、网络连接、无线连接、支持 120Hz/240Hz 播放的帧频转换等技术，都需要大量使用高级视频处理芯片，高级视频处理芯片需求量将快速增长。

而在智能终端数字版权保护方面，CA 和 DRM 之间的竞争日趋激烈，但同时又有融合发展的趋势。欧洲出现的 TV2.0 架构，是一种混合模式。这种混合模式融合了 CA 和 DRM，也就是实现了广电与网络的融合，终端融合技术的发展趋势更加明显。

3.2.6 智能终端产业发展情况

智能终端在平板电脑、智能手机市场都取得了长足的发展。在平板电脑方面，自从苹果的 iPad 引燃了市场后，出货量逐年翻倍增长，2012 年全球平板电脑出货量达到 1.19 亿台，较 2011 年的 5300 万台增长了 1 倍多。其中，苹果 iOS 系统凭借其先发优势，在平板电脑市场上占据了绝对的竞争优势地位，Android 系统因其开放性和灵活性而被更广泛地应用于平板系统，其市场份额从 2011 年起快速提升，从 2010 年的 14.26%快速提升至 2012 年的 30%，预计 2016 年 Android 系统与 iOS 系统在平板电脑市场占有率的差距将进一步缩小，达到 37%，

Windows Phone 系统则将确立占有率排名第三的市场地位，三大系统在平板电脑市场的占有率将始终保持在 95%以上。目前智能终端产业处于高速发展阶段，而且伴随着智能终端种类的增多，产业规模会持续扩大。越来越多的非智能设备会进行智能化改造，例如，家电、汽车、工业设备等；越来越多的传统行业会进行信息化建设，应用智能终端来提高生产效率，例如，医疗、教育、物流、税务、能源行业等。这些都将对智能终端技术提出更多的需求，特别是软件方面的需求。在智能手机、平板电脑领域，随着厂商的增多、出货量的增加、产品功能的增强，大量的新交互技术、新硬件快速引入，LTE/4G 等高速数据网络的开放，智能终端的技术发展和更新换代速度将加快。终端厂商在巨大的市场竞争压力和硬件标准化、同质化的要求下，更希望通过软件实现产品的差异化竞争优势。而 Windows Phone、Firefox OS 等新一代操作系统的诞生和发展，为智能终端产业提供了多元化的市场机遇，也要求进行更多的技术投入。综合上述因素，在未来的 3～5 年，全球智能终端操作系统软件二次开发投入还将以 20%～30%的增长率持续扩大。

这种量级的市场、增长空间和旺盛的需求，已经足以支撑一个细分行业的发展。事实上，伴随着智能移动终端的发展和专业分工的细化，以及智能终端厂商对降低成本的需要，国内外已经有一些专门的企业通过为智能终端生产厂商和芯片厂商提供基于 Android/Windows 等操作系统的增值软件方案、二次开发服务和技术支持服务，建立了新的业务模式并快速发展。

智能终端的产品解决方案中，硬件方案大部分采用 Arm 处理器平台，占据了移动智能终端 80%以上的市场份额，剩下的处理器市场一般采用基于 Intel 的 X86 平台。在移动操作系统市场，一度 iOS 和 Android 两家独大，微软 2012 年发布 Windows8 之后，则加剧了移动智能终端操作系统市场的竞争。由于 iOS 只在苹果的产品上采用，除苹果外的其他厂商只能从 Android 和 Windows8 之间选择，Android 以其开放性、免费的特点，获得了更多厂商的青睐，迅速占领了智能终端市场，逐渐成为主流。据统计，2018 年，在移动操作系统中，Android 操作系统占比为 71.82%，iOS 操作系统占比为 28.03%，其他操作系统占比为 0.15%。根据中国移动智能终端规模及发展趋势分析，中国移动智能终端规模增长速率连续增长，增量市场逐渐转变为存量市场，如图 3-26 所示。

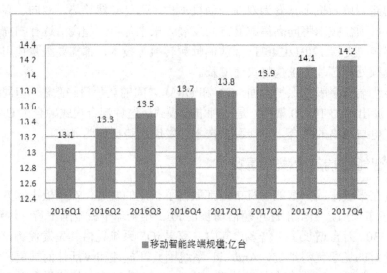

图 3-26   2016Q1—2017Q4 中国移动智能终端规模走势

智能电视作为智能终端的典型代表之一，从 2010 年开始起步，当前各厂商对智能电视都有自己不同的理解和定义，采用不同的操作系统和内容接口，各厂商的智能电视应用互不兼容。因此，多家电视生产企业建议，有必要建立比较完整的智能电视技术标准体系框架及产业链各环节的相关标准，以促进智能电视产业的协同快速发展。由于智能电视涉及芯片技术、多媒体技术、软件技术、网络技术、云计算技术等多种技术，相关标准体系的建立需要产业链各环节的共同努力。智能终端产业尚处于发展初期，为满足其他产业发展需要，亟须建立设备互联接口、内容服务接口、应用程序开发接口、系统安全技术等方面的标准。

课后习题

1. 什么是传感器？什么是电阻传感器？
2. 简述传感器的输入-输出特性。
3. 什么是智能终端？
4. 列举在消费领域中有哪些智能终端。
5. 简述智能终端的发展趋势。

第 3 篇　网络传输层

第 **4** 章 **无线传感器网络**

学习要求

知 识 要 点	能 力 要 求
无线传感器网络体系结构	掌握传感器网络组成结构 了解传感器网络主要拓扑结构 理解无线传感器网络节点的基本结构
无线传感器网络设备技术架构	掌握传感节点技术参考架构 理解路由节点技术参考架构 了解传感器网络网关技术参考架构
无线传感器网络协议规范	了解传感器网络标准体系 理解无线传感器网络协议架构
无线局域网	了解无线局域网系列标准 理解无线局域网的构建方法
IEEE 802.15.4 无线局域网技术	了解 IEEE 802.15 系列标准 理解 IEEE 802.15.4 协议栈及物理层、MAC 层协议
ZigBee 技术	掌握 ZigBee 网络的构成 掌握 ZigBee 协议体系
6LoWPAN 技术	掌握 6LoWPAN 网络拓扑 掌握 6LoWPAN 标准协议栈架构
蓝牙及蓝牙 4.x 技术	了解蓝牙的工作原理及系统组成 了解蓝牙 4.0 技术的协议栈架构 了解蓝牙 4.1 技术的主要特点
体域网技术	掌握体域网的系统架构 理解无线体域网的节点设计
面向视频通信的无线传感网技术	了解面向视频通信的无线传感网的应用场景 理解面向视频通信的无线传感网关键技术

4.1 无线传感器网络的发展

从 20 世纪末开始，大量多功能传感器被运用并使用无线技术连接，无线传感器网络逐渐形成。无线传感器网络是由部署在监测区域内部或附近的大量廉价的，具有通信、感测及计算能力的微型传感器节点，通过自组织方式构成的"智能"测控网络。无线传感器网络通过无线通信方式形成一种多跳自组织网络系统，其目的是协作地感知、采集和处理网络覆盖区域中感知对象的信息（如光强、温度、湿度、噪声、震动和有害气体浓度等物理现象），并以无线的方式发送出去，通过骨干网络最终发送给观察者。无线传感器网络是新一代的传感器网络，具有非常广泛的应用前景，其发展和应用将会给人类生活和生产的各个领域带来深远的影响。

4.2　无线传感器网络的体系结构

4.2.1　无线传感器网络结构

无线传感器网络的基本结构如图 4-1 所示，传感器网络系统通常包括传感器节点（Sensor Node）、汇聚节点（Sink Node）和管理节点。大量传感器节点随机地部署在检测区域内部或附近，能够通过自组织方式构成网络。传感器节点检测的数据沿着其他节点逐跳地进行传输，其传输过程可能经过多个节点处理，经过多跳后到达汇聚节点，最后通过互联网和卫星达到管理节点的目的，用户通过管理节点对传感器网络进行配置和管理，发布检测任务以及收集检测数据。

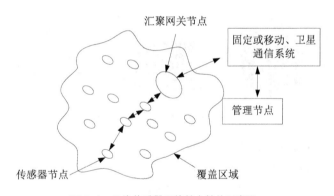

图 4-1　无线传感器网络基本结构示意图

传感器节点是信息采集的端，也是网络连接的起始点，各类传感节点和路由节点通过各种网络拓扑形态将感知数据传送至传感器网络网关。传感器网络网关是感知数据向网络外部传递的有效设备，通过网络适配和转换连接至传输层，再通过传输层连接至传感器网络应用服务层。针对不同应用场景、布设物理环境、节点规模等，在感知层内选取合理的网络拓扑和传输方式。其中，传感节点、路由节点和传感器网络网关构成的感知层存在多种拓扑结构，如星形、树形、网状拓扑等，如图 4-2 所示，也可以根据网络规模大小定义分层拓扑结构。

无线传感器节点主要负责对周围信息的采集和处理，并发送自己采集的数据给相邻节点或将相邻节点发过来的数据转发给网关或更靠近网关的节点。组成无线传感器网络的传感器节点，应具备体积小、能耗低、无线传输、传感灵活、可扩展、安全与稳定、数据处理低成本等特点，节点设计的好坏，直接影响到整个网络的质量。无线传感器节点一般由数据采集模块（传感器、A/D 转换器）、数据处理模块（微处理器、存储器）、无线通信模块（无线收发器）和供电模块（电池）等组成。典型的无线传感器节点（无线传感器节点、粉尘传感器节点、温湿度传感器节点、红外无线传感器节点）如图 4-3 所示。

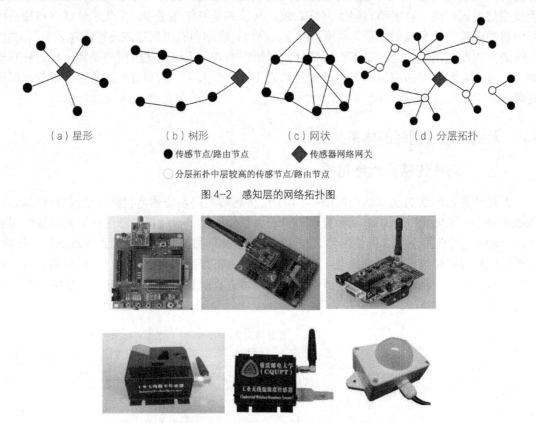

（a）星形　　　　　（b）树形　　　　　（c）网状　　　　　（d）分层拓扑

● 传感节点/路由节点　　　◆ 传感器网络网关

○ 分层拓扑中层较高的传感节点/路由节点

图 4-2　感知层的网络拓扑图

图 4-3　典型无线传感器节点

根据传感器节点在拓扑结构中位置的不同，节点的功能也不相同。例如，在图 4-2（d）所示的分层拓扑结构传感器网络中，可以把节点分成普通节点、路由节点（也称簇头节点）和网关节点（也称汇聚节点）3 种类型。在无线传感器网络中，有大量的普通节点，普通节点的能量有限，主要用于数据采集；而簇头节点和汇聚节点较少，簇头节点具有充足的能量和资源，用于管理簇内的节点和数据；簇头之间可以对等通信，汇聚节点是簇头节点的根节点，其他簇头节点都作为它的子节点。

4.2.2　无线传感器网络设备技术架构

无线传感器网络设备技术架构不仅对网络元素（如传感节点、路由节点和传感器网络网关）的结构进行了描述，还定义了各单元模块之间的接口，以及传感器网络设计评估的原则和指导路线。

1. 传感节点技术参考架构

从技术标准化角度出发，传感节点技术架构如图 4-4 所示。

该架构包括以下几个方面。

（1）应用层。应用层位于整个技术架构的顶层，由应用子集和协同信息处理这两个模块组成。应用子集模块包含一系列传感节点目标应用模块，如防入侵检测、个人健康监护、温湿度监控等。该模块的各个功能实体均具有与技术架构其余部分实现信息传递的公共接口。

协同信息处理模块包含数据融合和协同计算，协同计算提供在能源、计算能力、存储和通信带宽受限的情况下高效率地完成信息服务使用者指定的任务（如动态任务、不确定性测量、节点移动和环境变化等）的功能。

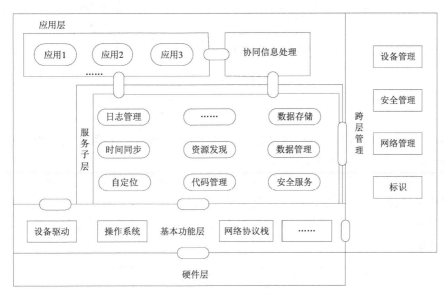

图 4-4　传感节点技术参考架构

（2）服务子层。服务子层包含具有共性的服务与管理中间件，典型的如数据管理单元、数据存储单元、定位服务单元、安全服务单元等共性单元，其中，时间同步和自定位为可选单元，各单元具有可裁剪与可重构功能，服务层与技术架构其余部分以标准接口进行交互。数据管理单元通过驱动传感器单元完成对数据的获取、压缩、共享、目录服务管理等功能。定位服务单元提供静止或移动设备的位置信息服务，同底层时间服务功能一起反映物理世界事件发生的时间和地点。安全服务单元为传感器网络应用提供认证、加密数据传输等功能。时间同步单元为局部网络、全网络提供时间同步服务。代码管理单元负责程序的移植和升级。

（3）基本功能层。基本功能层实现传感节点的基本功能可供上层调用，包含操作系统、设备驱动、网络协议栈等功能。此处网络协议栈不包括应用层。

（4）跨层管理。跨层管理提供对整个网络资源及属性的管理功能，各模块及功能描述如下。

① 设备管理能够对传感节点状态信息、故障管理、部件升级、配置等进行评估或管理，为各层协议设计提供跨层优化功能支持。

② 安全管理提供网络和应用安全性支持，包括鉴定、授权、加密、机密保护、密钥管理、安全路由等。

③ 网络管理可实现局部的组网、拓扑控制、路由规划、地址分配、网络性能等配置、维护和优化。

④ 标识用于传感节点的标识符产生、使用和分配等管理。

（5）硬件层。硬件层由传感节点的硬件模块组成，包含传感器、处理模块、存储模块、通信模块等，该层提供标准化的硬件访问接口，供基本功能层调用。

2. 路由节点技术参考架构

传感节点也可兼备数据转发的路由功能，故此处的路由节点仅强调设备的路由功能，不强调其数据采集和应用层功能。路由节点技术参考架构如图 4-5 所示。

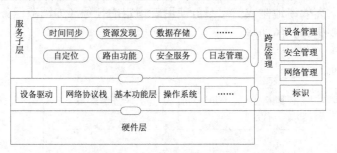

图 4-5 路由节点技术参考架构

如图 4-5 所示，路由节点的服务子层主要强调路由功能。其他部分与一般节点类似。

3. 传感器网络网关技术参考架构

传感器网络网关除了完成数据在异构网络协议中的协议转换和应用转换外，也包含对数据的处理和多种设备管理功能，技术架构总体上包含了应用层、服务子层、基本功能层、跨层管理和硬件层。但其内部包含的功能模块不同，且网关节点不具备数据采集功能，其技术架构如图 4-6 所示。

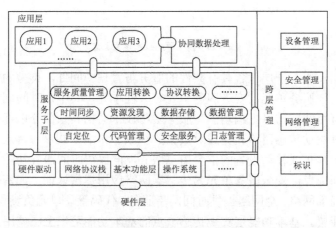

图 4-6 传感器网络网关技术参考架构

（1）应用层。应用层位于整个技术架构的顶层，由应用子集和协同数据处理两个模块组成。其中，应用子集模块与传感节点类似。协同数据处理模块包含数据融合和数据汇聚，对传感节点发送到传感器网络网关的大量数据进行处理。

（2）服务子层。服务子层包含具有共性的服务与管理中间件，传感器网络网关的服务子层除了对本身管理外，还包括对其他设备的统一管理。服务子层与技术架构其余部分以标准接口进行交互。传感器网络网关在服务子层与传感节点通用的模块包括数据管理、定位服务、安全服务、时间同步、代码管理等，其中，时间同步和自定位为可选模块。另外，还应该具有服务质量管理、应用转换、协议转换等模块，其中，服务质量管理为可选模块。传感器网络网关在服务子层特有的模块描述如下。

① 服务质量管理是感知数据对任务满意程度的管理，包括对网络本身的性能和信息的满意度的管理。

② 应用转换是将同一类应用在应用层实现协议之间的转换。将应用层产生的任务转换为

传感节点能够执行的任务。

③ 协议转换是在不同协议的网络之间进行的转换。因为传感器网络网关的网络协议栈可以是两套或以上，所以需要协议转换的功能来完成不同协议栈之间的转换。

（3）基本功能层。基本功能层实现传感器网络网关的基本功能，供上层调用，包含操作系统、设备驱动、网络协议栈等部分。此处网络协议栈不包括应用层。传感器网络网关可以集成多种协议栈，在多个协议栈之间进行转换，如传感节点和传输层设备通常采用不同的协议栈，这两者都需要在传感器网络网关中集成。

（4）跨层管理。跨层管理实现对传感器网络节点的各种跨层管理功能，主要模块及功能描述如下。

① 设备管理能够对传感器网络节点状态信息、故障管理、部件升级、配置等进行评估或管理。

② 安全管理保障网络和应用安全性，包括传感器网络节点鉴定、授权、机密保护、密钥管理、安全路由等。

③ 网络管理可实现对网络的组网、拓扑控制、路由规划、地址分配、网络性能等配置、维护和优化。

④ 标识用于传感器网络节点的标识符产生、使用和分配等管理。

（5）硬件层。硬件层是传感器网络网关的硬件模块组成，该层提供标准化的硬件访问接口，供基本功能层调用。

4.3　中高速无线网络规范概述

本节介绍以 IEEE 802.11（Wi-Fi）为代表的无线局域网技术。

Wi-Fi 第 1 个版本发表于 1997 年，定义了介质访问控制层（MAC 层）和物理层。物理层定义了工作在 2.4GHz ISM 频段上的两种无线调频方式和一种红外传输方式，总数据传输速率设计为 2Mbit/s。两个设备之间的通信可以点对点（ad hoc）的方式进行，也可以在基站（Base Station，BS）或者访问点（Access Point，AP）的协调下进行。1999 年加上了两个补充版本：IEEE 802.11a 定义了一个在 5GHz ISM 频段上的数据传输速率可达 54Mbit/s 的物理层，IEEE 802.11b 定义了一个在 2.4GHz ISM 频段上的数据传输速率高达 11Mbit/s 的物理层。2.4GHz 的 ISM 频段为世界上绝大多数国家所通用，因此，IEEE 802.11b 得到了最为广泛的应用。目前，无线局域网已经形成了 IEEE 802.11 系列标准，包括 IEEE 802.11、IEEE 802.11a/b/c/d/e/f/g/h/i/n/ah 等标准。

4.3.1　IEEE 802.11X 系列无线局域网标准

WLAN 是基于计算机网络的无线通信技术，在计算机网络结构中，逻辑链路控制层及其之上的应用层对不同的物理层的要求可以是相同的，也可以是不同的，因此，WLAN 标准主要是针对物理层和介质访问控制层，涉及所使用的无线频率范围、空中接口通信协议等技术规范与技术标准。

1. IEEE 802.11

1990 年 IEEE 802 标准化委员会成立 IEEE 802.11WLAN 标准工作组。IEEE 802.11，别名 Wi-Fi 无线保真，是在 1997 年 6 月由大量的局域网以及计算机专家审定通过的标准，该标准定义物理层和介质访问控制层。物理层定义了数据传输的信号特征和调制，定义了两个 RF 传输方法和一个红外线传输方法，RF 传输方法包括跳频扩频和直接序列扩频，工作在 2.4GHz～2.483 5GHz 频段。IEEE 802.11 是 IEEE 最初制定的一个无线局域网标准，主要用于解决办公室局域网和校园网中用户与用户终端的无线接入问题，业务主要限于数据访问，速率最高只能达到 2Mbit/s。因为 IEEE 802.11 标准在速率和传输距离上都不能满足人们的需要，所以被 IEEE 802.11b 标准取代了。

2．IEEE 802.11b

1999 年 9 月 IEEE 802.11b 被正式批准，该标准规定 WLAN 工作频段在 2.4GHz～2.4835GHz，数据传输速率达到 11Mbit/s，传输距离控制在 15～45m。该标准是对 IEEE 802.11 的一个补充，采用补偿编码键控调制方式，采用点对点模式和基本模式两种运作模式，在数据传输速率方面可以根据实际情况在 11Mbit/s、5.5Mbit/s、2Mbit/s、1Mbit/s 的不同速率间自动切换，它改变了 WLAN 的设计状况，扩大了 WLAN 的应用领域。IEEE 802.11b 已成为当前主流的 WLAN 标准，被多数厂商所采用，推出的产品广泛应用于办公室、家庭、宾馆、车站、机场等众多场合。

3．IEEE 802.11a/n

1999 年，IEEE 802.11a 标准制定完成，该标准规定 WLAN 工作频段在 5.15GHz～5.825GHz，数据传输速率达到 54Mbit/s/72Mbit/s（Turbo），传输距离控制在 10～100m。该标准也是 IEEE 802.11 的一个补充，扩充了标准的物理层，采用正交频分复用（OFDM）的独特扩频技术，采用 QFSK 调制方式，可提供 25Mbit/s 的无线 ATM 接口和 10Mbit/s 的以太网无线帧结构接口，支持多种业务如话音、数据和图像等，一个扇区可以接入多个用户，每个用户可带多个用户终端。IEEE 802.11a 标准是 IEEE 802.11b 的后续标准，其设计初衷是取代 IEEE 802.11b 标准，然而，工作于 2.4GHz 频带是不需要执照的，该频段属于工业、教育、医疗等专用频段，是公开的，工作于 5.15GHz～8.825GHz 频带是需要执照的。IEEE 802.11n 定义了导入多重输入输出（MIMO）技术，基本上是 IEEE 802.11a 的延伸版。

4．IEEE 802.11g

目前，IEEE 推出了最新版本 IEEE 802.11g 认证标准，该标准提出拥有 IEEE 802.11a 的传输速率，安全性较 IEEE 802.11b 好，采用两种调制方式，含 IEEE 802.11a 中采用的 OFDM 与 IEEE 802.11b 中采用的 CCK，做到了与 IEEE 802.11a 和 IEEE 802.11b 的兼容。虽然 IEEE 802.11a 较适用于企业，但 WLAN 运营商为了兼顾现有 IEEE 802.11b 设备投资，选用 IEEE 802.11g 的可能性极大。

5．IEEE 802.11i

IEEE 802.11i 标准结合 IEEE 802.1x 中的用户端口身份验证和设备验证，对 WLAN MAC 层进行修改与整合，定义了严格的加密格式和鉴权机制，以改善 WLAN 的安全性。IEEE 802.11i 新修订标准主要包括两项内容："Wi-Fi 保护访问"（Wi-Fi Protected Access，WPA）技术和"强健安全网络"（RSN）。Wi-Fi 联盟计划采用 IEEE 802.11i 标准作为 WPA 的第 2 个版本，并于 2004 年年初开始实行。IEEE 802.11i 标准在 WLAN 网络建设中是相当重要的，数据的安全性也是 WLAN 设备制造商和 WLAN 网络运营商应该考虑的头等重要的工作。

6．IEEE 802.11e/f/h

IEEE 802.11e 标准对 WLAN MAC 层协议提出改进，以支持多媒体传输，支持所有 WLAN 无线广播接口的服务质量，保证 QoS 机制。IEEE 802.11f 定义了访问节点之间的通信，支持 IEEE 802.11 的接入点互操作协议（IAPP）。IEEE 802.11h 是用于 IEEE 802.11a 的频谱管理技术。

7．IEEE 802.11d/c

IEEE 802.11d 是根据各国无线电频谱规定所做的调整。IEEE 802.11c 则为符合 IEEE

802.11 的介质访问控制层桥接（MAC Layer Bridging）。

4.3.2　IEEE 802.11ah 低频段低功耗无线局域网技术

随着物联网技术的发展，对于覆盖范围广、容纳节点数多、功率更低、优化增强中低速网络的需求越来越大。IEEE 802.11ah 的制定，满足了物联网的这种需求。2010 年 7 月在美国圣地亚哥会议上，完成了 IEEE 802.11ah 立项建议的编写工作，主要指标：低于 1GHz，传输距离达到 1km，传输数率大于 100Kbit/s。

1. IEEE 802.11ah 应用场景

（1）传感器网络

在室内放入采用 IEEE 802.11ah 技术的接入点，用于将传感器或者智能电表的数据传输到上层网络（见图 4-7）。

（2）传感器和智能抄表的回传链路

回传网络的作用是连接传感器和数据收集设备，

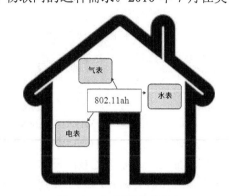

图 4-7　传感器和智能抄表

IEEE 802.15.4g 为低速传感器提供链路，而 IEEE 802.11ah 提供无线回传链路，将底层网络的数据传输到应用平台（见图 4-8）。

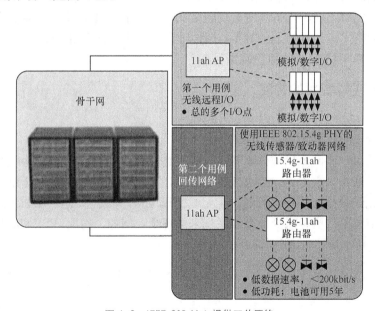

图 4-8　IEEE 802.11ah 提供回传网络

（3）Wi-Fi 覆盖扩展

传统的 WLAN 是工作在 2.4GHz 和 5GHz 频段，而在此频段下的电磁波波长通常小于障碍物尺寸，因此，不能实现 Wi-Fi 信号的绕射。IEEE 802.11ah 作为一种可扩展覆盖的 Wi-Fi，能够应用于家庭、校园、大型商场，为任何地方提供无线接入。

2. IEEE 802.11ah 信道分布

IEEE 802.11ah 是工作在低于 1GHz 频段的技术，在 1GHz 以下频谱中，可用频段因国家而异。不同国家的可用 802.11ah 频段如图 4-9 所示。

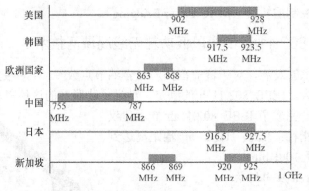

图 4-9 802.11ah 频段

美国分配的是 902MHz 至 928MHz 频段，最大带宽是 16MHz；中国为分配的是从 755MHz 至 787MHz 总共 32MHz 的频段，最大带宽是 8MHz；韩国分配的是 917.5MHz 至 923.5MHz 频段，最大带宽是 4MHz；日本分配的频段是从 916.5MHz 至 927.5MHz，总共 11 个 1MHz 信道；新加坡有两个频段，分别是 866MHz 至 869MHz 频段和 920MHz 至 925MHz 频段，总共 8MHz，最大带宽是 4MHz。

3. IEEE 802.11ah 物理层

IEEE 802.11ah 工作于降频 10 倍的 IEEE 802.11ac 之上，IEEE 802.11ah 的带宽包括 2MHz、4MHz、8MHz、16MHz，对于扩展覆盖功能又额外定义了 1MHz。因此，物理层被分为两层：1MHz 带宽传输模式，其目的是进一步扩展传输距离；大于或者等于 2MHz 带宽传输模式，可以满足传输距离长达 1km 的覆盖范围目标。

4.3.3 无线局域网的构建

1. 临时性无线局域网的构建

工作中经常会有这样的需求，即组建一个临时的计算机网络。比如说，有些野外工作队需要对现场数据进行联网测试或计算等。这些网络的应用一般来说都是暂时的，如果只是为了一次临时应用就投入人力、物力布线构建网络，显然是一种不合理的投资。为此，可以通过无线网卡或无线的接入器临时组建一个无线的局域网，以达到随时随地迅速组建网络的目的，这种方案节省了投资、减少了布线所带来的麻烦。例如，构建 IEEE 802.11g 无线局域网（网络拓扑如图 4-10 所示），需要的产品包括：

图 4-10 临时性无线局域网网络拓扑示意图

① WG602 802.11g 54M——无线局域网接入点（AP）；

② WG511 802.11g 54M——无线 Card Bus 笔记本电脑卡；

③ WG311 802.11g 54M——无线 PCI 卡；

④ WGE101 802.11g 54M——无线以太网客户端桥接器；

⑤ WG121 802.11g 54M——无线 USB 适配器；

⑥ MA701 802.11b——11MCF 卡。

2．家庭无线局域网的构建

家庭拥有几台计算机的话，需要构建一个家庭局域网实现移动宽带上网，或者对于 SOHO 一族来说，需要解决家庭局域网办公要求。家庭无线局域网要求既能将所有计算机互连，又能够宽带网上冲浪，还能够在家中任何一个角落移动使用计算机联网，并且不用更改线路且不再布线。为此构建图 4-11 所示的无线局域网网络拓扑。需要的产品包括：

① WG602 802.11g 54M——无线局域网接入点（AP）；

② WG511 802.11g 54M——无线 Card Bus 笔记本电脑卡；

③ WG311 802.11g 54M——无线 PCI 卡；

④ WGE101 802.11g 54M——无线以太网客户端桥接器；

⑤ WG121 802.11g 54M——无线 USB 适配器；

⑥ WGR614 802.11g 54M——无线宽带路由器。

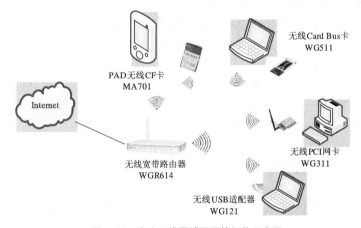

图 4-11　家庭无线局域网网络拓扑示意图

3．企业大楼无线局域网的构建

企业大楼的移动办公网络要能够自由调整网络结构和随意增加、减少工位，提供随时随地的企业网络资源访问服务，提高办公效率。为此，采用无线技术，加上少量的布线，只根据建筑的结构布置一定数量的 AP（无线接入点），即可实现桌面 PC 及移动用户的以太网服务。按照无线接入点同一区域最多支持 3 个独立信道的原则（IEEE 802.11b 和 IEEE 802.11g 标准均如此），要合理地分布 AP，使之按照蜂窝结构分布。无线用户分布在 AP 接入点所覆盖的无线区域内，就可以实现与企业网络的连接，并能做到 AP 间在线的无缝移动漫游。企业大楼无线局域网的网络拓扑如图 4-12 所示，需要的产品包括：

① WG302 Super G 108M——企业级无线局域网接入点（AP）；

② WG511 802.11g 54M——无线 Card Bus 笔记本电脑卡；

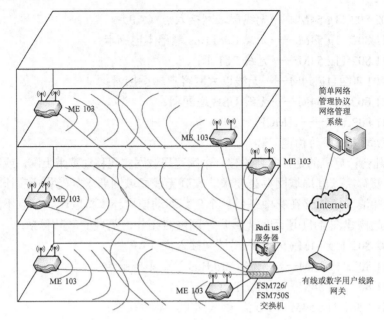

图 4-12　典型大楼无线局域网的拓扑结构示意图
注：ME 103 是企业级无线局域网接入点

③ WG311 802.11g 54M——无线 PCI 卡；

④ WGE101 802.11g 54M——无线以太网客户端桥接器；

⑤ WG121 802.11g 54M——无线 USB 适配器；

⑥ ME103 802.11b 11M——企业级无线局域网接入点（AP）；

⑦ FSM726S 24 个 10/100M 端口、2 个 10/100/ 1000M 端口、2 个 1000Base-X GBIC 槽，可堆叠可网管理交换机；

⑧ FVL328 Pro Safe VPN 防火墙。

4.4　低速无线网络规范概述

常见的低速无线网络协议有 IEEE 802.15.4、ZigBee 技术、6LoWPAN 技术等。

4.4.1　无线传感器网络标准协议

传感器网络涉及的技术范围很宽，国际上目前还没有比较完备的传感器网络标准规范，各大公司、研究机构在传感器网络的标准方面尚未形成共识，在市场上仍有多项标准和技术在争夺主导地位，而这种分散状态不利于市场的增长。因此，目前有很多标准化组织均开展了与传感器网络相关的标准化工作，包括 ISO/IEC JTC1、ITU-T、IETF、IEEE 802.15、ZigBee 联盟、IEEE 1451 和 ISA100 等。

ISO/IEC JTC1 有多个分技术委员会在开展传感器网络的标准化研究工作（见图 4-13）。其中，SC6（数据通信分技术委员会）中的传感器网络参考模型和安全框架两个提案都已进入第一轮投票阶段，SC31（数据采集）中也提出了传感器网络应用的提案。2007 年年底，为了协调传感器网络标准化工作，ISO/IEC 在 JTC1 下成立了传感器网络工作组 WG7，致力于解决传感网标准化问题，包括：

① 确定传感器网络的特性，以及与其他网络技术的共性和区别；

② 根据功能划分，建立传感器网络的系统体系结构；

③ 确定组成传感器网络的实体及其特性；

④ 确定可用于传感器网络的现有协议，以及传感器网络专有的协议元素；

⑤ 确定可被认为是传感器网络基础设施的范围；

⑥ 确定传感器网络需要处理的、获取的、传输的、存储的和递交的数据类型，以及这些不同的数据类型所需要的 QoS 属性；

⑦ 确定传感器网络需要支持的接口类型；

⑧ 确定传感器网络需要支持的服务类型；

⑨ 与传感器网络相关的安全、保密和标识。

ITU-T 在下一代网络标准框架中将泛在传感器网络作为其中的一个组成部分，尚处于框架性规划阶段。ZigBee 联盟主要制定 IEEE 802.15.4 的高层协议，包括组网、应用规范等。IEEE 1451 系列标准主要制定传感器通用命令和操作集合，同时制定了一系列接口标准，包括模拟传感器接口标准、无线传感器接口标准和执行器接口标准等。IETF 所开展的两个研究项目与传感器网络有一定的关系，分别是基于低功耗无线个域网的 IPv6 协议和低功耗网络的路由协议。

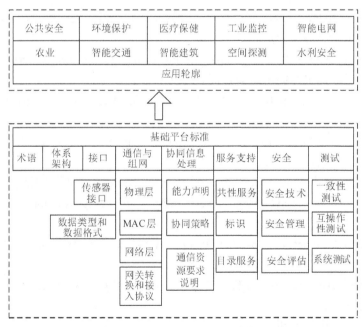

图 4-13　ISO/IEC JTC1 传感器网络标准体系示意图

4.4.2　无线传感器网络协议架构

典型的无线传感器网络协议架构（见图 4-14）遵循 ISO/OSI 的层次结构定义，但只定义了物理层、数据链路层、网络层、应用层。其物理层和 MAC 层完全兼容 IEEE 802.15.4 协议，协议栈的数据链路层、网络层、应用层等协议层实体，以及各层实体间的数据接口和管理接口构成由 ZigBee、6LoWPAN、ISA100、WIA-PA 等无线传感器网络标准定义。

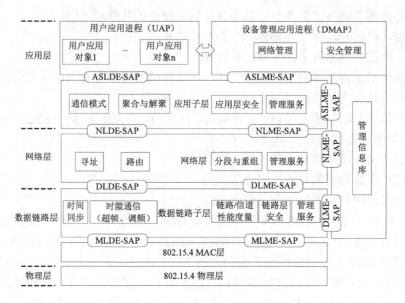

图 4-14 典型的无线传感器网络协议架构

其中，相关术语解释如下。

MLDE-SAP（Medium Access Control Sub-layer Data Entity-Service Access Point）：介质访问控制子层数据实体服务访问点。

MLME-SAP（Medium Access Control Sub-layer Management Entity-Service Access Point）：介质访问控制子层管理实体服务访问点。

DLDE-SAP（Data Link Sub-layer Data Entity-Service Access Point）：数据链路子层数据实体服务访问点。

DLME-SAP（Data Link Sub-layer Management Entity-Service Access Point）：数据链路子层管理实体服务访问点。

NLDE-SAP（Network Layer Data Entity-Service Access Point）：网络层数据实体服务访问点。

NLME-SAP（Network Layer Management Entity-Service Access Point）：网络层管理实体服务访问点。

ASLDE-SAP（Application Sub-layer Data Entity-Service Access Point）：应用子层数据实体服务访问点。

ASLME-SAP（Application Sub-layer Management Entity-Service Access Point）：应用子层管理实体服务访问点。

下面对层次结构进行说明。

（1）物理层。无线传感器网络的物理层（Physical Layer，PHY）一般直接采用 IEEE 802.15.4 的物理层，负责传送比特流，即每次只发送一个比特，然后这些数据流被传输给接收端的媒体访问控制子层，重新组合成数据帧。

（2）介质访问控制子层。介质访问控制（Media Access Control，MAC）子层一般直接采用 IEEE 802.15.4 的 MAC 层，负责数据成帧、帧检测、介质访问和差错控制，并实现载波侦听的冲突检测重发机制。

（3）数据链路层。无线传感器网络数据链路层（Data Link Layer）的主要任务是保证无线传感器网络设备间可靠、安全、无误、实时地传输。无线传感器网络的数据链路层一般兼容 IEEE 802.15.4 的超帧结构，并对其进行扩展。无线传感器网络数据链路层支持基于时隙的跳频机制、重传机制、TDMA 和 CSMA 混合信道访问机制，保证传输的可靠性和实时性。无线传感器网络数据链路层可采用 MIC 机制和加密机制，保证通信过程的完整性和保密性。

（4）网络层。无线传感器网络的网络层（Network Layer）由寻址、路由、分段与重组、管理服务等功能模块构成。其主要功能是实现面向工程应用的端到端的可靠通信、资源分配。

（5）传输层。无线传感器网络协议可支持传输层（Transport Layer），也可以将传输层的功能上移或下移。一般传输层支持 UDP 协议，为了实现设备与其他网络的统一编址和网络互通，传输层支持 IP 版本 6（IPv6）。

（6）应用层。无线传感器网络的应用层由应用子层、用户应用进程、设备管理应用进程构成。应用子层提供通信模式、聚合与解析、应用层安全和管理服务等功能，用户应用进程包含的功能模块为多个用户应用对象。设备管理应用进程包含的功能模块包括网络管理模块、安全管理模块和管理信息库。下面简单予以介绍。

① 无线传感器网络用户应用进程的功能主要包括以下几个方面。

• 通过传感器采集物理世界的数据信息，如工业现场的温度、压力、流量等过程数据。在对这些信息进行处理后，如量程转换、数据线性化、数据补偿、滤波等，UAP 对这些数据或其他设备的数据进行运算产生输出，并通过执行器完成对工业过程的控制。

• 产生并发布报警功能，UAP 在监测到物理数据超过上下限或 UAO 的状态发生切换时，产生报警信息。

• 通过 UAP 可以实现与其他现场总线技术的互操作。

② 无线传感器网络设备管理应用进程中网络管理模块的功能，主要包括以下几个方面。

• 构建和维护由路由设备构成的网状结构，构建和维护由现场设备和路由设备构成的星形结构。

• 分配网状结构中路由设备之间通信所需要的资源，预分配路由设备可以分配给星形结构中现场设备的资源，负责将网络管理者预留给星形结构的通信资源分配给簇内现场设备。

• 监测无线传感器网络的性能，具体包括设备状态、路径健康状况以及信道状况。

③ 无线传感器网络设备管理应用进程中安全管理模块的功能，主要包括以下几个方面。

• 认证试图加入网络中的路由设备和现场设备。

• 负责整个网络的密钥管理，包括密钥产生、密钥分发、密钥恢复、密钥撤销等。

• 认证端到端的通信关系。

④ 无线传感器网络设备管理应用进程中管理信息库的功能主要包括管理网络运行所需要的全部属性。

4.5 IEEE 802.15.4 技术及 ZigBee 技术

4.5.1 IEEE 802.15 系列标准

IEEE 802.15 标准由 IEEE 802.15 工作组负责制定。IEEE 802.15 工作组成立于 1998 年 3 月，最初叫无线个人网络研究组，1999 年 5 月改为 IEEE 802.15-WPAN 工作组，目前 IEEE 802.15 工作组下设 10 个任务组（TG），各任务组具体的工作范围见表 4-1。

表 4-1   IEEE 802.15 工作组概况

工 作 组	工 作 范 围
TG1	负责制定 IEEE 802.15.1，处理基于蓝牙 v1.x 版本的速率为 1Mbit/s 的 WPAN 标准
TG2	负责制定 IEEE 802.15.2，处理在公用 ISM 频段内无线设备的共存问题
TG3	负责制定 IEEE 802.15.3，这个任务组的目标在于开发高于 20Mbit/s 速率的多媒体和数字图像应用，为了加强对更高速率的 WPAN 技术的研究，802.15 工作组先后成立了 IEEE 802.15 TG3a 任务组、IEEE 802.15 TG3b 任务组和 IEEE 802.15 TG3c 任务组
TG4	负责制定 IEEE 802.15.4，这个任务组研究低于 200kbit/s 数据传输率的 WPAN 应用，先后发展了 TG4a、TG4b、TG4c、TG4d、TG4e、TG4g、TG4n、TG4q 等多个分支机构。其中，ZigBee 技术就是在 IEEE 802.15.4 标准规定的物理（PHY）层和媒体访问控制（MAC）层协议基础上，参照现有网络层以上标准而形成的一种专注于低功耗、低成本、低复杂度、低速率的短距离无线通信技术
TG5	负责制定 IEEE 802.15.5，研究无线 Mesh 技术在 WPAN 中的应用
TG6	主要研究国家医疗管理机构批准的体域无线通信技术
TG7	研究短距离无线光通信
TG8	研究用于无线个域网（WPAN）的 PHY 和 MAC 机制：平行感知通信
TG9	研究用于无线个域网（WPAN）的安全密钥机制
TG10	研究 IEEE 802.15.4 的 Layer 2 的路由机制

IEEE 802.15.4 工作组于 2000 年 12 月成立。IEEE 802.15.4 规范是一种经济、高效、低数据速率（低于 250kbit/s）、工作在 2.4GHz 的无线技术（欧洲 868MHz，美国 915MHz），用于个域网和对等网状网络，支持传感器、远端控制和家用自动化等，不适合传输语音，通常连接距离小于 100m。IEEE 802.15.4 不仅是 ZigBee 应用层和网络层协议的基础，也为无线 HART、ISA100、WIA-PA 等工业无线技术提供 PHY 和 MAC 协议。同时，IEEE 802.15.4 还是传感器网络使用的主要通信协议规范。

IEEE 802.15.4 提供低于 0.25Mbit/s 数据率的 WPAN 解决方案。这一方案的能耗和复杂度都很低，电池寿命可以达到几个月甚至几年。潜在的应用领域有传感器、遥控玩具、智能徽章、遥控器和家庭自动化装置。IEEE 802.15.4-2003 规定的特性有 250kbit/s、40kbit/s 和 20kbit/s 的数据率；两种寻址方式——短 16bit 和 64bit 寻址；支持可能的使用装置，如游戏操纵杆；CSMA-CA 信道接入；由对等设备自动建立网络；用于传输可靠性的握手协议；保证低功耗的电源管理；2.4GHz ISM 频段上 16 个信道、915MHz 频段上 10 个信道，以及 868MHz 频段上 1 个信道。

低速 WPAN 的主要应用包括家庭自动化、工业控制、医疗监护、安全与风险控制等。这类应用对传输速率要求较低，通常为每秒几十 kbit/s，但它们对成本和功耗的要求很高，在很多应用中还要求提供精确的距离或定位信息。第 1 个 802.15.4 标准于 2003 年公布。通过几年的发展，802.15.4 标准也发展成为由 802.15.4、802.15.4x 组成的协议簇。

4.5.2   IEEE 802.15.4 协议簇

IEEE 802.15.4 标准于 2003 年公布以来经过几年的发展，已经成为由 IEEE 802.15.4a、IEEE 802.15.4b、IEEE 802.15.4e 等组成的协议簇，该协议簇中各成员标准及主要目标如下。

（1）IEEE 802.15.4a——物理层为超宽带的低功耗无线个域网技术

IEEE 802.15.4a 标准致力于提供无线通信和高精确度的定位功能（1m或1m以内的精度）、高总吞吐量、低功率、数据速率的可测量性、更大的传输范围、更低的功耗、更低廉的价格等。这些在 IEEE 802.15.4—2003 标准上增加的功能可以提供更多重要的新应用，并拓展市场。

（2）IEEE 802.15.4b——低速家用无线网络技术

IEEE 802.15.4b 标准致力于为 IEEE 802.15.4—2003 标准制定相关加强和解释，例如，消除歧义，减少不必要的复杂性，提高安全密钥使用的复杂度，并考虑新的频率分配等。目前，该标准已于 2006 年 6 月被提交为 IEEE 标准并发布。

（3）IEEE 802.15.4c——中国特定频段的低速无线个域网技术

IEEE 802.15.4c 标准致力于对 IEEE 802.15.4—2006 物理层进行修订，发表后将添加进 802.15.4—2006 标准和 IEEE 802.15.4a—2007 标准修正案。这一物理层修订案是针对中国已经开放使用的无线个域网频段 314～316MHz、430～434MHz 和 779～787MHz 的。IEEE 802.15.4c 确定了 779～787MHz 频带在 IEEE 802.15.4 标准的应用及实施方案。与此同时，IEEE 802.15.4c 还与中国无线个域网标准组织达成协议，双方都将采纳多进制相移键控（MPSK）和交错正交相移键控（O-QPSK）技术作为共存、可相互替代的两种物理层方案。目前，IEEE 802.15.4c 标准已于 2009 年 3 月 19 日被 IEEE-SA 标准委员会批准，正式成为 IEEE 802.15.4 标准簇的新成员。

（4）IEEE 802.15.4d——日本特定频段的低速无线个域网技术

IEEE 802.15.4d 标准致力于定义一个新的物理层和对 MAC 层的必要修改，以支持在日本新分配的频率（950～956MHz）。该修正案应完全符合日本政府条例所述的新的技术条件，并同时要求与相应频段中的无源标签系统并存。

（5）IEEE 802.15.4e——MAC 层增强的低速无线个域网技术

IEEE 802.15.4e 标准致力于 IEEE 802.15.4—2006 标准的 MAC 层修正案，目的是提高和增加 IEEE 802.15.4—2006 的 MAC 层功能，以便更好地支持工业应用，以及与中国无线个域网标准（WPAN）兼容，包括加强对 Wireless HART 和 ISA100 的支持。

（6）IEEE 802.15.4f——主动式 RFID 系统网络技术

IEEE 802.15.4f 标准致力于为主动式射频标签 RFID 系统的双向通信和定位等应用定义新的无线物理层，同时，也对 IEEE 802.15.4—2006 标准的 MAC 层进行增强，以使其支持该物理层。该标准为主动式 RFID 和传感器应用提供一个低成本、低功耗、灵活、高可靠性的通信方法和空中接口协议等，将为在混合网络中的主动式 RFID 标签和传感器提供有效的、自治的通信方式。

（7）IEEE 802.15.4g——无线智能基础设施网络技术

IEEE 802.15.4g 是智能基础设施网络（Smart Utility Networks，SUN）技术标准，该标准致力于建立 IEEE 802.15.4 物理层的修正案，提供一个全球标准，以满足超大范围过程控制应用需求。例如，可以使用最少的基础建设以及潜在的许多固定无线终端建立一个大范围、多地区的公共智能电网。

（8）IEEE 802.15.4k 标准

IEEE 802.15.4k 标准致力于制定低功耗关键设备监控网络（LECIM），主要应用于对大范围内的关键设备（如电力设备、远程监控等）的低功耗监控。为了减少基础设施的投入，IEEE 802.15.4k 工作组选择了星形网络作为拓扑结构。每个 LECIM 网络由 1 个基础设施和大量的低功耗监控节点（大于 1 000 个）构成。IEEE 802.15.4k 标准目前正在制定当中，物理层采用了分片技术以降低能耗，而在 MAC 层则大量采用 IEEE 802.15.4e 的 MAC 层机制，并进行了相应的修改。

4.5.3　IEEE 802.15.4 协议栈结构

在 IEEE 802 系列标准中，OSI 参考模型的数据链路层进一步分为 MAC 和 LLC 两个子层。MAC 子层使用物理层提供的服务实现设备之间的数据帧传输，而 LLC 子层在 MAC 子层的基础上，在设备间提供面向连接和非面向连接的服务。IEEE 802.15.4 的协议结构如图 4-15 所示。该标准定义了低速无线个域网的物理层和 MAC 层协议。其中，在 MAC 子层以上的特定服务器的业务相关聚合子层（Service Specific Convergence Sublayer，SSCS）、链路控制子层（Logical Link Control，LLC）是 IEEE 802.15.4 标准可选的上层协议，并不在 IEEE 802.15.4 标准的定义范围之内。SSCS 为 IEEE 802.15.4 的 MAC 层接入 IEEE 802.2 标准中定义的 LLC 子层提供聚合服务。LLC 子层可以使用 SSCS 的服务接口访问 IEEE 802.15.4 网络，为应用层提供链路层服务。LLC 子层的主要功能是提供传输可靠性保障、控制数据包的分段和重组。

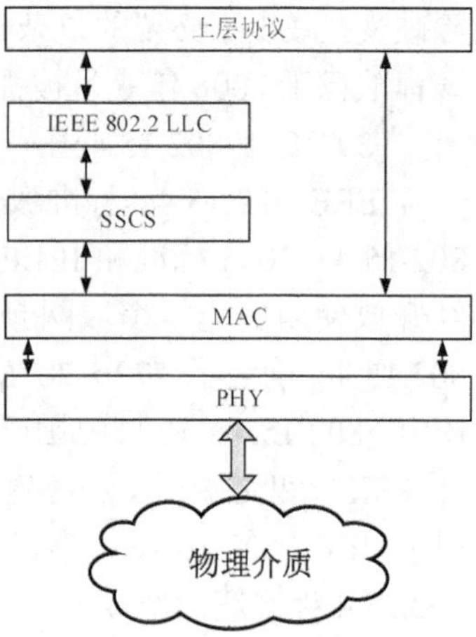

图 4-15　IEEE 802.15.4 协议层次图

4.5.4　IEEE 802.15.4 物理层协议

IEEE 802.15.4 定义了 2.4GHz 和 868MHz/915MHz 两个物理层标准，它们都基于 DSSS（Direct Sequence Spread Spectrum，直接序列扩频），使用相同的物理层数据包格式，区别在于工作频率、调制技术、扩频码片长度和传输速率。2.4GHz 为全球统一的无须申请的 ISM 频段，有助于 IEEE 802.15.4 设备的推广和生产成本的降低。2.4GHz 的物理层通过采用高阶调制技术能够提供 250kbit/s 的传输速率，有助于获得更高的吞吐量、更小的通信时延和更短的工作周期，从而更加省电。868MHz 是欧洲的 ISM 频段，915MHz 是美国的 ISM 频段，这两个频段的引入避免了 2.4GHz 附近各种无线通信设备之间的相互干扰。868MHz 的传输速率为 20kbit/s，916MHz 的传输速率是 40kbit/s。这两个频段上的无线信号传播损耗较小，因此，可以降低对接收机灵敏度的要求，获得较远的有效通信距离，从而可以用较少的设备覆盖给定的区域。

物理层定义了物理无线信道和 MAC 子层之间的接口，提供物理层数据服务和物理层管理服务。物理层数据服务从无线物理信道上收发数据，物理层管理服务维护一个由物理层相关数据组成的数据库。

物理层提供了 MAC 与无线物理通道之间的接口，PHY 包括管理实体，叫作 PLME，这个实体提供调用层管理功能的层管理服务接口。PLME 也负责处理有关 PHY 的数据库。这个数据库作为 PHY 个人局域网（Personal Area Network，PAN）信息部分（PAN Information Base，PIB）。PHY 提供一个服务，经两个服务访问点（SAP）：访问 PHY 数据的数据服务访问点和访问物理层管理实体的访问点。图 4-16 描述了 PHY 的组成和接口。

1. 物理层数据服务的功能

物理层数据服务包括以下 5 方面的功能。

① 激活和休眠射频收发器。

② 信道能量检测（Energy Detect）。

③ 检测接收数据包的链路质量指示（Link Quality Indication，LQI）。

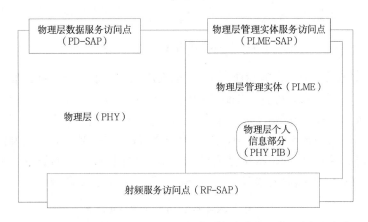

图 4-16 PHY 接口模型

④ 空闲信道评估（Clear Channel Assessment，CCA）。

⑤ 收发数据。

信道能量检测为网络层提供信道选择依据，主要测量目标信道中接收信号的功率强度，因为这个检测本身不进行解码操作，所以检测结果是有效信号功率和噪声信号功率之和。

链路质量指示为网络层或者应用层提供接收数据帧时无线信号的强度和质量信息，与信道能量检测不同的是，要对信号进行解码，生成的是一个信噪比指标。这个信噪比指标和物理层数据单元一起提交给上层处理。

空闲信道评估判断信道是否空闲。IEEE 802.15.4 定义了 3 种空闲信道评估模式：第一种简单判断信道的信号能量，当信号能量低于某一阈值时就认为信道空闲；第二种是判断无线信道的特征的模式，这个特征主要包括两个方面，即扩频信号特征和载波频率；第三种模式是前两种模式的综合，同时检测信号强度和信号特征，给出信号空闲判断。

2. 物理层的载波调制

PHY 层定义 3 个载波频段用于收发数据。在这 3 个频段上发送数据在使用的速率、信号处理过程以及调制方式等方面存在一些差异。3 个频段总共提供 27 个信道：868MHz 频段 1 个信道，915MHz 频段 10 个信道，2.4GHz 频段 16 个信道。其具体分配见表 4-2。

表 4-2　　　　　　　　　　　　载波信道特性一览表

频段 （MHz）	序列扩频参数		数据参数		
	片（chip）速率 （kchip/s）	调制方式	比特速率 （kbit/s）	符号速率 （ksymbol/s）	符号 （symbol）
868～868.6	300	BPSK	20	20	二进制
902～928	600	BPSK	40	40	二进制
2400～2483.5	2000	O-QPSK	250	62.5	十六进制

在 868MHz 和 915MHz 两个频段上，信号处理过程相同，只是数据率不同。处理过程如图 4-17 所示，首先将物理层协议数据单元（PHY Protocol Data Unit，PPDU）的二进制数据差分编码，其次将差分编码后的每一个位转换为长度为 15 的片序列（Chip Sequence），最后使用二进制相移键控（Binary Phase Shift Keying，BPSK）调制到信道上。

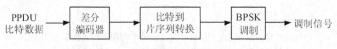

图 4-17　868/915MHz 频段的调制过程

差分编码是将每一个原始比特与前一个差分编码生成的比特进行异或运算：$E_n=R_n \oplus E_{n-1}$，其中，E_n 是差分编码的结果，R_n 为要编码的原始比特，E_{n-1} 是上一次差分编码的结果。对于每个发送的数据包，R_1 是第一个原始比特，计算 E_1 时假定 $E_0=0$。差分解码过程与编码过程类似：$R_n=E_n \oplus E_{n-1}$，对于每个接收到的数据包，E_1 为第一个需要解码的比特，E_1 计算时假定 $E_0=0$。

差分编码以后，接下来的是直接序列扩频。每一个比特被转换为长度为 15 的片序列。扩频过程按表 4-3 进行，扩频后的序列使用 BPSK 调制方式调制到载波上。

表 4-3　　　　　　　　　　868MHz/915MHz 比特到片序列转换表

输 入 比 特	片序列值（$C_0C_1C_2 \cdots C_{14}$）
0	111101011001000
1	000010100110111

2.4GHz 频段的处理过程如图 4-18 所示，首先将 PPDU 二进制数据中的每 4 位转换为一个符号（Symbol），然后将每一个符号转换成长度为 32 的片序列。

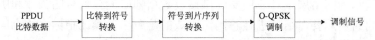

图 4-18　2.4GHz 频段的调制过程

在从符号到片序列的转换中，用符号在 16 个近似正交的伪随机噪声序列中选择一个作为该符号的片序列。表 4-4 是符号到伪随机噪声序列的映射表，这是一个直接序列扩频的过程。扩频后，信号通过偏移四相相移键控（Offset-Quadrature Phrase Shift Keying，QPSK）调制方式调制到载波上。

表 4-4　　　　　　　　　　2.4GHz 符号到片序列映射表

输 入 比 特	二进制符号（$b_0b_1b_2b_3$）	序列值（$C_0C_1C_2 \cdots C_{30}C_{31}$）
0	0000	11011001110000110101001000101110
1	1000	11101101100111000011010100100010
2	0100	00101110110110011100001101010010
3	1100	00100010110110110011100001101011
4	0010	01010010001011101101100111000011
5	1010	00110101001000101110110110011100
6	0110	11000011010100100010111011011001
7	1110	10011100001101010010001011101101
8	0001	10001100100101100000011101111011
9	1000	10111000110010010101000001110111
10	0101	01111011100011001010110000000111
11	1101	01110111101110001100100101100000
12	0011	00000111011110111000110010010110
13	1011	01100000011101111011100011001001
14	0111	10010110000011101111011110001100
15	1111	11001001011000000111011110111000

3. 物理层的帧结构

图 4-19 描述了 IEEE 802.15.4 标准物理层数据帧格式，物理层数据帧第一个字段是 4
个字节的前导码，收发器在接收前导码期间会根据
前导码序列的特征完成片同步和符号同步。帧起始
分隔符（Start-of-Frame Delimiter，SFD）字段长度
为一个字节，其固定值为 0xE7，标识一个物理帧
的开始。收发器接收完前导码后，只能做到数据位

4字节	1字节	1字节		长度可变
前导码	SFD	帧长度 （7比特）	保留位	PSDU
同步头		帧头		PHY负载

图 4-19 物理层数据帧结构

的同步，通过搜索 SFD 字段的值 0xE7，才能同步到字节上。帧长度（frame length）由 1
字节的低 7 位表示，其值就是物理帧负载的长度，因此，物理帧负载的长度不会超过 127
字节且长度可变，称之为物理服务数据单元（PHY Service Data Unit，PSDU），一般来承载
MAC 帧。

4.5.5　IEEE 802.15.4 的 MAC 协议

IEEE 802.15.4 的 MAC 协议包括以下功能：设备间无线链路的建立、维护和结束；确认
模式的帧传送与接收；信道接入控制；帧校验；预留时隙管理；广播信息管理。MAC 子层
提供两个服务与高层联系，即通过两个服务访问点（SAP）访问高层。通过 MAC 通用部分
子层 SAP（MAC Common Part Sublayer-SAP，MCPS-SAP）访问 MAC 数据服务，用 MAC
层管理实体 SAP（MLME-SAP）访问 MAC 管理服务。这两个服务为网络层和物理层提供了
一个接口。除这些外部接口之外，MLME 和 MCPS 之间也存在一个内部接口，允许 MLME
使用 MAC 数据服务。灵活的 MAC 帧结构适应了不同的应用及网络拓扑的需要，同时也保
证了协议的简洁。图 4-20 描述了 MAC 子层的组成及接口模型。

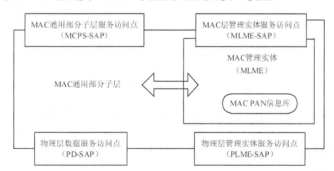

图 4-20　MAC 子层参考模型

MAC 子层的主要功能包括以下 6 个方面。
① 协调器产生并发送信标帧，普通设备根据协调器的信标帧与协调器同步。
② 支持 PAN 网络的关联（Association）和取消关联（Disassociation）操作。
③ 支持无线信道通信安全。
④ 使用 CSMA-CA 机制访问信道。
⑤ 支持时隙保障（Guaranteed Time Slot，GTS）机制。
⑥ 支持不同设备 MAC 层间的可靠传输。
关联操作是指一个设备在加入一个特定的网络时向协调器注册以及进行身份认证的过
程。LR-WPAN（Low Rate Wireless Personal Area Networks，低速无线个域网）中的设备有可

能从一个网络切换到另一个网络，这时需要进行关联和取消关联操作。

时隙保障机制和时分复用（Time Division Multiple Access，TDMA）机制相似，但可以动态地为有收发请求的设备分配时隙。使用时隙保障机制需要设备间的时间同步，IEEE 802.15.4 中的时间同步通过下面介绍的"超帧"机制实现。

1．超帧

在 IEEE 802.15.4 中，可以选择以超帧为周期组织低速率无线个域网（LR-WPAN）内设备间的通信。每个超帧都以网络协调器发出信标帧（Beacon）为起始，在这个信标帧中包含了超帧将持续的时间以及对这段时间的分配等信息，其中，超帧是指时隙的集合，是按照周期不断循环的动态实体。网络中的普通设备接收到超帧开始时的信标帧后，就可以根据其中的内容安排自己的任务，如进入休眠状态直到这个信标帧结束。

超帧将通信时间划分为活跃和不活跃两个部分。在不活跃期间，PAN 网络中的设备不会相互通信，从而可以进入休眠状态以节省能量。超帧的活跃期间划分为 3 个阶段：信标帧发送时段、竞争访问时段（Contention Access Period，CAP）和非竞争访问时段（Contention Free Period，CFP）。超帧的活跃部分被划分为 16 个等长的时隙，每个时隙的长度、竞争访问时段包含的时隙数等参数都由协调器设定，并通过超帧开始时发出的信标帧广播到整个网络。图 4-21 所示为典型超帧结构。

图 4-21　超帧结构

在超帧的竞争访问时段，IEEE 802.15.4 网络设备使用带时隙的 CSMA-CA 访问机制，并且任何通信都必须在竞争访问结束前完成。在超帧的非竞争访问时段，PAN 主协调器为每一个设备分配时隙。时隙数目由设备申请时指定。如果申请成功，申请设备就拥有了指定的时隙数目。图 4-21 中第 1 个 GTS 由 11～13 构成，第 2 个 GTS 由 14、15 构成。每个 GTS 中的时隙都指定了时隙申请设备，因而不需要竞争信道。IEEE 802.15.4 标准要求任何通信都必须在自己分配的 GTS 内完成。

超帧中规定非竞争时段必须跟在竞争时段后面。竞争时段的功能包括网络设备可以自由收发数据、域内设备向协调器申请 GTS 时段、新设备加入当前 PAN 网络等。非竞争时段由协调器指定发送或者接收数据包。如果某个设备在非竞争时段一直处于接收状态，那么拥有 GTS 使用权的设备就可以在 GTS 阶段直接向该设备发送消息。

2．数据传输模型

LR-WPAN 网络中存在着 3 种数据传输方式：设备发送数据给协调器、协调器发送数据给设备、对等设备之间的数据传输。星形拓扑网络结构只存在前两种数据传输方式，因为数据只在协调器和设备之间交换；而在点对点拓扑网络中，3 种数据传输方式都存在。

在 LR-WPAN 网络中，有两种通信模式可供选择：信标使能通信（Beacon-enabled）和信标不使能通信（Non Beacon-enabled）。

在信标使能通信的网络中，PAN 网络协调器定时广播信标帧。信标帧表示着一个超帧的开始。设备之间通信使用基于时隙的 CSMA-CA 信道访问机制，PAN 网络中的设备都通过协调器发送的信标帧进行同步。在时隙 CSMA-CA 机制下，每当设备需要发送数据帧或者命令帧时，首先定位下一时隙的边界，然后等待随机数目个时隙。等待完毕，设备开始检测信道状态：如果信道空闲，设备就在下一个可用时隙边界开始发送数据；如果信道忙，设备需要重新等待随机数目个时隙，再检查信道状态，重复这个过程，直到有空闲信道出现。在这种机制下，确认帧的发送不需要使用 CSMA-CA 机制，而是紧跟着发送回源设备。

在信标不使能通信的网络中，PAN 网络协调器不发送信标帧，各个设备使用不分时隙的 CSMA-CA 机制访问信道。该机制的通信过程如下：每当设备需要发送数据或者发送 MAC 命令时，首先等候一段随机长的时间，然后开始检测信道状态：如果信道空闲，该设备开始立即发送数据；如果信道忙，设备需要重复上面等待一段随机时间和检测信道的过程，直到能够发送数据。在设备接收到数据帧或者命令帧的时候，确认帧应紧跟着接收帧发送，而不使用 CSMA-CA 机制竞争信道。

图 4-22 是一个信标使能网络中某一设备传送数据给协调器的例子。该设备首先侦听网络中的信标帧，如果接收到了信标帧，就同步到由这个信标帧开始的超帧上，然后应用时隙 CSMA-CA 机制选择一个合适的时机，把数据帧发送给协调器。协调器成功接收到数据以后，回送一个确认帧，表示成功收到该数据帧。

图 4-23 是一个信标不使能的网络设备传输数据给协调器的例子，该设备应用无时隙的 CSMA-CA 机制，选择好发送时机后就发送数据帧，协调器成功接收到数据帧后回送一个确认帧，表示成功收到该数据帧。

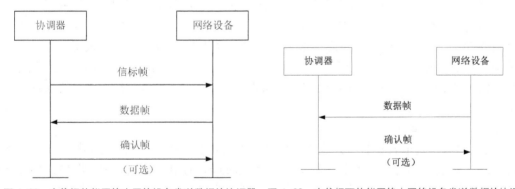

图 4-22 在信标使能网络中网络设备发送数据给协调器　图 4-23 在信标不使能网络中网络设备发送数据给协调器

图 4-24 是在信标使能网络中协调器发送数据帧给网络中某个设备的例子，当协调器需要向某个设备发送数据时，就在下一个信标帧中说明协调器拥有属于某个设备的数据正在等待发送。目标设备在周期性的侦听过程中会接收到这个信标帧，从而得知有属于自己的数据保存在协调器，这时就会向协调器发送请求传送数据的 MAC 命令。该命令帧发送的时机按照基于时隙的 CSMA-CA 机制来确定。协调器收到请求帧后，先回应一个确认帧表明收到请求命令，然后开始传送数据。设备成功接收到数据后再送回一个数据确认帧，协调器接收到这个确认帧后，才将消息从自己的消息队列中移走。

图 4-25 是在信标不使能网络中协调器发送数据帧给网络中某个设备的实例。协调器只是为相关的设备存储数据，被动地等待设备来请求数据，数据帧和命令帧的传送都使用无时隙的 CSMA-CA 机制。设备可能会根据应用程序事先定义好的时间间隔周期性地向协调器发送请求数据的 MAC 命令帧，查询协调器是否存有属于自己的数据。协调器回应一个确认帧表示收到数据请求命令，如果有属于该设备的数据等待传送，利用无时隙 CSMA-CA 机制选择时机开始传送数据帧；如果没有数据需要传送，则发送一个 0 长度的数据帧给设备，表示没有属于该设备的数据。设备成功收到数据帧后，回送一个确认帧，这时整个通信过程就完成了。

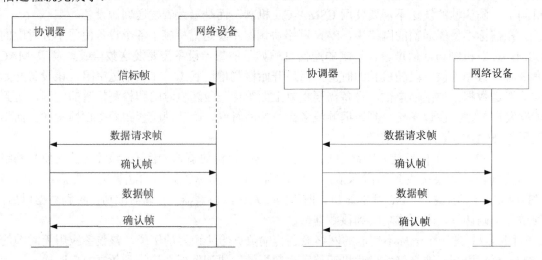

图 4-24　在信标使能网络中协调器传送数据给网络设备　　图 4-25　在信标不使能网络中协调器传送数据给网络设备

在点对点 PAN 网络中，每个设备都可以与在其无线信号覆盖范围内的设备通信。为了保证通信的有效性，这些设备需要保持持续接收状态或者通过某些机制实现彼此同步。如果采用持续接收方式，设备只是简单地利用 CSMA-CA 收发数据；如果采用同步方式，则需要采用其他措施来达到同步的目的。超帧在某种程度上可以用来实现点对点通信的同步，前面提到的 GTS 监听方式，或者在 CPA 期间进行自由竞争通信，都可以直接实现点对点通信的同步。

3. MAC 层帧结构

MAC 层帧结构的设计目标是利用最低复杂度实现在多噪声无线信道环境下的可靠数据传输。每个MAC 子层的帧都可以由帧头（MAC Header，MHR）、负载和帧尾（MAC Footer，MFR）3 部分组成，如图 4-26 所示。帧头由帧控制信息（Frame Control）、帧序列号（Sequence Number）和地址信息（Addressing Fields）组成。MAC 子层负载长度可变，具体内容由帧类型决定，后面将详细解释各类负载字段的内容。帧尾是帧头和负载数据的 16 位 CRC 校验序列。

MAC 帧是一系列字段的特定排列。所有帧的格式都是按照物理层的发送顺序进行描述的，从左到右，最左边的首先发送。在每个字段中，比特位从 0（最左边、最低位）到 k-1（最右边、最高位）编号，总长度为 k 比特。对于长度大于 1 个 8 位位组的字段，发送给物理层时，按照从小到大的 8 位位组编号进行。对于所有帧中的保留位，发送时设为 0，接收时则忽略。

字节数: 2	1	0/2	0/2/8	0/2	0/2/8	可变	2
帧控制信息	帧序列号	目标设备PAN标识符	目标地址	源设备PAN标识符	源设备地址	帧数据单元	FCS校验码
		地址信息					
MHR帧头						MAC负载	MFR帧尾

图 4-26　MAC 帧格式

在 MAC 子层中设备地址有两种格式: 16 位(两个字节)的短地址和 64 位(8 个字节)的扩展地址。16 位短地址是设备与 PAN 网络协调器关联时由协调器分配的网络局部地址; 64 位扩展地址是全球唯一地址, 在设备进入网络之前就分配好了。16 位短地址只能保证在 PAN 网络内部是唯一的, 所以在使用 16 位短地址通信时需要结合 16 位的 PAN 网络标志符才有意义。两种地址类型的地址信息长度不同, 从而导致 MAC 帧头的长度也是可变的。一个数据帧使用哪种地址类型, 由控制字符段的内容指示。在帧结构中没有表示帧长度的段, 这是因为在物理层帧里面有表示 MAC 帧长度的字段, MAC 负载长度可以通过物理层帧长度和 MAC 帧头的长度计算出来。

IEEE 802.15.4 网络定义了 4 种类型的帧: 信标帧、数据帧、确认帧和 MAC 命令帧。

1. 信标帧

其中, 同步头(Synchronization Header, SHR)包括前导码序列和帧开始分割符, 完成接收设备的同步并锁定码流。物理层头(PHY Header, PHR)包括物理层负载的长度。信标帧的负载数据单元由超帧描述字段、保护时隙(Guaranteed Time Slot, GTS)分配字段、待转发数据目标地址字段和信标帧负载数据组成, 如图 4-27 所示。

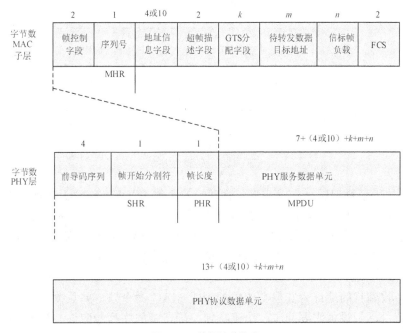

图 4-27　信标帧的格式

(1)信标帧中超帧描述字段规定了这个超帧的持续时间、活跃部分持续时间以及竞争访问时段持续时间等信息。

（2）GTS 分配字段将无竞争时段划分为若干个 GTS，并把每个 GTS 分配给了某个具体设备。

（3）待转发数据目标地址列出了与协调器保存的数据相对应的设备地址。一个设备如果发现自己的地址出现在待转发数据目标地址字段里，则意味着协调器存有属于它的数据，所以它就会向协调器发出请求传送数据的 MAC 命令帧。

（4）信标帧负载数据为上层协议提供数据传输接口。例如，在使用安全机制的时候，这个负载域将根据通信设备设定的安全通信协议填入相应的信息。通常情况下，这个字段可以忽略。

在信标不使能网络里，协调器在其他设备的请求下也会发送信标帧。此时信标帧的功能是辅助协调器向设备传输数据，整个帧只有待转发数据目标地址字段有意义。

2. 数据帧

数据帧用来传输上层发到 MAC 子层的数据，它的负载字段包含了上层需要传送的数据，数据负载传送至 MAC 子层时，被称为 MAC 服务数据单元（MAC Service Data Unit，MSDU）。MAC 服务数据单元首尾分别附加了 MHR 头信息和 MFR 尾信息后，就构成了 MAC 帧，如图 4-28 所示。

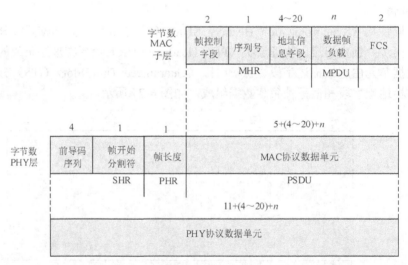

图 4-28 数据帧的格式

MAC 帧传送至物理层后，就成为了物理帧的负载 PSDU。PSDU 在物理层被"包装"，其首部增加了同步信息 SHR 和帧长度 PHR 字段。同步信息 SHR 包括用于同步的前导码和 SFD 字段，它们都是固定值。帧长度字段 PHR 标识了 MAC 帧的长度，为 1 字节长而且只有其中的低 7 位是有效位，所以 MAC 帧的长度不会超过 127 字节。

3. 确认帧

如果设备收到目的地址为其自身的数据域或 MAC 命令帧，并且帧的控制信息字段的确认请求位被置 1，则设备需要回应一个确认帧。确认帧的序列号应该与被确认帧的序列号相同，并且负载长度应该为 0。确认帧紧接着被确认帧发送，不需要使用 CSMA-CA 机制竞争信道，如图 4-29 所示。（注：图中 MFR——MAC Footer 为 MAC 层帧尾；PSDU——PHY Service Data Unit 为物理层数据服务单元。）

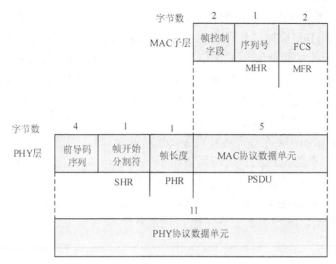

图 4-29 确认帧的格式

4. MAC 命令帧

MAC 命令帧用于组建 PAN 网络、传输同步数据等。目前定义好的命令帧有 9 种类型，主要完成 3 方面的功能：把设备关联到 PAN 网络，与协调器交换数据，分配 GTS。命令帧的格式和其他类型的帧没有太多区别，只是帧控制字段的帧类型位有所不同。帧头的控制字段的帧类型为 011b（b 表示二进制数据），表示这是一个命令帧。命令帧的具体功能由帧的负载数据表示。负载数据是一个变长结构，所有命令帧负载的第一个字节都是命令类型字段，后面的数据针对不同的命令类型有不同的含义，如图 4-30 所示。

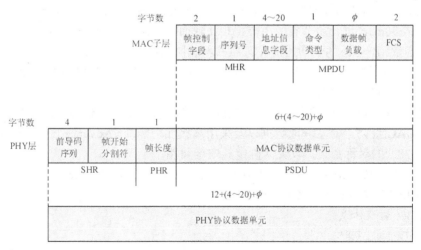

图 4-30 命令帧的格式

4.5.6 ZigBee 技术及网络构成

蜜蜂群在发现花粉位置时，通过跳 ZigZag（之字形）舞蹈来告知同伴，达到交换信息的目的，"ZigBee" 一词就源自于此，可以说这是一种小的动物实现 "无线" 沟通的简捷方式。人们借此称呼一种专注于低功耗、低成本、低复杂度、低速率的近程无线网络通信技术。2001 年 8

月成立了 ZigBee 联盟，2002 年下半年英维斯、三菱集团、摩托罗拉以及飞利浦半导体公司四大巨头宣布加盟 ZigBee 联盟，共同研发名为 ZigBee 的下一代无线通信标准。ZigBee 技术是一种具有统一技术标准的短距离无线通信技术，其 PHY 层和 MAC 层协议为 IEEE 802.15.4 协议标准（见图 4-31），网络层由 ZigBee 技术联盟制定，应用层为用户根据自己的应用需要对其进行开发利用，因此，该技术能够为用户提供机动、灵活的组网方式。

ZigBee 技术的特点突出，主要有以下几个方面。

（1）低功耗。ZigBee 设备为低功耗设备，其发射输出为 0～3.6dBm，具有能量检测和链路质量指示能力。根据检测结果，设备可自动调整发射功率，在保证链路质量的条件下，最小地消耗设备能量。在低耗电待机模式下，2 节 5 号干电池可支持 1 个节点工作 6～24 个月，甚至更长时间。

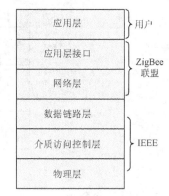

图 4-31　IEEE 802.15.4 和 ZigBee 的关系

（2）低成本。通过大幅简化协议，降低了对通信控制器的要求，按预测分析，以 8051 的 8 位微控制器测算，全功能的主节点需要 32KB 代码，子功能节点则少至 4KB 代码，而且 ZigBee 免协议专利费。

（3）低速率。ZigBee 工作在 20～250kbit/s 的较低速率，分别提供 250kbit/s（2.4GHz）、40kbit/s（915MHz）和 20kbit/s（868MHz）的原始数据吞吐率，满足低速率传输数据的应用需求。

（4）近距离。其传输范围一般为 10～100m，在增加 RF 发射功率后，亦可增加到 1～3km。这指的是相邻节点间的距离。如果通过路由和节点间通信的接力，传输距离将会更远。

（5）短时延。ZigBee 的响应速度较快，一般从睡眠转入工作状态只需 15ms，节点连接进入网络只需 30ms，进一步节省了电能，相比较而言，IEEE 需要 3～10s、Wi-Fi 需要 3s。

（6）高容量。ZigBee 可采用星状、片状和网状网络结构，由一个主节点管理若干子节点，最多一个主节点可管理 254 个子节点；同时，主节点还可由上一层网络节点管理；最多可组成 65 000 个节点的大型网络。

（7）高安全。ZigBee 提供了三级安全模式，包括无安全设定、使用访问控制清单（Access Control List，ACL）防止非法获取数据以及采用高级加密标准（Advanced Encryption Standard-128，AES-128）的对称密码，以灵活确定其安全属性。

（8）免执照频段。采用直接序列扩频可工作在工业科学医疗（ISM）频段：2.4GHz（全球）、915MHz（美国）和 868MHz（欧洲）。

1. ZigBee 协议体系

（1）ZigBee 协议架构

在 ZigBee 技术中，每一层负责完成规定的任务，并且向上层提供服务，各层之间的接口通过定义的逻辑链路来提供服务。完整的 ZigBee 协议体系由高层应用规范、应用支持子层、网络层、数据链路层和物理层组成。其中，ZigBee 的物理层、MAC 层和链路层直接采用了 IEEE 802.15.4 协议标准。其网络层、应用支持子层和高层应用规范（APL）由 ZigBee 联盟制定。整个协议架构如图 4-32 所示。

其中，部分术语解释如下。

PD-SAP（Physical layer Data-Service Access Point）：物理层数据服务访问点。

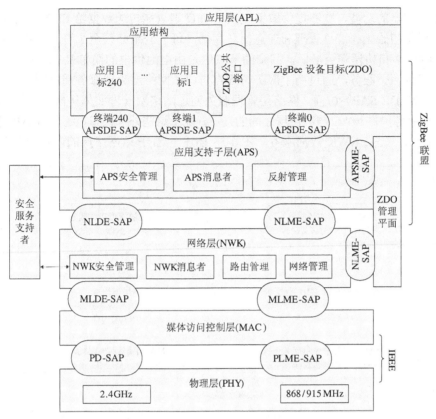

图 4-32 ZigBee 协议架构

PLME-SAP（Physical Layer Management Entity-Service Access Point）：物理层管理实体服务访问点。

MLDE-SAP（Medium Access Control Layer Data Entity-Service Access Point）：介质访问控制层数据实体服务访问点。

MLME-SAP（Medium Access Control Layer Management Entity-Service Access Point）：介质访问控制层管理实体服务访问点。

NLDE-SAP（Network Layer Data Entity-Service Access Point）：网络层数据实体服务访问点。

NLME-SAP（Network Layer Management Entity-Service Access Point）：网络层管理实体服务访问点。

APSDE-SAP（APS Data Entity-Service Access Point）：应用支持子层数据实体服务访问点。

APSME-SAP（APS Management Entity-Service Access Point）：应用支持子层管理实体服务访问点。

（2）网络层

ZigBee 网络层（Network Layer，NWK）负责发现设备和配置网络。ZigBee 允许使用星形结构和网状结构，也允许使用两者的组合（称为集群树网络）。ZigBee 网络层定义了两种相互配合使用的物理设备，即全功能设备（Full-Function Device，FFD）与精简功能设备（Reduced-Function Device，RFD）。相较于 FFD，RFD 的电路较为简单且存储容量小。FFD

的节点具备控制器的功能，能够提供数据交换，RFD 则只能传送数据给 FFD 或从 FFD 接收数据。为了提供初始化、节点管理和节点信息存储，每个网络必须至少有一个称为协调器的 FFD。为了将成本和功耗降至最低，其余的节点应是由电池供电的简单 RFD。

　　网络层提供两个服务，通过两个服务访问点访问。网络层数据服务通过网络层数据实体服务访问点（NLDE-SAP）访问，网络层管理服务通过网络层管理实体访问点（NLME-SAP）访问，这两种服务提供 MAC 与应用层之间的接口，除了这些外部接口，还有 NLME 和 NLDE 之间的内部接口，提供 NWK 数据服务。图 4-33 描述了 ZigBee 网络层的内容和接口。

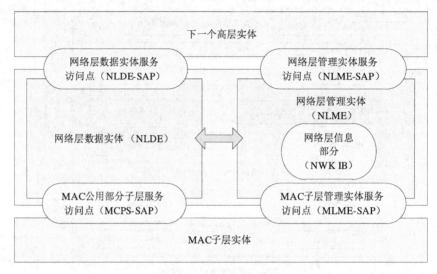

图 4-33　网络层接口模型

　　网络层包括逻辑链路控制子层。IEEE 802.2 标准定义了 LLC，并且通用于诸如 IEEE 802.3、IEEE 802.11 及 IEEE 802.15.1 等系列标准。而 MAC 子层与硬件联系较为紧密，随不同的物理层实现而变化。网络层负责拓扑结构的建立和维护、命名和绑定服务，它们协同完成寻址、路由及安全这些必需的任务。

　　① 网络层数据实体。网络层数据实体（Network Layer Data Entity，NLDE）为数据提供服务，在两个或者更多的设备之间传送数据时，将按照应用协议数据单元（Application Protocol Data Unit，APDU）的格式进行传送，并且这些设备必须在同一个网络，即在同一个个域网内部。网络层数据实体提供如下的服务。

　　• 生成网络层协议数据单元（Network Protocol Data Unit，NPDU），网络层数据实体通过增加一个适当的协议头，从应用支持层协议数据单元生成网络层的协议数据单元。

　　• 指定拓扑传输路由，网络层数据实体能够发送一个网络层的协议数据单元到一个合适的设备，该设备可能是最终目的通信设备，也可能是在通信链路中的一个中间通信设备。

　　② 网络层管理实体。网络层管理实体（Network Layer Management Entity，NLME）提供网络管理服务，允许应用与堆栈相互作用。网络层管理实体应该提供如下服务。

　　• 配置一个新的设备。为保证设备正常的工作需要，设备应有足够堆栈，以满足配置的需要。配置选项包括对一个 ZigBee 协调器和连接一个现有网络设备的初始化操作。

　　• 初始化一个网络，使之具有建立一个新网络的能力。

　　• 加入或离开网络。具有连接或断开一个网络的能力，以及为建立一个 ZigBee 协调器或 ZigBee 路由器，具有要求设备同网络断开的能力。

- 寻址。ZigBee 协调器和路由器具有为新加入网络的设备分配地址的能力。
- 邻居设备发现。具有发现、记录和汇报有关邻居设备信息的能力。
- 路由发现。具有发现和记录有效地传送信息的网络路由的能力。
- 接收控制。具有控制设备接收机接收状态的能力，即控制接收机什么时间接收、接收时间的长短，以保证 MAC 层的同步或者正常接收等。

网络层将主要考虑采用基于 Ad Hoc（点对点）技术的网络协议，应包含以下功能：拓扑结构的搭建和维护，命名和关联业务，包含了寻址、路由和安全；有自组织、自维护功能，以最大程度减少消费者的开支和维护成本。图 4-34 描述了 ZigBee 支持的网络结构，包括星形结构、网状结构、树形结构。

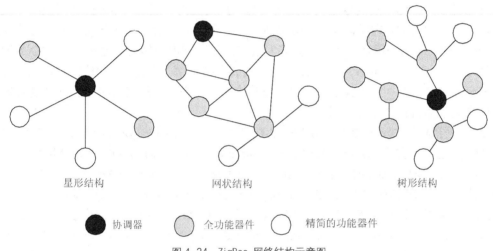

图 4-34 ZigBee 网络结构示意图

ZigBee 网络针对时延敏感的应用做了优化，通信时延和从休眠状态激活的时延都非常短。设备搜索时延典型值为 30ms，休眠激活时延典型值力 15ms，活动设备信道接入时延为 15ms，上述参数均远优于其他标准，如 Bluetooth，这也有利于降低功耗。网络层通用帧格式如图 4-35 所示，网络层路由子域见表 4-5。

字节：2	2	2	1	1	可变
帧控制	目标地址	源地址	广播半径	广播序列号	负载
	路由子域				
网络层数据头					应用层负载

图 4-35 网络层通用数据格式

表 4-5　　　　　　　　　　　　　　　网络层路由子域

子　域	长度	说　　明
路由请求 ID	1	路由请求命令帧的序列号，每次器件在发送路由请求后自动加 1
源地址	2	路由请求发送方的 16 位网络地址

子　　域	长度	说　　明
发送方地址	2	这个子域用来决定最终重发命令帧的路径
前面代价	1	路由请求源器件到当前器件的路径开销
剩余代价	1	当前器件到目的器件的开销
截止时间	2	以 ms 为单位，从初始值 nwkcRouteDiscoveryTime 开始倒计数，直至路由发现的终止

（3）应用层

应用层主要负责把不同的应用映射到 ZigBee 网络上，具体而言包括安全与鉴权、多个业务数据流的汇聚、设备发现、业务发现。

应用层包含应用支持子层（Application Support Sub-layer，APS）、ZigBee 设备对象（ZigBee Device Object，ZDO）及商家定义的应用对象。应用支持子层（APS）的作用是维护设备绑定表，具有根据服务及需求匹配两个设备的能力，且通过边界的设备转发信息。应用支持子层（APS）的另一个作用是设备发现，能发现在工作范围内操作的其他设备。ZDO 的职责是定义网络内其他设备的角色（如 ZigBee 协调器或终端设备）、发起或回应绑定请求、在网络设备间建立安全机制（如选择公共密钥、对称密钥等）等。厂商定义的应用对象根据 ZigBee 定义的应用描述执行具体的应用。

APS 子层为下一个高层实体（NHLE）和网络层之间提供接口。APS 子层包括一个管理实体，叫作 APS 子层管理实体（Application Support Sub-layer Management Entity，APSME）。这个实体通过调用子层管理功能提供服务接口。APSME 也负责维护、管理有关 APS 子层的数据库。这些数据库涉及 APS 子层信息库（Application Support Sub-layer Information Base，APSIB）。

APS 子层提供两种服务，通过两个服务访问点（SAP）访问。APS 数据服务是通过 APS 子层数据实体（Application Support Sub-layer Data Entity）APSDE-SAP 访问，APS 管理服务通过 APS 子层管理实体 SAP（APSME-SAP）访问。这两种服务经过 NLDE-SAP 和 NLME-SAP 接口提供了 NHLE 和 NWK 层之间的接口。除了这些外部接口，还有一些 APSME 和 APSDE 之间的内部接口，这些内部接口允许 APSME 使用 APS 数据服务。图 4-36 描述了应用层的内容和接口。

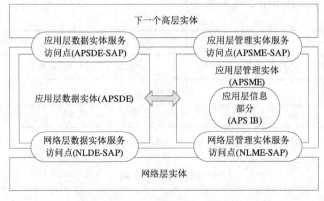

图 4-36　应用层接口模型

应用层 APDU（Application Protocol Data Unit，应用支持子层协议数据单元）帧格式如图 4-37 所示。

字节：1	0/1	0/1	0/2	0/1	可变
帧控制	目标端点	簇标示符	协议子集标示符	源端点	负载
	地址子域				
应用层数据头					应用层负载

图 4-37　应用层 APDU 帧格式

2. ZigBee 网络的构成

（1）设备分类及功能

在 ZigBee 网络中，支持两种相互配合使用的物理设备：全功能设备和精简功能设备。

① 全功能设备（Full Function Device，FFD），可以支持任何一种拓扑结构，可以作为网络协商者和普通协商者，并且可以和任何一种设备进行通信。

② 精简功能设备（Reduced Function Device，RFD），只支持星形结构，不能成为任何协商者，可以和网络协商者进行通信，实现简单。

FFD 设备与 RFD 设备之间都可以通信。RFD 设备之间不能直接通信，只能与 FFD 设备通信，或者通过一个 FFD 设备向外转发数据。这个与 RFD 相关联的 FFD 设备称为该 RFD 的协调器（Coordinator）。RFD 设备主要用于简单的控制应用，如灯的开关、被动式红外线传感器等，传输的数据量少，对传输资源和通信资源占用不多，这样 RFD 设备可以采用非常廉价的实现方案。

在 ZigBee 网络中，有一个称为 PAN 网络协调器的 FFD 设备，是网络中的主控制器。PAN网络协调器（以后简称网络协调器）除了直接参与应用之外，还要完成成员身份管理、链路状态信息管理以及分组转发等任务。图 4-38 是 ZigBee 网络的一个例子，给出了网络中各种设备的类型，以及它们在网络中所处的地位。

无线通信信道的特性是动态变化的。节点位置或天线方向的微小改变、物体移动等周围环境的变化，都有可能引起通信链路信号强度和质量的剧烈变化，因而无线通信的覆盖范围是不确定的。这就造成了 LR-WPAN（Low-Rate Wireless Personal Area Network，低速率无线个域网）网络中设备的数量以及它们之间关系的动态变化。

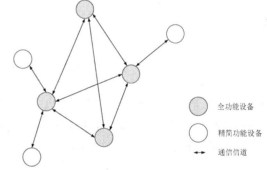

图 4-38　LR-WPAN 网络组件和拓扑关系

（2）ZigBee 的拓扑结构

ZigBee 网络要求至少一个全功能设备作为网络协调器，网络协调器要存储以下基本信息：节点设备数据、数据转发表、设备关联表。终端设备可以是精简设备，用来降低系统成本。网络协调器和网络节点有以下功能。

① ZigBee 网络协调器建立网络、传输网络信标、管理网络节点、存储网络节点信息和关联节点之间路由信息。

② ZigBee 网络节点为电池供电和提供节能设计，搜索可用的网络、按需传输数据、向网络协调器请求数据。

在 ZigBee 网络中，所有 ZigBee 终端设备均有一个 64bit 的 IEEE 地址，这是一个全球唯一的设备地址，需要得到 ZigBee 联盟的许可和分配。在子网内部，可以分配一个 16bit 的地址，作为网内通信地址，以减小数据报的大小。地址模式有以下两种。

① 星形拓扑：网络号＋设备标识。

② 点对点拓扑：直接使用源/目的地址。

这种地址分配模式决定了每个 ZigBee 网络协调器可以支持多于 64 000 个设备，而多个协调器可以互连，从而可以构成更大规模的网络，逻辑上网络规模取决于频段的选择、节点设备通信的频率，以及该应用对数据丢失和重传的容纳程度。

ZigBee 网络根据应用的需要可以组织成星形网络，也可以组织成点对点网络，如图 4-39 所示。在星形结构中，所有设备都与中心设备 PAN 网络协调器通信。在这种网络中，网络协调器一般使用持续电力系统供电，而其他设备采用电池供电。星形网络适合家庭自动化、个人计算机的外设，以及个人健康护理等小范围的室内应用。

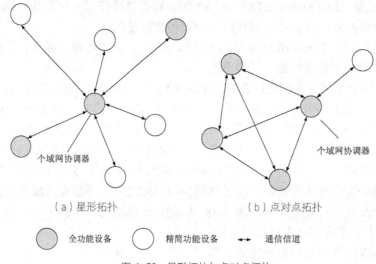

图 4-39　星形拓扑与点对点拓扑

与星形网不同，点对点网络只要彼此都在对方的无线信号辐射范围之内，任何两个设备之间都可以直接通信。点对点网络中也需要网络协调器，负责实现管理链路状态信息、认证设备身份等功能。点对点网络模式可以支持 Ad Hoc 网络，允许通过多跳路由的方式在网络中传输数据。不过，一般认为自组织问题由网络层解决，不在 ZigBee 标准讨论范围之内。点对点网络可以构造更复杂的网络结构，适合于设备分布范围广的应用，在工业检测与控制、货物库存跟踪和智能农业等方面有非常好的应用前景。

（3）ZigBee 网络拓扑的形成过程

① 星形网络的形成

星形网络以网络协调器为中心，所有设备只能与网络协调器进行通信，因此，在星形网络的形成过程中，第一步就是建立网络协调器。任何一个 FFD 设备都有成为网络协调器的可能，一个网络如何确定自己的网络协调器由上层协议决定。一种简单的策略是：一个 FFD 设备在第一次被激活后，首先广播查询网络协调器的请求，如果接收到回应，说明网络中已经存在网络协调器，再通过一系列认证过程，设备就成为这个网络中的普通设备。如果没有收到回应，或者认证过程不成功，这个 FFD 设备就可以建立自己的网络，并且成为这个网络的网络协调器。当然，这里还存在一些更深入的问题：一个是网络协调器过期问题，如原有的网络协调器损坏或者能量耗尽；另一个是偶然因素造成多个网络协调器竞争问题，如移动物体阻挡导致一个 FFD 自己建立网络，当移动物体离开的时候，网络中将出现多个协调器。

网络协调器要为网络选择一个唯一的标识符，所有该星形网络中的设备都是用这个标识符来规定自己的主从关系的。不同星形网络之间的设备通过设置专门的网关完成相互通信。选择一个标识符后，网络协调器就容许其他设备加入自己的网络，并为这些设备转发数据分组。

星形网络中的两个设备如果需要相互通信，都是先把各自的数据包发送给网络协调器，然后由网络协调器转发给对方。

② 点对点网络的形成

点对点网络中，任意两个设备只要能够彼此接收到对方的无线信号，就可以进行直接通信，而不需要其他设备的转发。但点对点网络中仍然需要一个网络协调器，不过该协调器的功能不再是为其他设备转发数据，而是完成设备注册和访问控制等基本的网络管理功能。网络协调器的产生同样由上层协议规定，如把某个信道上第一个开始通信的设备作为该信道上的网络协调器。簇树网络是点对点网络的一个例子，下面以簇树网络为例描述点对点网络的形成过程。

在簇树网络中，绝大多数设备是 FFD 设备，而 RFD 设备总是作为簇树的叶设备连接到网络中。任意一个 FFD 都可以充当 RFD 协调器或者网络协调器，为其他设备提供同步信息。在这些协调器中，只有一个可以充当整个点对点网络的网络协调器。网络协调器可能和网络中的其他设备一样，也可能拥有比其他设备更多的计算资源和能量资源。网络协调器首先将自己设为簇头（CLH），并将簇标识符（CID）设置为 0，同时为该簇选择一个未被使用的 PAN 网络标识符，形成网络中的第一个簇。接着，网络协调器开始广播信标帧。邻近设备收到信标帧后，就可以申请加入该簇。设备可否成为簇成员，由网络协调器决定。如果请求被允许，则该设备将作为簇的子设备加入网络协调器的邻居列表。新加入的设备会将簇头作为父设备加入自己的邻居列表中。

上面讨论的只是一个由单簇构成的最简单簇树。PAN 网络协调器可以指定另一个设备成为邻接的新簇头，以此形成更多的簇。新簇头同样可以选择其他设备成为簇头，进一步扩大网络的覆盖范围。图 4-40 是一个多级簇树网络的例子。但是过多的簇头会增加簇间消息传递的延迟和通信开销。为了减少延迟和通信开销，可以选择最远的通信设备作为相邻簇的簇头，这样可以最大限度地缩小不同簇间消息传递的跳数。

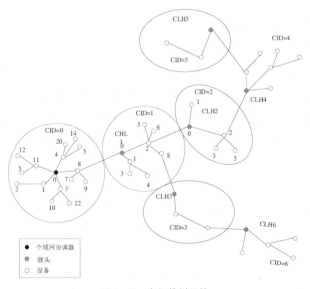

图 4-40　多级簇树网络

4.6 Z-Wave 技术

4.6.1 Z-Wave 技术的发展

2005 年 1 月，美国芯片和软件开发商 Zensys（Z-Wave 母公司）与 60 多家厂商在拉斯维加斯举办的 CES（世界上最大的消费电子展）上宣布成立一个新的联盟——Z-Wave 联盟。其联盟成员在智能家居领域均有涉足，且范围覆盖全球各个国家和地区。Z-Wave 联盟成立后，通信设备大厂思科（Cisco）宣布加入联盟，并且主要将 Z-Wave 技术用在家庭性的无线应用产品上。6 月，英特尔（Intel）宣布加入 Z-Wave 联盟，并投资 Zensys。在 2007 年，软件巨头微软也发声支持 Z-Wave 技术，在其.NET Micro Framework（简称：.NET MF）上加入对 Z-Wave 的支持。Z-Wave 联盟旨在在无线家居领域运用 Z-Wave 技术，以满足家庭自动化需求，包括照明控制，水、电、气表的读取控制，以及身份识别和门禁控制等。

Z-Wave 技术是一种新兴的基于射频的、低功耗、高可靠、低成本、适于网络的短距离无线通信技术。工作频带为 908.42MHz（美国）~868.42MHz（欧洲，国内使用的是欧洲频段，目前这两个频段都是免授权频段），采用 FSK（BFSK/GFSK）调制方式，数据传输速率为 9.6 kbit/s~40 kbit/s，信号的有效覆盖范围在室内是 30m，室外可超过 100m，适合于窄带宽应用场合。

Z-Wave 技术的特点如下。

（1）低成本。为了确保尽可能降低成本，Z-Wave 在早期使用的带宽仅为 9.6 kbit/s，对于传送控制命令来说已经足够。另外，将 Z-Wave 置于集成模块，也保证了低成本。

（2）低功耗。Z-Wave 利用轻量协议和压缩帧格式实现了低能源的消耗。另外，Zensys 采用单个 Z-Wave 模块，有利于电池驱动设备（如传感器）降低功耗。

（3）可靠性。许多射频技术工作于公共频段会产生通信干扰，而 Z-Wave 采用双向应答的传送机制、压缩帧格式等来减小干扰，保证了设备间的通信可靠。

（4）用途广泛。Z-Wave 可以利用基本指令和可变的帧结构，因此，可以实现多样性特征，以便于更广泛的应用。

4.6.2 Z-Wave 协议体系

Z-Wave 协议体系如图 4-41 所示。

1. 介质访问控制层

介质访问控制层主要特点是低成本、数据传输可靠、低功耗和容易实现，和无线介质以 9.6kbit/s 传输，用于控制射频介质。介质访问控制层数据以 8 位数据块结构进行传输，一般只接收二进制曼彻斯特编码及解码的比特流，其主要数据就是以曼彻斯特码存在，因而可以获得直流自由信号。Z-Wave 数据流如图 4-42 所示。

图 4-41 Z-Wave 协议体系

前导帧	起始帧	数据	结束帧

图 4-42 Z-Wave 数据流

2. 传输层

传输层协议主要针对节点间的数据校验确认以及数据重传，该层的数据包类型有 5 种：单播数据包、回应数据包、多播数据包、广播数据包以及探测数据包。

3. 路由层

路由层的任务是通过正确的路由信息向目标节点发送数据，并确保路径上的节点正确发送了数据。Z-Wave 路由层中有两个数据包——路由单播数据包和路由回应数据包。路由单播数据包包含了所需的路由信息，并且发送该数据包的节点需要得到路由回应数据包关于数据被正确送达的确认。路由回应数据包用来告知源节点当前通信进行到哪一步。

4. 应用层

应用层主要功能有曼彻斯特译码、指令识别、分配家庭 ID 和网络节点 ID 等。Z-Wave 网络中的控制器需要控制各种不同类型的传感器节点，因此，它需要采用不同结构来描述节点的性能。其中的一些性能与协议相关，而另一些性能则与具体的应用相关。所有的节点在收到发送指令的时候都可以自动发出节点信息，这样控制器就可以接收到传感器节点的信息并回复接收反馈帧。

4.6.3 Z-Wave 网络构成

1. 设备分类及功能

在 Z-Wave 协议中有两种基本类型的节点，分别为控制节点（Controller）和受控节点（Slaver）。

（1）控制节点（Controller）。控制节点是网络中的启动控制命令和向外发送命令的节点，控制节点分为主控制器节点和次控制器节点。主控制器是整个 Z-Wave 网络中最重要的节点，它具有添加和删除其他设备的功能，拥有整个 Z-Wave 网络的路由表，因此可以和所有的 Z-wave 网络中的节点进行通信，并且时刻维护着整个网络最新的拓扑结构。通过主控制器加入到网络的控制器节点，称为次控制器。次控制器节点只能进行命令的发送，不能向网络中添加或者移除设备。

控制器还分为静态控制器和便携控制器。静态控制器不能改变在网络中的位置，并且必须时刻保持启动状态，需要时刻监听网络中的信息，所以静态控制器一般都为主控制器；便携控制器可以随意改变位置，使用许多机制来估算当前位置并据此来计算通过网络的最快路径，一般用于移动应用，例如，用手动遥控器来控制家里的智能设备等。

（2）受控节点（Slaver）。受控节点是在 Z-Wave 中通过主控节点进入网络的一个节点，可以接收命令和执行命令，不能发送路由信息给其他的从设备，除非它们收到了执行此行为的命令。受控节点在网络中充当一个路由器，该类节点在网络中必须由主电源供电（总是在监听）从其他的装置接收命令。

（3）Z-Wave 网络的标识（Home ID、Node ID）。在 Z-Wave 网络中是通过 Home ID 来区分不同的网络的。在恢复出厂设置的时候会随机生成主控制器的 Home ID，成为本网络的 Home ID。当受控节点进入网络时，控制节点会为其分配 Home ID 进行通信。其余节点的 Node ID 由控制节点分配。

2. Z-Wave 网络拓扑结构

Z-Wave 网络拓扑结构中需要主控制器节点、路由受控节点以及受控设备。主控制器进入网络将恢复出厂设置时的 Home ID 作为整个 Z-Wave 网络的 Home ID，其余受控节点经过主控制器，节点加入网络，并得到分配的 Home ID 或 Node ID。网状网络也称"多跳"网络，具有高度的灵活性，任何一个设备都可以经过主控节点动态加入网络。当其中一个节点因为拥挤或者能量耗光而不能进行通信时，其余节点可以经过其他路径节点进行通信，而不会因为一个节点的失效导致信息的阻隔。

4.7 6LoWPAN 技术

4.7.1 6LoWPAN 技术的发展

IETF 在 2005 年成立了 6LoWPAN 工作组，制定适用于 IPv6 的低功耗、无线 Mesh 网络标准。6LoWPAN 旨在 IEEE 802.15.4 的网络中传输 IPv6 报文，但是底层标准并不局限于 IEEE 802.15.4 标准，也支持其他的链路层标准，6LoWPAN 的这些特性为其标准扩展提供了保证。

6LoWPAN 标准是由 IETF 制定的，目前 IETF 有 4 个工作组在从事 6LoWPAN 相关的研究工作，表 4-6 展示了 6LoWPAN 相关的各个工作组的主要研究内容。

表 4-6　　　　　与 6LoWPAN 相关的 IETF 工作组的主要研究内容

工　作　组	研究内容和现存标准文档
6LoWPAN 工作组	为了将 IPv6 技术应用到低速率无线个域网而成立，目前已经提出了 3 个征求修正意见书（RFC）标准文档（RFC4919、RFC4944、RFC6282），并针对低功耗有损耗网络提出了一些改进的草案文档
RoLL 工作组	针对工业应用、城市应用、家居自动化和楼宇自动化应用的低功耗有损耗网络路由需求提出了 4 个 RFC 文档；4 个关于用于低功耗有损网络的路由协议（RPL）的 RFC，分别介绍了 RPL 框架、指标、机制以及目标函数；跟进提出了一些针对低功耗有损耗网络路由技术的草案文档
CoRE 工作组	提出的草案开始考虑对 6LoWPAN 网络提供支持；提出了适应 6LoWPAN 网络应用的改进的受限制的应用协议（CoAP）、用于 IP 网络中的流信息测量标准（IPFIX）协议压缩方法，以及安全模式下的资源受限设备自举方法
LWIG 工作组	为因特网协议的轻量化、在 DNS 实施轻量化服务以及设计轻量级嵌入式 IP 编程接口提供指导

与现存的其他传感器网络技术相比，6LoWPAN 具有以下明显的技术优势。

（1）地址空间方面，6LoWPAN 网络基于 IPv6 地址，拥有广阔的地址空间，可以满足海量节点的部署需要，这也是 6LoWPAN 相对于其他标准最重要的技术优势。

（2）网络互联方面，6LoWPAN 网络为每个设备都配置了 IP 地址，因此，6LoWPAN 网络可以方便地与其他基于 IP 的网络（如 3G 网络、因特网）互联，构建异构网络，实现互相通信。

（3）重用和基础验证方面，IP 网络可以保证 6LoWPAN 重用其他 IP 网络的设施和 IP 调试、诊断工具，并且 IP 技术已经稳定运行多年，为 6LoWPAN 标准提供了基础验证。

（4）标准开放性方面，6LoWPAN 是 IETF 制定的开放标准，应用广泛，全世界的开发人员都可以为其改进和完善努力，这为其快速发展、完善提供了保障。

4.7.2 6LoWPAN 标准协议栈架构

6LoWPAN 的标准草案主要描述了适配层和 IP 层的帧格式和关键技术，而对底层和上层协议没有做过多的介绍，只是在标准中声明底层参照 IEEE 802.15.4 标准，传输层采用 TCP 或者 UDP 的传输协议。图 4-43 展示了 6LoWPAN 协议栈架构和网络层功能。

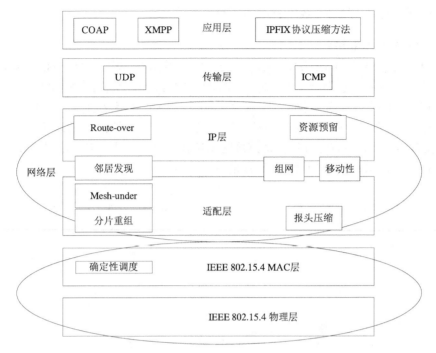

图 4-43　6LoWPAN 协议栈架构和网络层功能

6LoWPAN 协议栈各协议层支持的功能如下。

（1）应用层：IETF 专门成立了受限表述性状态传递环境（CoRE）工作组改进应用层协议（如 CoAP 协议、IPFIX 压缩方法等），使其适应低功耗有损耗网络的应用；而重邮-思科绿色科技联合研发中心正在从事将可扩展消息与存在协议（XMPP）应用于无线传感网的相关研究，已经初步验证了 XMPP 协议应用于无线传感器网络的可行性。

（2）传输层：6LoWPAN 协议栈同时支持 TCP 和 UDP 协议，因为设备资源有限，并且 TCP 协议较复杂，实际应用中多采用 UDP 的传输方式，并且[RFC4944]标准和最新的[RFC6282]标准都设计了针对 UDP 的压缩机制。此外，传输层一般采用 ICMPv6（互联网控制消息协议，参照[RFC4443]）作为传输层的控制消息协议，例如，ICMP 目的不可达报文。

（3）IP 层：6LoWPAN 的 IP 层一般采用标准的 IP 协议，方便与其他的 IP 协议互联互通。邻居发现的部分功能、组网的部分功能、移动性的部分功能都可以在 IP 层实现。而 Route-over 路由（例如，RPL 路由协议）和资源预留一般在 IP 层实现。

（4）适配层：适配层是 6LoWPAN 非常重要的一个协议层，其存在主要是为了协调 IP 层和 IEEE 802.15.4 底层之间的不一致，使 1280 个字节的 IPv6 报文可以在 127 个字节的 IEEE 802.15.4 封装包中传送。为了给 IP 层提供支持，适配层设计了分片重组、报头压缩机制，并承担了部分邻居发现、组网和移动性支持功能，6LoWPAN Mesh-under 路由一般也在这一层实现。

（5）IEEE 802.15.4 底层：6LoWPAN 协议最初制定的时候，底层标准参照的是 IEEE 802.15.4—2003 标准，但是 6LoWPAN 并不仅限于支持 IEEE 802.15.4 标准，也支持其他的链路层技术，例如，低功率的 Wi-Fi 标准、IEEE P1901.2 的电力线标准 PLC 等。因此，6LoWPAN 网络可以泛指应用 6LoWPAN 机制的低功率、有损耗 Mesh 网络。

4.7.3 6LoWPAN 网络拓扑和路由协议

1. 6LoWPAN 网络拓扑

6LoWPAN支持网状（Mesh）、星形（Star）等多种拓扑结构。网状拓扑比星形拓扑的网络可靠性高。图4-44所示为一个典型的6LoWPAN Mesh拓扑结构，每个6LoWPAN网络均包含多个Mesh子网，Mesh子网有一个被称为6LoWPAN边界路由器（6LBR）的出口路由器，在Mesh子网内，所有的子网节点位于同一条链路上，共享IPv6前缀等网络信息，路由器可以根据链路参数、节点特性进行链路层路由选择，节点地址采用链路层地址。6LoWPAN网关实现了6LoWPAN网络与其他IP网络的互联互通。

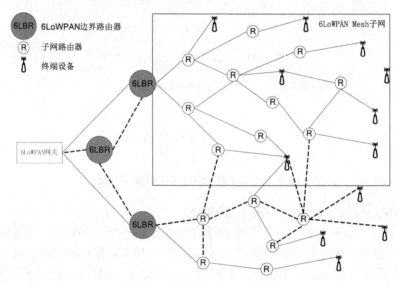

图4-44 6LoWPAN Mesh 拓扑结构

2. 路由机制

在6LoWPAN网络中，根据实现路由选择的协议层不同，可以分为两种路由机制：Mesh-under机制和Route-over机制。Mesh-under机制指基于链路的Mesh路由机制，包括LoWPAN Mesh路由和链路层Mesh路由；而基于IP地址的路由机制被称为Route-over。表4-7展示了Mesh-under和Route-over的特性对比。

表 4-7 **Mesh-under 和 Route-over 特性对比**

类　别	不　同　点		相同点	优　势	IETF 路由协议
	链 路 特 性	IPv6 路由器	节点特性		
Mesh-under	节点位于一条链路上	6LoWPAN边界路由器（6LBR）	节点不参与路由选择和报文转发，只是普通的主机	模拟广播域，在同一个链路范围内高效；可以应用较短的链路层地址	目前IETF没有定义基于Mesh-under的路由协议
Router-over	节点位于多条链路上，链路环境复杂、多变，可能包含了多个重复的本地链路范围	6LoWPAN边界路由器（6LBR）和6LoWPAN路由器（6LR）		依赖邻居发现形成的本地Mesh拓扑，为IP网络互连提供了可能	RPL路由协议

4.7.4　6LoWPAN 网络层帧格式

6LoWPAN 适配层是为了在 IEEE 802.15.4 网络中传输 IPv6 数据包而存在的，适配层主要承担报头压缩、分片重组、Mesh 路由以及部分邻居发现、组网、移动性支持等功能。

1. 6LoWPAN 封装头栈

6LoWPAN 封装头栈是指 6LoWPAN 网络负载在 IEEE 802.15.4 协议数据单元（PDU）的封装格式。6LoWPAN 栈的头前面都包含了一个头类型说明字节。IPv6 头栈中各类信息的排列顺序一般是寻址信息、多跳选项、路由信息、分片信息、目的选项，最后是负载信息。同时，当头栈包含不只一种类型的头时，将按照 Mesh 头、广播头、分片头的顺序出现。图 4-45 展示了典型的 6LoWPAN 封装头栈。

6LoWPAN头顺序	Mesh头	广播头	分片头			
完整的6LoWPAN帧格式举例						
IPv6标准报文	IPv6头类型说明	IPv6头	负载			
HC1压缩报文	HC1头类型说明	HC1头	负载			
Mesh+HC1压缩报文	Mesh类型说明	Mesh头	HC1头类型说明	HC1头	负载	
Frag+HC1压缩报文	Frag类型说明	Frag头	HC1头类型说明	HC1头	负载	
Mesh+Frag+HC1压缩报文	Mesh类型说明	Mesh头	Frag类型说明	Frag头	HC1头类型说明	HC1头	负载
Mesh+BC0+HC1压缩报文	Mesh类型说明	Mesh头	BC0类型说明	BC0头	HC1头类型说明	HC1头	负载

图 4-45　典型的 6LoWPAN 封装头栈格式

2. 适配层帧格式和 6LoWPAN_HC1 压缩

当设备加入同一个 6LoWPAN 子网时，所有的设备将共享一些链路信息，[RFC4944]定义了 6LoWPAN_HC1 压缩算法，通过压缩 IPv6 帧头，减少子网的通信负担。图 4-45 展示了 6LoWPAN_HC1 压缩机制下的适配层头类型说明域和对应的头格式。

HC1 压缩算法采用一个字节的编码字段 HC1 Encoding 对标准的 IPv6 报头进行压缩，具体的压缩思路如下。

（1）地址压缩：在 IPv6 包头中，128 位的源地址和 128 位的目的地址占了绝大多数空间，因此，对地址压缩变得非常必要。IPv6 地址一般由前缀和接口标识组成，因为子网内设备的默认前缀相同（FE80::/64），所以可以省去 64 位前缀。同时，因为 64 位接口标识可以由 16 位的 MAC 地址映射生成，而子网内的设备一般采用 16 位的短地址进行通信，所以 64 位的短地址也可以省去。

（2）Next Header 压缩：因为上层协议一般选用 UDP、TCP、ICMP，没有必要采用一个字节来区分，所以可以压缩为 2 位。

（3）其他域压缩：由于 IEEE 802.15.4 MAC 协议包含了子网通信的必要信息，IPv6 中的数据流通信类别、优先级等信息如果在此处不需要扩展的话，则 Version 域、Traffic Class 域、Flow Label 域可以省去。

在最大压缩程度下，6LoWPAN_HC1 的压缩算法可以将原本 40 字节的 IPv6 帧头压缩成 2~4 字节，大大减小了头部开销。但是，这种压缩算法仅仅能用于子网内，当设备的前缀信息不一致时，压缩效率就会降低。因此，IETF 制定了另一种基于 IP 的压缩算法 6LoWPAN_IPHC，此算法的详细机制可以参照[RFC6282]，因为本章讨论的重点不是针对 6LoWPAN 压缩算法，所以此处不再详细介绍任意前缀下的 IPv6 压缩算法。6LoWPAN 网络层帧格式如图 4-46 所示。

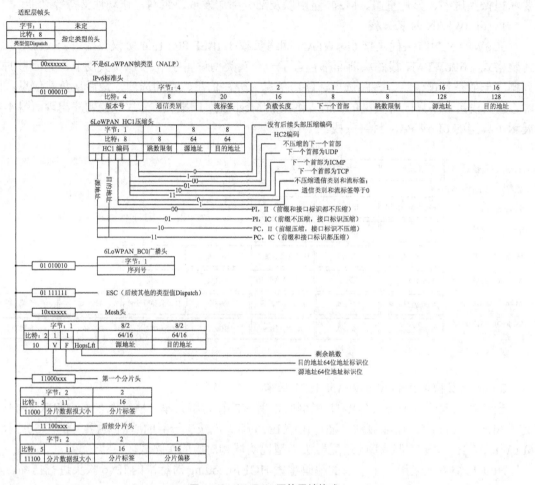

图 4-46　6LoWPAN 网络层帧格式

4.7.5　IPv6 邻居发现协议

1. 邻居发现协议的主要功能

邻居发现协议的操作对象是位于同一条链路上的节点，其解决了这些设备间的互操作性问题。表 4-8 展示了邻居发现协议主要实现的功能。

表 4-8　　　　　　　　　　　　　　邻居发现协议的功能

功　　能	具　体　描　述
路由发现功能	主机发现的可达的路由器节点
前缀发现功能	节点通过查找地址前缀信息来确定哪些目的节点位于同一条链路上
参数发现功能	节点怎样通过类似链路最大传输单元等链路参数和类似跳限制的因特网参数处理出网报文

续表

功　　能	具　体　描　述
地址自动配置功能	配置接口地址的机制
地址解析功能	节点怎样通过同一链路上目的节点的 IP 地址获得其链路地址
下一跳决定功能	节点通过这种机制找到通往目的节点的邻居节点的 IP 地址，下一跳的节点可以是一个路由器节点或者目的节点本身
邻居不可达检测功能	节点怎样确认邻居节点已经不能与自己进行通信。如果邻居节点扮演的是路由器角色，当发现其不可达时，节点会用默认路由器代替；路由器节点和主机会重新进行地址解析
重复地址检测功能	节点怎样判定自己通过无状态自动配置机制选用的地址已经被其他节点占用
重定向功能	路由器怎样通知主机通往目的节点的更优下一跳节点

2. 邻居发现协议报文和报文交互

（1）邻居发现协议报文。IPv6 邻居发现机制定义了 5 种不同的 ICMP 报文类型：一对 RS/RA 报文、一对 NS/NA 报文以及一个重定向报文。表 4-9 展示了邻居发现协议每个报文的功能。

表 4-9　　　　　　　　　　　　　IPv6 邻居发现协议报文的功能

报　文　类　型	报　文　功　能
RS	主机发送 RS 报文，请求路由器在本调度时间内立即回复一个 RA 报文
RA	路由器广播其存在信息和各种链路、网络参数，可以周期性广播或者用来响应 RS 报文；RA 包含了前缀信息（用来配置位于同一链路的其他节点地址）、地址配置信息、跳数限制等相关信息
NS	节点发送 NS 报文确定邻居节点的链路层地址，或者验证邻居节点是否可达；此外，NS 可以用来进行重复地址检测
NA	NA 报文用来响应 NS 报文，此外，邻居节点也可以发送非恳求的 NA 报文声明链路层地址改变
重定向报文	重定向功能

（2）报文交互过程。图 4-47 展示了 IPv6 邻居发现方法基本的报文交互过程。在报文交互过程中，IPv6 邻居发现方法多次采用多播的方式实现邻居发现的功能。

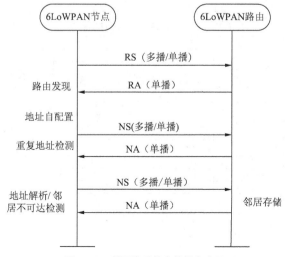

图 4-47　邻居发现基本的报文交互

3. 邻居发现协议 ICMP 报文

图 4-48 展示了 IPv6 邻居发现协议定义的 ICMP 报文格式。图 4-49 展示了 IPv6 邻居发现协议定义的选项。

邻居发现报文

字节：1	未定
比特：8	未定
类型	邻居发现报文

路由恳求报文 RS（133）

字节：1	1	2	4	未定
比特：8	8	16	32	未定
类型	代码	校验和	保留	选项

路由通告报文 RA（134）

字节：1	1	2	1				2	4	4	未定
比特：8	8	16	8	1	1	6	16	32	32	未定
类型	代码	校验和	当前跳数限制	地址配置标志位	其他状态位	保留	路由器生存期	可到达时间	重传计时器	选项

邻居恳求报文 NS（135）

字节：1	1	2	4	16	未定
比特：8	8	16	32	128	未定
类型	代码	校验和	保留	目标地址	选项

邻居通告报文 NA（136）

字节：1	1	2	1				16	未定
比特：8	8	16	1	1	1	5	128	未定
类型	代码	校验和	路由器标志位	请求标志位	重载标志位	保留	目标地址	选项

重定向报文 Redirect Message（137）

字节：1	1	2	4	16	未定
比特：8	8	16	32	128	未定
类型	代码	校验和	保留	目标地址	选项

图 4-48　IPv6 邻居发现协议 ICMP 报文格式

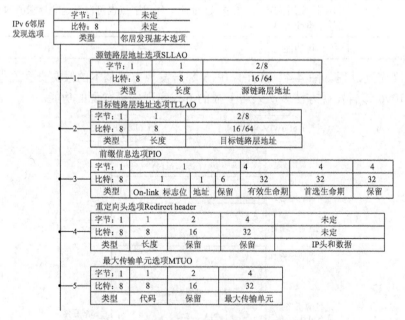

图 4-49　IPv6 邻居发现协议定义的选项格式

4.8 蓝牙及蓝牙 4.x 技术

4.8.1 蓝牙技术概述

1. 蓝牙出现的背景

1998 年，爱立信等 5 家著名厂商在联合开展短程无线通信技术的标准化活动时提出了蓝牙技术，其宗旨是提供一种短距离、低成本的无线传输应用技术。全球业界已开发了一大批蓝牙技术的应用产品，使蓝牙技术呈现出极其广阔的市场前景。

2. 蓝牙工作原理

蓝牙技术规定每一对设备之间进行蓝牙通信时，必须一个为主设备，另一个为从设备，才能进行通信。通信时，必须由主设备进行查找，发起配对，建链成功后双方即可收发数据。理论上，一个蓝牙主设备可同时与 7 个蓝牙从设备进行通信。一个具备蓝牙通信功能的设备，可以在两个角色间切换，平时工作在从模式，等待其他主设备来连接。需要时，转换为主模式，向其他设备发起呼叫。一个蓝牙设备以主模式发起呼叫时，需要知道对方的蓝牙地址、配对密码等信息，配对完成后可直接发起呼叫。

蓝牙主设备发起呼叫，首先是查找，找出周围处于可被查找状态的蓝牙设备。主设备找到从蓝牙设备后，与从蓝牙设备进行配对，此时需要输入从设备的 PIN 码，也有设备不需要输入 PIN 码。配对完成后，从蓝牙设备会记录主设备的信任信息，此时主设备即可向从设备发起呼叫，已配对的设备在下次呼叫时不再需要重新配对。已配对的设备，作为从设备的蓝牙耳机也可以发起建链请求，但用于数据通信的蓝牙模块一般不发起呼叫。链路建立成功后，主、从设备之间即可进行双向的数据或语音通信。在通信状态下，主、从设备都可以发起断链，断开蓝牙链路。

在蓝牙数据传输应用中，一对一串口数据通信是最常见的应用之一，蓝牙设备在出厂前即提前设好了两个蓝牙设备之间的配对信息，主设备预存有从设备的 PIN 码、地址等，两端设备加电即自动建链，透明串口传输，无须外围电路干预。在一对一应用中，从设备可以设为两种类型：一是静默状态，即只能与指定的主通信，而不能被别的蓝牙设备查找；二是开放状态，既可被指定主查找，也可被别的蓝牙设备查找建链。

3. 蓝牙中的关键技术

蓝牙的关键技术包括跳频、纠错、网络结构和安全，具体叙述如下。

（1）跳频技术。蓝牙的载频选用全球的 2.45GHz ISM 频段，2.45GHz 频段是对所有的无线电系统都开放的频段，因此，使用其中的任何一个频段都有可能遇到不可预测的干扰源。采用跳频扩谱技术是避免干扰的一项有效措施。

（2）纠错技术。在蓝牙技术中使用了 3 种纠错方案：1/3 比例前向纠错码（1/3FEC）、2/3 比例前向纠错码（2/3FEC）和用于数据的自动请求重发（ARQ）。为了减少复杂性，使开销和无效重发最小，蓝牙执行快 ARQ 结构。ARQ 结构分为停止等待 ARQ、向后 N 个 ARQ、重复选择 ARQ 和混合结构。

（3）微微网和分散网。当两个蓝牙设备成功建立链路后，一个微微网（Piconet）便形成了，两者之间的通信通过无线电波在信道中随机跳转完成，蓝牙给每个微微网提供特定的跳转模式，因此，它允许大量的微微网同时存在，同一区域内多个微微网互联形成分散网。不同的微微网信道有不同的主单元，因而存在不同的跳转模式。

（4）安全性。蓝牙技术的无线传输特性使它非常容易受到攻击，因此，安全机制在蓝牙技术中显得尤为重要。虽然蓝牙系统所采用的调频技术已经提供了一定的安全保障，但是蓝牙系统仍然需要链路层和应用层的安全管理。

4. 蓝牙系统组成

蓝牙系统一般由天线单元、链路控制（固件）单元、链路管理（软件）单元和蓝牙软件（协议栈）单元4个功能单元组成。

（1）天线单元。蓝牙要求其天线部分体积十分小、重量轻，因此，蓝牙天线属于微带天线。蓝牙空中接口是建立在天线电平为0dB的基础上的。空中接口遵循美国联邦通信委员会（Federal Communication Commission，FCC）有关电平为0dB的ISM频段的标准。如果全球电平达到100mW以上，则可以使用扩展频谱功能来增加一些补充业务。频谱扩展功能是通过起始频率为2.402GHz、终止频率为2.480GHz、间隔为1MHz的79个跳频频点来实现的。蓝牙工作在全球通用的2.4GHz ISM频段。蓝牙的数据速率为1Mbit/s。

（2）链路控制单元。基带链路控制器（Link Controller，LC）负责处理基带协议和其他一些低层常规协议。

（3）链路管理单元。链路管理（LM）软件模块携带了链路的数据设置、鉴权、链路硬件配置和其他一些协议。LM能够发现其他远端LM，并通过链路管理协议（LMP）与之通信。

（4）蓝牙软件单元。蓝牙的软件单元是一个独立的操作系统，不与任何操作系统捆绑。蓝牙规范包括两部分：第一部分为核心（Core）部分，用以规定诸如射频、基带、连接管理、业务搜寻、传输层以及与不同通信协议间的互用、互操作性等组件；第二部分为协议子集（Profile）部分，用以规定不同蓝牙应用（也称使用模式）所需的协议和过程。

5. 蓝牙协议层

蓝牙协议可以分为4层，即核心协议、电缆替代协议、电话控制协议和采纳的其他协议。

（1）核心协议。蓝牙的核心协议由基带、链路管理（LMP）、逻辑链路控制与适应协议（L2CAP）和业务搜寻协议（SDP）4部分组成。从应用的角度看，射频、基带和LMP可以归为蓝牙的低层协议，它们对应用而言是透明的。

（2）电缆替代协议。串行电缆仿真协议（RFCOMM）像SDP一样位于L2CAP之上，作为一个电缆替代（Cable Replacement）协议，它通过在蓝牙的基带上仿真RS232的控制和数据信号，为那些将串行线用作传输机制的高级业务（如OBEX协议）提供传输能力。

（3）电话控制协议。电话控制协议包括电话控制规范二进制（TCSBIN）协议和一套电话控制命令。其中，TCSBIN定义了在蓝牙设备间建立话音和数据呼叫所需的呼叫控制信令；电话控制命令则是一套可在多使用模式下用于控制移动电话和调制解调器的命令。

（4）采纳的其他协议。电缆替代层、电话控制层和被采纳的其他协议层可归为应用专用（Application-Specific）协议。在蓝牙中，应用专用协议可以加在串行电缆仿真协议之上或直接加在L2CAP之上。被采纳的其他协议有PPP、UDP/TCP/IP、OBEX、WAP、WAE、vCard、vCalendar等。

6. 蓝牙技术的发展

蓝牙技术的发展经历了从1.1到4.x的阶段，表4-10给出了各版本的主要改进情况。

表 **4-10**	蓝牙各版本主要技术特征
版本号	主要技术特征
蓝牙 1.1	传输率约在 748~810kbit/s，因是早期设计，容易受到同频率产品的干扰而影响通信质量。支持 Stereo 音效的传输要求，只能够以单工方式工作，音带频率响应不太足够
蓝牙 1.2	其主要改进有两方面。匿名方式：屏蔽设备的硬件地址，保护用户免受身份嗅探攻击和跟踪。自适应跳频：通过避免使用跳跃串行中的拥挤频率，从而改善对无线电干涉的抵抗。实现了更高的实际传输速率
蓝牙 2.0	2.0 是 1.2 的改良提升版，传输速率在 1.8 ~2.1Mbit/s，支持双工的工作方式
蓝牙 2.1	改善装置配对流程：以往在连接过程中，需要利用个人识别码来确保连接的安全性，而改进之后的连接方式，则是自动使用数字密码来进行配对与连接；更高的省电性能：通过设定在 2 个装置之间互相确认信号的发送间隔来达到节省功耗的目的。装置之间相互确认的信号发送时间间隔从旧版的 0.1s 延长至 0.5s，如此可以让蓝牙芯片的工作负载大幅降低，也可以让蓝牙有更多的时间进行彻底休眠
蓝牙 3.0	数据传输率提高到了大约 24Mbit/s，是蓝牙 2.0 的 8 倍。功耗方面，由于引入了增强电源控制（EPC）机制，再辅以 802.11，实际空闲功耗会明显降低。此外，新的规范还具备通用测试方法（GTM）和单向广播无连接数据（UCD）两项技术，并且包括了一组 HCI 指令，以获取密钥长度
蓝牙 4.0	蓝牙 4.0 是 2012 年推出的蓝牙版本，是 3.0 的升级版本，较 3.0 版本更省电、成本更低，具有 3ms 低延迟、超长有效连接距离、AES-128 加密等特点，通常用在蓝牙耳机、蓝牙音箱等设备上

4.8.2　蓝牙 4.x 技术与蓝牙 Mesh 技术

1．蓝牙 4.0

蓝牙 4.0 是蓝牙 3.0+HS 规范的补充，专门面向对成本和功耗都有较高要求的无线方案，可广泛应用于卫生保健、体育健身、家庭娱乐、安全保障等诸多领域。它支持两种部署方式：双模式和单模式。双模式中，低功耗蓝牙功能集成在现有的经典蓝牙控制器中，或在现有的经典蓝牙技术（2.1+EDR/3.0+HS）芯片上增加低功耗堆栈，整体架构基本不变，因此，成本增加有限。蓝牙 4.0 将传统蓝牙技术、高速技术和低耗能技术集于一体，与 3.0 版本相比最大的不同就是低功耗。4.0 版本的功耗较老版本降低了 90%，更省电。随着蓝牙技术由手机、游戏、耳机、便携计算机和汽车等传统应用领域向物联网、医疗等新领域扩展，对低功耗的要求会越来越高。蓝牙 4.0 协议栈架构，如图 4-50 所示。

2．蓝牙 4.1

2013 年 12 月 5 日，蓝牙技术联盟（Bluetooth Special Interest Group，Bluetooth SIG）宣布正式推出蓝牙核心规格更新版本——蓝牙 4.1 版本，为无线规格演进迈出重要一步。蓝牙 4.1 版本提供 LTE 的并存支持，可提升大量数据传输速率，以提升消费者使用体验。此次更新让设备能够同时支持多种角色，辅助开发者进行创新开发，更可作为 IP 连接基础，巩固蓝牙技术在物联网无线连接中的重要地位。其主要特点如下。

（1）批量数据的传输速度。

（2）通过 IPv6 连接到网络：实现与 Wi-Fi 相同的功能。

（3）简化设备连接：带有蓝牙 4.1 的设备之前已经成功配对，重新连接时只要将这两款设备靠近即可实现重新连接，完全不需要任何手动操作。

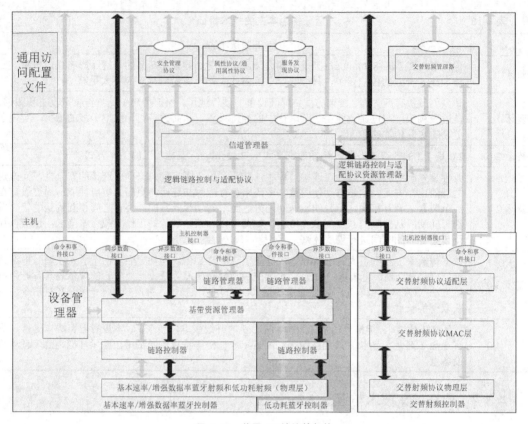

图 4-50　蓝牙 4.0 协议栈架构

（4）与 4G 和平共处：用户不用担心其他信号对蓝牙 4.1 的干扰，传输速率下降的问题了。

3．蓝牙 4.2

2014 年，蓝牙技术联盟公布了最新的蓝牙 4.2 标准。4.2 版本的主要更新项目包括隐私权限保护的改善与速度的提升，一个支持 IP 连接的配置文件也即将核准。蓝牙 4.2 版本推出的主要目的，是让 Bluetooth Smart 继续成为连接生活中各种事物的最佳解决方案。除了规格本身的升级，还有支持 IPv6 蓝牙应用的新配置文件（IPSP），将为设备联网开启全新领域。蓝牙 4.2 版本导入了隐私权限设置，在降低能耗的同时，提供政府级的信息安全保障。新增的隐私权限功能让控制权重回消费者手中，窃听者将难以通过蓝牙联机追踪设备。举例来说，当您在装有蓝牙信号发射器（Beacon）的零售商店购物时，若您未授权发射器连接您的设备，您就不可能被追踪。

蓝牙 4.2 版本能提升 Bluetooth Smart 设备间数据传输的速度与可靠性。由于 Bluetooth Smart 封包容量增加，设备之间的数据传输速度可较蓝牙 4.1 版本提升 2.5 倍。数据传输速度与封包容量的增加，能够降低传输错误发生的概率并减少电池能耗，进而提升连网效率。网络协议支持配置文件（IPSP）基于蓝牙 4.1 版本功能，再加上 4.2 版本的新增特色，能让 Bluetooth Smart 传感器得以通过 IPv6/6LoWPAN 直接接入互联网。通过 IP 连接，就能利用既有 IP 基础架构来管理 Bluetooth Smart 边缘设备（Edge Devices）了。

4．蓝牙 5.0

蓝牙 5.0 是由蓝牙技术联盟在 2016 年提出的蓝牙技术标准，蓝牙 5.0 针对低功耗设备速度有相应提升和优化并结合 Wi-Fi 技术对室内位置进行辅助定位，提高传输速度，增加有效工作距离。蓝牙 5.0 和前一代蓝牙 4.2 相比，传输距离更远，速度更快。其理论上的有效距离为 300m，整个家庭或整间办公室里的移动设备都可以形成稳定的连接。而速度最快时可以达到 2Mbit/s，此外，它还大幅增强了蓝牙广播的数据传输，能为商用蓝牙带来更好的前景，让使用蓝牙作为标准的物联网应用更加强大。

5. 蓝牙 Mesh 技术

蓝牙技术联盟于 2017 年 7 月 19 日宣布蓝牙技术支持 Mesh（网状）网络。蓝牙 Mesh 技术是一种网络（组网）的技术而非无线通信技术，用于构建"多对多通信连接"网络。因此，蓝牙 Mesh 是建立在低功耗蓝牙之上的通信网络。该技术提高了构建大范围网络覆盖的通信能力，适用于楼宇自动化、无线传感器网络等需要让数以万计个设备在可靠、安全的环境下传输的物联网解决方案。蓝牙 Mesh 整体上可以分成应用层和网络层。

（1）应用层

在应用层，SIG（Special Interest Group）对蓝牙设备的功能进行了多层次的封装：节点-元素-模型-状态，如图 4-51 所示。

（2）网络层结构

蓝牙 Mesh 采用泛洪的方式进行信息的转发，即通过广播的方式，将信息从网络当中的某一个节点转发至目的节点。蓝牙 Mesh 拓扑结构如图 4-52 所示。

图 4-51 应用层架构

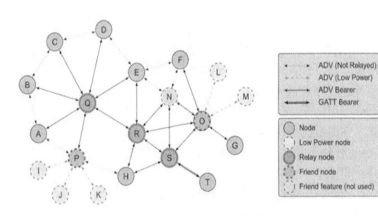

图 4-52 蓝牙 Mesh 拓扑结构

蓝牙 Mesh 网络的最大容量超过 32 000 个节点，宽度高达 126 跳，从而可以在全网传输信息。蓝牙 Mesh 拓扑结构中包含了 5 种节点和 4 种连接方式。

节点种类如下。

- node：网络边缘的节点，没有 relay（中继）功能。
- relay node：是网络层扩展网络覆盖范围的核心节点，在接收到其他节点发送的数据包之后，根据网络的设定条件判断是否需要转发。
- low power node：低功耗节点，由于有 friend node 的存在，low power node 不需要一直在广播信道发送或者监听数据包，可以更节省功耗。low power node 只需要定期地从它的 friend node 查询是否有数据到达就可以。低功耗节点可以是由电池供电的设备，如传感器、门锁等。

- friend node：作为 low power node 的代理节点，当有 low power node 的数据下达时，可以在 friend node 缓存，等待 low power node 查询并获取。在实际应用中，friend node 节点可以是灯泡、机顶盒、路由器，这些设备对于功耗不是很敏感，通过市电供电。

- friend feature（not used）：在图 4-52 中，节点 N 具有 friend feature，但是没有相应的 low power node，所以 friend feature 没有使用。

连接方式如下。

- ADV（Not Relayed）：两个节点之间可以互相收发广播消息，但由于不是中继节点，不能中继转发数据包。

- ADV（Low power）：用于 low power node 与 friend node 之间收发数据包，如图 4-52 中的 J 与 P 之间的连接、L 与 O 之间的连接。在这个连接上，low power node 会主动发起请求建立 friendship 连接，以及从 friend node 查询是否有自己的数据。

- ADV Bearer：两个节点之间可以基于 advertisingbearer 收发广播消息，并且可以作为中继转发。

- GATT Bearer：使没有 ADV Bearer 能力的节点也能参与 Mesh 网络。比如，节点 T 可以通过代理协议与其他节点在 GATT 连接上收发代理 PDU（协议数据单元）。

蓝牙 Mesh 网络是搭建在低功耗蓝牙技术（BLE）构架之上的，其网络的层次构架：BLE 层—承载层—网络层—传输下层—传输上层—接入层—基础模型层—模型层。蓝牙 Mesh 的协议栈架构如图 4-53 所示。

- BLE 层：低功耗蓝牙连接层，实现节点之间的无线通信连接，是实现 Mesh 网络的基础。

- 承载层：定义了如何使用底层 BLE 协议栈传输网络 PDU（协议数据单元）。承载方式分为两种：广播承载和 GATT 承载。

- 网络层：定义了各种消息的地址类型、格式，完成数据的网络寻址和转发。

- 传输下层：主要负责网络中传送的 PDU 的分片和重组。

- 传输上层：负责对上层应用数据进行加密、解密和认证。

- 接入层：定义应用的数据格式，以及如何使用传输层的服务（网络服务）。同时，能够定义、控制在传输层中的数据加密和解密过程，并对于传输层送达的数据进行验证。

- 基础模型层：实现应用层与 Mesh 网络协议的适配，定义了其中的消息、状态等属性。

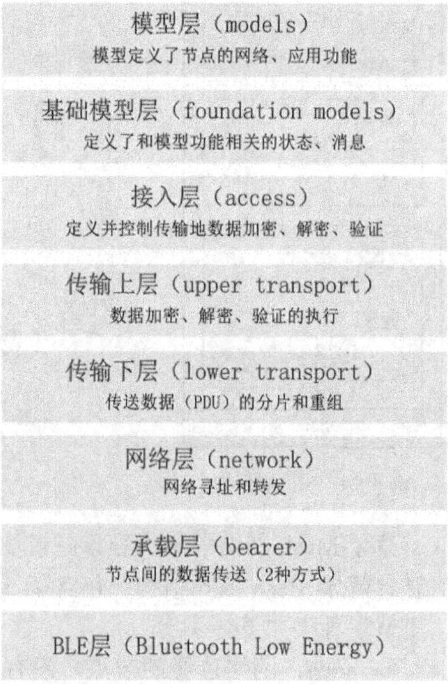

| 模型层（models） |
| 模型定义了节点的网络、应用功能 |

| 基础模型层（foundation models） |
| 定义了和模型功能相关的状态、消息 |

| 接入层（access） |
| 定义并控制传输地数据加密、解密、验证 |

| 传输上层（upper transport） |
| 数据加密、解密、验证的执行 |

| 传输下层（lower transport） |
| 传送数据（PDU）的分片和重组 |

| 网络层（network） |
| 网络寻址和转发 |

| 承载层（bearer） |
| 节点间的数据传送（2种方式） |

| BLE层（Bluetooth Low Energy） |

图 4-53 蓝牙 Mesh 的协议栈的架构

- 模型层：在蓝牙 Mesh 网络中，模型层是实现各类应用功能的基础。

蓝牙 Mesh 技术可以实现为楼宇自动化、无线传感器网络、资产跟踪等提供合理的解决方案。

- 楼宇自动化。智能楼宇在布设了蓝牙 Mesh 网络之后，使得楼宇内的数十个、数百个或是上千个无线设备都可以可靠、安全地彼此通信，传输信息。

• 无线传感器网络。无线传感器网络在工业领域对于优化效率和优化成本方面需要进行改进，而蓝牙 Mesh 网络能够满足工业领域严格的可靠性、可扩展性和安全性要求。

• 资产跟踪。低功耗蓝牙的广播模式（advertising mode）已经成为有源 RFID 资产跟踪的具有吸引力的替代方案。蓝牙 Mesh 网络的出现，提升了之前低功耗蓝牙广播范围的限制，并为建立蓝牙 Mesh 资产跟踪解决方案的应用提供了可能性。蓝牙 Mesh 应用如图 4-54 所示。

图 4-54　蓝牙 Mesh 应用

4.9　体域网技术

4.9.1　体域网技术的背景

全球人口老龄化以及医疗成本上升，导致了世界卫生保健基础设施的紧张。根据卫生部的统计，现在中国 60 岁以上的老人已经超过 1.8 亿，而且每年还以 500 万～800 万人的数量不断增加，人口老龄化所带来的慢性疾病、医疗保健以及老年生活质量等问题，已经成为中国社会发展的重要挑战。通过无线传感器网络获得医疗帮助，将推动基于无线个域网（WPAN）和无线体域网（WBAN）的电子健康解决方案的研发。

4.9.2　体域网的架构

因为体域网（Body Area Network，BAN）是基于现有网络的，所以其网络架构仍然遵循传统的分层结构。体域网系统架构如图 4-55 所示，分为设备层、接入层、承载层、控制层和应用层 5 个层次。设备层是整个体域网的基础，负责人体生理数据和环境数据的采集、数据处理、转发和设备控制功能。接入层主要由接入网关、无线接入点和基站节点组成，负责设备层设备的信息汇聚、协议转换以及异构网络接入等功能。承载层实现接入层和控制层之间的信息传输，包括局域网、企业网、互联网和移动通信网络等。控制层是体域网的核心层，由数据库服务器、应用服务器以及控制设备构成，负责数据融合、转换、分析以及应用层的服务呈现和事件触发等，同时具有对部分终端设备的控制功能。应用层为用户提供了体域网的多种应用接口。

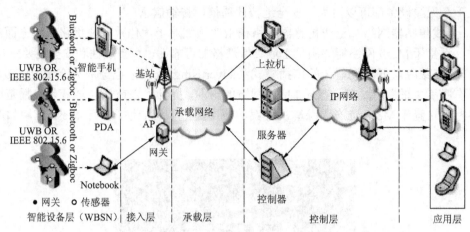

图 4-55　体域网系统架构

1. 设备层

设备层主要由传感器、网关和终端设备组成。BAN 中的传感器主要用来检测、传送人的生理数据和环境数据信息，通常分为 3 类：一是可植入人体的传感器，包括可吸入的传感器和可植入的生物传感器等；二是可穿戴在身体上的传感器，如葡萄糖传感器、血氧饱和度传感器和温度传感器等；三是分布在人体周围的传感器，用来识别人体的活动以及感知周围的环境。传感器、网关、终端（手机、智能手机、PDA、笔记本电脑及 PC 等）及其他设备构成了一个无线传感器网络（WBSN），可看作一个传感器节点。传感器通过 UWB 或 IEEE 802.15.6 等协议与网关连接，并将信息传送给网关。网关使用蓝牙或 ZigBee 协议，再将信息转发给终端。终端对接收到的信息进行轻量级的汇聚融合和过滤。另外，终端提供异构网络融合及协同技术，实现终端的无缝接入。

体域网支持所有类型的用户终端，包括手机、智能手机、PAD、笔记本电脑以及 PC 等。同一终端可以使用多种接入方式接入网络。首先，BAN 终端必须满足泛在网络的"4A"通信要求，具有多模化和多样化的特征。其次，BAN 终端还应具有高度的智能化，具有自我感知、自适应和自组织等功能。

体域网采用终端协同技术，充分利用用户的各种终端和网络资源，真正实现泛在和异构融合。终端协同包括同一用户多个终端设备之间的自组织组网，以及它们之间通过无线接口实现自组织组网的协同，并统一管理，实现分布式计算，并根据终端能力、用户偏好、业务特性、位置等因素，实现终端能力组件的动态发现、选择、聚合和适配，协同完成对同一业务的支持。使用终端协同技术，可以实现分布式数据融合任务，减少数据传输量和提高识别精度。另外，协同技术也可以为用户和终端提供多样化的接入方式和服务提供方式。情境感知在 BAN 中发挥着十分重要的作用。通过传感器采集的人体当前状态数据和实时环境数据，联系上下文信息，应用人工神经网络、贝叶斯网络和隐藏的马尔可夫模型等情境感知模型，实时检测和监控人体的生理指标参数和人体周围环境变化情况，为远程诊断和监护等提供决策服务。情境感知通过对用户需求的分析，为用户提供个性化服务。采用终端协同技术，可以实现分布式情境感知计算，在终端可获得决策数据，减少数据的传输量。

2. 接入层

接入层主要由基站节点和接入网关组成，负责设备层中体域网终端的组网控制、数据汇聚、协议转换和异构网络接入等功能。IP 多媒体子系统技术（IMS）具有与接入无关的特性，能支持体域网（BAN）终端的无缝业务接入，可移动接入 IMS 支持 GPRS/WCDMA、3G/4G、WLAN 以及 WiMAX 等无线接入和移动接入，而且支持 xDSL 和固定 LAN 等有线接入。通过 IMS 对通用移动性的支持，在融合移动性管理中可将多个终端与不同的接入网关联。IMS 抽象了用户通信的会话网络，使得在接入网络和终端变换时可以保持连续会话，从而实现无缝的业务接入。

3．承载层

承载层主要完成接入层和控制层之间数据的交换，实现语音、多媒体及数据的安全可靠传输。承载网络指现有的基于 IP 的通信网络，例如，移动通信网、互联网以及城域网等，并可根据业务需求和运营环境来部署。

4．控制层

控制层分为 IMS 控制子层、数据管理和控制子层。图 4-56 所示的 IMS 控制子层是实现网络融合的核心层，由呼叫会话控制功能（Call Session Control Function，CSCF）实体、归属签约用户服务器（Home Subscriber Server，HSS）和需要用户位置功能组（Subscription Locator Function，SLF）服务器组成，主要负责 IMS 终端呼叫/会话的建立、修改和释放。CSCF 实体指会话初始协议（Session Initiation Protocol，SIP）服务器，分为代理呼叫/会话控制功能实体（Proxy-CSCF，P-CSCF）、问询呼叫/会话控制功能实体（Interrogation-CSCF，I-CSCF）和服务呼叫/会话控制功能实体（Serving-CSCF，S-CSCF）。P-CSCF 是 IMS 终端与 IMS 网络的第一个连接点，负责验证和转发用户的请求，将其路由至正确的 I-CSCF 或 S-CSCF。I-CSCF 为 IMS 终端选择合适的 S-CSCF，以及将从外网收到的 SIP 消息路由到正确的 S-CSCF，并

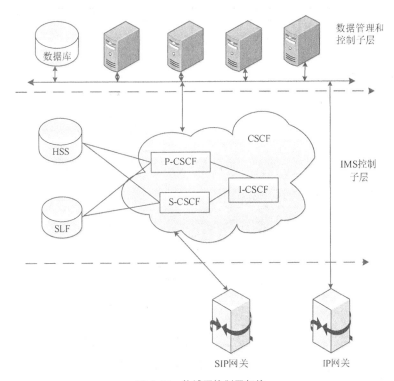

图 4-56 体域网控制层架构

屏蔽底层网络拓扑。S-CSCF 完成用户注册认证，建立会话路由以及实现业务触发等功能。归属用户服务器（Home Subscriber Server，HSS）用来存储每个用户的唯一服务配置文件，该文件包含了用户的 IP 地址、电话记录、联系人列表、语音邮件问候语等。I-CSCF 和 S-CSCF 在处理用户请求和建立会话路由时都将同 HSS 数据库交互，以写入或获取用户消息。

基于互联网的非 IMS 终端可以不通过 IMS 控制子层来完成与数据中心的数据交换，如医院病人的电子医疗记录，可以通过互联网直接传送给数据中心。

数据控制和管理子层是整个体域网的数据中心，由数据库服务器、应用服务器、控制器和上位机等设备组成。体域网采集的各种数据，通过承载网传输至数据中心，数据中心的数据库由运营商、政府或专门机构等构建。根据体域网不同的应用，可建立多个分类数据库，比如遗传基因数据库、电子医疗健康数据库、实时医学健康检测数据库和用户。

环境及位置信息数据库等。数据中心对采集的数据首先进行多源信息聚集、分类和融合，以及格式转换，然后进行存储、分析，提供给用户或不同的应用使用。根据实际情况，在需要对终端设备实施控制时，控制层通过上位机及控制器完成控制指令的生成和下发，以及完成用户层呈现的适配和事件的触发等。

5. 应用层

体域网控制层对获得的人体生理数据及环境数据进行实时的管理和控制，并为应用层的应用提供了一个良好的用户接口。应用层通过统一的业务平台，为不同用户提供了多种应用接口，包括用户设备、客户端和各种服务界面等。体域网应用层架构如图 4-57 所示。

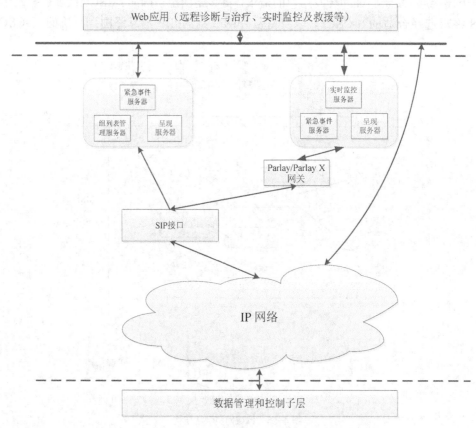

图 4-57　体域网应用层架构

应用层的应用分为两个部分:一部分是针对政府或机构等用户,可以开发基于互联网的体域网应用,例如,远程诊断与医疗系统以及社区医疗及保健系统;另一部分是针对个人用户,可以开发基于 IMS 的应用,包括家庭成员远程监控、个人康复及紧急救援等。同时,所有体域网应用都支持 IMS 用户和非 IMS 用户访问。IMS 采用 SIP 协议作为 S-CSCF 与应用的接口,可以直接部署各种 SIP 应用服务器,通过使用公共网关接口(CGI)、Servlet、JavaBean、呼叫处理语言(CPL)等技术,为用户提供各种应用,也可以采用 Parlay/OSA 业务架构,通过开放式业务接入和业务性能服务器(The Open Service Access-service Capability Server,OSA-SCS)与 OSA 应用服务器连接,由 OSA 应用服务器提供基于 OSA 的应用。第三方应用提供商通过开放的网络访问接口,快速创建电信业务的应用程序接口(Parlay API),以获得底层网络的承载能力,并进行应用开发。

4.9.3 无线体域网的节点设计

体域网节点按照其与人体位置分布(WBAN)的无线传感,可大致分为以下 4 类。

(1)分布在人体体表的传感器节点,通常为可穿戴式,如心动电流描记仪、集成化脉搏传感器、体温传感器、指环式心率感知器、脉搏率检测传感器。

(2)植入人体的传感器节点,如心脏起搏器、胰岛素泵。

(3)置于人体内膜表面的传感器节点、位于人体周围较近距离的传感器节点(即可吸入的传感器节点),如吸入式药丸摄像机、吸入式药丸温度测量仪。

(4)位于人体周围较近距离的传感器节点,如脑电图扫描仪。

无线体域网的无线传感节点,按其监测目的可大致分为以下 5 类。

(1)位移传感器,用以监测血管内外径,心房、心室尺寸,骨骼肌、平滑肌的收缩等。

(2)速度传感器,主要用于测量血流速度、排尿速度、分泌速度、呼吸气流速度等。

(3)振动(加速度)传感器,用于监控各种生理病理声音,如心音、呼吸音、血管音、搏动、震颤等。

(4)力传感器,用于检测肌收缩力、咬合力、骨骼负荷力、粘滞力等。

(5)压强传感器,主要用于测量血压、眼压、心内压、颅内压、胃内压、膀胱内压、子宫内压等。此外,还有流量传感器、温度传感器、电学传感器、辐射传感器、光学传感器等。

在无线体域网系统中,将上述的各种传感器与无线收发芯片及 MCU 芯片集成,设计超低功耗、传输速率高、安全可靠的终端及中继节点,是系统实际应用和产业化的核心。

(1)基于无线体域网的天线形式及分析与设计。基于无线体域网的天线形式及分析与设计,其主要目的是考察人体组织的电磁特性,分析人体组织对天线特性的影响,选择合理的天线形式及布置方式,提高信号传输效率,降低吸收率(SAR)。

(2)双向通信的中继及超低功耗的终端节点设计。双向通信的中继及超低功耗终端节点的设计,主要目的是实现多个人体医疗数据采集无线传感器节点将采集的数据发送到协调器节点,同时接受协调器节点发送的控制命令帧。协调器节点可以和上位机连接,通过因特网与远程控制中心连接,也可以通过节点上的 Wi-Fi 模块或 GPRS/4G 模块以无线的方式连接远程控制中心。当医疗采集传感器节点与协调器节点距离较远时,它们的无线数据传输会通过中继节点进行。中继节点本身不产生数据,只转发无线传感器节点或协调器节点的数据。无线传感器节点采用电池供电,为节省功耗,节点采用休眠模式。

(3)医疗监测传感器节点设计。医疗监测传感器节点设计的主要目的是实现人类的医疗数据采集系统，特别是患者监测系统。其对设计者来说一直是比较大的挑战，必须从非常大的共模电压及噪声中提取出非常微弱的电信号。以心电图采样传感器为例，由心脏壁收缩所引起的动作电势，将电流由心脏传播到整个人体，所传播的电流在人体的不同部位产生不同的电势，通过电极可以在人体体表感应到。

4.9.4　体域网面临的挑战

1. 功耗

超低功耗是在 BAN 设计中所要面临的第一大约束。因为传感器节点由电池供电，每个节点的寿命需要延长，在实践中许多应用场景必须保证设备将没有任何更换地工作一年或两年甚至更久（如心脏起搏器）。因此，要尽可能地降低传感器节点功耗。从环境中的能量来源来看，如从太阳能、生物能、电磁信号等获取能量，对于能量来源不足的问题是一个有吸引力的解决方案。能够收集能源的充电电池，可以延长电池寿命，并且简化 BAN 的使用。但是研究工作所要面临的挑战是艰巨的，因为节点位置会发生变化，用户所处环境中的能量也具有不确定性。这些现实都严重地制约了 BAN 的发展。因此，收集环境能源来增加电池寿命，将彻底改变 BAN 系统的能量供应的限制。更多的研究需要结合发电和存储等技术来建立高效的混合解决方案。

2. 可靠性

可靠性与误码率、分组传输及延迟紧密相关。BAN 通道误码率（BER）的影响来自 BAN 物理层，这可以通过使用自适应调制和编码技术，以适应 BAN 信道条件下的误码率要求。MAC 层相关的信道接入技术、数据包大小的选择和包再传输等策略，也可以帮助提高可靠性。

3. 可扩展性

对于病人监护仪，通常需要调整或者改变 BAN 系统的节点数量，以灵活地收集病人的各种生理数据。通过在 MAC 层设计一个可扩展的协议，允许重新加入或者撤出 BAN 节点。BAN 系统应确保整个系统数据无缝的标准传输，如蓝牙、ZigBee 等标准，以促进信息交流和即插即用设备进行交互。BAN 系统的可扩展性要能够确保整个网络的有效迁移，并提供不间断的连接。BAN 系统设备性能应该是一致的。传感器测量应准确甚至当 BAN 系统关闭并再次打开后仍可以自动连接，应该健全各种用户工作环境下的无线连接。

4. 服务质量

MAC 层在保持服务质量（QoS）方面起着重要作用。MAC 层协议（如 TDMA、CDMA 和 OFDM），提供封包延迟和丢包确定性，以确保服务质量。随机存取协议本质上是动态的传输资源分配协议。只有当节点引入了可变延迟和数据包丢失的传输信息时，随机存取协议才可以使用自适应睡眠周期的控制，从而降低节点的功耗。如果通道负载高，它就会引入更长的延迟。QoS 可能需要自适应信道编码，传输功率调整，多输入多输出（MIMO）天线，新颖的框架体系结构。QoS 还需要智能感知的 MAC 层。

5. 信息的采集与处理

BAN 系统的数据主要来源于人体（但不限于人体）生命体征参数的采集。表 4-11 列举了常见的几种重要生命体征参数传输要求。这些数据要能够及时地被处理并且传送至远端。由于资源以及内存非常有限，节点计算能力也是 BAN 的一大限制。不同于传统的无线传感器网络节点，生物传感器没有多少计算能力，因此，无法执行大量的复杂计算。由于计算能力对通信能力是至关重要的，对于内存容量低的问题，计算速度慢的一个解决办法是，各种传感器可能有不同的计算能力，通过发出一个协作数据电文使它们相互沟通，相互协作可以提高计算能力和速度。

表 4-11　　　　　　　　　　　常见生命体征参数的传输要求

应 用 类 型	数 据 速 度	延 迟 时 间	BER
药物输送	<16 kbit/s	<250ms	$<10^{-10}$
ECG（心电图）	192 kbit/s	<250ms	$<10^{-10}$
EEG（脑电图）	86.4 kbit/s	<250ms	$<10^{-10}$
EMG（肌电图）	1.563 kbit/s	<250ms	$<10^{-10}$
深部脑电刺激	320 kbit/s	<250ms	$<10^{-10}$
胶囊内窥镜	>1 Mbit/s	<250ms	$<10^{-10}$
血糖水平检测	<1 Mbit/s	<250ms	$<10^{-10}$
影音	1 Mbit/s	<20ms	$<10^{-5}$
视频或医学影像	<20 Mbit/s	<100ms	$<10^{-3}$
语音	50～100 kbit/s	<10ms	$<10^{-3}$

体域网系统在采集和处理生理参数的时候往往具有以下特点。

（1）由于人体的活动而产生的低信噪比的噪声信号干扰严重。

（2）资源和能量的限制，导致 BAN 节点不能进行大量较复杂的数据计算和相关处理。

（3）人体所处的周围环境会产生非常多的电磁信号，尤其是在医院、车站等公共场所。这些电磁信号对正常的 BAN 通信信道将会产生严重的干扰，面对的是严重噪声的环境是 BAN 的一大特点。

6. 安全和干扰

网络通信系统安全性必须考虑的非常重要的问题之一就是安全性和干扰问题，特别是为医疗系统服务。下面讨论的关键是 BAN 系统中的安全要求。传感器网络收集生理数据的健康信息，这是私人性质的。对个人利益来说，这是至关重要的，必须能够保证此信息未经授权不得被实体访问。这被称为保密性，可以通过加密的数据在传输过程中实现。和 WAN 一样，BAN 数据保密性被认为是最重要的问题之一。它需要对采集和传输的数据进行保护。BAN 不应泄漏病人的外部或邻近网络的重要信息。数据的真实性也是安全的要求之一，此属性对传感器网络是非常重要的，因为数据的真实性可能导致很多情况，例如，作为虚假数据来控制节点或主机，就可能造成重大危害。因此，对于 BAN 系统传输的安全性、准确性，在系统和设备级的安全性上要做出相当大的努力。它必须要确保病人的"安全"数据仅来自每个用户的专用 BAN 网络，不与其他用户的数据混合。此外，从 BAN 系统产生的数据应具有安全性和访问权限。数据完整性：缺乏数据完整性机制，有时是非常危险的，尤其是生命攸关的事件（紧急数据被改变时）。数据验证：它可以证实原始源节点的身份。协调节点必须具备能力以验证数据的原始来源。使用消息身份验证代码，以区别于它的真实性，可以实现数据验证。数据的新鲜度：新鲜数据意味着数据是新鲜的，没有人可以重放旧消息。

7. 材料的限制

无线传感器网络应用到医疗领域的另一个问题是材料的限制。传感器可能要植入人体内部，因此，必须是对人体组织无害的材料，传感器的大小和材料都应该经过特殊的处理。例如，智能传感器设计支持视网膜的体积应该足够小，以适合置于眼内。BAN系统的传感器节点必须由符合生物医学规范，对人体无害且不会被人体系统排斥的材料制成。这对于技术来说，是一项很大的挑战。

8. 鲁棒性

每当传感器设备部署在恶劣或充满敌意的环境时，由于鲁棒性设备故障率就变得很高。BAN系统鲁棒性的设计必须有内置机制来应对，即一个节点出现的故障不应导致整个网络停止运作。一种可能的解决方案是采用分布式网络架构，每个传感器节点独立运行但仍然合作。举例来说，如果不能正常工作的传感器部分通信还是按预期运行，则通信部分应继续使用以维持整个网络运作。

9. 成本和监管要求

BAN系统的真正实现，将需要优化、降低成本，以成为有健康意识的消费者的相应替代品。最终推动BAN系统大规模应用的动力是市场需求，即BAN系统的用户数量。然而，决定用户最终选择的一个关键因素是产品成本的控制。BAN系统的大规模应用必须始终符合法律法规的要求，产品中必须有一套完整的行业规范，使这些设备不会危害人体。安全的设计是生物医学传感器发展的一个基本特征，即使在最早的阶段也是这样。可以想象，若一些不道德的研究人员进行测试和试验设备，这对于检测志愿者来说是何等危险！因此，必须有相应的测试业务的监督机构。

4.10 面向视频通信的无线传感器网络技术

4.10.1 简介

无线多媒体传感器网络（WMSN）是在传统传感器网络的基础上发展起来的一种新型传感器网络。无线多媒体传感器网络是由一组具有数据处理、存储和数据传输功能的多媒体传感器节点组成的分布式感知网络，它借助于节点上的音、视频采集传感器感知所在周边环境的多种媒体信息（音频、视频、图像、数值等），通过多跳中继方式将数据传到控制中心，控制中心对监测数据进行处理、分析，实现全面而有效的环境监测，应用领域主要集中在如下场合：军事领域、交通监控、安全敏感区域监控、公共安全监测、生产过程监视、环境监测、智能家居和目标跟踪、工程建设领域监督及检查等。

4.10.2 关键技术的研究挑战

1. 面向视频的无线传感器网络物理层关键技术

传统意义上物理层主要关心数字化数据的调制与解调，其具体体现为确定调制方式、确定收发机的体系结构，决定节点大小、成本及能耗等。在具体进行物理层技术标准的分析时，将侧重于以下几个方面。

（1）分组传输与同步技术：数据帧的边界检测技术、信号的频率、相位、起止位和符号等。

（2）物理层的帧结构：在面向视频通信的无线传感网络中，针对视频数据作出调整。

（3）辐射能量、启动能量、启动时间的研究，特别是针对视频数据的特点对通信量、通信模式、计算量进行折中。

（4）在进行调制方式标准的选择时，需考虑多因素的平衡：数据率、符号率、实现复杂度、BER、信道差错模型、能耗对调制方式的依赖性、调制方式的功耗和符号率等相关具体技术在视频数据传输中的修正。

2. 无线传感器网络实时 MAC 层关键技术

WSN 的 MAC 层调度不同于传统意义上的网络模型，需要综合考虑延迟边界、速率/能量控制以及信道错误控制。最佳的方法是将这些因素统一考虑，分别赋以适当的权重，通过与之匹配的信道接入协议无缝连接，从而实现高效、高质量地使用无线信道。

3. 面向视频传感器网络路由关键技术

视频传感器网络中的路由协议主要考虑的指标是 QoS 和能耗，因此，大部分的路由协议研究均是基于 QoS 感知以及能量感知的，这类路由协议能较好地满足视频传感器网络的实时性和可靠性等要求。路由协议的设计思想和网络逻辑结构密切相关，因此，应用比较广泛的是按网络结构来划分路由协议，据此可以将路由协议分为 3 类：平面路由协议、分簇路由协议、地理位置路由协议。

低功耗硬件平台设计是面向视频通信的无线传感器网络技术面临的一大挑战。传统的传感器网络节点主要传感的物理量局限于声、光、热、湿度、磁力和加速度等；而多媒体传感器网络能够感知大数据量的图像、音频、视频等媒体信息并对其进行处理，这就要对传感平台功能进行扩展，但平台设计是以不能显著增加功耗为前提的。特别是在多核和众核硬件设计的架构下，如何从动态功耗控制的角度研究 MAC 和路由的功耗控制，成为一个重要的实际问题。

1. 节能控制策略

多媒体传感器应用的环境条件复杂且大多不允许对"失效"节点进行电池更换，其能耗也明显大于传统传感器，因此，如何节约各节点有限的电池能量并尽力延长整体网络的生存时间，成为多媒体传感器网络的重要性能指标。

2. 实时媒体传输

多媒体信息（尤其是音视频）对传输的时延、同步要求很高，多媒体传感器网络应具有更强的媒体传输能力。目前，多媒体传感器网络的带宽资源以及处理能力还相当有限，能否有效解决多媒体的实时传输问题，也是多媒体传感器网络实用化的关键。

3. 在网信息处理

传感器网络采集到的多媒体数据具有很大的冗余性和时间、空间关联性，大量冗余信息在网络中的传输，势必会造成网络资源的严重消耗。有必要研究如何利用在网计算来压缩数据，实现数据同步及任务协同处理，减少网络业务流量，进而延长网络工作寿命。

4. QoS 保障

QoS 敏感是多媒体传感器网络的一个重要特征。多媒体传感器网络 QoS 体现在音视频质量、网络时延、网络能耗、覆盖范围、服务持续时间、媒体信息处理等方面，建立其 QoS 保障体系是多媒体传感器网络设计的关键问题。

5. 信息安全保证

传感器网络信息传送也面临着私密性考验：既要求信息不能被篡改也不能被非授权用户使用，而且多媒体信息对于私密性更加敏感。如何在计算资源受限的条件下完成数据加密、身份验证等，在破坏或受干扰的情况下可靠地传输正确的信息，是一个重要的研究课题。

6. 高效的通信协议

超宽带技术由于其低功耗、高速率、大容量、精确定位等优点而成为 WMSN 物理层通信的绝佳选择，但由于标准制定的原因离实用还有一段距离。目前研究的重点是数据链路层的 MAC 协议和网络层的路由协议，关键问题是要解决好能耗最小化和多媒体数据传输实时性、可靠性等要求之间的矛盾。另外，通信协议还必须具备差错控制功能，以保证数据传输的可靠性，目前数据通信常用的差错控制方法如自动重复请求（ARQ）和前向纠错（FEC）等，由于存在高延迟、解码复杂的缺陷，并不适合 WMSN。因此，结合物理层、数据链路层、网络层、传输层等，采用跨层设计的方法开发具有编码算法简单、时延较小的差错控制机制，显得极为重要。

7. 灵活的数据查询和检索

从用户获取数据角度来看，整个多媒体传感器网络就像一个动态的数据库，可从中查询和检索需要的信息。

8. 考虑监控场景或事件因素对存储和检索的影响

针对视频传感器网络的 MAC 协议和路由协议在研究过程中需要根据监控场景中的事件来进行 QoS 的跨层设计的特点，引入了一个重要内容：视频传感器网络所发送的数据不仅仅包含各类格式的视频、音频、图像数据流，还包含监控场景中的各类事件数据，因此，在进行 MAC 和路由的跨层设计时，需仔细调研监控场景的事件分类等内容。

4.10.3 应用

1. 视频通信应用于社区医疗

传统的社区医疗系统存在着排队时间长、病人身体状况不能及时告知医生等情况。基于视频通信技术，小区居民足不出户就能和社区医院或者异地医生进行交流，了解病因，既节约了排队取号就医的时间，又省去了到医院的交通费用。远程会诊示意图如图 4-58 所示。

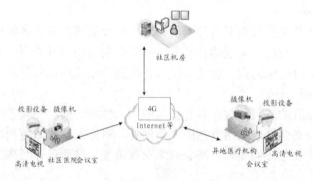

图 4-58 远程会诊示意图

（1）远程诊疗

居民可以通过家用高清显示器连接 4G 网络，与小区医生或者异地医院医生进行交流。对于普通病情，医生可以通过高清视频观察病人面色、行为，了解病人身体情况。病人也可以在线实时了解自己的身体状况和诊疗结果。利用远程诊疗，节省了外出和医院排队时间，而且节省了不少费用。

（2）远程会诊

当小区居民通过远程诊疗之后，对于复杂的病情，社区医院需要和异地医生进行会诊，以确定治疗方案或者康复方案。医生们通过在线视频会诊，交流经验，并且将病人资料上传到该会诊系统，供各个医生诊断，最后商讨出最优方案，这也有利于提高医生处理真实病例的能力。

居民的医疗信息通过音频、视频、文本等方式传输以及存储于社区数据中心。在需要的情况下，这些信息可提供给社区医院、异地医疗机构，供本地/异地医生诊疗之用，最大限度地减少重复问诊时间，实现资源共享。

2. 无线视频监控

在视频监控中，视频技术代替了人类眼睛的功能，结合无线通信技术，实现了网络监控的目的。视频监控应用于安防和交通等，对于维护现代生活秩序有着重要作用。在传统的视频监控基础上发展起来的智能视频监控，能够进行视频信息的压缩、存储、分析、显示以及报警等，实现了工作人员不受空间限制的实时监控。图 4-59 所示为无线视频监控在交通监控中的应用。

基于无线通信的视频监控系统，其智能化主要体现在以下几个方面：目标跟踪和入侵监测，当在监控区域发现可疑目标时即刻进行单个目标跟踪识别，当发现可疑行为时则发出报警指令，若可疑目标超出监控范围，则通知相邻监控器进行目标锁定及跟踪。

3. 视频通信应用于教育行业

单纯的单向信息的传递，已经不能满足广大师生的需求，通信视频的教育模式打破了传统的课堂时间限制和空间限制，还原了真实课堂以及在线实时交流。目前大多数学校都拥有百兆乃至千兆交换的校园网络，能够共享互联网的丰富信息资源。建立以远程、互动为特征的视频通信，成为教育行业视频应用发展的一种趋势。图 4-60 是视频通信应用于教育行业的示意图。

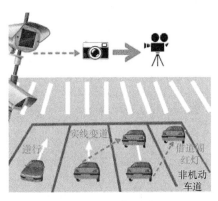

图 4-59　交通视频监控

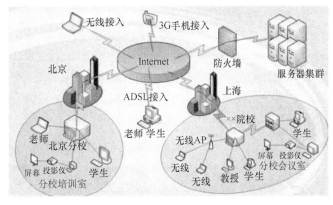

图 4-60　视频通信应用于教育行业

（1）在线视频教学

学生在校或者在家通过视频通信技术参与课堂学习，实现了老师与学生之间的交流互动，让异地学生能不受时间和空间的限制加入学习过程。当学生有疑问时，可以通过界面设计的软件发出疑问信号；老师通过显示屏发现学生疑问，可以在线及时地给予解答。对于主观题的回答，学生可以各抒己见，并在屏幕上发送弹幕来表达自己的观点，因而在线视频教学能够打破传统教学学生不愿意举手发言的僵局。

（2）远程观摩公开课

对于在校老师，需要进行教师培训，由外校教师或者教育局领导参与课堂教学观摩等，时常需要多次通知老师和学生集中于专用教室进行公开课的观摩，浪费大量的时间和物力财力，而利用视频通信技术直播老师的公开课给全校师生或者上级领导观看，在较大程度上节约了时间和人力浪费。通过远程观摩公开课，各个老师之间可以进行教学经验的交流，对于提高教育质量，有较大的帮助。

课后习题

1．谈谈什么是无线传感器网络。

2．简述传感器网络的网络结构。

3．CSMA/CA 与 CSMA/CD 的区别是什么？

4．请从功耗、通信速率、组网能力及通信距离等方面比较 ZigBee、蓝牙和 IEEE 802.11 技术。

5．分析体域网和面向视频通信的传感网的主要特点。

第 5 章　因特网

学习要求

知 识 要 点	能 力 要 求
因特网的组成结构	掌握通信子网和资源子网的概念 了解通信子网和资源子网的设备构成
因特网与物联网	了解因特网与物联网的关系 了解什么是社交物联网
因特网的协议结构	掌握网络协议的 3 个要素 理解 OSI 基本参考模型 了解网络中数据的实时传递过程
TCP/IP	了解 TCP/IP 协议集的组成内容
万维物联网和 W3C 标准	理解万维物联网的概念 了解 W3C 标准

5.1　因特网概述

5.1.1　因特网发展历史

早在 1951 年，美国麻省理工学院林肯实验室就开始为美国空军设计名为 SAGE 的自动化地面防空系统，该系统最终于 1963 年建成，被认为是计算机和通信技术结合的先驱。

1966 年，罗伯茨开始全面负责 ARPA 网的筹建。经过近一年的研究，罗伯茨选择利用 IMP（Interface Message Processor，接口报文处理机，路由器的前身）来解决网络间计算机的兼容问题，并首次使用了"分组交换"（Packet Switching）作为网间数据传输的标准。这两项关键技术的结合为 ARPA 网奠定了重要的技术基础，创造了一种更高效、更安全的数据传递模式。

1968 年，一套完整的设计方案正式启用，同年，首套 ARPA 网的硬件设备问世。1969 年 10 月，罗伯茨将首个数据包通过 ARPA 网由 UCLA（加州大学洛杉矶分校）出发，经过漫长的海岸线，完整无误地送达斯坦福大学实验室。

在这之后，罗伯茨还不断地完善 ARPA 网技术，从网络协议、操作系统再到电子邮件。1969 年 12 月，因特网的前身——美国的 ARPA 网投入运行，它标志着计算机网络的兴起。该计算机网络系统是一种分组交换网。分组交换技术使计算机网络的概念、结构和网络设计都发生了根本性的变化，并为后来的计算机网络打下了坚实的基础。

20世纪80年代初，随着个人计算机的推广，各种基于个人计算机的局域网纷纷出台。这个时期计算机局域网系统的典型结构，是在共享介质通信网平台上的共享文件服务器结构，即为所有联网个人计算机设置一台专用的、可共享的网络文件服务器。每台个人计算机用户的主要任务，仍是在自己的计算机上运行，仅在需要访问共享磁盘文件时才通过网络访问文件服务器，体现了计算机网络中各计算机之间的协同工作。由于使用比公共交换电话网络（Public Switched Telephone Network，PSTN）速率高得多的同轴电缆、光纤等高速传输介质，个人计算机访问网上共享资源的速率和效率大大提高。这种基于文件服务器的计算机网络对网内计算机进行了分工：个人计算机面向用户，计算机服务器专用于提供共享文件资源。因此，就形成了客户机/服务器模式。

计算机网络系统是非常复杂的系统，计算机之间相互通信涉及许多复杂的技术问题。为实现计算机网络通信，采用了分层解决网络技术问题的方法。但是，由于存在不同的分层网络系统体系结构，产品之间很难实现互联。为此，在20世纪80年代早期，国际标准化组织（ISO）正式颁布了"开放系统互连基本参考模型"OSI国际标准，使计算机网络体系结构实现了标准化。

20世纪90年代，计算机技术、通信技术以及建立在计算机和网络技术基础上的计算机网络技术得到了迅猛发展。特别是1993年美国宣布建立国家信息基础设施（National Information Infrastructure，NII）后，全世界许多国家纷纷制定和建立本国的NII，从而极大地推动了计算机网络技术的发展，使计算机网络进入了一个崭新的发展阶段。目前，全球以美国为核心的高速计算机互联网络即因特网已经形成，因特网已经成为人类最重要的、最大的知识宝库。

伴随着互联网的发展，出现了包括移动互联网、工业互联网等在内的各种互联网的衍生形式，据统计，2014年手机上网比例首超传统PC上网比例，移动互联网已经带动互联网整体发展。

一般来说，网络是将两台或者两台以上的计算机连接在一起，而因特网则是将许多网络连接在一起。与此相关的几个网络概念介绍如下。

（1）凡是能彼此通信的设备组成的网络就叫互联网（internet）。因此，即使仅有两台机器，不论用何种技术使其彼此通信，也叫互联网。国际标准的互联网写法是internet，注意字母i一定要小写！

（2）因特网是互联网的一种，但它特指使用TCP/IP协议进行通信且由成千上万台设备组成的互联网。判断是否为因特网，一是看是否安装了TCP/IP协议，二是看是否拥有一个公网地址（所谓公网地址即IP地址）。国际标准的因特网写法是Internet，注意，字母I一定要大写！

（3）万维网是基于TCP/IP协议实现的，TCP/IP协议由很多协议组成，不同类型的协议又被放在不同的层，其中，位于应用层的协议有很多，如FTP、SMTP、HTTP等。只要应用层使用的是HTTP协议，就称为万维网（World Wide Web）。在浏览器里输入网址时能看见某网站提供的网页，就是因为用户个人浏览器和某网站的服务器之间交流使用的是HTTP协议。

5.1.2　互联网发展趋势

当前，在新技术的推动下，世界互联网发展日新月异，出现了一些新的特点：一是传统互联网加速向移动互联网延伸，二是物联网将广泛应用，三是"云计算"技术将使网民获取信息越来越便捷。

同时，互联网技术自发明以来已经走过了半个多世纪，今天的互联网上活跃着黑客攻击、多媒体音视频下载应用、移动应用等多种元素。为了解决这些新元素给互联网带来的问题，美国的计算机科学家们已经开始考虑修改互联网的整体结构，这些措施涉及 IP 地址、路由表技术以及互联网安全等多方面的内容。尽管如何修改互联网结构是一个仁者见仁、智者见智的问题，但在业界也存在几个普遍的互联网发展趋势，现将互联网未来可能发生的 10 种变化列举如下。

（1）互联网的用户数量将进一步增加

目前全球互联网用户总量已经达到 17 亿左右，相比之下，全球的总人口数则约为 67 亿。很显然，将来会有更多的人投身到互联网中。据国家科学基金会（National Science Foundation）预测，2020 年前全球互联网用户将增加到 50 亿。这样，互联网规模的进一步扩大便将成为人们构建下一代互联网架构主要考量的因素之一。

（2）互联网在全球的分布状况将日趋分散

在接下来的 10 年里，互联网发展最快的地区将会是发展中国家。据互联网世界（Internet World）的统计数据：目前互联网普及率最低的是非洲地区，仅 6.8%；其次是亚洲（19.4%）和中东地区（28.3%）；相比之下，北美地区的普及率则达到了 74.2%。这表明未来互联网将在地球上更多的地区发展壮大，而且所支持的语种也将更为丰富。

（3）电子计算机将不再是互联网的中心设备

未来的互联网将摆脱目前以计算机为中心的形象，越来越多的城市基础设施等设备将被连接到互联网上。据美国国家科学基金会预计，未来会有数十亿个安装在楼宇建筑、桥梁等设施内部的传感器被连接到互联网上，人们将使用这些传感器来监控电力运行和安保状况等，预计在将来被连接到互联网上的这些传感器的数量将远远超过用户的数量。

（4）互联网的数据传输量将增加

近年来，由于高清视频、高清图片的日益流行，互联网上传输的数据量出现了飞速增长。截至 2018 年 6 月，上半年移动互联网累计流量达 266 亿 GB，同比增长 199.6%；其中通过手机上网的流量达到 262 亿 GB，同比增长 214.7%，占移动互联网总流量的 98.3%。6 月当月户均移动互联网接入流量达到 4.24GB，同比增长 172.8%。固定互联网使用量保持快速增长，上半年固定互联网宽带接入流量同比增长 44.8%。

（5）互联网将最终走向无线化

目前移动宽带网的用户已经呈现出爆发式增长的迹象。据英富曼（Informa）统计，截至 2011 年第二季度，这类用户的数量突破 2.57 亿人。这表明 3G、全球互通微波存取（WiMAX）等高速无线网络的普及率已经比 2010 年同期增长了 85%左右。目前，亚洲地区是无线宽带网用户最多的地区，不过用户增长率最强劲的地区则是拉丁美洲地区。截至 2014 年，全球无线宽带网的用户数量已提升到 25 亿人左右。

（6）互联网将出现更多基于云技术的服务项目

互联网专家们均认为未来的计算服务将更多地通过云计算的形式提供。据最近电信趋势国际机构（Telecom Trends International）的研究报告显示，2015 年前云计算服务带来的营业收入将达到 455 亿美元。同时，美国国家科学基金会也在鼓励科学家们研制出更多有利于实现云计算服务的互联网技术，他们同时还鼓励科学家们开发出缩短云计算服务的延迟并提高云计算服务的计算性能的技术。

（7）互联网将更为节能环保

目前的互联网技术在能量消耗方面并不理想，未来的互联网技术必须在能效性方面有所突破。据劳伦斯伯克利（Lawrence Berkeley）国家实验室统计，互联网的能耗在 2000—2006 年间增长了一倍。据专家预计，随着能源价格的攀升，互联网的能效性和环保性将进一步优化，以减少成本支出。

（8）互联网的网络管理将更加自动化

除了安全方面的漏洞之外，目前的互联网技术最大的不足便是缺乏一套内建的网络管理技术。美国国家科学基金会希望科学家们能够开发出可以自动管理互联网的技术，例如，自诊断协议、自动重启系统技术、更精细的网络数据采集技术、网络事件跟踪技术等。

（9）互联网技术对网络信号质量的要求将降低

随着越来越多无线网用户和偏远地区用户的加入，互联网的基础架构也将发生变化，将不再采取用户必须随时与网络保持连接状态的设定。相反，许多研究者已经开始研究允许网络延迟较大或可以利用其他用户将数据传输到某位用户的互联网技术，这种技术对移动互联网的意义尤其重大。部分研究者甚至已经开始研究可用于在行星之间互传网络信号的技术，而高延迟互联网技术正好可以发挥其威力。

（10）互联网将吸引更多的黑客

预计在 2020 年，由于接入互联网的设备种类增多，心怀不轨的黑客数量也将大为增加。据赛门铁克公司的数据显示，2008 年出现了 160 万种新的恶意代码，比过去几年出现的恶意代码总量 60 万种还多了好几倍。专家们纷纷表示，未来的黑客技术将向高端化、复杂化、普遍化的趋势发展。

5.1.3 因特网与物联网

物联网是一个基于互联网、传统电信网等信息承载体，让所有能够被独立寻址的普通物理对象实现互联互通的网络。因特网往支持物联网的方向发展，而物联网的发展也促进着因特网的不断成熟。以下简单介绍了因特网融合了物联网技术后新的发展趋势。

随着物联网应用的推进，物联网技术正在与社交网络结合，形成一种以私有物体信息上网为媒介，以社交娱乐为目的的新的网络——社交物联网（Social Internet of Things，SIoT）。

过去的社交网络，又称为社交网络服务（Social Network Service），是指以一定社会关系或共同兴趣为纽带，以各种形式为在线聚合的用户提供沟通、交互服务的互联网应用。社交网络的形式多样，主要有网络聊天（IM）、交友、视频分享、博客、播客、网络社区、音乐共享等多种形式。

社交物联网是物联网技术在社交网络上的新应用，利用物联网的感知监测技术，原本在我们生活中的普通物体可以实现实时的信息化，通过网络技术、云计算技术、云存储技术等，物体通过信息上网就可以"活生生"地"生长"在网上，比如，你可以让自己养的花上网，你可以让你的台灯上网，甚至可以让你呼吸的空气上网，让你的身体上网——心跳、呼吸，只要你乐意，你的所有东西几乎都可以实时存在于网上。这些属于我们生活空间中的"私有物品"一旦上网，就可以以此为媒介进行交流和社交了。

社交物联网的特征是通过交流"私有物"的信息进行社交和交友，比如，你喜欢养某一种花草，那么这个地球上有多少人和你一样喜欢养这个花草呢？你们若想交流该如何实现呢？通过社交物联网将自己种的花草上网，比如，将花草的监测信息如温度、湿度、生长状态等实时显示在网上，大家通过这个物的上网，就可以进行社交。甚至，私有物也可以社交，比如，在同样环境中吸收公认的长得比较好的花草的"生长诀窍"，结合自动滴灌、湿度控制、光照控制、自动施肥控制等，那么一棵长势不好的花草也可以生长得更好，没准在你睡觉时你的那些花草就悄悄地在世界的另外一头找到了"朋友"，淘到了秘诀，自己悄悄地长得越来越好，甚至将来有一天会有一个异国朋友通过你的花草和你成为真正的朋友呢！

社交物联网结合了社交网络和物联网技术，目前还处于萌芽发展状态。但相信随着社交物联网的不断发展，我们的平淡生活会增加越来越多的快乐体验！

5.2　因特网的组成结构

人们组建因特网的目的是实现不同位置计算机间的相互通信和资源共享，如果从因特网各组成部件所完成的功能来划分，可以将因特网分为通信子网和资源子网两大部分，如图 5-1所示。

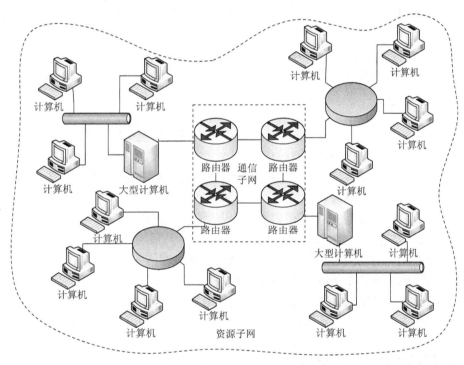

图 5-1　通信子网与资源子网

5.2.1　通信子网

多台计算机间的相互联通是组成因特网的前提，通信子网的目的在于实现网络内多台计算机间的数据传输。通常情况下，通信子网由以下几部分组成。

（1）传输介质。传输介质是数据在传输过程中的载体，计算机网络内常见的传输介质分为有线传输介质和无线传输介质两种类型。

① 有线传输介质，是指能够使两个通信设备实现互联的物理连接部分。计算机网络发展至今，共使用过同轴电缆、双绞线和光纤 3 种不同的有线传输介质。

② 无线传输介质，是一种不使用任何物理连接，而是通过空间进行数据传输，以实现多个通信设备互联的技术，其传输介质主要有红外线、激光、微波等。

（2）中继器。中继器安装于传输介质之间，其作用是再生放大数字信号，以扩大网络的覆盖范围。

（3）集线器和交换机。集线器也叫集中器，在网络内主要用于连接多台计算机。随着网络技术的发展和应用需求的不断变化，具有更多功能及更高工作效率的交换机已经逐渐取代集线器。

（4）网络互联设备。随着网络数量的增多，人们开始利用网桥、网关和路由器等网络互联设备来连接位于不同地理位置的计算机网络，以扩大计算机网络的规模，提高网络资源的利用率。

① 网桥用于连接相同结构的局域网，以扩大网络的覆盖范围，并通过降低网络内冗余信息的通信流量来提高计算机网络的运行效率。

② 网关通常位于不同类型的网络之间，以实现不同网络内计算机之间的相互通信。

③ 路由器一般用于连接较大范围的计算机网络，其作用是在复杂的网络环境中为数据选择传输路径。

（5）调制解调器（Modem）。调制解调器的功能是实现数字信号与模拟信号之间的相互转换，主要用于传统的拨号上网。

5.2.2　资源子网

对于因特网用户而言，资源子网实现了面向用户提供和管理共享资源的目的，是因特网的重要组成部分，通常由以下几部分组成。

（1）服务器。服务器是计算机网络中向其他计算机或网络设备提供服务的计算机，通常会按照所提供服务的类型被冠以不同的名称，如数据库服务器、邮件服务器等。

（2）客户机。客户机是一种与服务器相对应的概念。在计算机网络中，享受其他计算机所提供服务的计算机被称为客户机。

（3）打印机、传真机等共享设备。共享设备是计算机网络共享硬件资源的一种常见方式，而打印机、传真机等设备则是较为常见的共享设备。

（4）网络软件。网络软件主要分为服务软件和网络操作系统两种类型。其中，网络操作系统管理着网络内的软、硬件资源，并在服务软件的支持下为用户提供各种服务项目。

5.3　因特网的协议及体系结构

通过通信信道和设备互连起来的多个不同地理位置的计算机系统，要使它们能协同工作实现信息交换和资源共享，它们之间就必须具有共同的语言。交流什么、怎样交流以及何时交流，都必须遵循某种互相都能接受的规则，这种规则就是协议。

5.3.1　网络协议

网络协议（Protocol）是为进行计算机网络中的数据交换而建立的规则、标准或约定的集合，准确地说，它是对同等实体之间的通信制定的有关通信规则约定的集合。网络协议有 3 个要素。

（1）语义（Semantics），涉及用于协调与差错处理的控制信息。

（2）语法（Syntax），涉及数据及控制信息的格式、编码及信号电平等。

（3）定时（Timing），涉及速度匹配和排序等。

5.3.2 网络的体系结构

所谓网络的体系结构（Architecture），是指计算机网络各层次及其协议的集合。层次结构一般以垂直分层模型来表示（见图 5-2）。

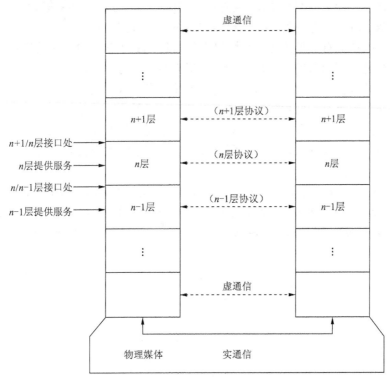

图 5-2 计算机网络的层次模型

层次结构的要点如下。

（1）除了在物理媒体上进行的是实通信之外，其余各对等实体间进行的都是虚通信。

（2）对等层的虚通信必须遵循该层的协议。

（3）n 层的虚通信是通过 $n/n-1$ 层间接口处 $n-1$ 层提供的服务以及 $n-1$ 层的通信（通常也是虚通信）来实现的。

层次结构划分的原则如下。

（1）每层的功能应是明确的，并且是相互独立的。当某一层的具体实现方法更新时，只要保持上、下层的接口不变，便不会对邻居产生影响。

（2）层间接口必须清晰，跨越接口的信息量应尽可能得少。

（3）层数应适中。若层数太少，则会导致每一层的协议太复杂；若层数太多，则体系结构过于复杂，使描述和实现各层功能变得困难。

网络的体系结构的特点如下。

（1）以功能作为划分层次的基础。

（2）第 n 层的实体在实现自身定义的功能时，只能使用第 $n-1$ 层提供的服务。

（3）第 n 层在向第 $n+1$ 层提供服务时，此服务不仅包含第 n 层本身的功能，还包含由下层服务提供的功能。

（4）仅在相邻层间有接口，且所提供服务的具体实现细节对上一层完全屏蔽。

5.3.3 OSI 基本参考模型

开放系统互连（Open System Interconnection）基本参考模型是由国际标准化组织（ISO）制定的标准化开放式计算机网络层次结构模型，又称 ISO 的 OSI 参考模型。"开放"这个词表示能使任何两个遵守参考模型和有关标准的系统进行互连。

OSI 包括了体系结构、服务定义和协议规范 3 级抽象。OSI 的体系结构定义了一个 7 层模型，用以进行进程间的通信，并作为一个框架来协调各层标准的制定；OSI 的服务定义描述了各层所提供的服务，以及层与层之间的抽象接口和交互用的服务原语；OSI 各层的协议规范精确地定义了应当发送何种控制信息，以及何种过程来解释该控制信息。

需要强调的是，OSI 参考模型并非具体实现的描述，它只是一个为制定标准而提供的概念性框架。在 OSI 中，只有各种协议是可以实现的，网络中的设备只有与 OSI 和有关协议相一致时才能互连。

如图 5-3 所示，OSI 7 层模型从下到上分别为物理层（Physical Layer，PH）、数据链路层（Data Link Layer，DL）、网络层（Network Layer，N）、传输层（Transport Layer，T）、会话层（Session Layer，S）、表示层（Presentation Layer，P）、应用层（Application Layer，A）。

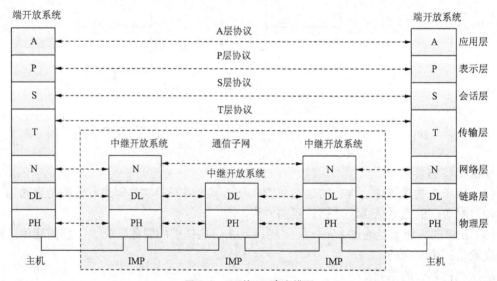

图 5-3 ISO 的 OSI 参考模型

由图 5-3 可见，整个开放系统环境由作为信源和信宿的端开放系统及若干中继开放系统通过物理媒体连接构成。这里的端开放系统和中继开放系统都是国际标准 OSI7498 中使用的术语。通俗地说，它们相当于资源子网中的主机和通信子网中的节点机（IMP）。只有在主机中才可能需要包含所有 7 层的功能，而在通信子网中的 IMP 一般只需要最低 3 层甚至最低两层的功能就可以了。

层次结构模型中数据的实际传送过程如图 5-4 所示。发送进程送给接收进程数据，实际上是经过发送方各层从上到下传递到物理媒体，通过物理媒体传输到接收方后，再经过从下到上各层的传递，最后到达接收进程的。

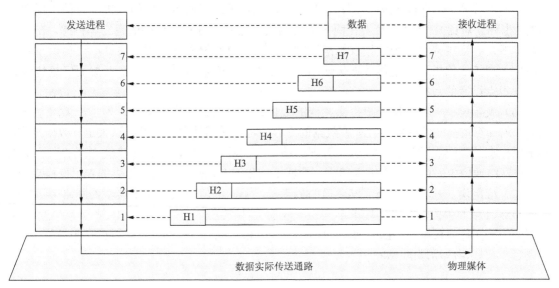

图 5-4　数据的实际传递过程

在发送方从上到下逐层传递的过程中，每层都要加上适当的控制信息，即图 5-4 中的 H7、H6、…、H1，统称为报头。到最底层成为由"0"或"1"组成的数据比特流，然后再转换为电信号，在物理媒体上传输至接收方。接收方在向上传递时过程正好相反，要逐层剥去发送方相应层加上的控制信息。

因接收方的某一层不会收到底下各层的控制信息，而高层的控制信息对于它来说又只是透明的数据，所以它只阅读和去除本层的控制信息，并进行相应的协议操作。发送方和接收方的对等实体看到的信息是相同的，就好像这些信息通过虚通信直接给了对方一样。

各层功能简要介绍如下。

（1）物理层——定义了为建立、维护和拆除物理链路所需的机械的、电气的、功能的和规程的特性，其作用是使原始的数据比特流能在物理媒体上传输。具体涉及接插件的规格、"0""1"信号的电平表示、收发双方的协调等内容。

（2）数据链路层——比特流被组织成数据链路协议数据单元（通常称为帧），并以其为单位进行传输，帧中包含地址、控制、数据及校验码等信息。数据链路层的主要作用是通过校验、确认和反馈重发等手段，将不可靠的物理链路改造成对网络层来说无差错的数据链路。数据链路层还要协调收发双方的数据传输速率，即进行流量控制，以防止接收方因来不及处理发送方送来的高速数据而导致缓冲器溢出及线路阻塞。

（3）网络层——数据以网络协议数据单元（分组）为单位进行传输。网络层关心的是通信子网的运行控制，主要解决如何使数据分组跨越通信子网从源传送到目的地的问题，这就需要在通信子网中进行路由选择。另外，为避免通信子网中出现过多的分组而造成网络阻塞，需要对流入的分组数量进行控制。当分组要跨越多个通信子网才能到达目的地时，还要解决网际互联的问题。

（4）传输层——第一个端-端，也即主机-主机的层次。传输层提供的端-端的透明数据传输服务，使高层用户不必关心通信子网的存在，由此用统一的传输原语书写的高层软件便可运行于任何通信子网上。传输层还要处理端到端的差错控制和流量控制问题。

（5）会话层——进程-进程的层次，其主要功能是组织和同步不同的主机上各种进程间的通信（也称为对话）。会话层负责在两个会话层实体之间进行对话连接的建立和拆除。在半双工情况下，会话层提供一种数据权标来控制某一方何时有权发送数据。会话层还提供在数据流中插入同步点的机制，使得数据传输因网络故障而中断后可以不必从头开始而仅重传最近一个同步点以后的数据。

（6）表示层——为上层用户提供共同的数据或信息的语法表示变换。为了让采用不同编码方法的计算机在通信中能相互理解数据的内容，可以采用抽象的标准方法来定义数据结构，并采用标准的编码表示形式。表示层管理这些抽象的数据结构，并将计算机内部的表示形式转换成网络通信中采用的标准表示形式。数据压缩和加密也是表示层可提供的表示变换功能。

（7）应用层——开放系统互连环境的最高层。不同的应用层为特定类型的网络应用提供访问 OSI 环境的手段。网络环境下不同主机间的文件传送访问和管理（FTAM）、传送标准电子邮件的报文处理系统（MHS）、使不同类型的终端和主机通过网络交互访问的虚拟终端（VT）协议等，都属于应用层的范畴。

5.4 TCP/IP 协议

TCP/IP 协议其实是一个协议集合，内含许多协议。TCP（Transmission Control Protocol，传输控制协议）和 IP（Internet Protocol，互联协议）是其中最重要的、确保数据完整传输的两个协议，IP 协议用于在主机之间传送数据，TCP 协议则确保数据在传输过程中不出现错误和丢失。除此之外，还有多个功能不同的其他协议。目前，众多的网络产品厂家都支持 TCP/IP 协议，TCP/IP 协议已成为一个事实上的工业标准。

5.4.1 TCP/IP 协议的分层结构

目前，因特网上使用的通信协议——TCP/IP 协议与 OSI 相比，简化了高层的协议，简化了会话层和表示层，将其融合到了应用层，使得通信的层次减少，提高了通信的效率。图 5-5 示意了 TCP/IP 与 ISO 的 OSI 参考模型之间的对应关系。

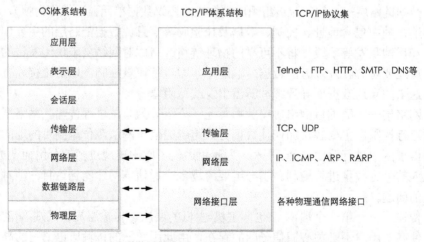

图 5-5 TCP/IP 的体系结构与 ISO 的 OSI 七层参考模型的对应关系

从协议分层模型方面来讲，TCP/IP 由 4 个层次组成：网络接口层、网络层、传输层、应用层。

在 TCP/IP 层次模型中，第 2 层为 TCP/IP 的实现基础，其中，可包含 MILNET、IEEE 802.3 的 CSMA/CD、IEEE 802.5 的 TokenRing。

在第 3 层网络中，IP 为网际协议，ICMP 为网际控制报文协议（Internet Control Message Protocol），ARP 为地址解析协议（Address Resolution Protocol），RARP 为反向地址解析协议（Reverse ARP）。

第 4 层为传输层，TCP 为传输控制协议，UDP 为用户数据板协议（User Datagram Protocol）。

第 5～7 层中，SMTP 为简单邮件传送协议（Simple Mail Transfer Protocol），DNS 为域名服务（Domain Name Service），FTP 为文件传输协议（File Transfer Protocol），Telnet 为远程终端访问协议。

5.4.2　TCP/IP 协议集

因特网的协议集称为 TCP/IP 协议集（见图 5-6），协议集的取名表示了 TCP 和 IP 协议在整个协议集中的重要性。因特网协议集的主要功能集中在 OSI 的第 3～4 层，通过增加软件模块来保证和已有系统的最大兼容。基于因特网的信息流如图 5-7 所示。

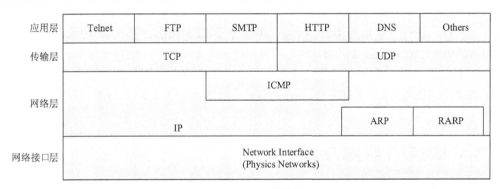

图 5-6　TCP/IP 协议集

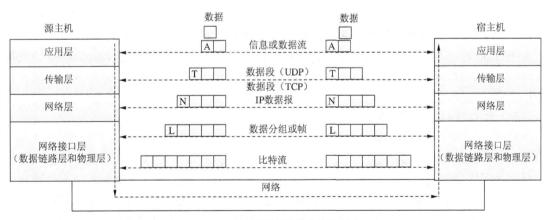

图 5-7　基于因特网的信息流示意图

1. TCP/IP 的数据链路层

数据链路层不是 TCP/IP 协议的一部分，但它是 TCP/IP 赖以存在的各种通信网和 TCP/IP 之间的接口，这些通信网包括多种广域网，如 ARPANFT、MILNET 和 X.25 公用数据网，以及各种局域网，如 Ethernet、IEEE 的各种标准局域网等。IP 层提供了专门的功能，解决与各种网络物理地址的转换。

一般情况下，各物理网络可以使用自己的数据链路层协议和物理层协议，不需要在数据链路层上设置专门的 TCP/IP 协议。但是，当使用串行线路连接主机与网络，或连接网络与网络时，例如，用户使用电话线和 Modem 接入或两个相距较远的网络通过数据专线互联时，则需要在数据链路层运行专门的 SLIP（Serial Line IP）协议和 PPP（Point to Point Protocal）协议。

2. TCP/IP 网络层

网络层中含有 4 个重要的协议：互联网协议（IP）、互联网控制报文协议（ICMP）、地址解析协议（ARP）、反向地址解析协议（RARP）。

网络层的功能主要由 IP 来提供。除了提供端到端的分组分发功能外，IP 还提供了很多扩充功能。例如，为了克服数据链路层对帧大小的限制，网络层提供了数据分块和重组功能，这使得很大的 IP 数据报能以较小的分组在网上传输。

网络层的另一个重要服务是在互相独立的局域网上建立互联网络，即网际网。网间的报文来往根据它的目的 IP 地址通过路由器传到另一个网络。

3. TCP/IP 的传输层

TCP/IP 在这一层提供了两个主要的协议：传输控制协议（TCP）和用户数据报协议（UDP）。另外，还有一些别的协议，例如，用于传送数字化语音的 NVP 协议。

4. TCP/IP 的会话层至应用层

TCP/IP 的上三层与 OSI 参考模型有较大区别，也没有非常明确的层次划分。其中，FTP、Telnet、SMTP、DNS 是几个在各种不同机型上广泛实现的协议，TCP/IP 中还定义了许多别的高层协议。

5.5 W3C 标准和万维物联网

5.5.1 W3C 标准

W3C（World Wide Web Consortium）创建于 1994 年，是 Web 技术领域的标准机构，它所发布的 Web 技术标准与指南，为互联网的发展起到了支柱的作用。W3C 标准并不是某一个标准，而是一系列标准的集合。网页主要由 3 个部分组成：结构（Structure）、表现（Presentation）和行为（Behavior）。按照网页的组成部分，标准也大致作如下区分：结构化标准语言、表现语言、行为标准。

（1）结构化标准语言：XML 和 XHTML

XML 是 The Extensible Markup Language（可扩展标识语言）的简写，可自行定义标签，用于传输数据，而不是显示数据。XML 最初设计的目的是弥补 HTML 的不足，以强大的扩展性满足网络信息发布的需要，后来逐渐用于网络数据的转换和描述，并能定义其他语言。XHTML 是 The Extensible HyperText Markup Language（可扩展超文本标识语言）的缩写。建立 XHTML 的目的就是实现由 HTML 向 XML 的过渡，它被设计用来传输和存储数据，其焦点与 XML 关注于传输数据不同，而是显示数据的内容。

（2）表现语言

层叠样式表（CSS）可以为结构化文档（如 HTML 文档或 XML 应用）添加样式（字体、间距和颜色等）。使用 CSS 可以决定文件的颜色、字体、排版等显示特性，不仅可以静态地修饰网页，还可以配合各种脚本语言动态地对网页各元素进行格式化。

（3）行为标准

文档对象模型（Document Object Model，DOM）是一种与浏览器、平台、语言的接口，允许开发人员从文档中读取、搜索、修改、增加和删除数据，使其用户可以访问页面其他内容的标准组件。

开发者是处于浏览器制造者与浏览器使用者的中间人，也即作为一个接口位置，其需要在满足浏览器制造者要求的同时也能支持浏览器使用者要求。遵循 W3C 标准，能使得开发者程序满足两者的要求。

5.5.2　万维物联网

智能物品种类繁多，不同网络协议之间的复杂转换及应用的专有性导致了物联网应用之间相互集成的复杂性，因此，出现了将万维网技术与物联网技术相结合的万维物联网（Web of Things，WoT）技术。WoT 将智能物体如 RFID 标签对象、传感器节点等，利用万维网技术集成，为物联网的应用提供开放平台。WoT 应用开发可充分利用成熟的万维网开发工具"编程语言"方法，简化了智能物体应用集成，也可实现智能物体的物理空间与万维网应用代表的虚拟空间的融合。

WoT 技术将物品虚拟化为万维网资源，为它们之间的互操作性提供基础，实现物品之间、物品与人之间的交互与协作。利用 Web2.0 及表征性状态传输风格（RESTful）技术，实现物理实体之间以及物品与虚拟万维网业务之间的聚合。智能物品能够感知真实环境，通过发布物品所提供的万维网服务接口，物品也能参与到业务流程中，从而提高业务流程的动态适应性和高效性。WoT 为物品感知数据的描述格式。

传输机制操作方法提供统一的方案，从而方便对多源异构数据的推理、挖掘、语义标注、关联等操作。用户通过社会网络进行虚拟社交活动，而 WoT 与人工智能的结合，使得物品之间、物品与人类之间的交互更加智能化，实现社会化的物品万维网。为了实现 WoT，首先需让物品能够接入万维网，其次需对物品进行统一有效管理，在其上更好地开发应用。

图 5-8 给出了 WoT 技术架构。WoT 使能层让物品接入万维网，这可通过网关或者嵌入万维网服务器来实现，并采用万维网技术对物品/资源/服务进行描述、定位和报文传输。物品/服务/资源管理层负责物品/资源/服务的建模、发现、调用以及管理功能，万维物联网应用层主要包括基于语义万维网技术的物品数据的集成、推理和关联，WoT 实时数据流处理，WoT 与业务流程相集成，WoT 聚合等关键技术。

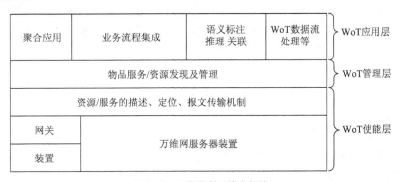

图 5-8　万维物联网技术架构

目前，国内外对 WoT 已经有了一定的研究，但大都处于探索阶段。图 5-9 是 ITU-T SG13

提出的 WoT 系统基本概念。WoT 设备向外界暴露封装为原子形式的 Web 数据和服务接口，高层应用通过对服务接口进行搜索、浏览和调用获取服务，业务聚合平台对数据和服务进行组合，能够生成丰富多彩的新型业务。

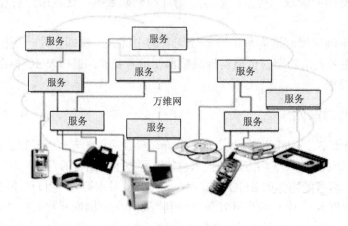

图 5-9　物品万维网概念

　　微软研究院开发的感知万维网（Sense Web）是由全球贡献者提供的传感器组成的传感器网络综合系统，用于收集、分享、处理和查询传感器数据。Sense Web 的主旨是提供开放式平台，以便于第三方便捷地注册传感器数据。Sense Web 架构在网关中嵌入了万维网服务功能，在平台上提供对设备和数据的管理和控制，并支持原始数据基于语义的转换和预处理。Sense Web 向第三方开放基于简单对象访问协议的用户接口（SOAP-based API），第三方可以基于此开发应用。

　　Pachube 是支持传感器数据收集、存储、读取和控制的免费开放应用平台，提供网页和万维网服务（Web Services）两种服务方式。Pachube 系统架构的特征是，存在一个集中式的业务平台，在传感器与具体应用之间提供沟通渠道和桥梁。与物联网竖井化应用架构相比，Pachube 平台上的传感器信息来源于多个第三方提供者，体现了 Web 设计中多方协作的基本原则。同时，通过基于表征性状态传输的万维网服务用户接口（REST Web service API），提供面向公众开放的业务能力。

　　可以看出，现有的 WoT 架构大都基于集中式业务平台进行存储、管理，通过简单对象访问协议（SOAP）或表征性状态传输（REST）用户接口开放资源。目前 WoT 只解决了通过 Web 技术将设备（物）感知到的信息放在互联网中的问题，并没有考虑用户的重要性，没有考虑用户对设备的控制管理、用户对设备信息的分享、用户对设备信息的访问、设备与设备之间的相互通信、数据的隐私安全性等问题。

课后习题

1. 简述互联网的发展趋势。
2. 什么是物品万维网？什么是社交物联网？
3. 简述因特网的组成结构。
4. 简述计算机网络体系结构特点。
5. 简述 OSI 模型网络层的作用。

第 **6** 章 窄带物联网

学习要求

知 识 要 点	能 力 要 求
NB-IoT 发展历程	掌握 NB-IoT 产生的原因 了解 NB-IoT 标准的制定进程 了解 NB-IoT 的发展现状与趋势
NB-IoT 通信协议	掌握 NB-IoT 通信协议特点 掌握两种优化方案 了解 NB-IoT 的网络架构
NB-IoT R-14 版本	了解 NB-IoT 在 R-14 版本中的技术变化
NB-IoT 技术及应用场景	理解 NB-IoT 的应用的技术需求 了解 NB-IoT 的技术优势
LoRaWAN 的网络架构	掌握 LoRaWPAN 的系统组成 了解各个组成部分的主要内容 了解 LoRaWPAN 相关协议
LoRa 技术特性	了解 LoRa 技术特性 理解 LoRa 技术优势
LoRa 应用	理解 LoRa 应用的技术需求
LoRa 和 NB-loT 的对比	掌握 LoRa 和 NB-loT 的技术特点 理解 LoRa 和 NB-loT 在应用方面的差异

6.1 发展概述

物联网可以应用在生产和生活的方方面面，其业务对网络传输速率的需求也有差别。高速率业务主要使用 3G、4G 技术，如监控摄像头等；中等速率业务主要使用 GPRS 技术，如 POS 机等。低速率业务目前还没有很好的蜂窝技术来满足，很多情况下只能使用 GPRS 技术勉力支撑，但 GPRS 技术存在终端功耗高、覆盖能力不足等问题。随着物联网的发展，对低功耗远距离传输技术的需求日益增长，因此，低功耗广域网（Low Power Wide Area Network，LPWAN）在物联网市场中占据着重要地位。窄带物联网因为消耗带宽小等因素，也属于 LPWAN。LPWAN 可分为两类：一类是工作于未授权频谱的 LoRa、SigFox 等技术；另一类是工作于授权频谱下，3GPP 支持的 2G/3G/4G 蜂窝通信技术，比如 EC-GSM、LTE Cat-m、NB-IoT 等。其中，NB-IoT 技术以及 LoRa 技术是窄带物联网的重要代表。

6.2 NB-IoT 技术

基于蜂窝的窄带物联网（Narrow Band Internet of Things，NB-IoT）技术是物联网应用的一种通信技术，是一种新兴的广域网网络传输技术，与传统的无线广域网网络传输技术相比，其具有覆盖深，用户终端功耗低和待机时间长（NB-IoT 芯片的待机时间可长达 10 年）等优势，同时还能以低成本硬件提供非常全面的室内蜂窝数据连接覆盖。NB-IoT 标准的发布，能促进设备互通、数据交互，形成规模效应，这推动了物联网产业的发展。无线接入技术分布情况如图 6-1 所示。

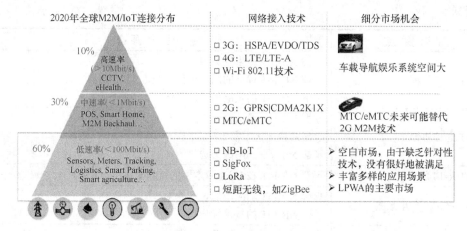

图 6-1   无线接入技术分布情况

NB-IoT 由标准组织 3GPP（第三代合作伙伴计划）制定。最早推进物联网标准发展的是华为。2014 年 5 月，华为提出 NB-M2M（Machine to Machine）技术，并于 2015 年 5 月与 NB-OFDMA 融合形成 NB-CIoT（Narrowband-Cellular IoT）；2015 年 9 月，与 NB-LTE（Narrowband-LTE）融合形成 NB-IoT；2016 年 3 月，NB-IoT 标准冻结；2016 年 6 月，NB-IoT 规范全部冻结，标准化工作完成。在 2016 年 12 月完成一致性测试后，NB-IoT 实现商用。爱立信、诺基亚和英特尔主要推动的是 NB-LTE，华为则注重构建 NB-CIoT 的生态系统。基于蜂窝的窄带物联网，成为物联网的一个重要分支。NB-IoT 构建于蜂窝网络，可直接部署于 GSM 网络、UMTS 网络或 LTE 网络，以降低部署成本，实现平滑升级。NB-IoT 标准发展历程如图 6-2 所示。

NB-IoT标准化过程

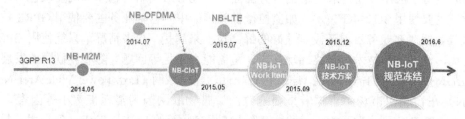

图 6-2   NB-IoT 标准发展历程

6.2.1　通信协议特点

3GPP 组织在 NB-IoT 的 R13 版本中提出的 NB-IoT 协议是应用于超低速率场景的一种全新的物联网通信协议，它的提出为物联网产业注入了新的活力。

NB-IoT 系统架构如图 6-3 所示。NB-IoT 终端 UE（User Equipment）通过 Uu 空口连接到 Enode B 基站，Enode B 基站负责介入处理、小区管理等功能，通过 MI 接口与 IoT 控制器连接起来，IoT 控制器将与业务相关的数据转发到 IoT 平台，IoT 平台汇聚各种数据，并且将其转发到相应的业务应用层。

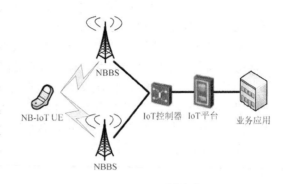

图 6-3　NB-IoT 系统架构

1. NB-IoT 网络结构及数据传输优化方案

NB-IoT 网络结构细化如图 6-4 所示。

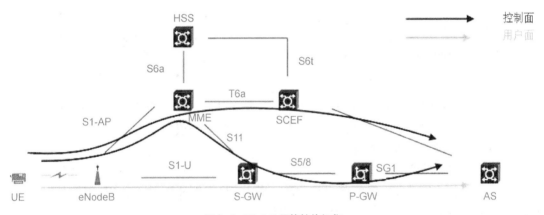

图 6-4　NB-IoT 网络结构细化

MME：移动性管理实体（信令实体），接入网络的关键控制节点。负责空闲模式 UE 的跟踪与寻呼控制。通过与 HSS（Home Subscribe Server，归属用户服务器）的信息交流，完成用户验证功能。

SCEF：服务能力开放单元，为新增网元，支持对新的 PDN 类型 Non-IP 的控制面数据传输。

S-GW：服务网关，负责用户数据包的路由和转发。对于闲置状态的 UE，S-GW 是下行数据路径的终点，并且在下行数据到达时触发寻呼 UE。

P-GW：PDN 网关（分组数据网网关），提供 UE 与外部分组数据网络连接点的接口传输，进行业务上下行业务等级计费。

为了将物联网数据发送给应用，蜂窝物联网（CIoT）在 EPS 定义了两种优化方案：CIoT EPS 用户面功能优化和 CIoT EPS 控制面功能优化。无论是控制面还是用户面优化方案，均能减小信令开销，提升 UE 待机能力。

（1）CIoT EPS 控制面功能优化方案：传输内容可以分为 3 种数据类型，即 IP、Non-IP、SMS（短消息）。控制面数据传输方案支持将 IP 数据包、Non-IP 或 SMS 封装到 PDU 中进行传输。上行数据从 eNodeB 传送至 MME，在此会有两个选择：通过 SGW 传送到 PGW 再传送到应用服务器；通过 SCEF 连接到应用服务器，此路径仅支持 Non-IP 数据传送。该方案无须建立数据无线承载，数据包直接在信令无线承载上发送，因而此方案适合小数据包传送，通过信令优化，空口、S1 接口信令可减少 50%以上，但受限于控制面带宽，不适合有大量用户同时接入的情况。路径选择如图 6-5 所示。

（2）CIoT EPS 用户面功能优化方案：该方案可节省空口资源和信令开销。通过新定义的挂起和恢复流程，使得 UE 不用发起服务请求就能从空闲状态变为连接状态。在数据传输时需要建立数据面承接，小数据报文通过用户面直接进行传输；无数据传输时，UE/eNodeB/MME 中用户的上下文将挂起暂存，当有数据传输时就快速恢复，不需要重新建立承载。这一方案支持 IP 数据和非 IP 数据传送。目前 NB-IoT 将控制面功能优化方案作为必选方案，将用户面功能优化方案作为可选方案。挂起/恢复流程如图 6-6 所示。

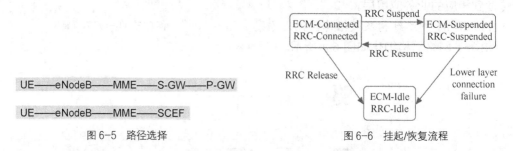

图 6-5　路径选择　　　　　　　　图 6-6　挂起/恢复流程

NB-IoT 的核心技术包括现有 LTE 技术以及在此基础上新增加的功能。基于这些核心技术，可以满足扩展覆盖范围、提高上行容量和降低终端复杂度等要求。

2．NB-IoT 的 3 种部署方式

（1）独立部署模式：频谱独占，不存在与现有系统共存问题。与 GSM 共站共存需 200kHz 保护间隔，适用于 GSM 频段的重耕；与 CDMA 共站共存需 285kHz 保护间隔。其容量为 119234/小区且随机接入容量受限。独立部署模式如图 6-7 所示。

（2）保护带部署模式：可以利用 LTE 系统中边缘无用频段。需考虑与 LTE 共存问题，如干扰规避、射频指标等。其容量为 34447/小区且寻呼容量受限。保护带部署模式如图 6-8 所示。

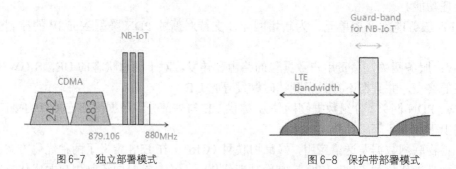

图 6-7　独立部署模式　　　　　　图 6-8　保护带部署模式

（3）载波带内部署模式：可以利用 LTE 载波中间的任何资源块。与保护带部署模式相同，也需考虑与 LTE 共存问题。其容量为 18201/小区且下行业务信道受限。载波带内部署模式如图 6-9 所示。

3. 带宽及多址技术

上行两种带宽：3.75kHz（功率谱更大，覆盖更好）；15kHz（速率高，时延小）。

两种模式：Single Tone（一个用户使用一个载波，低速应用）；Multi-Tone（一个用户使用多个载波，高速应用），只支持 15kHz。

下行采用 OFDMA 15kHz，占用 200kHz 带宽（两边各留 10kHz 保护带，实际占用 180kHz）。子载波带宽为 15kHz；子载波数量为 12。

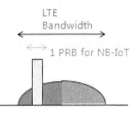

图 6-9　载波带内部署模式

4. 拥塞和过载控制

NB-IoT R11 版本采用 ACB（Access Class Barring，接入等级限制）与 EAB（Extended Access Barring，扩展型接入限制）相结合的双层控制机制来应对突发海量接入拥塞问题，终端从系统广播信息中获取接入等级限制信息，并结合自身的接入等级来决定是否发起随机接入，同时，可以根据当前网络的拥塞状况拒绝或允许终端接入。拥塞和过载控制如图 6-10 所示。

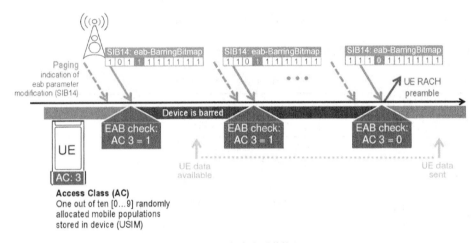

图 6-10　拥塞和过载控制

5. 终端简化

为了降低设备复杂性和减小设备成本，NB-IoT 定义了一系列的简化方案，主要包括简化协议栈、简化 RF、简化基带处理复杂度。相对于普通 LTE 基带复杂度可降低 10%，射频可降低约 65%。

6. PSM 省电模式

在此模式下，终端仍旧注册在网但信令不可达，从而使终端更长时间驻留在深睡眠状态，以达到省电的目的。PSM 省电模式如图 6-11 所示。

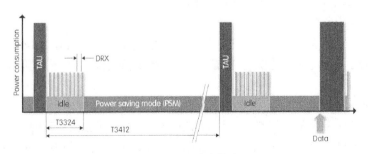

图 6-11　PSM 省电模式

7. 扩展的不连续接收（DRX）

DRX 方法可以让 UE 周期性地在某些时候进入睡眠状态不去监听，在需要监听的时候，再从睡眠状态中将其唤醒，以达到省电的目的。空闲模式不连续接收周期由秒级扩展到分钟级，甚至长达 3 小时，连接模式不连续接收周期支持 5.12 秒和 10.24 秒；相对于节电模式，其大幅度提升了下行可达性。扩展的不连续接收如图 6-12 所示。

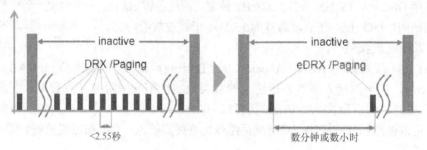

图 6-12　扩展的不连续接收

NB-IoT 协议基本技术指标如表 6-1 所示。

表 6-1　　　　　　　　　　　　　　NB-IoT 协议基本技术指标

技 术 特 性	备　注
覆盖增强	与 GSM 相比增强 20dB
部署方式	独立部署（Stand-alone） 保护带部署（Guard-band） 带内部署（Inband）
RF 带宽	上下行均为 180kHz，独立部署时两边各有保护带 200kHz
多址技术	上行：SC-FDMA，3.75KHz/15kHz 下行：OFDMA，15kHz
双工模式	半双工
节电技术	eDRX，PSM
定位	R13 版本暂不支持，R14 考虑支持
连接态切换	<30km/h

8. NB-IoT R14 版本变化

3GPP Release 13 核心协议已于 2016 年 6 月冻结，3GPP 在 Release 14 中为 NB-IoT 添加了一系列增强技术，并于 2017 年 6 月完成了核心规范。

（1）低发射功率终端

相比于 NB-IoT R13 版本中规定 UE 的最大发射功率为 23dBm，R14 版本新引入了一个低功率级别的 UE，最大发射功率为 14dBm。此类终端的引入，有利于降低功耗，延长续航时间以及降低终端成本。

（2）覆盖增强授权功能

在 NB-IoT 中有 3 个覆盖等级，分别为 CEL0、CEL1、CEL2。其中，CEL0 是正常覆盖级别，CEL1 和 CEL2 是增强覆盖级别。运营商希望能对覆盖增强功能进行授权使用，并可以实现针对覆盖增强授权的差异化计费。普通签约终端只能使用 CEL0 正常覆盖级别接入，签约覆盖增强授权的用户可以使用 CEL1 和 CEL2 增强覆盖级别进行接入。

（3）非锚点载波增强

为了获得更好的负载均衡，Release 14 中增加了在非锚点载波上进行寻呼和随机接入的功能。这样网络可以更好地支持大连接，减少随机接入冲突概率。

（4）数据速率提升

Release 14 中引入了新的能力等级 UE Category NB2，Cat NB2 UE 支持的最大传输块上下行都提高到了 2536bit，一个非锚点载波的上下行峰值速率可提高到 140/125 kbit/s。

（5）移动性增强

Release 14 中，NB-IoT 的 CIoT EPS 控制面功能优化方案引入了 RRC 连接重建和 S1 eNB Relocation Indication 流程。RRC 连接重建时，原基站可以通过 S1 eNB Relocation Indication 流程把没有下发的 NAS 数据还给 MME，MME 再通过新基站下发给 UE。CIoT EPS 用户面功能优化方案在无线链路失败时使用 LTE 原有切换流程中的数据前转功能。

（6）精确定位

NB-IoT R14 版本支持多种精确定位方式。

E-CID 定位：根据 UE 所在 eNB 的地理位置，以及无线资源的相关测量，得到 UE 位置的估计。此类定位不需要终端支持但精度不高，一般误差可能达到数百米。

OTDOA 定位：需要 UE 和 eNB 支持 PRS，基站使用新的专用定位参考信号 NB-IoT NPRS，UE 通过测量 3 个及以上的基站位置来精确定位，即三角定位。

（7）支持多播（MBMS）

为了更有效地支持消息群发、软件升级等功能，NB-IoT 引入了多播技术。多播技术基于 LTE 的 SC-PTM，终端通过 SC-MTCH 接收群发的业务数据。

6.2.2　NB-IoT 技术优势

根据物联网低速率领域特点，NB-IoT 协议的提出主要基于如下目的。

1. 改善室内覆盖

NB-IoT 比 LTE 提升 20dB 增益，相当于发射功率提升了 100 倍，即覆盖能力提升了 100 倍，就算是地下车库、地下室、地下管道等信号难以到达的地方，也能覆盖到。

室内覆盖一直是无线网络覆盖的重点和难点，而物联网终端有很大一部分集中在室内场所，且多位于地下室、室内角落、地面附近等现网室外信号较难覆盖的区域。为了实现对该部分终端的网络覆盖，与 GPRS 网络相比，NB-IoT 提供 20dB 的覆盖增强，这将有效改善室内原有弱覆盖或无覆盖区域的网络质量，为该区域物联网终端的推广提供网络支持。

2. 支持巨量低速率终端

物联网最大的特点就是拥有海量终端，这就对物联网网络容量提出了要求，由 3GPP TR45.820 可知，市区内 NB-IoT 单扇区将支持 5 万以上的物联网终端，可以有效支撑物联网终端产业的迅速发展。

3. 降低终端复杂度

物联网若想大面积铺开，就必须具备较为低廉的部署成本。根据低速率物联网终端特点，NB-IoT 仅需支持半双工模式，这在很大程度上降低了终端复杂度，最大程度减少了终端部署成本，为物联网迅速形成网络规模提供了有利条件。

4. 降低功耗

部署物联网的主要目的就是实现信息获取自动化，若需要频繁更换或修理终端电源，就无法从根本上实现这一目的。另外，智能电表、智能水表等低速率物联网终端信息上传具有很强的周期性，结合这一特点，由 TR45.820 仿真数据可知，NB-IoT 网络在耦合耗损 164dB 的恶劣环境、PSM 和 eDRX 均部署的条件下，如果终端每天发送一次 200 字节报文，5W 的电池寿命可达 12.8 年。

5. 低时延敏感

低速率物联网对时延要求普遍较低，NB-IoT 在提出之初设想时延为 10s，通过重传以及低阶调制实现低时延敏感性，将有利于 NB-IoT 覆盖范围的扩展。另外，在 3GPP IU4 版本中，NB-IoT 协议还将得到进一步的演进，在完善原有功能的同时，添加定位及多播等功能，从而更好地适应物联网产业的不断发展。

6. 低成本

NB-IoT 无须重新建网，射频和天线基本上都是复用的。以中国移动为例子，在 900MHz 带宽中有一个比较宽的频带，只需要清出来一部分 2G 的频段，就可以直接进行 LTE 和 NB-IoT 的同时部署。低速率、低功耗、低带宽同样给 NB-IoT 芯片以及模块带来了低成本优势。模块预期价格不超过 5 美元。

6.2.3 NB-IoT 应用场景

移动通信正在从人和人的连接向人与物以及物与物的连接迈进，万物互联是必然趋势。然而，当前的 4G 网络在物与物连接上能力不足。事实上，相比蓝牙、ZigBee 等短距离通信技术，移动蜂窝网络具备广覆盖、可移动以及大连接数等特性，能够带来更加丰富的应用场景，理应成为物联网的主要连接技术。作为 LTE 的演进型技术，4.5G 除了具有高达 1Gbit/s 的峰值速率，还意味着基于蜂窝物联网的更多连接数，支持海量 M2M 连接以及更低时延，将助推高清视频、VoLTE 以及物联网应用的快速普及。对于电信运营商而言，车联网、智慧医疗、智慧家居等物联网应用将产生海量连接，远远超过人与人之间的通信需求。

① 智慧市政：水、电、气、热等基础设施的智能管理。
② 智慧交通：交通信息、应急调度、智能停车等。
③ 智慧环境：水、空气、土壤等的实时监测控制。
④ 智慧物流：集装箱等物流资源的跟踪与监测控制。
⑤ 智慧家居：家居安防等设备的智能化管理与控制。

（1）NB-IoT 基站天线姿态工参远程监测系统

基站天线姿态工参远程监测系统（见图 6-13），无须人工巡查便可将基站位置及天线姿态参数信息实时传输到管理平台，保证了基站方位角信息的准确性和实时性，当基站天线姿态发生意外偏移时自动向平台发出告警信息，第一时间通知管理人员锁定问题基站。管理人员可在无须到达现场的情况下精确获取基站位置信息以及天线工参信息，及时调整方位角，快速解决因方位角偏移导致的基站不能正常工作的问题，从而保证基站稳定工作。

（2）NB-IoT 物联网智能门锁

NB-IoT 物联网智能门锁（见图 6-14）优势如下。

首先远程控制更流畅，NB-IoT 信号穿墙性远远超过现有的网络，即使用户在深处地下停车场，也能利用 NB-IoT 技术顺利开关锁；其次是安全性高，使用过程中产生的交互数据均会拥有金融级别加密，保障安全；最后是功耗更低，NB-IoT 设备在现有电池无须充电的情况下可使用 2～3 年。

图 6-13 基站天线姿态工参远程监测系统

图 6-14 NB-IoT 智能门锁

（3）智能水表

NB-IoT 智能水表（见图 6-15）主要应用于户表读抄、管网检测，相比传统的方式，可以有效避免管道泄漏和误读漏报带来的水费损失，极大地降低了水务公司的运营成本。NB-IoT 智慧水务的建设，推进了城市基础设施智慧化建设，提升了城市整体的水循环经营效率。由华为、三川智慧、中国移动联合研发的智能水表已投入运营。

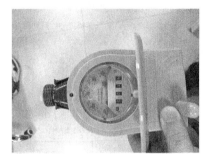

图 6-15 智能水表

（4）无人值守停车

2017 年 11 月，西安采用最新的 5G 及 NB-IoT 技术推出"无人值守停车"系统（见图 6-16）。当车停入泊位时，地磁将感应信号传输到后台。车主将车停放在规定的车位后，即可离开。驶离前，手机扫描 P 字牌二维码，进入缴费引导页面，完成自助缴费。

图 6-16 无人值守停车

6.3 LoRa 技术

6.3.1 LoRa 技术发展

LoRa 联盟是 2015 年 3 月由 Semtech 公司牵头成立的一个开放的、非盈利的组织，其目的在于将 LPWAN 推向全球。LoRa 是 LPWAN 通信技术的一种，代表长距离无线电，是主要面向 M2M 和物联网的无线技术。此技术帮助公共或多租户网络连接在同一网络中运行的多个应用程序。该技术主要工作在全球各地的 ISM 非授权频段，包括 433MHz、470MHz、868MHz、915MHz 等。LoRa 技术本质上是扩频调制技术，通过使用高扩频因子，将小容量数据通过大范围的无线电频谱传输出去。同时，因为结合了数字信号处理和前向纠错编码技术，所以 LoRa 是一种低功耗长距离无线通信技术。LoRa 技术特点如图 6-17 所示。

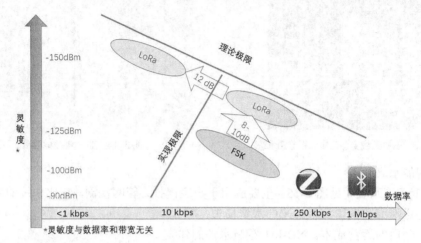

图 6-17　LoRa 技术特点

目前较为常用的调制方式包括 FSK、GFSK 等，各自调试方式如下。

1. FSK

频移键控调制，即用不同的频率来表示不同的符号。如 2kHz 表示 0，3kHz 表示 1。FSK 是信息传输中使用较早的一种调制方式，它的主要特点是实现起来较容易，抗噪声与抗衰减的性能较好。其在中低速数据传输中得到了广泛的应用。最常见的是用两个频率承载二进制 1 和 0 的双频 FSK 系统。

2. GFSK

高斯频移键控调制，在调制之前通过一个高斯低通滤波器来限制信号的频谱宽度。GFSK 高斯频移键控调制是把输入数据经高斯低通滤波器预调制滤波后，再进行 FSK 调制的数字调制方式。它在保持恒定幅度的同时，能够通过改变高斯低通滤波器的 3dB 带宽对已调信号的频谱进行控制，具有恒幅包络、功率谱集中、频谱较窄等无线通信系统所需的特性。因此，GFSK 调制解调技术被广泛地应用在移动通信、航空与航海通信等诸多领域。

LoRa 芯片采用了扩频调制技术，兼容 FSK、GFSK 模式，且通信距离更远。它实现了睡眠电流小于 10μA，低接收电流为 13 mA 的低功耗功能。LoRa 芯片最高接收灵敏度提高了 20~25dB，因此，拥有 5~8 倍传输距离的提升。

6.3.2　LoRaWAN

LoRa 技术包含 LoRaWAN 协议和 LoRa 协议。LoRa 是一个物理层的协议，其典型特点是距离远、功耗低、速率相对较低。而 LoRaWAN 指的一个异步的，基于 ALOHA 的 MAC 层的组网协议。LoRaWAN 协议针对低功耗、电池供电的传感器进行了优化，且优化了网络延迟和电池寿命间的平衡关系。这一技术改变了以往平衡传输距离与功耗的考虑方式，提供一种简单的能实现远距离、长电池寿命、大容量、低成本的通信系统。

1. LoRaWAN 网络架构

远距离星形架构使用远距离连接最有利于延续电池寿命。LoRaWAN 作为在 LoRa 物理层传输技术基础之上的以 MAC 层为主的一套协议标准，采用的是星形或星形对星形拓扑结构架构。LoRaWAN 网络架构如图 6-18 所示。

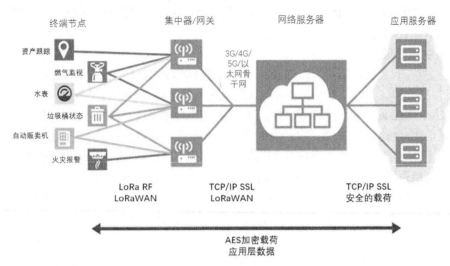

图 6-18 LoRaWAN 网络架构

LoRaWAN 系统主要分为 3 部分：节点/终端、网关/基站、服务器。

（1）节点/终端（Node）：LoRa 节点，代表了海量的各类传感应用。节点遵循 ALOHA 网络规范，异步地广播数据包到网络，保证终端设备可以在大部分时间处于空闲模式，功耗降低，确保延长应用的使用寿命。节点/终端在 LoRaWAN 协议里被分为 Class A、Class B 和 Class C 等 3 类不同的工作模式。

① Class A（双向传输终端）工作模式下节点主动上报，平时休眠，只有在固定的窗口期才能接收网关下行数据。Class A 的优势是功耗极低，比非 LoRaWAN 的 LoRa 节点功耗更低，比如，针对水表应用的 10 年以上工作寿命通常就是基于 Class A 实现的。

② Class B（划定接收时隙的双向传输终端）模式是固定周期时间同步，在固定周期内可以随机确定窗口期接收网关下行数据，兼顾实时性和低功耗，其特点是对时间同步要求很高。

③ Class C（最大化接收时隙的双向传输终端）模式是常发常收模式，节点不考虑功耗，随时可以接收网关下行数据，实时性最好，适合不考虑功耗或需要大量下行数据控制的应用，比如，智能电表或智能路灯控制。

（2）网关/基站（Gateway）：网关是建设 LoRaWAN 网络的关键设备，目的是缓解海量节点数据上报所引发的并发冲突。主要特点如下。

① 兼容性强，所有符合 LoRaWAN 协议的应用都可以接入。

② 接入灵活，单网关可接入几十到几万个节点，节点随机入网，数目可延拓。

③ 并发性强，网关最少可支持 8 频点，同时随机 8 路数据并发，频点可扩展。

④ 可实现全双工通信，上下行并发不冲突，实效性强。

⑤ 灵敏度高，同速率下比非 LoRaWAN 设备的灵敏度更高。

⑥ 网络拓扑简单，星状网络可靠性更高，功耗更低。

⑦ 网络建设成本和运营成本很低。

（3）服务器（Server）：负责 LoRaWAN 系统的管理和数据解析，主要的控制指令都由服务器端下达。根据不同的功能，分为网络服务器（Network Server）与网关通信实现 LoRaWAN 数据包的解析及下行数据打包，与应用服务器通信生成网络地址和 ID 等密钥；应用服务器

（Application Server）负责负载数据的加密和解密，以及部分密钥的生成；客户服务器（Client Server）是用户开发的基于 B/S 或 C/S 架构的服务器，主要处理具体的应用业务和数据呈现。

2. LoRaWAN 协议

（1）终端节点的上下行传输

① A 类终端设备每次发送数据后会打开两个持续时间很短的接收窗口来接收下行数据，终端设备通过这种方式实现双向通信。传输时间间隔等于终端设备基础的时间间隔加上一个随机时间（ALOHA 类型协议）。由于只能在发送数据后的一小段时间内接收处理服务器发送来的数据，服务器在其他所有时间的下行数据必须等待节点下一次发送数据才可以下发。如图 6-19 中 A 类终端上下行传输的时序图所示，在发送上行数据后，RECEIVE_Delay 时刻进行下行接收。RX1 窗口在上行调制结束后的 RECEIVE_DELAY1 秒打开。终端如果在 RX1 窗口成功接收到检查成功的数据，则不可再在 RX2 窗口继续接收数据。第二接收窗口 RX2 在上行调制结束后的 RECEIVE_DELAY2 秒打开。接收窗口的长度要求至少要让终端射频收发器有足够的时间来检测到下行的前导码。网络要发送下行消息给终端时要求精确地在两个接收窗口的起始点发起传输。终端在第一或第二接收窗口收到下行消息后或第二接收窗口阶段不能再发起另一个上行消息。

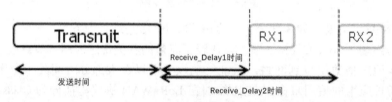

图 6-19　A 类终端传输时序

② B 类终端在 A 类终端的基础上会在特定的时刻打开更多的接收窗口，其目的是让终端在可预测的时间内接收，且通过网关发送 Beacon 同步网络节点来实现，节点定时打开额外的接收窗口（ping slot）。为了让终端可以在指定时间打开接收窗口，终端需要从网关接收时间同步的信标 Beacon（周期为 128s）。Beacon 由网关周期性发送，终端可以利用 Beacon 进行时、频估计，并做出相应调整。如图 6-20 中 B 类终端上下行的传输时序图所示，B 类终端每 128s 接收一次 Gateway 广播的 Beacon，用于校准自身的时钟。在两个 Beacon 之间，B 类终端会开启一些接收窗口，如果在窗口期接收到 Gateway 的数据包，那么它将接收完整的下行数据包。B 类终端根据自身电量和应用的需要，选择 ping slot 的数量，以达到节能的目的。

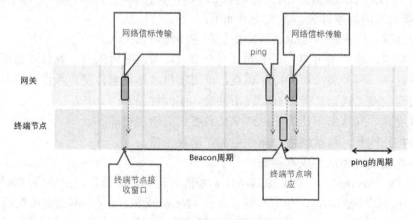

图 6-20　B 类终端传输时序

③ C 类终端设备的接收窗口，除了在发送数据的时候关闭外一直处于打开状态。C 类终端功耗比 A 类终端和 B 类终端都大，但对于和服务器之间的交互来说，延迟也最低。支持 C 类终端需要支持 A 类终端，不需支持 B 类终端。因此，如图 6-21 中 C 类终端上下行的传输时序图所示，C 类终端和 A 类终端基本是相同的，只是在 A 类终端休眠期间，它仍打开了接收窗口 RX2。除了发送数据包和 RX1 外，它都在 RX2 期间接收，这可以保证服务器随时下行通信。

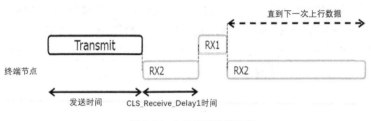

图 6-21　C 类终端传输时序

④ 3 类终端上下行传输对比

3 类终端上下行传输对比如表 6-2 所示。

表 **6-2**　　　　　　　　　　　　　**3 类终端上下行传输对比**

终端分类	机 制 描 述	下 行 时 机
A	采用 ALOHA 协议按需上报数据。在每次上行后都会紧跟两个短暂的下行接收窗口，以此实现双向传输，是功耗最低的终端节点类型	需等待终端上报数据后才能对其下发数据
B	包含 A 类终端的随机接收窗口，且可在指定时间打开接收窗口。为了让终端可以在指定时间打开接收窗口，终端需要从网关接收时间同步的信标	在终端固定接收窗口即可对其下发数据，下发的延时有所提高
C	C 类终端基本是一直打开接收窗口的，只在发送时短暂关闭。此类终端比 A 类和 B 类更加耗电	由于终端处于持续接收状态，可在任意时间对终端下发数据

（2）物理层消息格式

① 上行链路消息

上行链路消息由终端发送，经过一个或多个网关中转后到达服务器，由物理头（PHDR）和它的 CRC（PHDR_CRC）校验组成，由 CRC 保证荷载数据的一致性（发送和接收的数据完全一致，不仅是数据完整）。上行消息帧结构如图 6-22 所示。Preamble（前导码）用于保持接收机与输入的数据流同步，作用是提醒接收芯片，即将发送的是有效数据，注意接收，以免丢失有用信号。当前导码发送完毕后，会立即发送有效数据。

Uplink PHY:

Preamble	PHDR	PHDR_CRC	PHYPayload	CRC

图 6-22　上行消息帧结构

② 下行链路消息

下行链路消息由服务器发送给终端设备，每条消息对应的终端设备都是唯一确定的，而且只通过一个网关转发。下行链路消息由 PHDR 和这个头的 CRC 组成。下行消息帧结构如

图 6-23 所示。

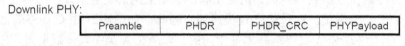

图 6-23　下行消息帧结构

③ MAC 消息格式

LoRa 上下行链路消息都包含 PHY 负载，该负载以单字节 MAC 头（MHDR）开始，MAC 头后面是 MAC 负载（MACPayload），结尾是 4 字节的消息一致码（MIC）。

MAC 层（PHYPayload）格式如图 6-24 所示。其中，MACPayload 字段长度 M 的最大值与区域有关。注：1..M 代表 1 到 M 字节。

大小（字节）	1	1..M	4
PHYPayload	MHDR	MACPayload	MIC

图 6-24　PHYPayload 格式

MAC 头格式如图 6-25 所示。MType 表示消息类型；Major 表示 LoRaWAN 主版本号，指明帧格式所遵循的编码规则。LoRaWAN 自定义了 6 个不同的 MAC 消息类型：join request，join accept，unconfirmed data up，unconfirmed data up down，以及 confirmed data up，confirmed data up down。注：7..5 代表第 7 位到第 5 位，4..2 代表第 4 位到第 2 位，1..0 代表第 1 位到第 0 位。

第几位(Bit)	7..5	4..2	1..0
MHDR	MType	RFU	Major

图 6-25　MAC 头字段格式

MACPayload 包含帧头（FHDR）、端口（FPort）以及帧荷载（FRMPayload），其中，端口和 FRMPayload 可配置。MACPayload 格式如图 6-26 所示。注：7..22 代表第 7 到 22 字节，0..1 代表 0 到 1 字节，0..N 代表 0 到 N 字节。

大小（字节）	7..22	0..1	0..N
MACPayload	FHDR	FPort	FRMPayload

图 6-26　MACPayload 字段格式

FHDR 由终端短址（DevAddr）、1 个帧控制字节（FCtrl）、2 字节的帧计数器（FCnt）以及用来传输 MAC 命令的配置字段（FOpts）组成，FOpts 最多 15 字节。FHDR 格式如图 6-27 所示。注：0...15 代表 0 到 15 字节。

大小（字节）	4	1	2	0...15
FHDR	DevAddr	FCtrl	FCnt	FOpts

图 6-27　FHDR 字段格式

FPort=0 表示 FRMPayload 中只有 MAC 命令，1⋯223（0x01⋯0xDF）范围内的 FPort 由应用层指定，FPort = 224 专门为 LoRaWAN MAC 层测试协议服务，即专门用来通过无线方式在最终版本的终端设备上进行 MAC 方案的合理性测试。225..255（0xE1..0xFF）保留，以便未来对标准化应用进行扩展。

MAC 帧负载数据加密：如果帧数据中包含负载，要先对 FRMPayload 进行加密，再计算消息的一致性校验码（MIC）。

（3）终端入网

每个要加入 LoRaWAN 网络的终端，都需要进行初始化及激活。终端的激活方式：空中激活（Over-The-Air Activation，OTAA），当设备部署和重置时使用；独立激活（Activation By Personalization，ABP），此时初始化和激活这两步在一个步骤内完成。

以 OTAA 方式激活为例。

① 应用 ID（AppEUI）

AppEUI 是一个类似 IEEE EUI64 的全球唯一 ID，标识终端的应用提供者。AppEUI 在激活流程开始前就存储在终端中。

② 终端 ID（DevEUI）

DevEUI 是一个类似 IEEE EUI64 的全球唯一 ID，标识唯一的终端设备。

③ 应用密钥（AppKey）

AppKey 是由应用程序拥有者分配给终端的，很可能是由应用程序指定的根密钥来衍生的，并且受提供者控制。当终端通过空中激活方式加入网络，AppKey 将产生会话密钥 NwkSKey 和 AppSKey，会话密钥分别用来加密和校验网络层和应用层数据。DevNonce 的 2 字节随机数，用于生成随机的 AppSKey 和 NwkSKey。

激活后，终端会存储如下信息：设备地址（DevAddr）、应用 ID（AppEUI）、网络会话密钥（NwkSKey）、应用会话密钥（AppSKey）。

NwkSKey 被终端和网络服务器用来计算和校验所有消息的 MIC，以保证数据的完整性，也用来对单独 MAC 的数据消息载荷进行加解密。

AppSKey 被终端和网络服务器用来对应用层消息进行加解密。当应用层消息载荷有 MIC 时，也可以用来计算和校验该应用层 MIC。

6.3.3　LoRa 技术优势

1. 传统的广域网面临的问题

在传统的广域连接应用中，主要借助电信运营商提供的蜂窝网络进行连接，工业、能源、交通、物流等各行业广泛采用蜂窝网络实现互联。但仍有大量的设备应用是现有蜂窝网络技术无法满足的，比如水、电、气、热等计量表，市政管网、路灯、垃圾站点等公用设施，大面积畜牧养殖和农业灌溉，广泛布局且环境恶劣的气象、水文、矿井、山体数据采集，以及偏僻的户外作业，等等。这些类型终端若采用现有运营商蜂窝网络进行联网，可能遇到如下问题。

（1）信号覆盖不足：很多设备布局在人口稀少或环境复杂的区域，存在运营商网络覆盖盲区或信号强度不足问题，难以保障数据的稳定传输。

（2）功耗高：大量设备需要电池供电，若采用蜂窝网络，则需频繁更换电池，这在很多恶劣环境下很难实现。

（3）费效比低：设备单次传输数据量极小，而且传输频次很低。目前蜂窝网为高带宽设计，采用蜂窝网络要占用网络和码号资源，还会产生包月流量费用。

2. LoRa 的优势

LoRa 的优势主要体现在以下几个方面。

（1）大大地改善了接收的灵敏度，降低了功耗。高达 157dB 的链路预算使其通信距离可达 15km（与环境有关）。其接收电流仅为 10mA，睡眠电流为 200nA，这大大延长了电池的使用寿命。

（2）基于该技术的网关/集中器支持多信道多数据速率的并行处理，系统容量大。

如图 6-20 LoRa WAN 网络架构所示，网关是节点与 IP 网络之间的桥梁（通过 2G/3G/4G 或者 Ethernet）。每个网关每天可以处理 500 万次各节点之间的通信（假设每次发送 10 字节，网络占用率 10%）。如果把网关安装在现有移动通信基站的位置，发射功率 20dBm（100mW），那么在建筑密集的城市环境覆盖范围可达 2km 左右，而在密度较低的郊区，覆盖范围可达 10km。

（3）基于终端和集中器/网关的系统可以支持测距和定位。

LoRa 对距离的测量基于信号的空中传输时间而非传统的 RSSI（Received Signal Sterngth Ind-ication），而定位则基于多点（网关）对一点（节点）的空中传输时间差的测量。其定位精度可达 5m（假设 10km 的范围）。

LoRa 关键特性如表 6-3 所示。

表 6-3   LoRa 关键特性

关 键 特 性	优 势
157dB 链路预算	远距离
距离>15km	
最小的基础设施成本	易于建设和部署
使用网关/集中器扩展系统容量	
电池寿命>10 年	延长电池使用寿命
接收电流 10mA，休眠电流<200nA	
免牌照的频段	低成本
基础设施成本低	
节点/终端成本低	

6.3.4 LoRa 应用分析

LoRa 技术低功耗、深度覆盖、容易部署等优势使其非常适用于要求功耗低、距离远、大量连接以及定位跟踪的物联网应用，如智能抄表、智能停车、车辆追踪、宠物跟踪、智慧农业、智慧工业、智慧城市和智慧社区等。

1. 基于 LoRa 的智慧道路方案

城市高速公路和各个国省干道的快速发展，使得各个主要道路车辆增多，随之而来的交通事故和道路拥堵问题也不断困扰着城市交通的发展。基于 LoRa 优异的信号覆盖，人们提出了一种智慧道路方案来解决某些道路突发状况和拥堵问题。智慧道路如图 6-28 所示。

（1）应急终端

当发生交通事故或遇到车辆抛锚等情况时，可通过安装在路灯杆上的应急终端按钮向道路管理云平台发送求助信息，由于应急终端内含有该地点的 GIS（地理信息系统）信息，道路管理云平台能准确找到事发地点，节约处理事故时间。

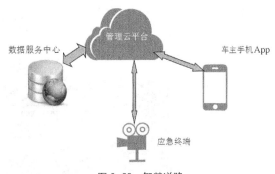

图 6-28　智慧道路

（2）道路管理云平台

道路管理云平台主要有两个功能：接收管理应急终端的求助信息；向手机 App 客户端发送路况拥堵信息预警，提示车主所处路段拥堵情况。

（3）手机 App 客户端

车主用户可以通过该客户端收到的道路管理云平台发送的路况拥堵信息，及时调整行驶路径方案，也可以根据自己的行驶情况向道路管理云平台发送路况信息，这样整个智慧道路管理系统将拥有良好的即时性。

2. 基于 LoRa 的智慧安防方案

随着城市基础建设的不断发展，越来越多的高楼大厦拔地而起，与之相伴的消防问题也随之而来。目前传统的城市消防系统存在很多问题，如消火栓故障及缺失不能及时发现、火情发现和处置滞后酿成灾祸、火情报警系统布线施工复杂等。基于 LoRa 技术的智慧消防方案包括智能烟感报警器、消防栓监控系统等。

（1）传感器终端：传感器终端又可细分为防火传感器终端、消防设施故障检测终端以及报警终端。防火传感器终端主要是智能烟感报警器，使用 LoRa 通信，发现火情立即声光报警并向消防监控云平台发出火情信息。消防设施故障检测终端通过传感器来检测消防栓水压等参数以及报警器的电路是否损坏，及时将故障信息报告给消防监控云平台。而报警终端在发生火情时可以通过手动按钮直接应用 LoRa 通信通知 119 火警指挥中心，并传送内部存有的 GIS 数据信息来准确定位。

（2）消防监控云平台：消防监控云平台用来管理各个终端的数据信息，如消防栓水压等参数以及报警器的电路信息，分析各个参数，用于故障监测。该平台还管理防火传感器终端实时信息，如发生火情，平台立即向 119 火警中心发送防火传感器的 GIS 信息。

（3）119 火警指挥中心：通过终端和云平台发送的即时信息，迅速做出灭火扑救方案，及时赶到火灾现场，减小火情带来的损失以及阻止火灾的进一步扩大。

3. 基于 LoRa 的智慧农业大棚解决方案

在农业大棚中安装光照、CO_2、温湿度、土壤温湿度、PH 值等传感器来监测大棚中的状况，连接基于 MODBUS/BACnet 协议的 LoRa 终端节点，可以将传感器采集的信息汇集至 LoRa 网关，LoRa 网关汇集的信息通过处理器处理与云服务中心建立通信，当采集的数据出现异常时，系统会启动智能控制系统。例如，当光照值不够时，系统自动打开卷帘机和开窗；当环境温度过高时，系统自动启动通风设备；当土壤湿度不够时，系统自动启动喷灌设备。

基于 LoRa 的智慧农业大棚如图 6-29 所示。

图 6-29　基于 LoRa 的智慧农业大棚

4. 老人平安求助手环

由 Semtech 公司推出的基于 Semtech SX1276IMLTRT LoRa 的手环能够实现远距离定位求助。

个人基础版：平安手环+提醒器。用于居家提醒或随身携带时提醒周边人群向佩戴者提供帮助。

图 6-30 所示的是老人平安求助手环。

图 6-30　老人平安求助手环

小区集群版：平安手环+提醒器。可以连接小区局域网络，求助后小区的监管人员会上门查看。

卫星定位求助版：平安手环+提醒器+定位器：可以实行城市信标，无论在哪个位置发生意外，一键求助即可最快地获得帮助。

6.3.5　LoRa 和 NB-IoT 比较

LoRa、NB-IoT 均属于物联网网络层技术范畴，是最有发展前景的两个低功耗广域网通信技术。低功耗广域网是一种可以实现低带宽、低功耗、远距离传输、大量连接的物联网通信技术，其最大的特点是远距离传输、低功耗。物联网应用需要考虑许多因素，如节点成本、网络成本、电池寿命、数据传输速率（吞吐率）、延迟、移动性、网络覆盖范围以及部署类型等。NB-IoT 和 LoRa 两种技术具有不同的技术和商业特性，所以在应用场景方面会有不同。LoRa 与 NB-IoT 的参数对比情况如表 6-4 所示。

表 6-4   LoRa 与 NB-IoT 参数对比

	NB-IoT	LoRa
技术特点	蜂窝	线性扩频
网络部署	与现有蜂窝基站复用	独立建网
频段	运营商频段	150MHz～1GHz
传输距离	远距离（15km）	远距离（1～20km）
速率	<100kbit/s	0.3～50kbit/s
连接数量	200k/cell	200～300k/hub
终端电池工作时间	约 10 年	约 10 年
成本	模块费用$5～10	模块费用约$5

1. 本质

虽然 "LoRa" 和 "LoRaWAN" 通常被当作同义词使用，但两者所指并不相同。LoRaWAN 是在 LoRa 技术环境中运行的 LPWAN 协议标准，而 LoRa 本身是一种用于物联网通信的调制方式。另外，NB-IoT 在 2016 年中期由 3GPP 标准定义，NB-IoT 可以独立或通过 "带内频谱" 的方式实现。简而言之，NB-IoT 是一种蜂窝标准，而 LoRa 不是。

2. 频段、服务质量和成本

NB-IoT 和蜂窝通信使用 1GHz 以下的授权频段。而 LoRa 工作在 1GHz 以下的非授权频段，故在应用时不需要额外付费。LoRaWAN 使用免费的非授权频段，并且是异步通信协议，对于电池供电和低成本是最佳的选择。处于 500MHz 和 1GHz 之间的频段，对于远距离通信来说是最优的选择，因为天线的实际尺寸和效率是具有相当优势的。

LoRa 和 LoRaWAN 协议，在处理干扰、网络重叠、可伸缩性等方面具有独特的特性，但却不能提供像蜂窝协议一样的服务质量（QoS）。蜂窝网络和 NB-IoT 出于对服务质量的考虑，并不能提供类似 LoRa 的电池寿命。由于 QoS 和高昂的频段使用费，需要确保 QoS 的应用场景推荐使用蜂窝网络和 NB-IoT；而低成本和大量连接是首选项的话，LoRa 是不错的选择。

3. 电池寿命和下行延迟

LoRaWAN 节点具有低成本和延长电池寿命的特点，在频段利用率方面有一定的欠缺。LoRaWAN 是一种异步的基于 ALOHA 的协议，即节点可以根据具体应用场景需求进行或长或短的睡眠，而蜂窝等同步协议的节点必须定期地联网。例如，现在市面上的手机工作时每 1.5s 必须与网络进行同步。而在 NB-IoT 中，这种同步的次数虽变少了，但是仍然在定期进行，这样就额外消耗了电池的电量。

NB-IoT 同步的通信协议有较短的下行延迟，同时，可以为需要大量数据吞吐量的应用提供较高的数据传输速率。而 LoRaWAN 的 Class B 通过定期地（编程实现）唤醒终端以收取下行消息，缩短了下行通信的延迟。

4. 生态系统

LoRa 已经在许多国家和地区被采纳为物联网网络标准，包括美国、澳大利亚、新西兰、荷兰和中国台湾地区。NB-IoT 相比之下是后起之秀。

5. 设备成本、网络成本混合模型

对终端节点来说，LoRaWAN 协议较为简单，更容易开发，对于微处理器的适用和兼容性更好。LoRaWAN 利用传统的信号塔、工业基站甚至是便携式家庭网关来进行部署，其他花费较少。NB-IoT 的调制机制和协议比较复杂，需要更复杂的电路和更多的花费。

物联网领域并没有一个无争议的选择，每一个应用场景都有自己独特的需求和考虑。

课后习题

1. 简述 NB-IoT 以及 LoRa 发展历程。
2. 简述 NB-IoT 以及 LoRaWAN 的网络架构。
3. 请对比 LoRaWAN 协议中 A 类终端、B 类终端以及 C 类终端节点传输时序的不同。
4. 请分别分析 NB-IoT 技术和 LoRa 技术的主要特性。
5. 请从应用场景、技术特性等方面比较 NB-IoT 技术和 LoRa 技术。

学习要求

知 识 要 点	能 力 要 求
移动通信的发展史	了解蜂窝状移动通信 了解各代移动通信的功能特点
3G 通信技术	掌握 3G 与 2G 的主要区别 了解 3G 的三大主流无线接口标准的技术特点
4G：LTE 通信技术	掌握 LTE 的概念 理解 LTE 的网络结构 掌握 LTE 的系统架构 了解 LTE 语音通话
5G：下一代移动网络	掌握 5G 概念 掌握 5G 核心架构 了解 5G 的关键技术
移动互联网	理解移动互联网的概念与目标 了解移动互联网的基本协议与扩展协议

7.1 移动通信网发展史

移动通信技术可以说从无线电通信发明之日就产生了。1897 年，M. G. 马可尼所完成的无线通信试验就是在固定站与一艘拖船之间进行的，距离为 18nmi（1nmi=1.852km）。而现代移动通信技术的发展始于 20 世纪 20 年代，大致经历了 5 个发展阶段。30 多年前，谁也无法想象有一天每个人身上都有一部电话被连接到这个世界。

1. 第一阶段——早期发展阶段

第一阶段从 20 世纪 20 年代至 20 世纪 40 年代，为早期发展阶段。在这期间，人们首先在短波几个频段上开发出了专用移动通信系统，其代表是美国底特律市警察使用的车载无线电话服务（见图 7-1）。该系统工作频率为 2MHz，到 20 世纪 40 年代提高到 30MHz～40MHz。可以认为这个阶段是现代移动通信的起步阶段，特点是专用系统开发，工作频率较低。

2. 第二阶段——从专用移动网向公用移动网过渡阶段

第二阶段从 20 世纪 40 年代中期至 20 世纪 60 年代初期。在此期间，公用移动通信业务问世。1946年，根据美国联邦通信委员会（FCC）的计划，贝尔电话公司在圣路易斯城建立了世界上第一个公用汽车电话网，称为"城市系统"。当时使用3个频道，间隔为120kHz，通信方式为单工，随后，德国（1950年）、法国（1956年）、英国（1959年）等相继研制了公用移动电话系统。美国贝尔实验室解决了人工交换系统的接续问题（见图7-2）。这一阶段的特点是从专用移动网向公用移动网过渡，接续方式为人工接续，网的容量较小。

图7-1　车载无线电话服务

图7-2　人工交换系统

3. 第三阶段——移动通信系统改进与完善阶段

第三阶段从20世纪60年代中期至20世纪70年代中期。在此期间，美国推出了改进型移动电话系统（IMTS），使用150MHz和450MHz频段，采用大区制、中小容量，实现了无线频道自动选择并能够自动接续到公用电话网。德国也推出了具有相同技术水准的B网。可以说，这一阶段是移动通信系统改进与完善的阶段，其特点是采用大区制、中小容量，使用450MHz频段，实现了自动选频与自动接续。

4. 第四阶段——移动通信蓬勃发展时期

第四阶段从20世纪70年代中期至20世纪80年代中期。1978年年底，美国贝尔实验室成功研制出先进的移动电话系统（AMPS）。相对于以前的移动通信系统，最重要的突破是贝尔实验室在20世纪70年代提出蜂窝网的概念，并建成了蜂窝状移动通信网。蜂窝网，即小区制，由于实现了频率复用，大大提高了系统容量。该阶段称为1G（第一代移动通信技术），主要采用的是模拟技术和频分多址（FDMA）技术。北欧移动电话（NMT）就采用这样一种标准，应用于北欧、东欧以及俄罗斯。此外还有美国的高级移动电话系统（AMPS）、英国的全入网通信系统（TACS）以及日本的JTAGS、德国的C-Netz、法国的Radiocom 2000和意大利的RTMI。

第四阶段的特点是蜂窝状移动通信网成为实用系统，并在世界各地迅速发展。移动通信大发展的原因，除了用户数量迅猛增加这一主要推动力之外，还有几方面的技术取得了突破性进展。首先，微电子技术在这一时期得到了长足发展，这使得通信设备的小型化、微型化成为可能，各种轻便电台被不断推出。其次，提出并形成了移动通信新体制。随着用户数量的增加，大区制所能提供的容量很快饱和，这使得探索新体制成为迫切需求。在这方面最重要的突破是贝尔实验室在20世纪70年代提出的蜂窝网的概念，解决了公用移动通信系统要求容量大与频率资源有限的矛盾。最后，随着大规模集成电路的发展而出现的微处理器技术，以及迅猛发展的计算机技术，为大型通信网的管理与控制提供了技术支撑。以AMPS和TACS为代表的第一代移动通信模拟蜂窝网虽然取得了很大成功，但也暴露了一些问题，如容量有限、制式太多、互不兼容、话音质量不高、不能提供数据业务、不能提供自动漫游、频谱利用率低、移动设备复杂、费用较贵以及通话易被窃听等，最主要的问题是其容量已不能满足日益增长的移动用户需求。第一代移动电话如图 7-3 所示。世界上第一台手持移动电话（以下简称手机），为图 7-4 所示的摩托罗拉 DynaTAC 8000X，重 2 磅（0.907kg），通话时间为半小时，销售价格为 3995 美元，是名副其实的"贵重砖头"。

图 7-3　第一代移动电话

图 7-4　摩托罗拉 DynaTAC 8000X

第一代移动通信系统的典型代表，是美国的 AMPS 系统和后来的改进型系统 TACS，以及 NMT 和 NTT 等。AMPS 使用模拟蜂窝传输的 800MHz 频带，在北美、南美和部分环太平洋国家广泛使用；TACS 使用 900MHz 频带，分 ETACS（欧洲）和 NTACS（日本）两种版本，英国、日本和部分亚洲国家广泛使用此标准。

5. 第五阶段——数码移动通信系统发展和成熟时期

第五阶段从 20 世纪 80 年代中期开始，该阶段可以再分为 2G、2.5G、3G、4G。

2G：2G 是第二代手机通信技术规格的简称，一般定义为以数码语音传输技术为核心，无法直接传送电子邮件、软件等，只具有通话和时间日期传送功能的手机通信技术规格。不过手机短信 SMS（Short Message Service）在 2G 的某些规格中能够被执行。其主要采用的是时分多址（TDMA）技术和码分多址（CDMA）技术，与之对应的主要有 GSM 和 CDMA 两种体制，图 7-5 所示为经典的 2G 手机。

2.5G：2.5G 是从 2G 迈向 3G 的衔接性技术，因为 3G 是个相当浩大的工程，所以 3G 手机牵扯的层面多且复杂，要从 2G 迈向 3G 不可能一下就衔接得上，因此，出现了介于 2G 和 3G 之间的 2.5G。2.5G 的功能通常与 GPRS 技术有关，GPRS 技术是在 GSM 基础上的一种过渡技术。GPRS 的推出，标志着人们在 GSM 的发展史上迈

图 7-5　经典的 2G 手机

出了意义重大的一步，GPRS 在移动用户和数据网络之间提供一种连接，给移动用户提供高速无线 IP 和 X.25 分组数据接入服务。较之 2G 服务，2.5G 无线技术可以提供更高的速率和更多的功能，图 7-6 所示为传统的 2.5G 手机。

3G：3G 是英文 3rd Generation 的缩写，是指支持高速数据传输的第三代移动通信技术。与以模拟技术为代表的第一代和第二代移动通信技术相比，3G 有更宽的带宽，其传输速度最低为 384kbit/s，最高为 2Mbit/s，带宽可达 5MHz 以上。其不仅能传输话音，还能传输数据，从而提供快捷、方便的无线应用，如无线接入因特网。能够实现高速数据传输和宽带多媒体服务，是第三代移动通信的另一个主要特点。3G 存在 cdma2000、WCDMA、TD-SCDMA 等标准。第三代移动通信网络能将高速移动接入和基于互联网协议的服务结合起来，提高了无线频率利用效率，图 7-7 所示为 3G 智能手机。3G 提供包括卫星在内的全球覆盖，并实现了

有线和无线以及不同无线网络之间业务的无缝连接，满足了多媒体业务的要求，从而为用户提供了更经济、内容更丰富的无线通信服务。

图 7-6　传统的 2.5G 手机

图 7-7　3G 智能手机

相对第一代模拟制式手机（1G）和第二代 GSM、TDMA 等数字手机（2G），第三代手机一般而言是指将无线通信与国际互联网等多媒体通信相结合的新一代移动通信系统，是基于移动互联网技术的终端设备，3G 手机完全是通信业和计算机工业相融合的产物，和此前的手机差别实在是太大了，因此，人们称呼这类新的移动通信产品为"个人通信终端"。即使是对通信业最外行的人，也可从外形上轻易地判断出一部手机是否是"第三代手机"：第三代手机都有一个超大的彩色显示屏，往往是触摸式的。3G 手机除了能完成高质量的日常通信外，还能进行多媒体通信。用户可以在 3G 手机的触摸显示屏上直接写字、绘图，并将其传送给另一部手机，而所需时间可能不到1s；也可以将这些信息传送给一台计算机，或从计算机中下载某些信息。用户可以用 3G 手机直接上网，查看电子邮件或浏览网页；3G 手机自带摄像头，这使用户可以利用手机进行远程会议，甚至用手机替代数码相机。

3G 与 2G 的主要区别，体现在传输声音和数据的速度提升上，它能够在全球范围内更好地实现无线漫游，并处理图像、音乐、视频流等多种媒体形式，提供网页浏览、电话会议、电子商务等多种信息服务，同时，也要考虑与第二代系统的良好兼容性。为了提供这种服务，无线网络必须能够支持不同的数据传输速度，也就是说在室内、室外和行车的环境中能够分别支持至少 2Mbit/s、384kbit/s 以及 144kbit/s 的传输速度（数值根据网络环境会发生变化）。

国际电信联盟（ITU）在 2000 年 5 月确定 WCDMA、CDMA2000、TD-SCDMA 三大主流无线接口标准，写入 3G 技术指导性文件《2000 年国际移动通信计划》（简称 IMT-2000）。国内支持国际电联确定的 3 个无线接口标准，分别是中国中国联通的 WCDMA、电信的 CDMA2000、中国移动的 TD-SCDMA。

（1）WCDMA

宽带码分多址（Wideband Code Division Multiple Access，WCDMA）是一种由 3GPP 具体制定的，基于 GSM MAP 核心网，以 UTRAN（UMTS 陆地无线接入网）为无线接口的第三代移动通信系统。WCDMA 有版本 99、版本 4、版本 5、版本 6 等。中国联通采用此种 3G 通信标准。

WCDMA 采用直接序列扩频码分多址（DS-CDMA）、频分双工（FDD）方式，码片速率为 3.84Mchip/s，载波带宽为 5MHz。基于版本 99/版本 4，可在 5MHz 的带宽内提供最高

384kbit/s 的用户数据传输速率。版本 5 引入了下行链路增强技术,即高速下行分组接入(High Speed Downlink Packet Access,HSDPA)技术,在 5MHz 的带宽内可提供最高 14.4Mbit/s 的下行数据传输速率。版本 6 引入了上行链路增强技术,即高速上行分组接入(High Speed Uplink Packet Access,HSUPA)技术,在 5MHz 的带宽内可提供最高约 6Mbit/s 的上行数据传输速率。

WCDMA 技术具有下述主要特色。

WCDMA 物理层采用 DS-CDMA 多址技术,将用户数据和利用 CDMA 扩频码得到的伪随机序列即码片(chip)序列相乘,从而将用户信息扩展到较宽的带宽上(可以根据具体速率要求选用不同的扩频因子)。

WCDMA 支持频分双工/时分双工(FDD/TDD)两种工作模式。其中,FDD 要求为上下行链路成对分配频谱,而 TDD 可以使用不对称频谱供上下行链路共享,因此,从某种意义上来说 TDD 可以更节省地使用频谱资源。

WCDMA 支持异步基站操作,网络侧对同步没有要求,因而易于完成室内和密集小区的覆盖。

WCDMA 采用 10ms 帧长,码片速率为 3.84Mchip/s。其 3.84Mchip/s 的码片速率要求上下行链路分别使用 5MHz 的载波带宽,实际载波间的距离要求根据干扰的不同在 4.4MHz~5MHz 之间变化,变化步长为 200kHz。对于人口密集地带,可选用多个载波覆盖。其 10ms 帧长允许用户的数据速率可变,虽然在 10ms 内用户比特率不变,但 10ms 帧之间用户的数据容量可变。

WCDMA 在上下行链路均利用导频相干检测,扩大了覆盖范围。WCDMA 空中接口包括先进的 CDMA 接收机,它利用了多用户检测和自适应智能天线技术,这些手段可以较好地提高系统覆盖和容量。

WCDMA 允许不同 QoS 要求的业务进行复用。

WCDMA 系统允许与 GSM 网络共存和协同工作,支持系统间的切换。

WCDMA 在上行传输信号的包络中无周期性分量,故可避免音频干扰。

(2)CDMA2000

CDMA2000 是由窄带 CDMA(CDMA IS95)技术发展而来的宽带 CDMA 技术,也称为多载波(CDMA Multi-Carrier),由美国高通北美公司主导提出,摩托罗拉、朗讯和后来加入的韩国三星都参与了。这套系统是从窄频 CDMAOne 数字标准衍生出来的,可以从原有的 CDMAOne 结构直接升级到 3G,建设成本低廉。该标准提出了从 CDMA IS-95(2G)—CDMA2000 1x—CDMA2000 3x(3G)的演进策略。CDMA2000 1x 被称为 2.5 代移动通信技术。CDMA2000 3x 与 CDMA2000 1x 的主要区别在于应用了多路载波技术,通过采用三载波使带宽提高。

CDMA2000 的关键技术包括以下几个方面。

① 前向快速功率控制技术。CDMA2000 采用快速功率控制方法。其方法是移动台测量收到业务信道的 Eb/Nt,并与门限值比较,根据比较结果,向基站发出调整基站发射功率的指令,功率控制速率可以达到 800bit/s。由于使用快速功率控制,其可以达到减少基站发射功率,减少总干扰电平,从而降低移动台信噪比的要求,最终可以增大系统容量。

② 前向快速寻呼信道技术。此技术有以下两个用途。

- 寻呼或睡眠状态的选择。基站使用快速寻呼信道向移动台发出指令,决定移动台是处于监听寻呼信道还是处于低功耗的睡眠状态，这样移动台便不必长时间连续监听前向寻呼信道，可减少移动台激活时间和节省移动台功耗。

- 配置改变。通过前向快速寻呼信道，基地台向移动台发出最近几分钟内的系统参数消息，使移动台根据此新消息做相应设置处理。

③ 前向链路发射分集技术。使用前向链路发射分集技术，可以减少发射功率，抗锐利衰落，增大系统容量。CDMA2000 采用直接扩频发射分集技术，有以下两种方式。

- 正交发射分集方式。其方法是先分离数据流，再用不同的正交 Walsh 码对两个数据流进行扩频，并通过两根发射天线发射。

- 空时扩展分集方式。使用空间两根分离天线发射已交织的数据，使用相同原始 Walsh 码信道。

④ 反向相干解调。基站利用反向导频信道发出扩频信号捕获移动台的发射，再用梳状（Rake）接收机实现相干解调，与 IS-95 采用非相干解调相比，提高了反向链路性能，降低了移动台发射功率，提高了系统容量。

⑤ 连续的反向空中接口波形。在反向链路中，数据采用连续导频，使信道上数据波形连续，此措施可减少外界电磁干扰，改善搜索性能，支持前向功率快速控制以及反向功率控制连续监控。

⑥ Turbo 码使用。Turbo 码具有优异的纠错性能，适用于高速率、对译码时延要求不高的数据传输业务，并可降低对发射功率的要求，增加系统容量。

⑦ 灵活的帧长。与 IS-95 不同，CDMA2000 支持 5ms、10ms、20ms、40ms、80ms 和 160ms 多种帧长，不同类型信道分别支持不同帧长。前向基本信道、前向专用控制信道、反向基本信道、反向专用控制信道采用 5ms 或 20ms 帧，前向补充信道、反向补充信道采用 20ms、40ms 或 80ms 帧，话音信道采用 20ms 帧。较短帧可以减少时延，但解调性能较低；较长帧可降低对发射功率的要求。

⑧ 增强的媒体接入控制功能。媒体接入控制子层控制多种业务接入物理层，保证多媒体的实现。它实现话音、分组数据和电路数据业务，同时处理、提供发送、复用和 QoS 控制，提供接入程序。与 IS-95 相比，可以满足更宽带和更多业务的要求。

（3）TD-SCDMA

时分同步码分多址技术（Time Division-Synchronized Code Division Multiple Access，TD-SCDMA）标准是我国第一个具有自主知识产权的 3G 标准，1999 年 6 月 29 日由中国原邮电部电信科学技术研究院（大唐电信）和重庆邮电大学等单位向 ITU 提出，但技术发明始于西门子公司。TD-SCDMA 具有辐射低的特点，被誉为"绿色 3G"。该标准将智能无线、同步 CDMA 和软件无线电等技术融于其中，在频谱利用率、对业务支持的灵活性、频率灵活性及成本等方面具有独特优势。另外，由于中国内地庞大的市场，该标准受到各大主要电信设备厂商的重视，全球一半以上的设备厂商都宣布可以支持 TD-SCDMA 标准。该标准提出不经过 2.5G 的中间环节，直接向 3G 过渡，非常适用于由 GSM 系统向 3G 升级。TD-SCDMA 的主要特点和核心技术如下。

① 时分双工

在 TDD（时分同步）模式下，TD-SCDMA 采用在周期性重复的时间帧里传输基本 TDMA 突发脉冲的工作模式（与 GSM 相同），通过周期性转换传输方向，在同一载波上交替进行上下行链路传输。该方案的优势如下。

- 根据不同业务，上下行链路间转换点的位置可任意调整。
- TD-SCDMA 采用不对称频段，无须频段成对，灵活满足 3G 要求的不同数据传输速率。
- 单个载频带宽为 1.6MHz，帧长为 5ms，每帧包含 7 个不同码型的突发脉冲同时传输。因为它占用带宽窄，所以在频谱安排上有很大的灵活性。
- TDD 上下行工作于同一频率，对称的电波传播特性使之便于利用智能天线等新技术，可达到提高性能、降低成本的目的。
- TDD 系统设备成本低，无收发隔离的要求，可使用单片 IC 实现 RF 收发信机，其成本比 FDD 系统低 20%～50%。同时，这种时分双工技术也存在一定的缺陷。

采用多时隙不连续传输方式，抗快衰落和多普勒效应的能力比连续传输的 FDD 方式差，因此，ITU 要求 TDD 系统用户终端移动速度不高于 120km/h，远远低于频分双工（FDD）水平。

TDD 系统平均功率与峰值功率之比随时隙数的增加而增加，考虑到耗电和成本因素，用户终端的发射功率不可能很大，故通信距离（小区半径）较小，一般不超过 10km，而 FDD 系统的小区半径可达数十千米。

② 智能天线

智能天线系统由一组天线及与之相连的收发信机和先进的数字信号处理算法构成，能有效产生多波束赋形，每个波束指向一个特定终端，并能自动跟踪移动终端。在接收端，通过空间选择性分集，可大大提高接收灵敏度，减少不同位置同信道用户的干扰，有效合并多径分量，抵消多径衰落，提高上行容量；在发送端，智能空间选择性波束成形传送，降低了输出功率要求，再减少了同信道干扰，提高了下行容量。

智能天线改进了小区覆盖，智能天线阵的辐射图形完全可用软件控制，在网络覆盖需要调整时，均可通过软件非常简单地进行网络优化。此外，智能天线降低了无线基站的成本，使等效发射功率增加，用多只低功率放大器代替单只高功率放大器，可大大降低成本，降低对电源的要求，增加可靠性。

智能天线无法解决的问题，是时延超过码片宽度的多径干扰和高速移动多普勒效应造成的信道恶化。因此，在多径干扰严重的高速移动环境下，智能天线必须和其他抗干扰的数字信号处理技术同时使用，才可能达到最佳效果。这些数字信号处理技术包括联合检测、干扰抵消及 Rake 接收等。

③ 多用户检测

多用户检测主要是指利用多个用户码元、时间、信号幅度以及相位等信息来联合检测单个用户的信号，以达到较好的接收效果。

最佳的多用户检测的目标，就是要找出输出序列最大的输入序列。对于同步系统，就是要找出函数最大的输入序列，而使联合检测的频谱利用率提高，并使基站和用户终端的功率控制部分更加简单。更值得一提的是，在不同智能天线情况下，通过联合检测就可在现存的 GSM 基础设备上通过 C=3 的蜂窝在复用模式下使 TD-SCDMA 运行，最终的结果是 TD-SCDMA 可以在 1.6MHz 的低载波频带下通过。

④ 软件无线电

软件无线电是利用数字信号处理软件实现无线功能的技术，能在同一个硬件平台上利用软件处理基带信号，通过加载不同的软件，实现不同的业务性能。其优点如下。

- 通过软件方式，灵活完成硬件功能。

- 良好的灵活性及可编程性。
- 可代替昂贵的硬件电路，实现复杂的功能。
- 对环境的适应性好，不会老化。
- 便于系统升级，降低用户设备费用。

对 TD-SCDMA 系统来说，软件无线电可用来实现智能天线、同步检测和载波恢复等。

⑤ 接力切换

移动通信系统采用蜂窝结构，在跨越以空间划分的小区时，必须进行越区切换，即完成移动台到基站的空中接口转换，以及基站到网入口和网入口到交换中心的相应转移。

因为采用智能天线可获得用户的大致方位和距离，所以 TD-SCDMA 系统的基站和基站控制器可采用接力切换方式，根据用户的方位和距离信息，判断手机用户现在是否移动到应该切换给另一个基站的邻近区域。如果进入切换区，便可通过基站控制器通知另一个基站做好切换准备，达到接力切换的目的。

接力切换可提高切换成功率，降低切换时对邻近基站信道资源的占用。基站控制器（BSC）实时获得移动终端的位置信息，并告知移动终端周围同频基站信息，移动终端同时与两个基站建立联系，切换由 BSC 判定发起，使移动终端由一个小区切换至另一小区。TD-SCDMA 系统既支持频率内切换，也支持频率间切换，具有较高的准确度和较短的切换时间，它可动态分配整个网络的容量，也可以实现不同系统间的切换。

4G：4G 是第四代移动通信及其技术的简称，是集 3G 与 WLAN 于一体并能够传输高质量视频图像，图像传输质量和清晰度与电视不相上下的技术产品。4G 系统能够以 100Mbit/s 的速度下载，比拨号上网快 2000 倍，上传的速度也能达到 20Mbit/s，并能够满足几乎所有用户对无线服务的要求。而在用户最为关注的价格方面，4G 与固定宽带网络在价格方面不相上下，而且计费方式更加灵活机动，用户完全可以根据自身的需求确定所需的服务。此外，4G 可以在 DSL 和有线电视调制解调器没有覆盖的地方部署，然后再扩展到整个地区。

长期演进（Long Term Evolution，LTE）和 WiMAX 在全球电信业大力推进，前者（LTE）也是 4G 移动通信的主导技术。IBM 数据显示，67%运营商考虑使用 LTE，而只有 8%的运营商考虑使用 WiMAX。尽管 WiMAX 可以给其客户提供市场上传输速度最快的网络，但仍然不是 LTE 技术的竞争对手。LTE 项目是 3G 的演进，它改进并增强了 3G 的空中接入技术，采用正交频分复用技术（OFDM）和多输入多输出技术（MIMO）作为其无线网络演进的唯一标准。其主要特点是在 20MHz 频谱带宽下能够提供下行 100Mbit/s 与上行 50Mbit/s 的峰值速率，相对于 3G 网络大大地提高了小区的容量；同时，将网络延迟大大降低，内部单向传输时延低于 5ms；控制平面从睡眠状态到启动状态迁移时间低于 50ms，从驻留状态到启动状态的迁移时间小于 100ms。图 7-8 所示为使用 LTE 网络播放高清流媒体效果。

图 7-8 使用 LTE 网络播放高清流媒体效果

7.2　4G：LTE 通信技术

7.2.1　LTE 通信技术概述

LTE 的当前目标是借助新技术和调制方法提升无线网络的数据传输能力和数据传输速度，如新的数字信号处理（DSP）技术，这些技术大多于 2000 年前后提出。LTE 的远期目标是简化和重新设计网络体系结构，使其成为 IP 化网络，这有助于减少 3G 转换中的潜在不良因素。因为 LTE 的接口与 2G 和 3G 网络互不兼容，所以 LTE 需同原有网络分频段运营。

LTE 最早由 NTT DoCoMo 公司在 2004 年于日本提出，该标准在 2005 年开始正式进行广泛讨论。2007 年 3 月，LTE/系统架构演进测试联盟（the LTE/SAE Trial Initiative，LSTI）成立。作为供应商和运营商全球性合作的产物，LSTI 致力于检验并促进 LTE 这一新标准在全球范围的快速普及。该标准于 2008 年 12 月定案。世界上第一张商用 LTE 网络于 2009 年 12 月 14 日，由 TeliaSonera 公司在挪威奥斯陆和瑞典斯德哥尔摩提供数据连接服务，该服务需使用上网卡。2011 年，北美运营商开始将 LTE 商用。MetroPCS 公司在 2011 年 2 月 10 日推出三星 Galaxy Indulge，该手机成为全球首款商用 LTE 手机。随后，Verizon 公司于 3 月 17 日推出全球第二款 LTE 手机 HTC ThunderBolt。CDMA 运营商本计划升级网络到 CDMA 的演进版本 UMB，但由于高通公司放弃 UMB 系统的研发，使得全球主要的 CDMA 运营商均宣布将升级至 LTE，或是升级至 WiMAX（俄罗斯与韩国）。LTE Advanced 是 LTE 的下一代网络，该标准于 2011 年 3 月定稿。

LTE 网络有能力提供 300Mbit/s 的下载速率和 75 Mbit/s 的上传速率，在 E-UTRA 环境下可借助 QoS 技术实现低于 5ms 的延迟。LTE 可满足高速移动中的通信需求，支持多播和广播流。LTE 频段扩展度高，支持 1.4MHz 至 20MHz 的频分双工和时分双工频段。全 IP 基础网络结构，也被称作核心分组网演进，将替代原先的 GPRS 核心分组网，可向较旧的网络如 GSM、UMTS 和 CDMA2000 提供语音数据的无缝切换。简化的基础网络结构，可为运营商节约网路运营开支。

7.2.2　LTE 通信技术特性

LTE 中的很多标准接手于 3G UMTS 的更新并最后成为 4G 移动通信技术。简化网络结构成为其中的工作重点，需要将原有的 UMTS 下电路交换+分组交换结合网络简化为全 IP 扁平化基础网络架构。E-UTRA 是 LTE 的空中接口，它的主要特性如下。

（1）峰值下载速度可达 299.6Mbit/s，峰值上传速度可达 75.4Mbit/s。该速度需配合 E-UTRA 技术、4×4 天线和 20MHz 频段实现。根据终端需求不同，从重点支持语音通信到支持达到网络峰值的高速数据连接，终端共被分为 5 类。全部终端将拥有处理 20MHz 带宽的能力。

（2）低网络延迟（在最优状况下小 IP 数据包可拥有低于 5ms 的延迟），相较原无线连接技术拥有较短的交接和建立连接准备时间。加强对移动状态连接的支持，如可接受终端在不同的频段下以高至 350km/h 或 500km/h 的移动速度使用网络服务。

（3）下载使用 OFDMA，上传使用 SC-FDMA，以节省电力。下行资源包括频率资源、时间资源和空间资源，既有频分复用，又有时分复用，还有空分复用。ETSI TS 136 211 规范定义了资源块（LTE 下行链路）是下行链路上可以分配给一个用户的最小资源单位。一个资源块包括 12 个子载波且持续一个时隙的时间；一个时隙为 0.5ms，包含了 7 个 OFDM 符号；每个 OFDM 符号占据 12 个子载波的频率资源。

（4）支持频分双工（FDD）和时分双工（TDD）通信，并接受使用同样无线连接技术的时分半双工通信。

（5）支持所有列出频段。这些频段已被国际电信联盟无线电通信组用于 IMT-2000 规范。

（6）增加频宽灵活性，1.4MHz、3MHz、5MHz、10MHz、15MHz 和 20MHz 频点带宽均可应用于网络。而 WCDMA 对 5MHz 的支持，导致该技术在大面积铺开时会出现问题，因为旧有标准如 2G GSM 和 CDMAOne 同样使用该频点带宽。

（7）支持从覆盖数十米的毫微微级基站（如家庭基站和 Picocell 微型基站）至覆盖 100km 的 Macrocell 宏蜂窝基站。较低的频段被用于提供郊区网络覆盖，基站信号在 5km 的覆盖范围内可提供完美服务，在 30km 内可提供高质的网络服务，并可提供 100km 内的可接受的网络服务。在城市地区，更高的频段（如欧洲的 2.6GHz）可被用于提供高速移动宽带服务。在该频段下，基站覆盖半径将可能等于或低于 1km。

（8）支持至少 200 个活跃连接同时连入单一 5MHz 频点带宽。

（9）简化的网络结构：E-UTRA 网络仅由 eNodeB 组成。

（10）可以交互操作已有通信标准（如 GSM/EDGE，UMTS 和 CDMA2000），并可与它们共存。用户可以在拥有 LTE 信号的地区进行通话和数据传输，在 LTE 未覆盖区域可直接切换至 GSM/EDGE 或基于 WCDMA 的 UMTS，甚至是 3GPP2 下的 CDMAOne 和 CDMA2000 网络。

（11）支持分组交换无线接口。

（12）支持群播/广播单频网络（Multicast/Broadcast Single-frequency Network，MBSFN）。这一特性使 LTE 网络可以提供移动电视等服务，成为了 DVB-H 广播的竞争者。

7.2.3　LTE 的网络结构

LTE 采用由节点 B 构成的单层结构，这种结构有利于简化网络和减小延迟，实现了低时延、低复杂度和低成本的要求。与传统的 3GPP 接入网相比，LTE 减少了 RNC 节点。名义上 LTE 是对 3G 的演进，但事实上它对 3GPP 的整个体系架构做了革命性的变革，逐步趋近于典型的 IP 宽带网结构。

3GPP 初步确定 LTE 的网络结构如图 7-9 所示，也称演进型 UTRAN 结构（E-UTRAN）。接入网主要由演进型基站（eNB）和接入网关（aGW）两部分构成。aGW 是一个边界节点，若将其视为核心网的一部分，则接入网主要由 eNB 层构成。eNB 不仅具有原来节点 B 的功能，还能完成原来 RNC 的大部分功能，包括物理层、MAC 层、无线资源控制（RRC）、调度、接入控制、承载控制、接入移动性管理和内部无线资源管理等。演进型基站和演进型基站之间将采用网格（Mesh）方式直接互联，这也是对原有 UTRAN 结构的重大修改。

与 3G 相比，LTE 的技术优势具体体现在高数据速率、分组传送、延迟降低、广域覆盖和向下兼容方面。

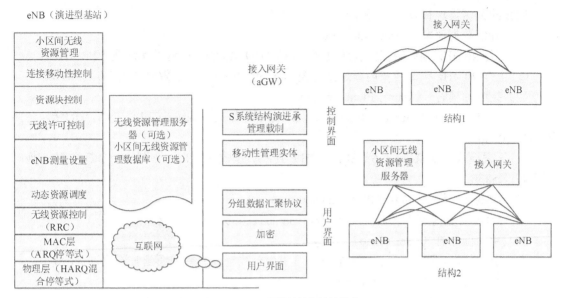

图 7-9 LTE 网络结构与协议结构

7.2.4 LTE 的系统架构

LTE 系统只存在分组域，分为两个网元，即演进分组核心网（Evolved Packet Core，EPC）和演进型基站（Evolved Node B，eNode B）。EPC 负责核心网部分，信令处理部分为移动管理实体（Mobility Management Entity，MME），数据处理部分为服务网管（Serving Gateway，S-GW）。eNode B 负责接入网部分，也称演进的 UTRAN（Evolved UTRAN，E-UTRAN），图 7-10 所示为 LTE 系统架构。

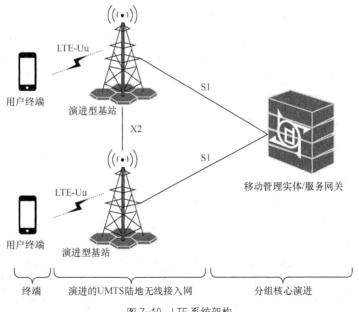

图 7-10 LTE 系统架构

LTE 的关键需求有以下 13 种。

（1）峰值数据速率（Peak Data Rate）

① 下行 20MHz 频谱带宽内要达到峰值速率 100 Mbit/s，频谱效率达到 5 bit/s/Hz。

② 上行 20MHz 频谱带宽内要达到峰值速率 50 Mbit/s，频谱效率达到 2.5 bit/s/Hz。

（2）控制面延时（Control-Plane Latency）

① 空闲模式（如 Release 6 Idle Mode）到激活模式（Release 6 CELL_DCH）的转换时间不超过 100 ms。

② 休眠模式（如 Release 6 CELL_PCH）到激活模式（Release 6 CELL_DCH）的转换时间不超过 50 ms。

（3）控制面容量（Control-Plane Capacity）

在 5 MHz 带宽内每小区最少支持 200 个激活状态的用户。

（4）用户面延时（User-Plane Latency）

在小 IP 分组和空载条件下（如单小区单用户单数据流）用户面延时不超过 5 ms。

（5）用户吞吐量（User Throughput）

① 下行：每 MHz 的平均用户吞吐量是 Release 6 HSDPA 下行吞吐量的 3～4 倍。

② 上行：每 MHz 的平均用户吞吐量是 Release 6 HSDPA 上行吞吐量的 2～3 倍。

（6）频谱效率（Spectrum Efficiency）

① 下行：满负载网络下，频谱效率预期达到 Release 6 HSDPA 下行的 3～4 倍。

② 上行：满负载网络下，频谱效率预期达到增强 Release 6 HSDPA 上行的 2～3 倍。

（7）移动性（Mobility）

① 要求 E-UTRAN 在 0～15 km/h 达到最优。

② 在 15～120 km/h 的更高速度应该达到高性能。

③ 在蜂窝网络中应该要保证 120 km/h～350 km/h 的性能（甚至在某些频段达到 500 km/h）。

（8）覆盖（Coverage）

① 5 km 的小区半径下频谱效率、移动性应该达到最优。

② 在 30 km 小区半径时只能有轻微下降，也需要考虑 100 km 小区半径的情况。

③ 需要支持多媒体组播服务（Multimedia Broadcast Multicast Service，MBMS）。

④ 降低终端复杂性：采用同样的调制、编码、多址接入方式和频段。

⑤ 需要同时支持专用话音和 MBMS 业务。

⑥ 需要支持成对或不成对的频段。

（9）频谱灵活性（Spectrum Flexibility）

① E-UTRA 可以使用不同的频带宽度，包括上下行的 1.4 MHz、2.5 MHz、5 MHz、10 MHz、15 MHz 以及 20 MHz。

② 需要支持工作在成对和不成对的频段。

③ 需要支持资源的灵活使用，包括功率、调制方式、相同频段、不同频段、上下行、相邻或不相邻的频点分配等。

（10）射频接入技术（Radio Access Technology，RAT）不同系统间的共存

① 支持与 GSM 无线接入网最大速度/UMTS 陆地无线接入网系统的共存和切换。

② E-UTRAN 终端支持到 UTRAN 和/或 GERAN 的切入和切出的功能。

③ 在实时业务情况下，演进的 UMTS 陆地无线接入网（Evolved UMTS Terrestrial Radio

Access Network，E-UTRAN）和 UTRAN（或 GERAN）之间的切换不能超过 300 ms。

（11）网络结构和演进（Architecture and Migration）

① 单一的 E-UTRAN 架构。

② E-UTRAN 架构应该基于分组但支持实时和会话类业务。

③ E-UTRAN 架构应该减小"single points of failure（单点失败）"情况的出现。

④ E-UTRAN 架构应该支持端到端的服务质量。

⑤ 骨干网络的协议应该具有很高的效率。

（12）RRM 需求（Radio Resource Management Requirements）

① 增强的 end to end QoS。

② 更高的高层分组效率。

③ 支持不同射频接入技术间的负荷分担和政策管理。

（13）复杂性（Complexity）

① 要求可选项最少。

② 减小冗余。

LTE 具有巨大的先进性，使得通信进入 4G 时代。但是，为满足未来几年内无线通信市场的更高需求和更多应用，LTE 也需要演进。2008 年 4 月，3GPP 在研讨会中讨论了后 LTE系统的需求和技术，即"LTE-Advanced"。

7.2.5　LTE 语音通话

LTE 标准不再支持用于支撑 GSM、UMTS 和 CDMA2000 网络下语音传输的电路交换技术，它只能进行全 IP 网络下的分组交换。随着 LTE 网络的部署，运营商需使用以下 3 种方法之一解决 LTE 网络中的语音传输问题。

（1）LTE 网络直传（Voice Over LTE，VoLTE）：该方案基于 IP 多媒体子系统（IMS）网络，配合 GSMA 在 PRD IR.92 中制定的在 LTE 控制和媒体层面的语音服务标准。使用该方案，意味着语音将以数据流形式在 LTE 网络中传输，所以无须调用传统电路交换网络，旧网络将无须保留。

（2）电路交换网络支援（Circuit Switched Fallback，CSFB）：该方案中的 LTE 网络将只用于数据传输，当有语音拨叫或呼入时，终端将使用原有电路交换网络，这种技术就叫 CS Fallback。该方案只需运营商升级现有 MSC 核心网而无须建立 IMS 网络，因此，运营商可以较迅速地向市场推出网络服务。也由于语音通话需要切换网络才能使用，通话接通时间将被延长。

（3）LTE 与语音网同步支持（Simultaneous Voice and LTE，SVLTE）：该方案使用可以同时支持 LTE 网络和电路交换网络的终端，使得运营商无须对当前网络做太多修改。但这同时意味着终端价格的昂贵和电力消耗的迅速。

主要的 LTE 支持者从一开始便首选和推广 VoLTE 技术。但最初的 LTE 终端和核心网设备相关软件的缺失，导致部分运营商推广 LTE 网络下的语音通用接入（Voice over LTE Generic Access，VoLGA），以作为一种临时解决方案。该方案类似通用接入网络，使用户可使用个人网络连接，如私人无线网进行语音通话。不过，VoLGA 未得到广泛支持，因为尽管 VoLTE（IMS）要大量投资以升级全网语音基础网络，但它可提供更灵活的服务。VoLTE 将同样需要单一无线语音呼叫连续性（Single Radio Voice Call Continuity，SRVCC），以确保在低网络信号下可平滑转换到 3G 网络。

（1）LTE 高清晰度语音。由于兼容性，3GPP 要求至少支持 AMR-NB 编码（窄带）。但是，VoLTE 推荐使用 AMR-WB 语音编码，也被称作 HD Voice。该编码在 3GPP 标准族网络下支持 16kHz 的采样率。

（2）LTE 全高清晰度语音。德国弗劳恩霍夫协会集成电路研究所（Fraunhofer IIS）已经提出并演示了全高清晰度语音方案。该方案在手持终端采用 AAC-ELD 编码。以往的手持终端只能支持到 3.5kHz 的语音，即使加入宽频语音服务如"高清晰度语音"，也只能支持到 7kHz 语音。全高清晰度语音支持人耳可接受的全频段音频频宽：20Hz～20kHz。但是，在端到端通话时，需要网络及双方通话终端均支持全高清晰度语音技术，才能启用全高清晰度语音。

7.3 5G：下一代移动网络

7.3.1 5G 概念

5G 指的是第五代移动通信技术。与前四代不同，5G 并不是一个单一的无线技术，而是现有的无线通信技术的一个融合。5G 于 2000 年提出并在 2015 年 6 月被国际电信联盟（IUT）正式命名为第五代国际移动通信系统。目前 5G 核心技术已经被研发，在国内，一些公司已对 5G 进行先期研究，并在 2016 年完成了第一阶段的空口技术验证以及性能测试。目前，LTE 峰值速率可以达到 100Mbit/s，5G 的峰值速率将达到 10Gbit/s，比 4G 提升了 100 倍。现有的 4G 网络处理自发能力有限，无法支持部分高清视频、高质量语音、增强现实、虚拟现实等业务。如果 4G 对于 3G 是速度上的显著提升，那么 5G 相对于 4G 来说就是实现了更广覆盖的强大连接功能。现代化智能设备不仅要求速度上的提升，智能可穿戴设备还要求降低功耗；要满足工商业的可靠性和低时延要求，需要达到延迟 1ms 且稳定度和可靠性超过 99.999%。5G 将引入更加先进的技术，通过更高的频谱效率、更多的频谱资源以及更密集的小区等，共同满足移动业务流量增长的需求，解决 4G 网络面临的问题，构建一个高传输速率、高容量、低时延、高可靠性、用户体验优秀的网络社会。

7.3.2 5G 进展

2017 年 12 月，3GPP 表示，3GPP 5G NSA（Non-Standalone，非独立组网）标准正式冻结，该标准规定了基站与终端通讯采用的频道，低频采用 600MHz、700MHz 频段，中频采用 3.5GHz 频段，高频采用 50GHz 频段。2018 年 6 月，独立组网（SA）标准功能冻结，该标准能实现所有 5G 的新特征，有利于发挥 5G 的全部能力。5G 标准的制定进程如图 7-11 所示。5G 标准分为 NSA 和 SA 两种。其中，5G NSA 组网方式需要使用 4G 基站和 4G 核心网，以 4G 作为控制面的锚点。

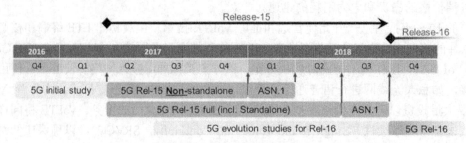

图 7-11 5G 标准制定进程

2018 年世界移动通信大会上，各企业表示，5G 技术不仅应用于消费者端，在未来还将实现物联网、无人驾驶等商业应用。

1. 中国移动：2020 年全面商用 5G

中国移动联合其合作伙伴发布"GTI 5G 通用模组产业合作计划（GTI 5G S-Module Initiative）"，通过开展需求定义、产品研发和测试认证等工作，推动 5G 和 AI 融合发展，以及产业成熟和规模化发展。

2. 中国电信：发布《中国电信 5G 技术白皮书》

中国电信在 5G 网络建设初期将建设 2G、3G、4G、5G 并存的网络，即在 5G 网络的成熟期，4G 和 5G 网络仍将长期并存，协同发展。主要实现人工智能技术在 5G 网络管理、资源调度、绿色节能和边缘计算等方面应用，改变网络运营模式，实现智能 5G。

3. 中国联通：5G 城市试点

中国联通于 2018 年在 16 个城市开展 5G 规模实验，并进行业务应用和典型示范；2019 年实现 5G 预商用；2020 年正式商用。并且，作为 2022 年北京冬奥会的通信服务合作伙伴，该企业将利用 5G 技术为全球观众提供全场景、全超清的视觉体验。

7.3.3　5G 核心架构

在目前的网络架构中，UE 更改分组数据网网关（P-GW）及 IP 地址时，只能通过重新附着的方式，无法支持频繁的网间切换。同时，固定锚定点的使用也造成了核心网路由的低效率。如果所有运营商都能通过 IP 网络连接到一个拥有巨大容量的超级核心网络，则能大大减少连接成本，降低网络复杂性，同时，可以减少端到端连接的网络实体数量和网络时延。未来，5G 网络将是一个基于全 IP 和纳米核心网技术的扁平化移动通信系统，新的网络架构能给用户带来 GW 之间的无缝切换，而不受 GW 独立性限制。此外，在 5G 通信系统中，网络架构还包含一种用户终端和各种独立的自动无线接入技术。

1. 扁平化 IP 网络

在 5G 时代，基站将更加小型化，具备更强大的功能，可以安装在各种场景，并与周围环境更好地融合；对用户而言，无论何时何地，都可随意接入网络，并保持永远在线。但在现阶段，EPC 网络使用固定网元 P-GW 作为分层结构，不能灵活拓展，无法适应未来超高速的流量增长，因此，在未来的通信系统中将引入扁平化 IP 架构。

扁平化 IP 架构提供了一个能够通过名称而不是 IP 地址来识别终端的方法，并根据 M-ICT 时代的业务特性进行扁平化改造。如图 7-12 所示，扁平化 IP 架构通过分布云的移动核心信息传递功能、分布式软件架构和逻辑 GW 及网络功能虚拟化等技术，将垂直的网络架构演进为分布式的水平网络架构。

扁平化 IP 架构的转变，将使运营商在性能和价格方面获得一个更具竞争力的平台。例如，扁平化的 IP 架构可以减少数据通道中的网元数量，降低运营商的资本性支出和运营成本，减少数据信息在传输过程中的损耗，最大限度地缩短整个通信系统的时延，使系统能够完整识别无线链路的任何时延，可以独立维护和改善无线网及核心网，在规划和部署网络时，具有更好的拓展性和灵活性。

2. 纳米核心网技术

如图 7-13 所示，5G 纳米核心网是纳米技术、云计算、全 IP 网络的融合。这里重点讨论云计算和全 IP 网络。

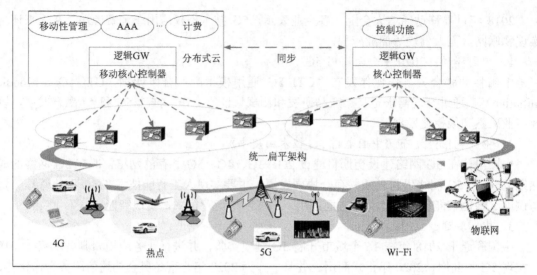

图 7-12 扁平化 IP 架构

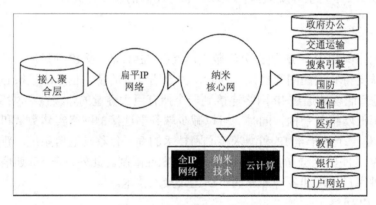

图 7-13 5G 纳米核心网络架构

（1）云计算。目前网络中存在诸多问题，例如，现有的网络架构导致新业务的需求日益增多，但是却不易部署（包括 IMS 平台及第三方业务）；宽带业务和移动数据业务日趋成熟，但无论是固网运营商还是移动运营商，都面临着"比特管道"、高 CAPEX 和 OPEX 的压力；同时，多媒体内容呈爆炸式增长，其带来的移动核心网瓶颈和传输时延造成大量无效内容的分发等。而 5G 网络将是一个基于云计算的异构网络。在引入无线新技术的同时，必须满足对现存制式的接入控制，因此，需要建立一种新的控制机制来协调各种制式之间、频段之间以及小区之间的无线资源，以显著提升用户在各种场景下的数据接入能力。通过对无线资源的管理和调度功能云化，按需进行资源划分和管理，同时，通过云端将无线接入和移动节点虚拟化，利用智能的内容传送网络 SDN（如 DASH、LBS），将大大降低网络的建设和管理成本，最终实现 5G 及现有无线网络的统一运营。

（2）全 IP 网络。在 5G 网络，扁平化的 IP 结构将扮演至关重要的角色。全 IP 网络的构建思想最早由 3GPP 在 UMTS Release 2000 的 R4 版本中提出，并在后续版本中得到更为直观的阐述。全 IP 网络极大地满足了无线通信业务发展的需求，使用户可以随时随地通过无线网络获得数据应用，为运营商提供了一个持续的革新方案和优化方案，使其在产品的性能和价格上更具竞争力。

3. 多路径管理和统一鉴权

5G 核心网还具有以下几个特点。

（1）采用聚合的接入方式，集成多种接入技术（Wi-Fi、蓝牙、WCDMA、LTE、5G）以提供统一的通信解决方案，缩短动态响应时间，以确保高质量的用户体验。

（2）通过虚拟的应用模式，将控制层从数据层分离。

（3）采用简单的层次结构，实现完全分布式网络架构，以获得高效的无线资源管理及 GW 与 GW 之间的无缝切换。

（4）使用各种无线接入技术为用户提供各种业务。

（5）BS 和 GW 共用内容/业务缓存，大大减少了时延。

目前多种无线接入技术拥有相互独立的 ID 和独立的鉴权方式，加之 GW 边缘的各种认证和私密会话业务，因此，在每一种无线接入中，都有独立的无线资源管理，它们之间难以进行互通。而在 5G 网络中，将优化功能块设计，融合各种接入技术，实现统一接入控制、鉴权、安全密钥分发等。

此外，5G 网络中还将采用 GW 级别的多路径管理机制，使用独立的数据路径和会话管理、半静态多无线资源/会话管理、多技术载波聚合等方式，实现多无线接入技术之间的无损切换和动态调度，同时，分隔控制层和用户层。

7.3.4 5G 关键技术及应用

1. 5G 关键技术

（1）高频段传输技术

目前的移动通信系统工作频段主要在 3GHz 以下，随着用户的增加，频谱资源十分拥挤，而在高频段，如毫米波频率范围为 26.5GHz～300GHz，带宽高达 273.5GHz，超过从直流到微波全部带宽的 10 倍。与微波相比，毫米波元器件的尺寸要小得多，毫米波系统更容易小型化，可以实现极高速短距离通信，支持 5G 容量和传输速率等方面的需求。韩国在 28GHz 频段，利用 64 根天线，采用自适应波束赋形技术，在 2km 的距离内实现了 1Gbit/s 的峰值下载速率。

（2）新型多天线传输技术

多天线技术经历了从无源到有源、从二维（2D）到三维（3D）、从高阶多输入多输出（MIMO）到大规模阵列的发展，能将频谱利用率提升数十倍甚至更高，是目前 5G 技术重要的研究方向之一。引入有源天线阵列，基站可支持 128 个协作天线。将 2D 天线阵列拓展成为 3D 天线阵列，形成新的 3D-MIMO 技术，该技术支持多用户波束智能赋形，减少用户间干扰，加上毫米波技术优势，将进一步改善无线信号的覆盖性能。

（3）同时同频全双工技术

同时同频全双工技术，被认为是一项能有效提高频谱效率的技术，该技术在同一个物理信道上实现两个方向信号的传输，即通过在通信双工节点的接收机处消除自身发射机信号的干扰，在发射信号的同时接收来自另一节点的同频信号。相较传统的时分双工（TDD）和频分双工（FDD）而言，同时同频全双工可以将频谱效率提高一倍。全双工技术能够突破 FDD 和 TDD 方式的频谱资源使用限制，使得频谱资源的使用更加灵活。

（4）设备间直接通信技术

传统的移动通信系统组网方式以基站为中心实现小区覆盖，中继站及基站不能移动，网络结构的灵活度有限制。未来的 5G 网络，数据流量大，用户规模大，传统的以基站为中心的业务组网方式无法满足业务需求。D2D 直接通信技术能够在没有基站的中转下，实现通信设备之间的直接通信，拓展了网络连接和接入方式。D2D 技术是短距离直接通信，信道质量高，具有较高的数据速率、较低的时延和较低的功耗；通过广泛分布的终端设备，能够改善覆盖，实现频谱资源的高效利用；支持更灵活的网络架构和连接方法，提升链路的灵活性和网络的可靠性。

（5）密集网络技术

5G 网络是一个多元化、宽带化、综合化、智能化的网络，数据流量将是 4G 网络的 1000 倍。要实现该目标，有两种技术：一是在宏基站处部署大规模天线来获取更高的室外空间增益；二是部署更多的密集网络来满足室内和室外的数据需求。针对未来 5G 网络的数据业务将主要分布在室内和热点地区，以及在相对等的条件下密集网络提升的信噪比增益不低于大规模天线带来的信噪比增益的特点，将超密集网络作为提高数据流量的关键技术进行研究。超密集网络缩短发送端和接收端的物理距离，从而提升终端用户的性能，改善网络覆盖，大幅度提升系统容量，并能对业务进行分流，具有更灵活的网络部署和更高效的频率复用。未来，面向高频段大宽带，将采用更加密集的网络方案，部署 100 个以上的小区/扇区。

（6）新型网络架构技术

为了满足未来大规模、高容量的业务需求，5G 网络架构将具有扁平化、低时延、低成本、易维护特点。目前业界主要致力于 C-RAN 和云架构的研究。C-RAN 是根据现有网络条件和技术进步的趋势提出的新型无线接入网架构，是基于集中化处理（Centralized Processing）、协作式无线电（Collaborative Radio）和实时云计算构架（Real-time Cloud Infrastructure）的绿色无线接入网架构（Clean system）。其本质是通过充分利用低成本高速光传输网络直接在远端天线和集中化的中心节点间传送无线信号，以构建覆盖上百个基站服务区域，甚至上百平方千米的无线接入系统。C-RAN 架构适于采用协同技术，能够减小干扰、降低功耗、提升频谱效率，同时，便于实现动态使用的智能化组网。集中处理有利于降低成本，便于维护，减少运营支出，能满足未来 5G 网络的需求。

基于云计算大规模协作的无线网络架构，也是 5G 网络的架构选项。云架构无线接入网络，利用光纤分配网络连接云机房的基带处理单元（BBU）和室外的远端射频头（RRH），可以通过 BBU "云" 方式减少基站机房数量，减少设备特别是空调的能耗，减少小区覆盖以及大规模天线协作，大幅提高射频功率效率。网络动态资源协同调度，避免负载时段潮汐效应造成的大量发射功率浪费；集中化大规模协作，变小区间干扰为增益，大幅度提高频谱效率；软件定义无线电技术灵活支持多标准，降低运营成本。

（7）智能化技术

5G 的中心网络将是一个大型服务器组成的云计算平台，通过具有数据交换功能的路由器及交换机网络与基站相连，宏基站具有云计算和大数据存储功能，特别大或时效性强的数据将提交云计算中心网络处理。基站或终端的形态、数量多，不同的业务采用不同的频段，天线和连接方式多样，因此需要具有智能配置、智能识别、自动模式切换的功能，实现智能自主组网。

2．5G 三大应用场景

3GPP 定义了 5G 的三大场景，分别为 eMBB、mMTC 以及 uRLLC。

eMBB（增强移动宽带）：主要面向 3D/超高清视频等大流量移动宽带业务。eMBB 除了在 6GHz 以下的频谱发展相关技术外，也会发展在 6GHz 以上的频谱。

mMTC（海量机器类通信）：主要面向大规模 IoT 业务。mMTC 将会发展在 6GHz 以下的频段，目前较可见的发展是 NB-IoT。

uRLLC（超可靠低时延）：主要面向无人驾驶、工业自动化等需要低时延、高可靠连接的业务。在智慧工厂，由于大量的机器都内建传感器，从传感器、后端网络下指令，再传送回机器本身的这些过程，若以现有的网络传输，将出现很明显的延迟，可能引发工业安全事故。

（1）冬季奥运会"5G 先行者"（见图 7-14）

在观看类似群跑的比赛时，通过电视直播往往只能固定观看一群人的起跑，或者特定的选手，而不能随心所欲地切换镜头画面。在 2018 年的韩国冬季奥运会上，5G 技术为全球观众带来了实时互动直播，带来了沉浸式的观看体验，观众可以自行选择观看特定的选手，而不用受限于固定的镜头画面。

图 7-14　5G 先行者

（2）世界移动通信大会（MWC）5G 应用

2018 年 2 月 28 日的世界移动通信大会（MWC）上并未出现 5G 手机的身影，但应用于工业的 5G 技术产品却在此次大会后如雨后春笋般破土而出。我国企业在 2017 年发布白皮书，畅想了 5G 的十大应用场景，包括云 VR/AR、车联网、智能制造、智慧能源、无线医疗、无线家庭娱乐、联网无人机、社交网络、个人 AI 助手和智慧城市，并且重视物与物的连接应用。这一届世界移动通信大会上还展示了数字天空、5G CG Cloud VR 以及无线全连接工厂。

① 数字天空（见图 7-15）

早在几年前，无人驾驶的技术研究就已经被提出，但近年来由于路面和技术原因而发展速度缓慢。在这次世界移动通信大会上，华为展示了一款天空无人"飞的"eHANG184，利用 5G 高速率、低时延等特性提供操控和导航，只需操作员远程控制，就可通过 5G 无线网络远程控制飞行的"空中飞的"。但目前还需要考虑航空管制、飞行安全和飞行器续航等问题。

图 7-15　数字天空

② 5G CG Cloud VR

5G 研发企业与 VR 设备厂商联合展示了 VR 登月游戏，利用 5G 全面云化、高带宽传输和超低时延等，解决了 VR/AR 设备原本存在的"线制"、眩晕感等掣肘问题，让人身临其境，化身为宇航员进行月表巡查、土壤采集等任务，感受在月球脚踩陨石的真实感。

③ 无线全连接工厂（见图 7-16）

现代制造业中大多存在着被蜘蛛网般的线缆束缚的机器人，无法实现灵活性和柔性制造。在世界移动通信大会上，展示了基于 5G 的大容量、低时延的无线全连接工厂实例。

图 7-16　无线全连接工厂

这个无线智能工厂，利用无线网络连接了"工厂"中的 9 台 WAVE 机器人，机器人分工合作，快速地根据需求组装 3 种不同的圆珠笔，并将买家的名字刻在笔壳上，实现了消费定制。利用 5G 网络的各种特性，机器人摆脱了线缆和流水线束缚，能够像真人般灵活地完成工作。

目前，5G 应用还未真正落实到商用，但随着国内外 5G 研究和标准制定的推进，5G 在未来将会给生活以及工业带来极大的便利。

7.4　移动互联网

7.4.1　移动互联网概述

随着网络技术和无线通信设备的迅速发展，人们迫切希望能随时随地从因特网上获取信息。针对这种情况，因特网工程任务组（IETF）于 1996 年开始制定支持移动互联网的技术标准。目前，移动 IPv6 的核心标准（MIPv6-RFC3775）和相关标准如移动 IPv6 的快速切换（FMIPv6-RFC4068）、分级移动 IPv6 的移动性管理（HMIPv6-RFC4140）、网络移动（NEMO-RFC3963）已经出台，相关的各项开发工作都在进行中。

移动互联网目前并没有统一的定义，按照人们通常的理解，移动互联网是以移动通信网作为接入网络的互联网及服务。移动互联网包括以下几个要素。

① 移动通信网络接入，包括 2G、3G 和 E3G 等（不含通过没有移动功能的 Wi-Fi 和固定宽带无线接入提供互联网服务）。

② 公众互联网服务（WAP 和 WWW 方式）。

③ 终端，包括手机、移动互联网设备（MID）和数据卡方式的便携式计算机等。

下一代移动通信的核心网是基于 IP 分组交换的，而且移动通信技术和互联网技术的发展呈现出相互融合的趋势，故在下一代移动通信系统中，可以较为容易地引入移动互联网技术，移动互联网技术必将得到广泛应用。

移动互联网相较于固定互联网，最大的特点是随时随地和充分个性化，而其根源是移动通信的移动性和个性化特点。

移动性：移动用户可随时随地方便地接入无线网络，实现无处不在的通信能力；通过移动性管理，可获得相关用户的精确定位和移动性信息。

个性化：个性化表现为终端、网络和内容/应用的个性化。终端个性化，表现为消费移动终端与个人绑定，个性化呈现能力非常强。网络个性化，表现为移动网络对用户需求、行为信息的精确反映和提取能力，并可与混搭（Mashup）等互联网应用技术、电子地图等相结合。互联网内容/应用个性化，表现为采用社会化网络服务（SNS）、博客、聚合内容（RSS）、Widget 等 Web 2.0 技术与终端个性化和网络个性化的相互结合，使个性化效应得以极大释放。

7.4.2 移动互联网的目标

传统 IP 技术的主机不论是有线接入还是无线接入，基本上都是固定不动的，或者只能在一个子网范围内小规模移动。在通信期间，它们的 IP 地址和端口号保持不变。而移动 IP 主机在通信期间可能需要在不同子网间移动，当移动到新的子网时，如果不改变其 IP 地址，就不能接入这个新的子网；如果为了接入新的子网而改变其 IP 地址，那么先前的通信将会中断。

移动互联网技术是在因特网上提供移动功能的网络层方案，它可以使移动节点用一个永久的地址与互联网中的任何主机通信，并且在切换子网时不中断正在进行的通信。移动互联网达到的效果如图 7-17 所示。

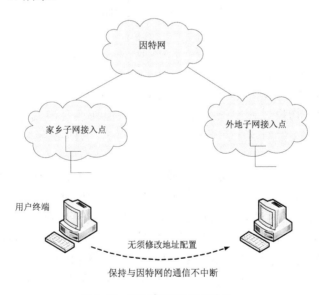

图 7-17　移动互联网达到的效果

7.4.3 移动互联网的基础协议

移动互联网的基础协议为移动 IPv4 协议（MIPv4）和移动 IPv6 协议（MIPv6），IETF 已经发布了 MIPv6 的正式协议标准 RFC3775。MIPv6 支持单一终端，无须改动地址配置，可在不同子网间进行移动切换，而保持上层协议的通信不发生中断。

在 MIPv6 体系结构中，含有 3 种功能实体：移动节点（MN）、家乡代理（HA）、通信节点（CN）。其中，MN 为移动终端；HA 位于家乡子网，负责记录 MN 的当前位置，并将发往 MN 的数据转发至 MN 的当前位置；CN 为与 MN 通信的对端节点。

MIPv6 的主要目标是使 MN 不管是连接在家乡链路还是移动到外地链路，总是通过家乡地址（HoA）寻址。MIPv6 对 IP 层以上的协议层是完全透明的，使得 MN 在不同子网间移动时运行在该节点上的应用程序无须修改或配置仍然可用。

每个 MN 都设置了一个固定的 HoA，这个地址与其当前接入互联网的位置无关。当 MN 移动至外地子网时，需要配置一个具有外地网络前缀的转交地址（CoA），并通过 CoA 提供 MN 当前的位置信息。MN 每次改变位置，都要通知 HA 它最新的 CoA，HA 将 HoA 和 CoA 的对应关系记录至绑定缓存。假设此时一个 CN 向 MN 发送数据，因为目的地址为 HoA，所以这些数据将被路由至 MN 的家乡链路，HA 负责将其捕获。查询绑定缓存后，HA 可以知道这些数据可以用 CoA 路由至 MN 的当前位置，HA 通过隧道将数据发送至 MN。在反方向，MN 首先以 HoA 作为源地址构造数据报，然后将这些报文通过隧道送至 HA，再由 HA 转发至 CN。这就是 MIPv6 的反向隧道工作模式。

若 CN 也支持 MIPv6 功能，则 MN 也会向它通告最新的 CoA，这时 CN 就知道了家乡地址为 HoA 的 MN 目前正在使用 CoA 进行通信，在双方收发数据时，就会将 HoA 与 CoA 进行调换，CoA 用于传输，而最后向上层协议递交的数据报中的地址仍是 HoA，这样就实现了对上层协议的透明传输。这就是 MIPv6 的路由优化工作模式。

建立 HoA 与 CoA 对应关系的过程，称为绑定（Binding），它通过 MN 与 HA、CN 之间交互相关消息完成，绑定更新（BU）是其中较重要的消息。

7.4.4 移动互联网的扩展协议

1. 移动 IPv6 的快速切换

基本的 MIPv6 解决了无线接入因特网的主机在不同子网间用同一个 IP 寻址的问题，而且能保证在子网间切换过程中保持通信的连续，但切换会造成一定的时延。移动 IPv6 的快速切换（FMIPv6）针对这个问题提出了解决方法，IETF 已经发布 FMIPv6 的正式标准 RFC 4068。

FMIPv6 引入新接入路由器（NAR）和前接入路由器（PAR）两种功能实体，增加了 MN 的相关功能，并通过 MN、NAR、PAR 之间的消息交互缩短时延。

MIPv6 切换过程中的时延主要是 IP 连接时延和绑定更新时延。

决定要进行切换时，MIPv6 首先进行链路层切换，即通过链路层机制首先发现并接入新的接入点（AP），然后再进行 IP 层切换，包括请求 NAR 的子网信息、配置新转交地址（NCoA）、重复地址检测（DAD）。通常，IP 层切换需要较长时间，这造成了 IP 连接时延。针对这个问题，FMIPv6 规定 MN 在刚检测到 NAR 的信号时就向 PAR 发送代理路由请求（RtSoPr）消息，用于请求 NAR 的子网信息，PAR 响应以代理路由通告（PrRtAdv）消息告之 NAR 的子网信息。MN 收到 PrRtAdv 后便配置 NCoA。这样，在 MN 决定切换时只需进行链路层切换，然后使用已配置好的 NCoA 即可连接至 NAR。

MN 连接至 NAR 并不意味着它能立刻使用 NCoA 与 CN 通信，而是要等到 CN 接收并处理完针对 NCoA 的 BU 后才能实现通信，这造成了绑定更新时延。针对这个问题，FMIPv6

规定 MN 在配置好 NCoA 并决定进行切换时，向 PAR 发送快速绑定更新（FBU）消息，目的是在 PAR 上建立 NCoA-PCoA 绑定并建立隧道，将 CN 发往 PCoA 的数据通过隧道送至 NCoA，NAR 负责缓存这些数据。MN 切换至 NAR 后，立即向它发送快速邻居通告（FNA）消息，NAR 便得知 MN 已完成切换，已经是自己的邻居，于是把缓存的数据发送给 MN。此时，即使 CN 不知道 MN 已经改用 NCoA 作为新的转交地址，也能与 MN 通过 PAR-NAR 进行通信。CN 处理完以 NCoA 作为转交地址的 BU 后，就取消 PAR 上的绑定和隧道，CN 与 MN 间的通信将只通过 NAR 进行。

此外，PAR 收到 FBU 后向 NAR 发送切换发起（HI）消息，作用是进行 DAD，以确定 NCoA 的可用性，然后 NAR 响应以切换确认（HACK）消息告知 PAR 最后确定可用的 NCoA，PAR 再将这个 NCoA 通过快速绑定确认（FBack）消息告诉 MN，最终 MN 将使用这个地址作为 NCoA。

采用上述方法，FMIPv6 切换延迟缩短为基本的 MIPv6 的 1/10，工作流程如下：

① MN 检测到 NAR 信号；

② MN 发送 RtSoPr；

③ MN 接收 PrRtAdv，配置 NCoA；

④ MN 确定切换，发送 FBU；

⑤ PAR 发送 HI，NAR 进行 DAD 操作；

⑥ NAR 回应 HACK；

⑦ PAR 向 MN 发送 FBA，同时建立绑定和隧道，将发往 PCoA 的数据通过隧道送至 NCoA；

⑧ MN 向 NAR 发送 FNA；

⑨ NAR 把 MN 作为邻居，向它发送从 PAR 隧道过来的数据；

⑩ CN 更新绑定后，删除 PAR 上的绑定和隧道，CN 将数据直接发往 NCoA。

2. 分级移动 IPv6 的移动性管理

若 MN 移动到离家乡子网很远的位置，每次切换时发送的绑定都要经过较长时间才能被 HA 收到，会造成切换效率低下问题。为解决这个问题，IETF 提出了分级移动 IPv6（HMIPv6），发布了正式标准 RFC4140。

HMIPv6 引入了移动接入点（MAP）这个新的实体，并对 MN 的操作进行了简单扩展，而对 HA 和 CN 的操作没有任何影响。按照范围的不同，将 MN 的移动分为同一 MAP 域内移动和 MAP 域间移动。在 MIPv6 中引入分级移动管理模型，最主要的作用是提高 MIPv6 的执行效率。HMIPv6 也支持 FMIPv6，以帮助 MN 的无缝切换。

当 MN 进入 MAP 域时，将接收到包含一个或多个本地 MAP 信息的路由通告（RA）。MN 需要配置两个转交地址：区域转交地址（RCoA），其子网前缀与 MAP 的一致；链路转交地址（LCoA），其子网前缀与 MAP 的某个下级 AR 的一致。首次连接至 MAP 下的某个 AR 时，将生成 RCoA 和 LCoA，并分别进行 DAD 操作，成功后 MN 给 MAP 发送本地绑定更新（LBU）消息，将其当前地址（即 LCoA）与在 MAP 子网中的地址（即 RCoA）绑定，而针对 HA 和 CN，MN 发送的 BU 的转交地址则是 RCoA。CN 发往 RCoA 的包将被 MAP 截获，MAP 将这些包封装转发至 MN 的 LCoA。

如果在一个 MAP 域内移动，切换到了另一个 AR，MN 仅改变它的 LCoA，只需要在 MAP 上注册新的地址，而不必向 HA、CN 发送 BU，这样就能较大程度地节省传输开销，由此可见，MAP 本质上是一个区域家乡代理。

在 MAP 域间移动时，MN 将生成新的 RCoA 和 LCoA，这时才需要给 BU 发送 HA 和 CN 注册新的 RCoA，当然，也需要发送 LBU 给新区域的 MAP。

HMIPv6 的注册过程如图 7-18 所示。

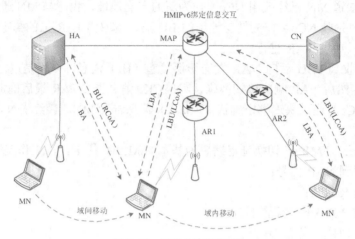

图 7-18 HMIPv6 的注册过程

因此，只有 RCoA 才需要注册 CN 和 HA。只要 MN 在一个 MAP 域内移动，RCoA 就不需要改变，使 MN 的域内移动对 CN 是透明的。

3. 子网移动网络移动性

移动互联网内部的网络拓扑相对固定，通过一台或多台移动路由器连接至全球的互联网。网络移动对移动网络内部节点完全透明，内部节点无须感知网络的移动，不需要支持移动功能。IETF 已发布子网移动网络移动性（NEMO）的正式标准 RFC3963。

NEMO 网络由一个或多个移动路由器、本地固定节点（LFN）和本地固定路由器（LFR）组成。LFR 可接入其他 MN 或 MR，构成潜在的嵌套移动网络。

NEMO 的原理与 MIPv6 类似，当其移动到外地网络时，MR 生成转交地址 CoA，向其 HA 发送 BU，绑定 MR 的 HoA 和 CoA，并建立双向隧道。CN 发往 LFN 的数据将路由至 HA，经路由查询下一跳应是 MR 的 HoA，HA 便将数据用隧道发至 MR，MR 将其解封装后路由至 LFN。反方向上，所有源地址属于 NEMO 网络前缀范围的数据都将被 MR 通过隧道送至 HA，HA 负责将其解封装并路由至 CN。

值得注意的是，HA 上必须有 NEMO 网络前缀范围的路由表，即 HA 需要确定发往 LFN 的数据的下一跳是 MR 的 HoA。有两种途径建立该路由表：在 BU 中携带 NEMO 网络前缀信息；在 MR 与 HA 间通过双向隧道运行路由协议。

RFC3963 中只提出了基本的反向隧道工作方式，没有解决三角路由问题，特别是在 NEMO 网络嵌套的情况下，需要多个 HA 的隧道封装转发，效率不是很高。为此，针对 NEMO 路由优化的相关工作正在进行中。

4. 应用中的技术整合

在移动 IPv6 中引入上述扩展协议后，移动互联网可以提供对单一终端和子网的移动性支持，并且在移动过程中支持终端、子网的快速切换和层次移动性管理。其架构如图 7-19 所示。

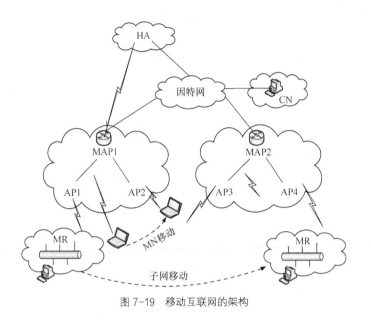

图 7-19 移动互联网的架构

此结构下的移动互联网在处理切换时，传输时延等开销较小，能做到无缝切换，可承载丰富的多媒体业务，能提供良好的用户服务。

课后习题

1. 简述 4G 与 5G 的区别。
2. 谈谈 LTE 有哪些关键技术。
3. 谈谈什么是移动互联网。
4. 简述移动互联网的目标。
5. 简述 MIPv6 的工作流程。
6. 简述 5G 的三大应用场景。

第 4 篇　管理服务层

第 **8** 章　物联网数据融合与管理

8.1　信息融合概述

8.1.1　信息融合的发展

"信息融合"一词最早出现在 20 世纪 70 年代，起初被称为数据融合，并于 20 世纪 80 年代发展成一项专门技术，近些年来引起了世界范围内的普遍关注。它是人类模仿自身信息处理能力的结果，类似人类和其他动物对复杂问题的综合处理。数据融合技术最早用于军事，1973 年美国研究机构就在国防部的资助下开展了声呐信号解释系统的研究。目前，工业控制、机器人、空中交通管制、海洋监视和管理等领域也向着多传感器数据融合方向发展。物联网概念的提出，使数据融合技术成为数据处理等相关技术开发所要关心的重要问题之一。

物联网数据融合概念是针对多传感器系统而提出的。在多传感器系统中，信息表现形式的多样性、数据量的巨大性、数据关系的复杂性，以及要求数据处理的实时性、准确性和可靠性，都已大大超出了人脑的信息综合处理能力，在这种情况下，多传感器数据融合技术应运而生。多传感器数据融合（Multi-Sensor Data Fusion，MSDF），简称数据融合，也被称为多传感器信息融合（Multi-Sensor Information Fusion，MSIF）。它由美国国防部在 20 世纪 70 年代最先提出，之后英、法、日、俄等国也做了大量的研究。近年来数据融合技术得到了巨大的发展，同时，伴随着电子技术、信号检测与处理技术、计算机技术、网络通信技术以及控制技术的飞速发展，数据融合已被应用在多个领域，在现代科学技术中的地位日渐突出。通过信息融合技术，可以扩展战场感知的时间和空间的覆盖范围，变单源探测为网络探测，对多源战场感知信息进行目标检测、关联/相关、组合，以获得精确的目标状态和完整的目标属性/身份估计，以及高层次的战场态势估计与威胁估计，从而实现未来战争中陆、海、空、天、电磁频谱全维战场感知。不少数据融合技术的研究成果和实用系统已在 1991 年的海湾战争中得到了实战验证，并取得了理想的效果。

8.1.2　信息融合的定义

美国国防部三军实验室理事联席会（JDL）对信息融合技术的定义：信息融合是对从单个和多个信息源获取的数据和信息进行关联、相关和综合，以获得精确的位置和身份估计，以及对态势和威胁及其重要程度进行全面及时评估的信息处理过程。该过程是对其估计、评估和额外信息源需求评价的一个持续精炼过程，同时也是信息处理过程不断自我修正的过程，并可获得结果的改善。后来，JDL 修正了该定义：信息融合是指对单个和多个传感器的信息和数据进行多层次、多方面的处理，包括自动检测、关联、相关、估计和组合的技术。

目前，信息融合定义可简洁地表述为：信息融合是利用计算机技术对时序获得的若干感知数据，在一定准则下加以分析、综合，以完成决策和评估任务的数据处理过程。信息融合这一技术有 3 层含义：①数据的全空间，即数据包括确定的和模糊的、全空间的和子空间的、同步的和异步的、数字的和非数字的，它是复杂的、多维多源的，覆盖全频段；②数据的融合不同于组合，组合指的是外部特性，融合指的是内部特性，它是系统动态过程中的一种数据综合加工处理；③数据的互补过程，即数据表达方式的互补、结构上的互补、功能上的互补、不同层次的互补，是数据融合的核心，只有互补数据的融合才可以使系统发生质的飞跃。

信息融合的实质是针对多维数据进行关联或综合分析，进而选取适当的融合模式和处理算法，用以提高数据的质量，为知识提取奠定基础。因此，数据融合需要解决数据对准，数据相关，数据识别（即估计目标的类别和类型），感知数据的不确定性，不完整、不一致和虚假数据，数据库，性能评估等技术问题。

8.1.3　信息融合的应用

信息融合技术首先应用于军事领域，包括航空目标的探测、识别和跟踪，以及战场监视、战术态势估计和威胁估计等。目前，信息融合的应用领域已经从单纯的军事领域渗透到其他应用领域。在地质科学领域，信息融合应用于遥感技术，包括卫星图像和航空拍摄图像的研究。在机器人技术和智能航行器研究领域，信息融合主要被应用于机器人对周围环境的识别和自动导航。信息融合技术也被应用于医疗诊断和人体模拟，以及一些复杂工业过程控制领域，此外，信息融合技术还被应用于火车定位、鱼类识别或车辆通过的检测等。

1. 在军事方面的应用

信息融合技术首先是从军事领域发展起来的，到目前为止，它已经应用到海上监视、空-空防御和地-空防御、战场侦察、监视和目标捕获、战略防御与告警等领域，主要用于包括战术和战略上指挥、控制、通信及军事目标（舰艇、飞机、导弹等）的检测、定位、跟踪和识别。多传感器融合技术应用在航迹跟踪上，通过来自不同传感器的信息，就可估计出各目标的位置与运动方向、速度和加速度。在军事上，这可以对敌方、友方和己方的飞机、导弹进行跟踪，帮助指挥中心对战场进行态势估计与威胁估计，指挥各兵种进行协同作战，充分发挥己方兵力优势，尽早、尽快地将敌方歼灭，并保护己方的设施不受攻击。在多传感器侦察系统中，使用信息融合技术不仅能使系统组合的结构更加合理，而且综合利用多种传感器信息的互补性和冗余性，提高了信息的确定性和可靠性，提高了对低可观性目标的探测和识别能力，有助于提高决策的实时性和准确性，同时，也有利于降低系统的成本。

2. 在其他方面的应用

近年来，融合技术在工业机器人、工业过程监视、医疗诊断、天气预报、森林火警、自然灾害（地震、洪水）预报、粮食产量预测、生物医学工程、智能交通系统、社会安全与犯罪预防等民用领域得到了较快的发展。

机器人领域也是较早应用多传感器信息融合的领域之一，特别是在那些难以由人完成或对人体有害的环境和场合，利用工业机器人完成工业监控、水下作业、危险环境工作，是最好的解决方式。还可以利用机器人对三维对象或实体进行识别和定位，所用传感器利用了听觉、视觉、电磁和 X 射线等。

在医疗诊断方面，对普通病人，医生主要是通过接触、看、听、问和病人自述等途径了解病情，而对一些复杂的情况，可能就需要通过 X 射线图像、核磁共振图像等对人体的病变、异常和肿瘤等进行定位与识别了。医生利用这些结果确定病情，减少或避免误诊。利用信息融合原理，还可开发出软件和专家系统，更方便地为病人诊断病情。

8.2 信息融合的基本原理

8.2.1 信息融合的体系结构

信息融合概念模型是对信息融合过程的全局抽象，如图 8-1 所示。

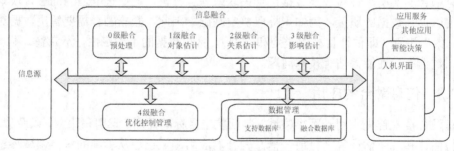

图 8-1 信息融合概念模型

信息融合概念模型由信息源、信息融合、数据管理和应用服务 4 部分组成。

1. 信息源

信息源是多个感知设备采集的信息，作为信息融合的输入。

2. 信息融合

信息融合包括预处理、对象估计、关系估计、影响估计和优化控制管理等。通过总线结构，将 5 个融合级别进行关联，表示信息融合不同级别之间具有信息交换和功能支撑的关系。在物联网信息融合应用中，并不是从 0 级到 4 级逐一进行相应的融合层级处理的，每个物联网系统都可根据用户的需求，对其接收到的信息进行相应级别的融合处理，即任何级别的融合处理都可独立进行或几个级别组合进行相应的输入、处理和输出。预处理和对象估计是针对单一对象的融合，是将单一对象的属性和状态等信息进行融合；关系估计和影响估计是针对多个对象的融合，主要是结合多个对象和环境等要素的关系进行融合；优化控制管理是分析融合结果，对各级融合效能和结果进行评估，并对融合过程进行管理与控制。

（1）0 级融合——预处理

预处理的输入是感知设备采集的原始数据，输出是预处理后形成的规范化数据。预处理分为两部分：数据过滤和数据规范化。

数据过滤：主要是对原始数据进行滤波与噪声消除，改善质量，提高其可辨识度。

数据规范化：主要是对数据进行格式统一化和压缩处理。

（2）1 级融合——对象估计

对象估计的输入，主要是感知设备输出的结果数据，并辅以支持数据库的判据信息和融合数据库中的先验知识。对象估计的输出结果作为关系估计和影响估计的输入，也可供用户使用。1 级融合主要涵盖对象状态估计以及对象属性估计两部分：对象状态估计包括时空配准、联合检测、数据关联、状态分析、状态预测；对象属性估计包括判定级、特征级、数据级 3 种融合识别结构。1 级融合如图 8-2 所示。

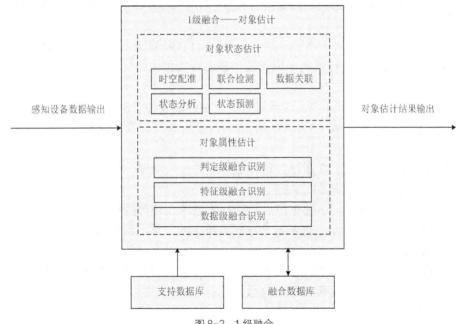

图 8-2　1 级融合

（3）2 级融合——关系估计

关系估计的输入主要是当前对象估计的输出结果，并辅以支持数据库的环境数据、融合数据库中的先验知识和其他信息。

关系估计的输出是对象关系和态势状态及其可信度估计。输出的基本形式是态势图，必要时辅以图表和文字报告。态势图通常由底图（如电子地图）和在其上叠加显示的关系要素图形及标注信息组成。关系估计包括态势生成、态势估计、态势预测 3 个部分。

① 态势生成：态势生成是根据应用需求将对象与环境等相关要素进行聚集，基于感知信息的对象状态（位置、速度等）、时间和事件等实体关系要素的观测态势。

② 态势估计：态势估计是采用数据挖掘或其他智能技术，依赖已有的相关知识库及其他信息，对观测态势进行挖掘，显示包括各个对象之间的关系、未知对象的意图和行动方案等规律关系的估计态势。

③ 态势预测：态势预测是在观测态势和估计态势基础上，通过对各实体的变化预测和对预测后各实体的再聚集，并参照与历史态势的相关性，获得态势预测结果。

（4）3 级融合——影响估计

影响估计由应用需求、任务计划等驱动，输入主要是当前关系估计的输出结果，并辅以当前对象估计的输出结果、相关的环境信息、先验知识。影响估计的输出是定性/定量形式的影响程度估计及可信度估计。影响估计的功能一般包括影响对象识别、影响事件预测、影响预警、方案应对、结果估计。

（5）4 级融合——优化控制管理

优化控制管理的输入是系统对信息融合的需求，0 级～3 级的融合结果，输出是对 0 级～3 级融合产品的估计结果和 0 级～3 级融合过程的控制指令。优化控制管理包括过程估计和控制管理两个部分。

① 过程估计是以融合目标为依据，对 0 级～3 级融合的性能和效能进行估计度量，综合评估 0 级～3 级融合结果对融合目标的支持程度，以达到对 0 级～3 级融合实时控制或长期改进的目的。

② 控制管理根据过程估计结果，对信息源、通信传输、0 级～3 级融合级别的软硬件资源实施规划、配置管理和运行控制，以实现信息融合的优化。优化控制管理的功能一般包括以下几个方面。

- 过程控制，用于控制 0 级～3 级融合过程中的软硬件资源的运行状态。
- 资源配置，配置 0 级～3 级融合所需的信息资源，以及网络通信、计算处理和存储等资源。
- 接入管理，主要用于感知设备和外部系统的接入管理，包括接口管理、接入数据管理、感知设备工作状态的优选和监视等。
- 数据库管理，主要实现融合相关的支持数据库和外部数据库的建立和管理，融合所需数据、融合结果数据的存取管理和融合相关数据库的日常运维管理。

3．数据管理

包括支持数据库和融合数据库。支持数据库主要包含对象的已有属性数据、关联数据和其他支持数据。融合数据库主要用于融合数据的存取。

4．应用服务

包括人机交互、智能决策和其他应用。人机交互主要实现融合结果的呈现，以及提供用户提出融合需求和对融合处理进行干预控制的接口；智能决策主要应用融合结果进行决策辅助；同时，融合结果也可输出至其他应用。

8.2.2　信息融合技术的理论方法

信息融合的方法涉及多方面的理论和技术，如信号处理、估计理论、不确定性理论、模式识别、最优化技术、模糊数学和神经网络等。目前，这些方法大致可分为两类：随机类方法和人工智能方法。

（1）随机类方法

这类方法的研究对象是随机的，在多传感器信息融合中常采用的随机类方法有很多种，这里只介绍前 3 种。

① 贝叶斯推理法。把每个传感器看作一个贝叶斯估计器，用于将每一个目标各自的关联概率分布综合成一个联合后验分布函数，然后随观测值的到来不断更新假设的该联合分布似然函数，并通过该似然函数的极大或极小进行信息的最后融合。虽然贝叶斯推理法解决了传统推理方法的某些缺点，但是定义先验似然函数比较困难，要求对立的假设彼此不相容，无法分配总的不确定性，因此，贝叶斯推理法具有很大的局限性。

② Dempster-Shafer 证据理论。这是一种广义的贝叶斯推理方法，它是通过集合表示命题，把对命题的不确定性描述转化为对集合的不确定性描述，利用概率分配函数、信任函数、似然函数来描述客观证据对命题的支持程度，用它们之间的推理与运算来进行目标识别的。该理论不需要先验概率和条件概率密度，并且能将"不知道"和"不确定"区分开来，但是它存在潜在的指数复杂度问题和要求证据独立的问题。

③ 卡尔曼滤波法。它利用测量模型的统计特性，递推确定在统计意义下最优的融合数据估计，适合于线性系统的目标跟踪，并且一般适用于平稳的随机过程，它要求系统具有线性的动力学模型，且系统噪声和传感器噪声是高斯分布白噪声模型，并且计算量大，对出错数据非常敏感。

（2）人工智能方法

近年来，用于多传感器数据融合的计算智能方法有小波变换、模糊集合理论、神经网络、粗集理论和支持向量机等，限于篇幅，这里只介绍小波变换和神经网络。

① 小波变换是一种新的时频分析方法，在多信息融合中主要用于图像融合，即把多个不同模式的图像传感器得到的同一场景的多幅图像或同一传感器在不同时刻得到的同一场景的多幅图像合为一幅图像的过程。经图像融合技术得到的合成图像可以更全面、精确地描述所研究的对象。基于小波变换的图像融合算法首先用小波变换将各幅原图像分解，然后基于一定的选择规则得到各幅图像在各个频率段的决策表，对决策表进行一致性验证，得到最终的决策表，在最终决策表的基础上经过一定的融合过程，得到融合后的多分辨表达式，最后经过小波逆变换得到融合图像。

② 神经网络是在现代神经生物学和认知科学对人类信息处理研究成果的基础上提出的方法，它有大规模并行处理、连续时间动力学和网络全局作用等特点，将存储体和操作合二为一。利用人工神经网络的高速并行运算能力，可以避开信息融合中建模的过程，从而消除由模型不符或参数选择不当带来的影响并实现实时识别。神经网络的种类繁多，学习算法多种多样，新的结构和算法层出不穷，使得目前对神经网络数据的研究非常广泛。

8.3　物联网中的数据融合技术

8.3.1　物联网数据融合的作用

物联网的数据构成与传统网络有着较大的差异，这主要由其自身的特点所决定。物联网的数据特点主要体现在以下几个方面。

1. 数据的多态性与异构性

无线传感网节点、RFID 标签、M2M 等设备的大量存在，使得物联网的数据呈现出极大的多态性和异构性。同时，无线传感网中有各种各样的传感器，这些传感器结构不同、性能各异，其采集的数据结构也各不相同。在 RFID 系统中也有多个 RFID 标签、多种读写器，M2M 系统中的微型计算设备更是形形色色。物联网中的数据有文本数据，也有图像、音频、视频等多媒体数据，它们的数据结构不可能遵循统一模式。数据既有静态数据，也有动态数据。同时，物联网系统的功能越复杂，传感器节点、RFID 标签种类越多，其异构性问题也将越突出，异构性加剧了数据处理和软件开发的难度。

2. 数据的海量性

物联网往往是由若干个无线识别的物体彼此连接和结合形成的动态网络。RFID 系统中，由于感知物体的大量性、信息采集的高频次等，系统采集的是海量信息；无线传感网能够记录多个节点的多媒体信息，数据量更是大得惊人，通常以 TB 计。此外，在一些实时监控系统中，数据是以流（Stream）的形式实时、高速地产生的，上述海量信息的实时涌现，给数据的实时处理和后期管理带来了新的挑战。

3. 数据的时效性

无论是 WSN 还是 RFID 系统，物联网的数据采集工作都是随时进行的，数据更新快，历史数据因其海量性不可能长期保存，所以系统的反应速度或响应时间是系统可靠性和实用性的关键。这就要求物联网的软件数据处理系统必须采用特别的应对措施，如预处理与数据挖掘相结合、错误数据检测与冗余信息处理相结合等多种方法的有效利用。根据网络的层次结构，物联网的数据处理与优化包括感知层的数据获取与优化、传输层的数据传输与优化，以及应用层的数据合成与优化 3 个方面。但由于物联网应用的多样性和数据本身的异构性，对其应用层的数据合成与优化问题无法给出一般性的描述。

数据融合是 WSN 中非常重要的一项技术，是针对一个系统中使用多个传感器这一问题而展开的一种信息处理方法，即通过对多感知节点信息的协调优化，数据融合技术可以有效地减少整个网络中不必要的通信开销，提高数据的准确度和收集效率。物联网感知层和应用层都会使用数据融合技术。传送已融合的数据要比传送未经处理的数据节省能量，可延长网络的生存周期。但对物联网而言，数据融合技术将面临更多挑战，例如，感知节点能源有限，多数据流的同步，数据的时间敏感特性，网络带宽的限制，无线通信的不可靠性和网络的动态特性等。因此，物联网中的数据融合需要有其独特的层次性结构体系。简单来说，应用层的数据融合可采取通用的数据融合技术。而在感知层的数据融合，是通过一系列算法对传感器节点采集到的大量原始数据进行网内处理去除其中的冗余信息，只将少量有意义的处理结果传输给汇聚节点。采用数据融合技术，能够大大减少 WSN 中需要传输的数据量，降低数据冲突，减轻网络拥挤，从而有效地节省能源开销，起到延长网络寿命的作用。物联网数据融合需要研究解决数据融合节点的选择、数据融合时机、数据融合算法这 3 个关键问题。

物联网相比无线传感网而言，其数据的异构性和海量性更为突出，不仅包括传感数据，同时还有 RFID、EPC 及其他电子扫描数据，因此，数据的融合操作更加迫切。目前，有效的处理办法是在传感网数据融合方法的基础上进一步加强数据处理类型的可扩展性，加快数据处理速度，满足实时业务和服务的现实需求。根据数据进行数据融合前后的信息含量，可以将数据聚合划分为无损数据融合和有损数据融合。

（1）无损数据融合。无损数据融合中，所有细节信息均被保留。将多个数据分组打包，而不改变各个分组所携带的数据内容。这种数据融合只是缩减了分组头部的数据和为传输多个分组而需要的传输控制开销，而保留了全部信息。

（2）有损数据融合。有损数据融合是只针对数据收集的需求而进行网内数据处理的结果，通常会省略一些细节或降低数据的质量，从而减少需要存储或传输的数据量，以达到节省存储资源或能量资源的目的。简而言之，有损数据聚合就是保留所需要的信息。

8.3.2 基于 1 级融合的数据融合模型

根据物联网信息融合概念模型和传感网的自身特点,基于 1 级融合的数据融合模型的对象属性估计过程如图 8-3 所示。其中，对象属性估计按照融合级别（数据级融合、特征级融合、判定级融合）的不同可分为 3 种类型：数据级、特征级、判定级。

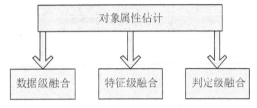

图 8-3 对象属性估计过程

1. 数据级融合

数据级融合又称像素级融合，它是直接在采集到的原始数据层上进行的融合，在各种传感器的原始检测未经预处理之前就进行数据的综合与分析。数据级融合一般采用集中式融合体系进行融合处理。这是低层次的融合，如成像传感器中通过对包含若干像素的模糊图像进行图像处理来确认目标属性的过程，就属于数据级融合。其优点是保持了尽可能多的战场信息。其缺点是处理的信息量大，所需时间长，实时性差。这种融合通常用于多源图像复合、图像分析和理解，以及同类（同质）雷达波形的直接合成，以改善雷达信号处理。

图 8-4 显示了数据级融合。在数据级融合方法中，首先直接融合来自同类传感器的数据，然后是特征提取和来自融合数据的属性判决。为了完成这种数据层融合，传感器必须是相同的（如几个红外传感器）或者是同类的（如一个红外传感器和一个视觉图像传感器）。为了保证被融合的数据对应于相同的目标或客体，关联要基于原始数据进行。

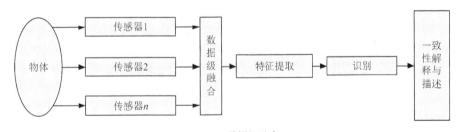

图 8-4 数据级融合

2. 特征级融合

特征级融合属于中间层次的融合，它先对来自传感器的原始信息进行特征提取（特征可以是目标的边缘、方向、速度等），然后对特征信息进行综合分析和处理。也就是说，每种传感器提供从观测数据中提取的有代表性的特征，这些特征融合成单一的特征向量，然后运用模式识别的方法进行处理。特征级融合的优点在于实现了可观的信息压缩，有利于实时处理，并且因为所提取的特征直接与决策分析有关，所以融合结果能最大限度地给出决策分析所需要的特征信息。特征级融合一般采用分布式或集中式的融合体系。特征级融合可分为两大类：一类是目标状态融合，另一类是目标特性融合。

图 8-5 显示了特征级融合。在这种方法中，每个传感器观测一个目标，并且对来自每个传感器的特征向量进行特征提取，然后融合这些特征向量，并基于联合特征向量做出属性判决。另外，为了把特征向量划分成有意义的群组，必须运用关联过程，对此，位置信息也许是有用的。

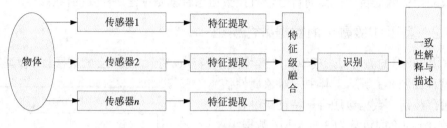

图 8-5　特征级融合

3. 判定级融合

判定级融合也称决策级融合，通过不同类型的传感器观测同一个目标，每个传感器在本地完成基本的处理，包括预处理、特征抽取、识别或判决，以建立对所观察目标的初步结论，然后通过关联处理进行决策级融合，最终获得联合推断结果。这一层融合是在高层次上进行的，融合的结果为指挥控制决策提供依据。决策级融合的优点：具有很高的灵活性，系统对信息传输带宽要求较低；能有效地融合反映环境或目标各个侧面的不同类型信息，具有很强的容错性；通信容量小，抗干扰能力强；对传感器的依赖性小，传感器可以是异质的；融合中心处理代价低。

图 8-6 显示了判定级融合。在这种方法中，每个传感器为了获得一个独立的属性判决，要完成一个变换，然后顺序融合来自每个传感器的属性判决。

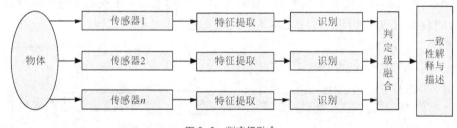

图 8-6　判定级融合

8.3.3　多传感器算法

数据融合技术涉及复杂的融合算法、实时图像数据库技术和高速、大吞吐量数据处理等支撑技术。数据融合算法是融合处理的基本内容，它是在不同融合层次上运用不同的数学方法对多维输入数据进行聚类处理的方法。就多传感器数据融合而言，虽然还未形成完整的理论体系和有效的融合算法，但有不少应用领域根据各自的具体应用背景已经提出了许多成熟并且有效的融合算法。针对传感网的具体应用，也有许多具有实用价值的数据融合技术与算法。

（1）多传感器数据融合算法。目前已有的大量的多传感器数据融合算法，基本上可概括为两大类：一是随机类方法，包括加权平均法、卡尔曼滤波法、贝叶斯推理法、D-S 证据理论等；二是人工智能方法，包括模糊集合理论、神经网络等。不同的方法适用于不同的应用背景。神经网络和人工智能等新概念、新技术在数据融合中将发挥越来越重要的作用。

（2）传感网数据融合路由算法。目前，针对传感网中的数据融合问题，国内外在以数据为中心的路由协议以及融合函数、融合模型等方面已经取得了许多研究成果，主要集中在数据融合路由协议方面。按照通信网络拓扑结构的不同，比较典型的数据融合路由协议有基于数据融合树的路由协议、基于分簇的路由协议，以及基于节点链的路由协议。

8.4　物联网数据管理技术

在物联网实现中，分布式动态实时数据管理是其以数据中心为特征的重要技术之一。该技术部署或者指定一些节点作为代理节点，代理节点根据感知任务收集兴趣数据。感知任务通过分布式数据库的查询语言，下达给目标区域的感知节点。在整个物联网体系中，传感网可作为分布式数据库独立存在，实现对客观物理世界的实时、动态的感知与管理。这样做的目的是，将物联网数据的处理方法与网络的具体实现方法分离开来，使得用户和应用程序只需要查询数据的逻辑结构，而无须关心物联网具体是如何获取信息细节的。

8.4.1　物联网数据管理系统的特点

数据管理主要包括对感知数据的获取、存储、查询、挖掘和操作，目的就是把物联网上数据的逻辑视图和网络的物理实现分离开来，使用户和应用程序只需关心查询的逻辑结构，而无须关心物联网的实现细节。

（1）与传感网支撑环境直接相关。

（2）数据需在传感网内处理。

（3）能够处理感知数据的误差。

（4）查询策略需适应最小化能量消耗与网络拓扑结构的变化。

目前关于物联网数据模型、存储、查询技术的研究成果很少，比较有代表性的是针对传感网数据管理的 Cougar 和 TinyDB 这两个查询系统。

8.4.2　传感器网络数据管理系统结构

目前，针对传感网的数据管理系统结构主要有集中式结构、半分布式结构、分布式结构和层次式结构 4 种类型。

（1）集中式结构。在集中式结构中，节点首先将感知数据按事先指定的方式传送到中心节点，统一由中心节点处理。这种方法简单，但中心节点会成为系统性能的瓶颈，而且容错性较差。

（2）半分布式结构。利用节点自身具有的计算和存储能力，对原始数据进行一定的处理，然后再将其传送到中心节点。

（3）分布式结构。每个节点独立处理数据查询命令。显然，分布式结构是建立在所有感知节点都具有较强的通信、存储与计算能力基础之上的。

（4）层次式结构。目前，针对传感网的大多数数据管理系统研究集中在层次式结构。典型的研究成果有美国加州大学伯克利分校（UC Berkeley）的 Fjord 系统和康奈尔（Cornell）大学的 Cougar 系统。

① Fjord 系统。Fjord 系统是 Telegraph 项目的一部分，它是一种自适应的数据流系统，主要由自适应处理引擎和传感器代理两部分构成。它基于流数据计算模型处理查询，并考虑了根据计算环境的变化动态调整查询执行计划的问题。

② Cougar 系统。Cougar 系统的特点是尽可能地在传感网内部进行查询处理，只有与查询相关的数据才能从传感网中提取出来，以减少通信开销。Cougar 系统的感知节点不仅需要处理本地的数据，还要与邻近的节点进行通信，协作完成查询处理的某些任务。

课后习题

1. 哪些传感网的应用需要数据融合？
2. 汇聚节点和一般节点有何区别？
3. 有损数据融合和无损数据融合有何区别？

第 9 章　物联网安全技术

学习要求

知　识　要　点	能　力　要　求
物联网的安全概述	了解物联网的安全特征 理解物联网安全威胁 了解物联网安全体系结构
物联网的安全关键技术	掌握本章中物联网安全的关键技术
物联网的安全管理	了解物联网安全管理以及引入 IPv6 后物联网安全管理
区块链技术与物联网安全	了解区块链技术特性 理解基于区块链技术的物联网安全保护

9.1　物联网的安全概述

物联网的关键在于应用，物联网应用将深入所有人生活的方方面面。物联网应用所面临的安全威胁以及安全事故所造成的后果，将比互联网时代严重得多。物联网安全呈现大众化、平民化特征，安全事故的危害和影响巨大。物联网应用中各处都需要安全，安全需求与成本的矛盾十分突出。物联网安全还必须改变先系统后安全的思路，在物联网应用设计和实施之初就必须同时考虑应用和安全，将两者从一开始就紧密结合，系统地考虑感知、网络和应用的安全，才能更好地解决各种物联网安全问题，应对物联网安全的新挑战。

9.1.1　物联网安全特征

与传统网络相比，物联网发展带来的安全问题将更加突出，因此要强化安全意识，把安全放在首位，超前研究物联网产业发展可能带来的安全问题。物联网安全除了要解决传统信息安全的问题之外，还需要应对成本、复杂性等新的挑战。物联网安全面临的新挑战，主要包括需求与成本的矛盾，安全复杂性进一步加大，信息技术发展本身带来的问题，以及物联网系统攻击的复杂性和动态性仍较难把握。总的来说，物联网安全的主要特点体现在 4 个方面，即大众化、轻量级、非对称和复杂性。

（1）大众化。物联网时代，当每个人都习惯使用网络处理生活中的所有事情的时候，当你习惯于网上购物、网上办公的时候，信息安全就与你的日常生活紧密地结合在一起了。物联网时代如果出现了安全问题，那每个人都将面临重大损失。只有当安全与所有人的利益相关的时候，人们才会重视安全，这就是所谓的"大众化"。

（2）轻量级。物联网中需要解决的安全威胁数量庞大，并且与人们的生活密切相关。物联网安全必须是轻量级、低成本的安全解决方案。只有这种轻量级的思路，普通大众才可能接受。轻量级解决方案正是物联网安全的一大难点，安全措施的效果必须要好，同时要成本低，这样的需求可能会催生一系列的安全新技术。

（3）非对称。物联网中，各个网络边缘感知节点的能力都较弱，但是其数量庞大，而网络中心的信息处理系统的计算处理能力非常强，整个网络呈现出非对称的特点。物联网安全在面向这种非对称网络的时候，需要将能力弱的感知节点的安全处理能力与网络中心强的处理能力结合起来，采用高效的安全管理措施，使其形成综合能力，从而能够整体上发挥出安全设备的效能。

（4）复杂性。物联网安全十分复杂，从目前可认知的观点出发可以知道，物联网安全所面临的威胁、要解决的安全问题、所采用的安全技术，不仅在数量上比互联网多很多，而且还可能出现互联网安全所没有的新问题和新技术。物联网安全涉及信息感知、信息传输和信息处理等多个方面，并且更加强调用户隐私，各个层面的安全技术需要综合考虑，系统的复杂性将是一大挑战，同时也将呈现大量的商机。

9.1.2　物联网面临的安全威胁

目前物联网的通信面临着以下两大类安全威胁，即被动攻击和主动攻击，如图9-1所示。

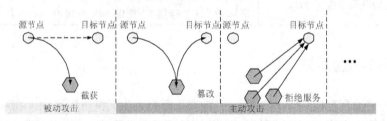

图9-1　对物联网的被动攻击和主动攻击

1. 被动攻击

攻击者从物联网通信网络上窃听正常节点间的通信内容，这种攻击方式称为截获。在被动攻击中，攻击者只是观察和分析某个协议数据单元PDU而不干扰信息流。即使这些数据对攻击者来说是不易理解的，攻击者也可以通过观察PDU的协议控制信息部分来了解正在通信的协议实体的地址和身份，研究PDU的长度和传输的频度，以便了解所交换的数据的某种性质。这种攻击被称为流量分析。

2. 主动攻击

主动攻击方式较多，下面列举两种常见的主动攻击方式。

（1）篡改

攻击者故意篡改正常节点间传送的报文。这里包括彻底中断传送的报文，甚至把完全伪造的报文传送给目标节点。这种攻击方式也被称为"更改报文流"。

（2）拒绝服务（Denial of Service，DoS）

攻击者向目标节点发送大量分组，导致目标节点一直处于"忙"状态而无法完成与正常节点的通信。DoS 攻击将会耗尽节点电量以及占用带宽资源，使系统运行变得缓慢甚至无法继续工作。

9.1.3 物联网安全体系结构

从物联网安全的特征和对物联网安全威胁分析来看，物联网安全需要对物联网的各个层次进行有效的安全保障，以应对感知层、网络层和应用层所面临的安全威胁，还要能够对各个层次的安全防护手段进行统一的管理和控制，而且这些安全技术需要符合物联网安全的特征。根据这些需求构建的物联网安全体系结构如图 9-2 所示。

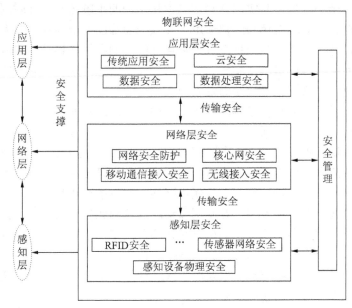

图 9-2 物联网安全体系结构

感知层安全主要分为设备物理安全和信息安全两类。传感器节点之间的信息需要保护，传感器网络需要安全通信机制，以确保节点之间传输的信息不被未授权的第三方获得。安全通信机制需要使用密码技术。传感器网络中通信加密的难点在于轻量级的对称密码体制和轻量级加密算法。感知层主要通过各种安全服务和各类安全模块实现各种安全机制，对某个具体的传感器网络，可以选择不同的安全机制来满足其安全需求。

网络层安全主要包括网络安全防护、核心网安全、移动通信接入安全和无线接入安全等。网络层安全要实现端到端加密和节点间信息加密。对于端到端加密，需要采用端到端认证、端到端密钥协商、密钥分发技术，并且要选用合适的加密算法，还需要进行数据完整性保护。对于节点间数据加密，需要完成节点间的认证和密钥协商，加密算法和数据完整性保护则可以根据实际需求选取或省略。

应用层安全除了传统的应用安全之外，还需要加强处理安全、数据安全和云安全。多样化的物联网应用面临着各种各样的安全问题，除了传统的信息安全问题外，云计算安全问题也是物联网应用层所需要面对的。因此，应用层需要一个强大而统一的安全管理平台，否则每个应用系统都建立自身的应用安全平台，将会影响安全互操作性，导致新一轮安全问题的产生。除了传统的访问控制、授权管理等安全防护手段，物联网应用层还需要新的安全机制，比如对个人隐私保护的安全需求等。

9.2 物联网的安全关键技术

物联网是一个联合多种网络的复杂系统，其面临的安全问题比其他的网络更多，所以对保障物联网安全的技术性要求较高，可以采用以下技术来保障物联网的安全。

9.2.1 密钥管理机制

密钥系统是安全的基础，是实现感知信息隐私保护的手段之一。互联网由于不存在计算资源的限制，非对称和对称密钥系统都适用。互联网面临的安全问题主要来源于其最初的开放式管理模式的设计，互联网是一种没有严格管理中心的网络。移动通信网是一种相对集中式管理的网络，而无线传感器网络和感知节点由于计算资源的限制，对密钥系统提出了更多的要求，因此，物联网密钥管理系统面临着两个主要的问题：一是如何构建一个贯穿多个网络的统一密钥管理系统，并与物联网的体系结构相适应；二是如何解决传感网的密钥管理问题，如密钥的分配、更新、组播等。

实现统一的密钥管理系统，可以采用两种方式：一是以互联网为中心的集中式管理方式，由互联网的密钥分配中心负责整个物联网的密钥管理，一旦传感器网络接入互联网，通过密钥中心与传感器网络汇聚节点的交互，实现对网络中节点的密钥管理；二是以各自网络为中心的分布式管理方式，在此模式下，互联网和移动通信网比较容易解决，但在传感器网络环境中对汇聚点的要求比较高，尽管我们可以在传感器网络中采用簇头选择方法推选簇头，形成层次式网络结构，每个节点与相应的簇头通信，簇头间以及簇头与汇聚节点之间进行密钥的协商，但对多跳通信的边缘节点，以及由于簇头选择算法和簇头本身的能量消耗，实现传感器网络的密钥管理是解决问题的关键。

无线传感器网络密钥管理系统的设计，在很大程度上受到其自身特征的限制，因此，在设计需求上与有线网络和传统的资源不受限制的无线网络有所不同，要充分考虑到无线传感器网络传感节点的限制和网络组网与路由的特征。它的安全需求主要体现在以下几个方面。

（1）密钥生成或更新算法的安全性：利用该算法生成的密钥应具备一定的安全强度，不能被网络攻击者轻易破解或者花很小的代价破解，即加密后应保障数据包的机密性。

（2）前向私密性：中途退出传感器网络或者被俘获的恶意节点，在周期性的密钥更新或者撤销后无法再利用先前所获知的密钥信息生成合法的密钥继续参与网络通信，即无法参与报文解密或者生成有效的可认证的报文。

（3）后向私密性和可扩展性：新加入传感器网络的合法节点，可利用新分发或者周期性更新的密钥参与网络的正常通信，即进行报文的加解密和认证行为等。而且，能够保障网络是可扩展的，即允许大量新节点的加入。

（4）抗同谋攻击：在传感器网络中，若干节点被俘获后，其所掌握的密钥信息可能会造成网络局部范围的泄密，但不应对整个网络的运行造成破坏性或损毁性的后果，即密钥系统要具有抗同谋攻击能力。

（5）源端认证性和新鲜性：源端认证要求发送方身份的可认证性和消息的可认证性，即任何一个网络数据包都能通过认证和追踪寻找到其发送源，且是不可否认的。新鲜性则保证合法的节点在一定的延迟许可内能收到所需要的信息。新鲜性除了和密钥管理方案紧密相关外，与传感器网络的时间同步技术和路由算法也有很大的关联。

根据这些要求，在密钥管理系统的实现方法中，人们提出了基于对称密钥系统的方法和基于非对称密钥系统的方法。在基于对称密钥的管理系统方面，从分配方式上也可以分为以下 3 类：基于密钥分配中心方式、预分配方式和基于分组分簇方式。

典型的解决方法有 SPINS 协议、基于密钥池预分配方式的 E-G 方法和 q-Composite 方法、单密钥空间随机密钥预分配方法、多密钥空间随机密钥预分配方法、对称多项式随机密钥预分配方法、基于地理信息或部署信息的随机密钥预分配方法、低能耗的密钥管理方法等。与非对称密钥系统相比，对称密钥系统在计算复杂度方面具有优势，但在密钥管理和安全性方面却有不足。例如，邻居节点间的认证难于实现，节点的加入和退出不够灵活。特别是在物联网环境下，如何实现与其他网络的密钥管理系统的融合，是值得探讨的问题。为此，人们将非对称密钥系统也应用于无线传感器网络。近几年作为非对称密钥系统的基于身份标识的加密算法（Identity-Based Encryption，IBE）引起了人们的关注。该算法的主要思想是加密的公钥不需要从公钥证书中获得，而是直接使用标识用户身份的字符串。最初提出这种基于身份标识加密算法的动机，是简化电子邮件系统中证书的管理。

9.2.2 数据处理与隐私性

物联网中，机器与机器间可以直接通信而不需要人的参与，一些带有个人隐私内容的信息很容易被非法攻击者利用机器通信的特点窃取。在射频识别系统中，带有电子标签的物品可能不受控制地被恶意入侵系统者扫描、定位和追踪，这势必会使物品所有者的个人隐私信息被泄露。例如，车载系统中的物联网终端很容易将汽车所有者的位置信息暴露给恶意用户或敌人，为用户带来麻烦；带有电子标签的家用物品被恶意用户扫描后，会泄露物品所有者的一些私人信息；恶意入侵者还可能通过入侵电力/水表抄表系统，获取某一小区中用户的水电费信息，从而判断最近一段时间内用户是否在家，进而实施其他破坏。因此，物联网中用户的隐私保护问题，需要被格外重视，并且应该得到有效解决。用户隐私包括通信中的用户数据、用户的个人信息（如通过物联网应用的使用情况判定用户所在位置、使用时间等）等。

技术上可以通过授权认证、加密等安全机制来保证用户在通信中的隐私安全，通过授权认证机制确保只有合法用户才能读取相应级别的数据；通过加密机制使得只有拥有解密密钥的合法用户才能读取物联网终端上的信息，并保证信息在传输过程中不被中间人监听。

当前，隐私保护技术主要有两种。

（1）匿名技术，主要包括基于代理服务器、路由和洋葱路由的匿名技术。

（2）署名技术，主要是 P3P 技术，即隐私偏好平台。然而，P3P 仅仅增加了隐私政策的透明性，使用户可以清楚地知道个体的何种信息被收集、用于何种目的以及存储多长时间等，其本身并不能保证使用它的各个 Web 站点履行其隐私政策。

9.2.3 安全路由

物联网自身的特殊架构，使其对路由安全的要求相对较高，物联网跨越多种类别、不同层次结构的网络，其中一类是基于 IP 地址进行路由选择的互联网，一类是基于标识进行路由选择的传感器网络。传感器网络中的节点存在自组性强、随机性强、拓扑结构变化快、无线传输数据量大的特性，使攻击者更容易利用路由信息或者节点的插入等方法对物联网发动攻击。

因此，物联网中的路由选择至少要解决两个问题：一是多网融合的路由问题，二是传感网的安全路由问题。前者可以考虑将身份标识映射成类似的 IP 地址，实现基于地址的统一路由体系；后者针对传感网的计算资源的局限性和易受到攻击的特点，要设计抗攻击的安全路由算法。

目前，国内外学者提出了多种无线传感器网络路由协议，这些路由协议最初的设计目标通常是以最小的通信、计算、存储开销来完成节点间数据传输，但是这些路由协议大都没有考虑到安全问题。实际上，无线传感器节点电量有限、计算能力有限、存储容量有限以及部署意外等特点使它极易受到各类攻击。无线传感器网络路由协议常受到的攻击主要有以下几类：虚假路由信息攻击、选择性转发攻击、污水池攻击、女巫攻击、虫洞攻击、Hello 洪泛攻击、确认攻击等。表 9-1 列出了应对这些攻击可以采用的方法。针对无线传感器网络中数据传送的特点，目前已提出许多较为有效的路由技术。按路由算法的实现方法划分如下：洪泛式路由，如谣言（Gossiping）路由等；以数据为中心的路由，如定向扩散路由（Directed Diffusion）、SPIN 路由协议等；按层次划分的路由，如低能耗自适应分簇层次协议（Low Energy Adaptive Clustering Hierarchy，LEACH）、阈值敏感的能效传感网络路由协议（Threshold Sensitive Energy Efficient Sensor Network Protocol，TEEN）等；基于位置信息的路由，如贪婪周边无状态路由（Greedy Perimeter Stateless Routing，GPSR）、地理和能量感知路由（Geographic and Energy Aware Routing，GEAR）等。

表 9-1　　　　　　　　　　　　应对攻击可以采用的方法

攻 击 类 型	解 决 方 法
外部攻击和链路层攻击	链路层加密认证
女巫攻击	身份认证
Hello 洪泛攻击	双向链路认证
虫洞和污水池攻击	很难防御，必须在设计路由协议时考虑，如基于地理位置的路由
选择性转发攻击	多径路由技术
认证广播和洪泛攻击	广播认证

9.2.4　认证与访问控制

认证指使用者采用某种方式来"证明"自己确实是自己宣称的某人，网络中的认证主要包括身份认证和消息认证。

身份认证可以使通信双方确信对方的身份并交换会话密钥。保密性和及时性是认证的密钥交换中两个重要的问题。为了防止假冒和会话密钥的泄密，用户标识和会话密钥这样的重要信息必须以密文的形式传送，这就需要事先已有能用于这一目的的主密钥或公钥。因为可能存在消息重放，所以及时性非常重要，在最坏的情况下，攻击者可以利用重放攻击威胁会话密钥或者成功假冒另一方。

消息认证中主要是接收方希望能够保证其接收的消息确实来自真正的发送方。有时收发双方不同时在线，例如，在电子邮件系统中，电子邮件消息发送到接收方的电子邮件中，并一直存放在邮箱中直至接收方读取。广播认证是一种特殊的消息认证形式，在广播认证中，一方广播的消息被多方认证。

传统的认证是区分不同层次的，网络层的认证就负责网络层的身份鉴别，业务层的认证就负责业务层的身份鉴别，两者独立存在。但是在物联网中，业务应用与网络通信紧紧地绑在一起，认证有其特殊性。例如，当物联网的业务由运营商提供时，那么就可以充分利用网络层认证的结果而不需要进行业务层的认证；当业务是敏感业务，如金融类业务时，一般业务提供者会不信任网络层的安全级别，而使用更高级别的安全保护，那么这个时候就需要做业务层的认证；而当业务是普通业务时，如气温采集业务等，业务提供者认为网络认证已经足够，那么就不再需要业务层的认证。

在物联网的认证中，传感网的认证机制是重要的研究对象，无线传感器网络中的认证技术，主要包括基于轻量级公钥的认证技术、基于预共享密钥的认证技术、基于随机密钥预分布的认证技术、利用辅助信息的认证技术、基于单向散列函数的认证技术等。

（1）基于轻量级公钥算法的认证技术。鉴于经典的公钥算法需要高计算量，在有的无线传感器网络中不具有可操作性。当前有一些研究正致力于对公钥算法进行优化设计，使其能适应无线传感器网络，但在能耗和资源方面还存在很大的改进空间，如基于 RSA 公钥算法的TinyPK 认证方案，以及基于身份标识的认证算法等。

（2）基于预共享密钥的认证技术。安全网络加密协议（Secure Network Encryption Protocol，SNEP）方案中提出两种配置方法：一是节点之间的共享密钥，二是每个节点和基站之间的共享密钥。这类方案每对节点共享一个主密钥，可以在任何一对节点之间建立安全通信。缺点表现为扩展性和抗捕获能力较差，任意一节点被俘获后就会暴露密钥信息，进而导致全网络瘫痪。

（3）基于单向散列函数的认证技术。该类方法主要用在广播认证中，由单向散列函数生成一个密钥链，利用单向散列函数的不可逆性，保证密钥不可预测。通过某种方式依次公布密钥链中的密钥，可以对消息进行认证。目前基于单向散列函数的广播认证方法主要是对μTESLA 协议的改进。μTESLA 协议以 TESLA 协议为基础，对密钥更新过程、初始认证过程进行了改进，使其能够在无线传感器网络中有效实施。

访问控制是对用户合法使用资源的认证和控制，目前信息系统的访问控制主要基于角色的访问控制（Role-Based Access Control，RBAC）及其扩展模型。RBAC 机制主要由 Sandhu于 1996 年提出的基本模型 RBAC96 构成，一个用户先由系统分配一个角色，如管理员、普通用户等，登录系统后，根据用户的角色所设置的访问策略实现对资源的访问，显然，同样的角色可以访问同样的资源。RBAC 机制是基于互联网的 OA 系统、银行系统、网上商店等系统的访问控制方法，是基于用户的。

对物联网而言，末端是感知网络，可能是一个感知节点或一个物体，通过用户角色进行资源的控制显得不够灵活：一是基于角色的访问控制在分布式的网络环境中有不适应的地方，如对具有时间约束资源的访问控制，访问控制的多层次适应性等需要进一步探讨；二是节点不是用户，是各类传感器或其他设备，且种类繁多，基于角色的访问控制机制中角色类型无法一一对应这些节点，使 RBAC 机制难于实现；三是物联网表现的是信息的感知互动过程，包含了信息的处理、决策和控制等过程，特别是反向控制是物物互连的特征之一，资源的访问呈现出动态性和多层次性，而 RBAC 机制中一旦用户被指定为某种角色，其可访问资源就相对固定了。因此，寻求新的访问控制机制是物联网也是互联网值得研究的问题。

基于属性的访问控制（Attribute-Based Access Control，ABAC），是近几年研究的热点，如果将角色映射成用户的属性，可以构成 ABAC 与 RBAC 的对等关系，而属性的增加相对简单，同时，基于属性的加密算法可以使 ABAC 得以实现。ABAC 方法的问题是，对较少的属性来说，加密解密的效率较高，但随着属性数量的增加，加密的密文长度增加，使算法的实用性受到限制。目前有两个发展方向：基于密钥策略和基于密文策略。其目标就是改善基于属性的加密算法的性能。

9.2.5 恶意代码防御

在物联网场景下，多数物联网终端设备都处于无人值守状态，那么，一旦有蠕虫病毒入侵，很难被及时发现，会导致更大范围的蔓延。此外，由于感知网络中数据的传播方式多是通过广播或者多播的方式传输，会导致病毒的扩散途径大大增加。因此，从这个角度来说，蠕虫病毒对物联网应用的威胁比普通应用更大。

此外，由于物联网终端设备和传感器节点部署广泛，且传感器网络节点的防护能力较低，攻击者能找到更多的进行 DDoS（分布式拒绝服务）攻击的漏洞或条件，通过在物理层及协议层干扰用户数据、信令/控制数据，或者假冒合法物联网用户及其终端设备，从而干扰或者阻止合法用户的正常业务使用。因此，物联网业务暴露在 DDos 攻击威胁下的可能性也会比普通应用更大。物联网的特殊应用场景，使得物联网业务中病毒、DDos 攻击威胁比普通应用更大，因此，物联网中病毒、DDoS 攻击的防御力度需要加强。

恶意代码防御可采用基于现有网络的恶意代码防御机制，并结合分层防御的思想，从而加强物联网的恶意代码防御能力。分层防御的思想，即在传感器网络层或 M2M 终端部署入侵检测机制检测异常流量及恶意代码，以便从源头控制恶意代码的复制和传播；传感器网关可作为防御机制中的第二层控制节点，负责恶意代码、异常流量的简单分析和上报处理；核心网侧部署恶意代码防御服务器作为恶意代码防御机制的第三层防御控制节点，负责恶意代码的分析、处理。

9.2.6 入侵检测与容侵容错技术

任何试图破坏信息系统的完整性、保密性或有效性的活动，都被称为入侵行为，入侵检测是指通过对网络上的一些关键点收集信息并进行分析，从而发现网络或者系统中是否存在违反安全策略的行为，或者存在对闯入系统的企图。物联网中的节点分布广泛，而且安全性都相对比较薄弱，因此，采用分布式入侵检测机制是比较适合的。分布式入侵检测通过设置自治 Agent（代理人）、入侵检测 Agent（IDA）、通信服务 Agent（TSA）和状态检查 Agent（SDA）来实现对网络数据的入侵检测。

容侵指在网络中存在恶意入侵的情况下网络仍然能够正常地运行的情况。现阶段物联网的容侵容错技术主要体现为无线传感器网络的容侵容错技术。容侵是针对网络的拓扑结构、路由信息的安全性以及数据传输过程而言的。容错指的是当网络中的节点或者链路出现故障时，网络具有较强的自我恢复能力，能最大限度地减小局部节点或链路失效对网络功能的影响。

9.2.7 基于 IPv6 物联网的安全技术

当前，基于因特网的各种物联网应用正在迅猛发展，由此带来的物联网终端接入量急剧膨胀。而与此情景截然不同的是，因特网当前使用的 IP 协议版本 IPv4 正因为各种自身的缺陷而举步维艰，把 IPv6 引入物联网是必然的趋势。引入之后物联网的安全需求会怎么样呢？其安全技术又该如何发展呢？

无线传感器网络在引入 IPv6 协议以后，面临着新的安全问题。

（1）IPv6 网络层数据传输安全问题及需求分析。在传感网引入 IPv6 安全机制后，原有的 IPSec 安全协议并未考虑低功耗的需求，无法满足现有传感器网络的安全需求，原因如下。

① IPv6 网络中的 IPSec（Internet Protocol Security，网络协议安全性）安全关联，需要 6 次以上的消息交互，且密钥协商采用非对称 ECDH 算法，开销大幅增加。

② 由于封装安全有效负载（Encapsulated Security Payload，ESP）同时满足加密和认证，需要采用 IPSec 的 ESP 报头，但是 ESP 报头的长度至少为 10 字节（传感网应用），报文负载太大。

③ IPSec 是 IPv6 网络强制的数据安全机制，传感网中一对多的保密性和完整性无法通过 IPSec 的加密和校验来完成。

（2）IPv6 路由安全问题及需求分析。用于低功耗有损网络的路由协议（Routing Protocol for LLN，RPL）本身容易遭受到安全威胁：RPL 路由协议中，Rank 的主要功能是创建最优的网络拓扑，避免环路和管理控制开销。攻击节点可以通过修改自己的 Rank 值在攻击者附近构建一个 sinkhole，吸引周围节点向其发送数据。

（3）互联互通系统安全问题及需求分析。传感器网络互联互通过程中，复杂的因特网网络环境使传感网容易遭受到安全威胁。

① 非法因特网访问用户随意地访问传感器网络，不采取认证机制对访问用户进行身份认证，将造成传感器网络管理中心的崩溃，同时，传感器网络大量的私密信息会遭到泄露。

② 合法因特网访问用户，如果没有合理的方案控制其访问规则，大量的访问操作将为传感器网络管理带来负担，也会造成传感器网络敏感信息的泄露，无法保障高机密性信息的安全性。

9.3　物联网的安全管理

根据物联网网络安全特征与安全威胁分层分析，得出的物联网安全管理框架如图 9-3 所示，分为应用安全、网络安全、终端安全和安全管理 4 个层次。前 3 个层次为具体的安全措施，其中，应用安全措施包括应用访问控制、内容过滤和安全审计等。网络安全即传输安全，包括加密和认证、异常流量控制、网络隔离交换、信令和协议过滤、攻击防御和溯源等安全措施。终端安全包括主机防火墙、防病毒和存储加密等安全措施。安全管理则覆盖以上 3 个层次，对所有安全设备进行统一管理和控制。

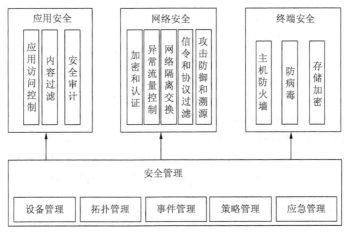

图 9-3　物联网安全管理框架

　　具体来讲，安全管理包括设备管理、拓扑管理、事件管理、策略管理和应急管理。设备管理指对安全设备的统一在线或离线管理，并实现设备间的联动联防。拓扑管理指对安全设备的拓扑结构、工作状态和连接关系进行管理。事件管理指对安全设备上报的安全事件进行统一格式处理、过滤和排序等操作。策略管理指灵活设置安全设备的策略。应急管理指发生重大安全事件时安全设备和管理人员间的应急联动。安全管理能够对全网安全态势进行统一监控，在统一的界面下完成对所有安全设备统一管理，实时反映全网的安全状况；能够对产生的安全态势数据进行汇聚、过滤、标准化、优先级排序和关联分析处理，提高安全事件的应急响应处置能力；还能实现各类安全设备的联防联动，有效抵挡复杂攻击行为。

　　引入 IPv6 后，物联网安全管理是什么情况呢？我们就 IPv6 传感网进行说明。网关除了具备数据的安全传输和转发功能外，还实现对 IPv6 传感网的安全管理，包括用户身份鉴别、密钥协商、安全参数的下发和访问控制等功能。此外，还必须维持安全管理信息库和访问控制列表。

　　（1）节点身份鉴别：对 IPv6 传感网节点的入网进行管理与资源分配。

　　（2）密钥管理：完成密钥协商、密钥更新等功能。

　　（3）访问控制：对因特网用户身份进行认证，当用户认证通过后，根据访问控制列表进行控制。

　　（4）访问控制列表：访问控制列表存储资源标识、访问权限、访问时限、用户 ID 等信息。

　　（5）安全管理信息库：管理信息库实现数据安全存储功能，IPv6 传感网安全管理信息库主要存储节点信息和密钥信息。节点信息包括节点身份、资源 ID、受攻击次数、安全接入时间等，密钥信息包括密钥更新周期、节点安全等级、随机数值等。

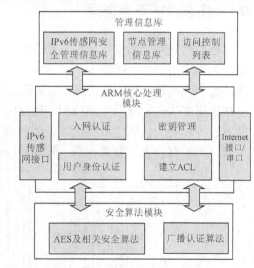

图 9-4　安全管理者功能结构

　　网关安全管理使用 IPv6 传感网接口和因特网用户接口对传感网数据和因特网用户访问信息进行处理。

　　安全管理者由管理信息库、核心处理模块和安全算法模块构成，其功能结构如图 9-4 所示。

　　（1）管理信息库完成数据存储功能，其中，IPv6 传感网安全管理信息库存储节点身份、数据类型、密钥、安全等级、受攻击次数、安全接入时间等信息。

　　（2）核心处理模块传感网接口和用户接口分别处理 IPv6 传感网和转发用户信息。入网认证模块用于识别 IPv6 节点设备身份；密钥管理模块根据设备信息完成密钥建立，并为节点分发其他的安全参数；用户身份识别模块用于处理用户访问信息，认证访问用户身份信息；访问控制模块通过调用用户管理信息库中存储的合法用户信息对用户接入消息进行控制。

　　（3）安全算法模块集成标准 IPSec 的安全策略数据库（IPSec SAD）、轻量级 IPSec 采用的轻量级密码算法和 AES 加解密等安全算法，为核心处理模块提供支持。

9.4 区块链技术与物联网安全

9.4.1 区块链技术

1. 区块链概述

区块链技术（Blockchain Technology）是一种记录交易数据的计算机数据库，它并非一项新技术，而是一个新的技术组合。其关键技术包括 P2P 动态组网、基于密码学的共享账本、共识机制、智能合约等技术。区块链原本是比特币等加密货币存储数据的一种独特方式，用来存储大量交易信息，每条记录信息按照时间顺序链接起来，并以密码学方式保证交易信息的不可篡改和不可伪造，因此，具备公开透明、无法篡改、方便追溯的特点。

2. 区块链特性

区块链是一种共享的分布式数据库技术，主要包括 4 个技术特性：去中心化、去信任、集体维护、可靠数据库。

（1）去中心化。众多节点组成端到端的网络，形成了一个区块链，因此，在区块链中不存在中心化的设备和管理机构，这些数据信息存储在所有节点中，而不是存储在唯一的中心化机构。任一节点停止工作，都不会影响系统整体的运作。去中心化弥补了传统中心设备集中管理而容易招致攻击的缺陷。

（2）去信任。系统中所有节点之间通过数字签名技术和哈希算法进行验证，只要按照系统既定的规则进行交易，不需要节点信任，节点之间不能也无法进行欺骗。

（3）集体维护。所有具有维护功能的节点都参与系统维护。

（4）可靠数据库。在区块链中，相邻的两个区块利用密码学与每一笔交易相串联，因此，可以通过这种方式追溯每一笔交易记录；系统中每个节点都有完整的数据库副本，所以单个节点或者数个节点对数据库的更改并不会引起系统数据库的更改。

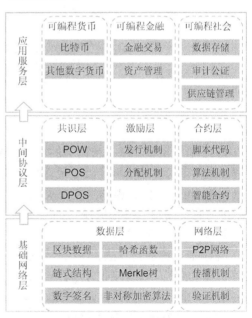

图 9-5 区块链架构图

3. 区块链架构图

从架构设计上来说，区块链可以简单地分为 3 个层次：基础网络层、中间协议层、应用服务层，它们相互独立但又不可分割，如图 9-5 所示。

（1）基础网络层。主要由数据层和网络层组成。数据层中主要有 4 个核心技术：区块 + 链、哈希函数、Merkle 树、非对称加密算法。网络层主要实现去中心化，包含 P2P 网络。

① 区块 + 链。区块是一种记录交易的数据结构，反映了一笔交易的资金流向，完成了交易的区块则会形成主链。一个区块包含交易信息、前一个区块形成的哈希散列、随机数。区块结构主要由区块头和区块体组成。区块结构如图 9-6 所示。

其中，交易信息包括交易双方的私钥、交易的数量、电子货币的数字签名。

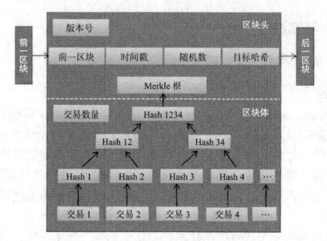

图 9-6 区块结构

前一区块形成的哈希散列：用来将区块连接起来，实现交易的顺序排列。

随机数：所有节点竞争计算随机数的答案，最快得到答案的节点生成一个新的区块，并广播到所有节点进行更新，如此完成一笔交易。区块 + 链结构如图 9-7 所示。

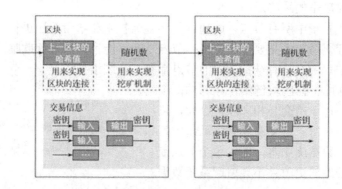

图 9-7 区块 + 链结构

② 哈希函数。基于密码学的单向哈希函数，用 $y =\text{hash}(x)$ 表示。易被验证，但却很难破解。将任意长度的资料经由哈希算法转换为一组固定长度的代码。

③ Merkle 树。也称哈希二叉树，其主要功能是校验大规模数据的完整性。Merkle 树归纳所有交易信息并生成统一的哈希值，区块中任意一交易信息被更改，都会使 Merkle 树改变。

④ 非对称加密算法。秘钥产生器产生一对秘钥，公钥是向外公开的，并且发送方用公钥对原信息加密，只有接收方用自己的私钥才能解密，保证了数据不被窃取。若用私钥进行数字签名，则只有公钥才能验证数据是由私钥持有者发出的，因此，具有不可抵赖性。

⑤ P2P 网络。实现点对点的技术交流，而不经过中心服务器。因此，P2P 网络具有无须中心服务器介入的去中心化、容错性高、健壮性好的特点。

（2）中间协议层。中间协议层由共识层、激励层、合约层组成。

① 位于共识层的共识机制。为了所有节点能够达成对一笔交易的共识，包括交易记录的有效性、真实性，需要利用共识机制。目前主要有四大类共识机制：PoW（Proof of Work，工

作量证明）、PoS（Proof of Stake，权益证明）、DPoS（Delegated Proof of Stake、股份授权证明）和分布式一致性算法。

② 位于激励层的发行机制和分配机制。例如，比特币系统会根据新建的区块奖励矿工，但根据时间规则每 4 年奖励会减半，所以比特币总量固定且不会继续增加。

③ 位于合约层的智能合约。智能合约是一组规则和逻辑选择。各方签署了智能合约并通过代码的形式附着在区块数据上，再经由 P2P 传递。当满足了智能合约的触发要求时，区块链激活并执行智能合约内容。

（3）应用服务层。应用服务层作为区块链产业链中最重要的环节，包括区块链的各种应用场景和案例，包括可编程货币、可编程金融和可编程社会。

9.4.2　利用区块链保障物联网安全

区块链与物联网具有许多相似的地方，如区块链与物联网都具有去中心化的特点。区块链系统网络是典型的 P2P 网络，而物联网的拓扑结构也属于分布式，两者的网络特性决定了可以利用区块链技术在网络安全方面的优势，为物联网安全问题提供解决途径；区块链系统通过智能合约来进行智能化执行，而在物联网应用中，可以利用区块链的智能合约来实现目前的物联网应用，如智能家居、智能交通等；在保证安全方面，物联网可以利用区块链的非对称加密算法实现信息加密和数字签名，利用私钥加密信息，利用公钥解密验证信息来源的真实性等。

随着物联网设备数量的增长，传统的中心化设备的管理与数据处理容易招致物联网安全攻击，而基于区块链的物联网安全模式将得以改善。

（1）物联网设备鉴权。在新的物联网设备接入网的时候，需要向接入平台和网络设备节点发送接入请求和设备鉴权。此时，物联网利用区块链中的非对称加密算法以及 P2P 网络，可在无须额外建设第三方平台和设备的情况下直接进行新设备入网和身份验证。

（2）物联网共识网络。为了数据的安全和隐私保护，利用区块链的共识验证机制，部署特定节点进行工作量证明验证，保证在物联网环境下智能设备节点不承担数据计算工作等，而只是对数据进行加密和传输，并把数据传输作为区块链交易向整个网络广播。

（3）设备追踪。通过利用区块链技术记录的用户和设备之间的数据账本，物联网系统可以跟踪单个设备并能够查找其历史记录。通过设备追踪，实时了解设备的使用状态，一旦出现异常，立即响应，能够最大限度地保护设备安全，从而保证整个物联网网络的安全。

课后习题

1. 简述物联网的安全威胁。
2. 物联网安全技术有哪些？它们各有何特点？请简要描述。
3. 谈谈你对基于 IPv6 的物联网安全与一般传感网安全的区别的认识。

第 **10** 章 物联网的测试技术

知 识 要 点	能 力 要 求
物联网的测试技术概述	了解物联网的测试需求 掌握传感网的测试分类及其主要功能 了解传感网的测试标准 掌握传感网的测试特点 理解传感网的测试架构
物联网安全测试	了解安全测试系统 了解系统的搭建以及测试报告内容

10.1 物联网的测试技术概述

10.1.1 需求分析

当前，新一代信息通信技术正在全球范围内引发新一轮的产业变革，成为推动经济社会发展的重要力量。物联网作为我国战略性新兴产业的重要组成部分，正在进入深化应用的新阶段。物联网与传统产业、其他信息技术的不断融合渗透，催生出新兴产业和新的应用，在加快经济发展方式转变、促进传统产业转型升级、服务社会民生方面正发挥着越来越重要的作用。但保障更复杂、更大规模的物联网应用的成功部署和实施是一个新的挑战。毫无疑问，测试技术将扮演关键角色。

所谓测试，就是验证被测对象是否符合标准规范、用户需求的过程。测试工作贯穿于物联网标准化和产业链的整个过程。测试可以对标准化的内容提供验证方法和手段，同时，在测试工作中不断发现和解决问题有助于完善标准化体系，促进物联网产业链的发展。然而，对于物联网这一新兴产业，随着物联网对象的逐渐明确，怎么进行有效的测试，确实是技术人员不得不面对的一个问题。下面以传感器网络测试为例，介绍物联网测试技术。

通过对传感器网络测试特点进行分析，传感器网络的应用对测试提出了如下的需求。

1. **产品与标准的符合程度**

（1）标准的符合性测试

传感器设备来源于不同的设备提供商，为了保证这些设备互联互通，需要对这些设备进行协议符合性测试，主要包括协议一致性测试以及互操作性测试。在进行测试时，需要从以下几个方面来考虑。

① 基本互联测试：包括入网和数据通信功能等基本互联功能的测试，以确定被测协议或系统是否具有满足基本互联的能力。

② 能力测试：包括数据类型的支持、数据服务、管理服务等的测试，看其是否满足静态一致性要求和具备在协议实现一致性声明（PICS）文件中阐述的能力。

③ 行为测试：包括网络参数、网络管理等测试，要求在动态一致性测试的范围内进行尽可能完整的测试。

④ 接口功能测试：包括传感器网络用户功能接口的测试、设备间通信接口的测试，以及设备间管理接口的测试等。

⑤ 功能互操作性测试：传感器网络中的功能比较多，不同的功能之间往往需要通过相关信息的交换来协调工作，需要进行功能的互操作性测试。

⑥ 应用互操作性测试：传感器网络的应用比较丰富，有时候不同的应用需要交换信息，这样就要求不同的应用拥有实现信息的互通、交换、语义理解与共享的能力，因此，需要进行应用互操作性测试。

（2）应用行规的符合性测试

由于传感器网络应用在纵向的市场领域，每个传感器网络的应用都将可能有独特的要求。传感器网络的应用/服务需要应用行规文件来定义其服务功能、处理功能、接口程序、操作属性、属性值等。因此，应用行规决定了传感器网络系统间的通信交换过程，为了保证应用行规和标准规定的符合性，需要对应用行规中的具体规范包括数据格式、行规参数和选项等内容进行一致性测试。

2. 异构网互联互通测试

一个应用可能包括不同的传感器网络，同时，支持一个或多个应用的异构传感器网络具有网络互操作的能力。为了保证某一个应用在异构网络的情况下设备可以正常工作，需要对传感器网络的异构网联通性进行测试。测试包括如下内容。

（1）测试传感器网络、网关以及服务提供者之间读取和处理服务信息的能力。

（2）测试传感器网络、网关以及服务提供者之间交换数据的能力。

（3）组网接入技术的测试：异构的传感器网络具有复杂组网方式、多种接入环境、灵活多样的接入方式、数量庞大的智能接入设备等特征，因此，测试时需要对不同网络的接入能力以及多网络在接入过程中对其他网络的影响进行测试。

（4）网络切换技术测试：主要测试异构网络的网络管理切换方案，以实现网络之间和网络内部的应用负载均衡，从而有效地利用网络资源，以满足用户对多应用的需求。

（5）通信资源管理测试：包括通信链路、接入权限、信道编码、发射功率，以及连接模式等内容的测试。

（6）协议转换功能测试：异构网络中，可能有多种协议在进行交互，协议转换的功能尤其重要，需要对异构网络中的协议转换功能进行测试。

3. 性能测试

传感器网络实际部署的节点数以万计，应用环境千差万别，且与传统的网络维护不同，多为无人值守，因此，对网络性能的测试非常关键，这决定了传感器网络实际应用中的效率和功能。性能测试指标主要包括以下几点。

（1）应用服务类属性指标：应用服务类属性指标反映应用服务对传感器网络的性能要求。具体属性包括移动性、时延、速率、连续性、优先级以及业务调度等。

（2）网络性能指标：包括网络吞吐量、数据传输丢包率、端到端时延、路由中断概率、失效节点比率等。

（3）应用技术性能指标：应用技术性能指标是网络在应用中各方面性能的量化指标，可以用来评估和鉴定实际传感器网络的性能，包括寿命与节能、覆盖、事件上限、数据融合、定位以及同步等。

（4）接入性能指标：接入性能指标反映了传感器网络终端网络到网关的性能参数，包括接口速率、连接时间、时延、时延变化、丢包率及误差率等。

4. 规模性测试

在监控区域通常会部署大量节点，这些节点具有分布地理区域大、节点部署密集、网络拓扑结构复杂和信息多跳路由等特点。通过不同空间视角获得的信息具有更大的信噪比；通过分布式处理大量采集的信息能够提高监测的精确度，降低对单个节点传感器的精度要求；大量冗余节点的存在，使系统具有很强的容错性能；大量节点能够增大覆盖的监测区域，减少盲区。随着规模的增大，小规模安全措施不能满足大规模网络需求，会增加网络安全隐患，给测试带来以下挑战。

（1）对大规模的各种设备进行层次化整合。

（2）分区域、分层次和分系统功能进行测试。

（3）大规模组网测试。

（4）信息采集精度、信噪比和容错性测试。

5. 移动性测试

传感器网络的移动性，包括同一个无线网络中节点的移动和同一个节点在不同无线网络间的切换。测试要满足以下方面的要求。

（1）对节点在同一个网络中的移动，进行通信保持测试，即测试节点移动过程中能否保持通信服务以及通信质量。

（2）节点由于某种原因随时可能离开当前的网络，或进入新的网络，这就会带来一系列的接入问题，主要是针对传感节点能否及时地加入网络进行测试，以及网络切换过程中包损失、通信时延、移动过程中的通信延迟等。

（3）网络通信距离测试，用于指示传感器网络的通信范围。

（4）网络通信盲区测试，主要测试两个网络之间是否存在通信盲区，从而避免传感节点在此区域不能接入网络的问题。

6. 共存性测试

传感器网络的通信资源可以被共用，同一协议上可能存在多个应用的特点，这势必会导致通信基本技术和应用的共存性问题。为了解决该类问题，需对共存性进行测试，具体内容包括以下两个方面。

（1）基本技术的共存性测试：在多种传感器网络共用同种通信链路的情况下，通信链路可能存在相互的干扰和冲突。测试内容需要包括链路干扰性、通信速率、链路资源分配等。

（2）应用的共存性测试：在传感器网络协议上可以同时存在多种应用，要判断各应用能否正确地实现相应的功能，以及相互之间是否存在影响，就需要对应用的共存性进行测试。测试的内容主要包括多任务处理测试、最大应用数量测试、服务质量测试等。

7. 远程测试

传感器网络如果被部署在恶劣环境、无人区域或敌方阵地，环境条件、现实威胁和当前任务具有不确定性，有时候为了确定传感器网络能够完成某种应用，需要对传感器网络进行远程测试。对传感器网络进行远程测试，需要满足以下几方面的需求。

（1）鲁棒性。传感器网络工作于恶劣的环境中，不能因为一些传感器发生了故障而导致整个网络崩溃。

（2）通信链路的监控。对某些应用进行远程测试时，需要对被测传感器节点的邻居节点的链路状况进行持续监控。

（3）时间同步。几乎所有的应用均需要时间同步，分布式传感网络远程测试时对时间同步的精度往往有独特的要求，同时也要考虑到实现时间同步所需要的能量和时间，所以可能会影响到节点的能耗性。

（4）传感器接口。在远程测试中，往往需要对被测网络中的一些传感器节点进行操作或者对参数进行配置，因此，要求传感器提供统一的标准接口，以便用户进行操作。

（5）传感器节点数据输入。远程测试中需要对远程节点进行配置时，节点应该具有数据输入的能力，应允许远程用户进行配置。

8. 安全测试

传感器网络是集信息采集、信息处理、信息传输与信息应用于一体的综合智能信息系统，传感网的安全性能将直接影响整个网络总体上的信息安全、能量高效性、容侵容错和高可用性等目标的实现。为验证传感网是否具有保证传感网中各种信息的安全、抵抗非授权操作获取保护信息或网络资源、防止非法用户对数据的篡改和窃取的能力，需对以下安全特性进行测试。

（1）密钥管理。密钥在其整个生命周期内都必须得到有效的管理。其中，对于密钥的产生，必须根据国家密码行政主管部门指定的特定算法和密钥长度来产生密钥；对于密钥的预分发，必须根据国家密码行政主管部门的有关规定以安全可信的方式执行；对于密钥的备份，必须根据国家密码行政主管部门指定的备份方法来备份；对于密钥的访问，必须根据国家密码行政主管部门指定的特定访问方法进行访问。

（2）数据保密性。测试验证传感器网络中具有保密性要求的数据在传输过程和存储过程中是否泄露给未授权的个人、实体、进程，或被其利用。

（3）数据完整性。测试验证传感器网络中具有完整性要求的数据在传输过程和存储过程中是否被篡改。

（4）数据新鲜性。测试验证传感器网络各类设备能否采用安全机制对接收数据的新鲜性进行验证，并丢弃不满足新鲜性要求的数据，能否抵抗对特定数据的重放攻击。

（5）数据鉴别。测试验证传感网特定数据的有效性、数据内容是否被伪造或者篡改，以及数据发送者身份的真实性。

（6）身份鉴别。在进行鉴别时，传感器网络应能提供有限的主体反馈信息，确保非法主体不能通过反馈数据获得利益。在需要时，能通过硬件机制确保鉴别数据的安全性，防止鉴别数据的泄露。

（7）访问控制。测试传感网是否能根据安全属性明确地授权或拒绝对某个对象的访问，数据是否能根据不同安全等级的数据流控制规则在不同安全等级的存储体之间流动。

9. 用户特定需求的测试

在传感器网络的应用中，用户可能会对某种应用提出特定的需求。例如，渔民可能需要传感器网络定期地发布捕鱼天气信息；在智能家居中，当主人不在家时，如遇紧急情况，可以发送手机短信信息；国家灾难中心可能需要全天候的天气信息，观察和预测一个地区的自然现象和紧急情况。为了使传感器网络满足用户的特定需求，需要对用户的特定需求进行测试，针对具体应用设计相应的测试方案。

10.1.2 测试标准

20 世纪 90 年代，国际标准化组织 ISO/IEC 制定了"OSI 协议一致性测试的方法和框架"，即 ISO/IEC 9646（ITU-TX.290 系列），描述了基于 OSI 七层参考模型的协议测试的通用过程、基本概念和方法，相应标准见表 10-1。2014 年，重庆邮电大学向 ISO/IEC JTC1 WG7 国际标准组织提交了传感网测试框架国际标准立项申请，2016 年 8 月该申请正式通过国家成员体投票，这成为了首个传感网测试领域的国际标准项目。

表 10-1 　　　　　　　　　　　　　　**ISO/IEC 9646**

项目号	名　称	内　容
第 1 部分	General concepts	基本概念
第 2 部分	Abstract Test Suite specification	抽象测试套规范
第 3 部分	The Tree and Tabular Combined Notation　Amendment I: TTCN extensions	树和表的组合表示法
第 4 部分	Test realization	测试实现
第 5 部分	Requirements on test laboratories and clients for the conformance assessment　process	一致性评估过程对测试实验室及客户的要求
第 6 部分	Protocol profile test specification	协议行规测试规范
第 7 部分	Implementation Conformance Statements	实现一致性声明

ISA100.11A、Zigbee、6lowPAN、ETSI 等协议和标准组织在 ISO/IEC 9646 标准基础上，纷纷提出符合自身需求的标准。其中，ISA100.11a 测试任务是由 WCI 机构来完成的，WCI 提供对设备和系统进行独立的 ISA100 协议族测试/认证的协议一致性和互可操作性测试系统。ISA100.11a 的协议测试架构如图 10-1 所示，它主要由 3 个骨干诊断路由器和测试服务器构成一致性和互可操作性测试系统。

ISA100.11a 对协议一致性测试、互操作性测试进行规定，增加了面向工业无线通信的时间同步、跳频等专用测试项，但也仅针对同构网络的微型网络进行测试，同样缺乏对异构、大规模、移动、外网安全等传感网的应用环境下测试。

10.1.3 传感器网络测试的特点

1. 网络大规模

在监控区域通常部署大量节点，这些节点具有分布地理区域大、节点部署密集、网络拓

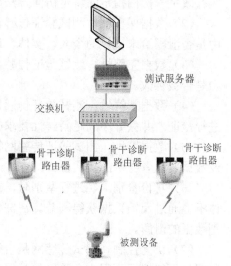

图 10-1　ISA100.11a 测试架构

扑结构复杂、一些节点位于恶劣环境中和信息多跳路由等特点，使测试网络复杂多样，测试信息经过多跳路由到达待测目标。测试网络管理大量节点难度大，需要对网络大量节点分层次、分区域和分功能进行测试；通过不同空间视角获得的信息具有更大的信噪比，需要进行信噪比测试；通过分布式处理大量采集的信息能够提高监测的精确度，降低对单个节点传感器的精度要求，需要检验采集信息正确性；大量冗余节点的存在，使得系统具有很强的容错性能，有必要对大规模网络进行容错性能测试；大量节点能够增大覆盖的监测区域，减少盲区，需要对大规模网络覆盖范围进行测试；随着网络规模的增大，小规模网络安全措施已不能满足大规模网络需求，增大了网络安全隐患，需要提升网络安全技术。

2. 测试接口多样性

传感器网络接口主要由 5 种接口构成：用户和服务提供者的接口、传感节点和用户的接口、传感器网络网关和服务提供者之间的接口、传感节点和传感器网络网关的接口，以及传感节点之间的接口。接口的多样性致使测试接口也具有多样性，同时，不同的传感设备所装载的系统不同，运行协议可能也不同，其调试时间长难度大。测试接口包括以下方面：设备数据通信和存储、设备测试前的初始化和配置、数据交互和规则的创建和编辑、数据服务、用户测试界面和应用程序之间的通信和协作，以及用户、设备、数据之间的层次交互。

3. 需要考虑数据采集方式及其有效性

传感器网络数据采集方法主要有离线的数据采集方式、聚集函数操作和网外基于模型的分布式数据采集方式。需针对不同的数据采集方式采用不同的测试方法，还要充分考虑采集数据时的能耗状况和采集数据的有效性。

（1）无线与有线接入数据的有效性。

（2）节点与远距离设备（GSM）之间传输数据的有效性。

（3）节点与短距离设备之间低功耗传输时数据的有效性。

（4）数据多跳路由的有效性。

（5）应用需求中，节点信息正确选取的有效性。

（6）采集数据信息经过数据处理的有效性。

（7）加密和解密数据信息的有效性等。

4. 资源受限性

传感器网络资源的受限主要包括测试节点能量受限、计算能力受限、存储能力受限、环境受限、通信范围受限、带宽资源受限。资源受限会增加测试的复杂度，在传感器网络的测试过程中，应充分考虑资源受限的情况，设计相应的测试方法。

由于传感节点能量有限，延长整个网络的生存时间是设计测试方法的首要目标，要做到不因测试而缩短节点寿命或损坏节点。由于计算能力和存储能力有限，在测试过程中应尽量采用复杂度低的测试方法，不要过多地占用传感节点本身的计算和存储资源。根据节点工作状况，如工作时间、地理位置等，有必要对资源受限解决方案进行测试，同时，注意尽量减小测试对该节点的影响。传感器网络通常具有带宽低的特点，测试数据的发送和接收通过适当的方法避开传感节点本身数据的收发，有利于避免因带宽不够而造成的数据丢失。

5. 通信链路保障

在传感器网络中，传感节点之间数据的交互是通过电磁波的发射与接收来完成的。传感节点之间的通信链路常常影响着整个网络的稳定性和可行性，例如，无线传感器网络的拓扑结构很少是固定不变的，其拓扑结构必须保证两个节点之间通信链路的有效性。大量传感网络必须处在相对稳定的环境中，以确定两个传感节点之间可以提供有效、可用的通信链路服务。因为通信链路受环境的影响比较严重，如在一定环境下，信号的一部分在传播过程中被吸收、转向、分散或反射产生了损耗，会使数据不能完整地到达接收端，所以在测试过程中要根据传感器网络通信链路设计适当的测试方法，要充分考虑通信链路的变化对测试带来的影响，以及测试不要影响节点间的通信链路。

6. 网络动态性

传感器网络的拓扑结构可能因为下列因素而改变。

（1）环境因素或电能耗尽造成的传感器节点出现故障或失效。

（2）环境条件变化可能造成无线通信链路带宽变化，甚至时断时通。

（3）传感器网络的传感器、感知对象和观察者这三要素都可能具有移动性。

（4）新节点的加入。

上述因素的改变，可能使测试网络具有动态性，测试时要充分考虑这些因素。同时，要求传感器测试网络系统能够适应这种变化，具有动态的系统可重构性。测试时，需要针对上面每种可能改变传感器测试网络的拓扑结构因素进行测试，测试其是否能够正常工作，实现某一特定任务。

7. 移动性

传感器网络中一些无线设备在移动时其网络覆盖范围和信号质量受环境影响更大，无线设备受到干扰的可能性加大，同时，设备在网络中位置也在变化。测试所考虑因素增多，给测试带来复杂性和多样性。需要测试设备在移动时能否正常工作，以及设备移动时对其他设备的影响。

10.1.4　传感器网络测试系统

传感器网络测试系统（见图 10-2）是一个分布式测试系统，它包括远程综合测试平台和本地的综合测试平台两个部分，既可以提供远程的传感网综合测试，也可以提供本地的传感网综合测试，给用户带来了极大的方便。

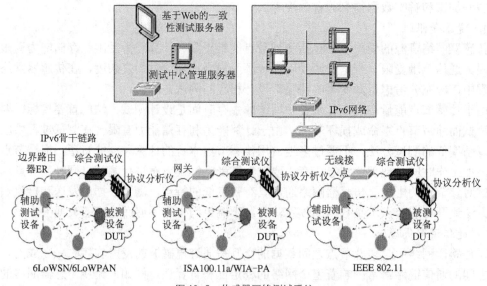

图 10-2　传感器网络测试系统

　　测试服务提供者可以经过外部网络对传感网的设备进行远程测试，这时就需要网关设备来接入外部网络，建立传感网与外部网络的联系。测试服务提供者统一对网络进行管理，通过与测试网关的配合，可以对传感网的内部节点以及网关设备进行综合测试。在对网关设备进行测试的时候，需要测试网关来与传感网进行测试信息的交互，建立传感网络与外部网络的通信桥梁，保证被测网关的测试正常进行。

　　测试服务提供者也可以直接对传感网进行本地的测试，测试服务提供者直接与传感网进行通信，通过测试服务提供者的统一管理，对传感网进行测试。

　　物联网的测试项目包括协议测试、安全测试和标识测试，下面将着重介绍物联网的安全测试技术。

10.2　物联网安全测试

　　如上一节所述，物联网的测试需求和测试内容包括很多方面。这一节以物联网安全测试为例，介绍一种物联网安全测试技术，以供读者参考。

　　各类物联网示范工程进行大规模应用之前，应充分考虑和评测其安全性，从源头保证物联网安全措施的有效性、功能的符合性、安全管理的全面性，并给出安全防护评估。在建设实施阶段，将所有的安全功能模块（产品）集成为一个完整的系统后，需要检查集成的系统是否符合要求，测试并评估安全措施在整个系统中实施的有效性，跟踪安全保障机制并发现漏洞，完成系统的运行程序和安全生命期的安全风险评估报告。在运行维护阶段，要定期进行安全性检测和风险评估，以保证系统的安全水平在运行期间不会下降，包括检查产品的升级和系统打补丁情况，检测系统的安全性能，检测新安全攻击、新威胁以及其他与安全风险有关的因素，评估系统改动对系统安全造成的影响。

10.2.1　安全测试系统概述

1. 测试系统结构组成

　　传感网安全测试系统支持因特网用户通过浏览器访问测试平台，能够在线完成测试流程。本书所介绍的测试系统，主体部分是分布式的测试平台，主要包括 3 个模块的设计：安全实现一致性声明（Security Implementation Conformance Statement，SICS）设计模块、安全测试执行模块、综合安全评估模块。测试端作为安全等级和功能设备类型的选择接口，安全测试服务器根据安全等级和设备类型自动生成安全功能测试套，并接收系统执行测试后的结果。服务器对功能测试结果进行分析并生成规范一致性测试报告，同时，结合功能测试结果和安全等级强度要求生成安全等级分析报告。

　　本测试系统主要是通过一个真实的网络运行环境，测试设备是否具备所要求的安全功能，并达到预先要求的安全等级所具备的安全条件，最终完成测试并给出详细的测试报告。本测试系统由前端测试和后端测试服务平台构成，如图 10-3 所示。本安全测试系统包括安全功能和安全一致性测试，为传感网的安全提供可靠的测试方法，用于测试传感网的安全功能，包括密钥管理、访问控制、数据加密、安全融合等，用于验证传感网安全功能的实现过程是否符合预期的要求。

　　在图 10-3 中，标准测试设备对被测设备进行激励，模拟攻击节点发送报文对网络进行攻击；被测设备的响应作为其是否具有预期的安全功能以及实现方式是否正确的判定条件；安全测试设备生成安全测试的抽象测试集并导入测试例信息；测试客户端作为人机交互的接口，为系统提供安全测试入口，确认系统测试的测试例集合和一致性测试参考的标准规范。

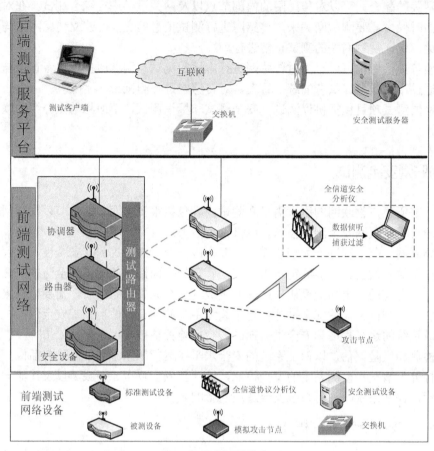

图 10-3　测试系统结构图

前端测试网络包括安全测试设备、模拟攻击节点和被测设备。安全测试设备包括标准测试设备和全信道安全分析仪，被测设备包括被测协调器、被测路由器和被测终端设备。后端测试服务平台由测试客户端、安全测试服务器组成。

（1）标准测试设备在测试网络中担任协调器、路由器、终端设备 3 种角色，具体角色分配根据被测设备类型确定。标准测试设备对被测设备进行激励，转发测试服务器测试命令和上传响应报文至测试服务器。

（2）全信道安全分析仪由全信道协议分析仪和上位机组成，全信道协议分析仪实时捕获测试网络中的数据包并发送给上位机，上位机对数据包进行分析。全信道协议分析仪可检测 433MHz 频段的 1 个信道、470MHz 频段的 1 个信道、780MHz 频段的 4 个信道和 2.4GHz 频段的 16 个信道的无线数据报文。全信道安全分析仪能提供协议解码、性能评估、网络分析和故障诊断等功能。

（3）模拟攻击节点用于对网络进行攻击，模拟网络受攻击的环境。

（4）被测设备包括被测协调器、被测路由器和被测终端设备等，可以是其中一个，也可以是几个的结合，执行测试命令并做出相应响应。

（5）安全测试服务器具备自动分析数据的功能，自动生成安全测试的测试集，并能够导入相应的测试案例信息。服务器存储安全测试案例的测试信息和标准的测试规范集，并为测试客户端提供查询和新增测试案例接口，增加系统的可扩展性。

（6）测试客户端在系统安全测试完成后，从安全测试服务器查询测试结果并生成测试报告，并提供打印和保存服务。

2. 安全测试系统总体架构

传感网安全测试系统总体架构如图 10-4 所示，它主要包含两层，上层为测试应用服务层，主要有安全测试执行应用服务、人机交互界面和管理信息库；下层则为支撑服务层，由测试执行模块、安全实现一致性声明（Security Implementation Conformance Statement，SICS）管理、测试结果分析等组成。

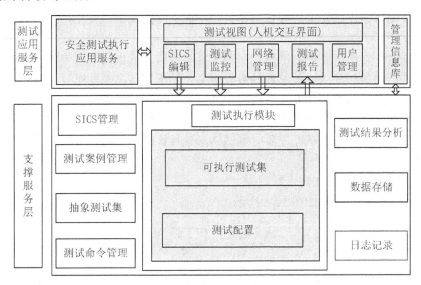

图 10-4　传感器安全测试系统总体架构

其中，每个模块执行不同的命令，并相互支撑完成整个测试环节。各模块的功能如下。

（1）SICS 管理功能是在测试服务器上实现的，它为测试者提供了安全一致性声明内容的编写接口，同时完成 SICS/IXIT 信息检查，保证被测实现（Implementation Under Test，IUT）的声明与标准规定的一致性。

（2）测试案例管理功能主要为测试用户提供测试案例编辑接口，此功能模块的实现也是在测试服务器上面完成的。安全测试案例管理主要分案例选取、案例编译和案例存储。案例选取是根据传感网安全测试标准由本测试平台提供参考测试案例；案例编译为用户提供案例编译窗口，即用户根据自己的需要编写相关测试案例的信息；案例存储是测试服务器将案例选取和案例编译后的案例信息存储起来，以便测试启动后调取测试执行信息。

测试服务器存储测试案例的结构为层次结构，分为测试集、测试组、测试例、测试步 4 个层次，如图 10-5 所示。

① 测试集：对一个或多个开放式互连系统（Open System Interconnection，OSI）协议进行动态一致性测试所需的测试例完整集合，可能组成嵌套的测试组。

② 测试组：对应于此协议的一个测试目标，一个测试集可以包含多个测试组。

③ 测试例：对应于一个标准协议的某一项功能描述，一个测试组由多个测试例组成。

④ 测试步：一个测试过程的完成需要进行初始化、收发报文等，每一个动作都是一个测试步。测试步是测试集中最小的单位，一个测试例包含一个以上的测试步。

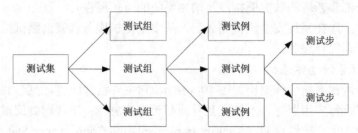

图 10-5　测试服务器存储测试案例的组织结构图

（3）抽象测试集提供完整的测试案例集合，在实际的测试过程中用户可以自由选择所需的测试例。

（4）测试命令管理主要是测试开始前在配置阶段所需的报文命令等的管理中心。

（5）日志记录是对测试过程中各种数据报文、预配置信息及测试过程中出现的故障信息等进行的记录，方便测试执行者及时处理测试运行中出现的各类异常。

（6）数据存储是在测试过程中将所产生的各类报文信息进行存储，方便查看。

（7）测试结果分析是测试完成后对测试结果进行详细的处理，并对异常情况的出现给出测试分析等。

3. 系统中心控制模块描述

系统中心控制模块结构如图 10-6 所示。

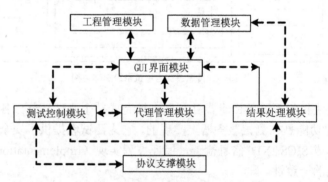

图 10-6　系统中心控制模块结构

每一个模块的具体功能描述如下。

（1）工程管理模块。在测试系统中，一个测试套可以视为一个工程。工程管理模块主要负责管理测试工程，具体有测试项目说明、测试配置脚本、结果探测脚本等。根据测试项的不同有序排列，并存放于相关的工程目录下。

（2）协议支撑模块。其主要负责实现安全测试控制协议的支撑，主要有建立和维护与代理之间的连接、发送及接收测试控制模块发送的 IUT 探测报文，以及接收 IUT 响应等。

（3）代理管理模块。其主要负责与测试代理相关的各类事情，包括测试代理的加入、测试代理的建立，以及测试代理的维护等。

（4）测试控制模块。测试控制模块可以根据安全测试前预配置，向安全测试代理发送测试套件，而且可按照测试命令控制测试代理活动信息，并且能够将各个代理的响应测试数据和测试结果汇总，具体的功能如下。

① 测试预配置参数主要负责安全测试前被测设备的选择、安全等级选择、测试案例选择以及其他信息的填写，其中，测试案例的选择包括可选项和必测项。

② 分发测试数据主要是在测试前，根据预配置信息，测试服务器向代理设备发送测试命令、脚本及参数。

③ 接收测试数据指的是在测试过程中服务器接收代理设备返回的数据结果。

④ 探测 IUT 是指探测 IUT 的状态，是否确认结束测试。

（5）结果处理模块。负责接收测试过程中的各类响应数据，并对数据报文进行分析处理，得出测试结果，最终以安全测试报告的形式展示给用户。

（6）图形化用户接口（GUI）界面模块，指的是人机交互界面，它是人与计算机之间进行数据交换的平台。

（7）数据管理模块。数据管理模块对安全测试过程中所有交互数据以及结果数据进行数据库的保存，并能够随时提取数据进行数据的查询等，方便测试用户进行参考。

4. 安全模块测试流程

安全模块测试流程如图 10-7 所示。

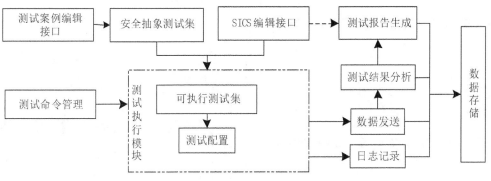

图 10-7 安全模块测试流程

按照系统的总体设计方案，用户首先编辑 SICS 测试案例，通过系统服务器 SICS 模块，测试用户可根据自身测试需求选取安全测试抽象集。在测试预配置阶段，用户还需要调用测试命令管理模块做测试前的配置，主要包括被测设备的选择、安全等级的选择等。测试开始阶段，将数据包发送至测试结果分析模块进行数据处理，同时日志记录测试过程。测试结果分析模块处理完成后，即可生成测试报告，测试报告可单独调出并打印。测试过程中所有的报文信息都将由数据存储模块进行备份。

10.2.2 系统的搭建与测试报告

系统的搭建包括无线传感网和节点设备。无线传感网是由多个传感器节点组成的，每个传感器节点接收或者向其他节点发送数据。测试路由器主要负责测试命令的下发和测试结果的上传，根据被测节点的不同，测试路由器可担任不同的角色。其中，被测设备包括协调器、传感器节点、路由器。图 10-8 所示为系统搭建图和安全测试主界面，图 10-9 为安全测试报告，共分为安全符合性测试报告和安全等级分析报告两种。

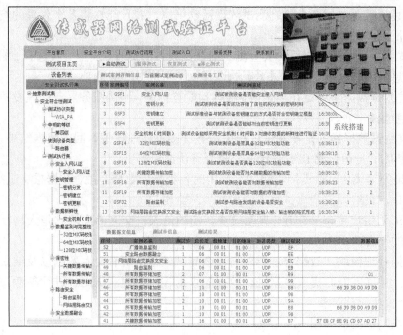

图 10-8　系统搭建图与安全测试主界面

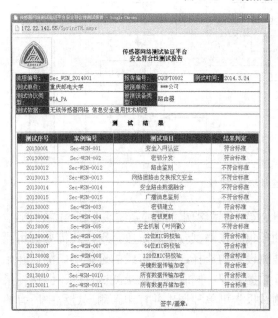
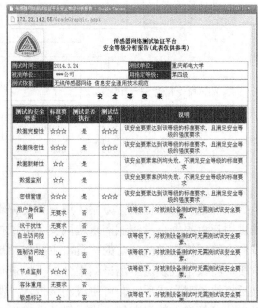

图 10-9　安全测试报告

课后习题

1. 简述传感网的测试分类及其功能。
2. 写出传感网测试的特点。
3. 物联网安全测试设备包括哪些？如何进行安全测试？

第 5 篇　综合应用层

学习要求

知 识 要 点	能 力 要 求
智能电网概述	掌握智能电网的定义 了解智能电网的背景 掌握什么是智能电网核心网络、邻居区域网络、家庭网络
智能电网体系架构	理解智能电网信息交互的模型 理解基于物联网的智能电网参考架构 了解融合式物联网形态结构
智能电网核心网络	掌握智能电网的配电自动化系统层次结构 了解输电线路在线监控系统运作方式 掌握基于云计算的智能电网信息平台的系统构成
智能电网智能电表	了解什么是 AMI 系统 掌握电表与中央 SCADA 应用之间信息交互内容
智能电网家庭网络	掌握智能电网用电信息采集系统架构

11.1　智能电网概述

传统能源日渐短缺和环境污染日益严重，是人类社会持续发展所面临的最大挑战。为了解决能源危机和环境问题，能效技术、可再生能源技术、新型交通技术等各种低碳技术快速发展，并将得到大规模应用。各种低碳技术的大规模应用，主要集中在可再生能源发电和终端用户方面，使传统电网的发电侧和用户侧特性发生了重大改变，并给输、配电网的发展和安全运行带来新的挑战。在这样的发展背景下，智能电网的概念应运而生，并在全球范围内得到广泛认同，成为世界电力工业的共同发展趋势。

11.1.1　智能电网背景

传统能源日益短缺和环境污染日趋严重等问题，使得世界各国纷纷大力发展环境友好的新能源，以降低对传统能源的依赖性，减少对环境造成的污染，确保社会和经济的可持续发展。风能及太阳能是公认的可规模化开发和利用的新能源。然而，由于以风能及太阳能为代表的新能源具有随机性和间歇性特征，大量新能源电力集中或分布接入电网，必然会对传统电力系统的安全性及可靠性产生各种不利影响。传统电力系统结构仅适用于接入具有可控且集中发电特征的电源，无法适应大量新能源接入的需求。电网只有智能化后，才能满足大量新能源集中或分布式接入的需要，并确保系统的安全性及可靠性。因此，传统电网有转变为智能电网的需求。

11.1.2 智能电网定义

目前国际范围内尚未形成统一的智能电网定义。国际组织和一些国家性组织从智能电网采用的主要技术和具有的主要特性角度对其进行了描述。欧盟智能电网特别工作组描述的智能电网是：可以智能化地集成所有接于其中的用户——电力生产者（Producer）、消费者（Consumer）和产消合一者（Prosumer）——的行为和行动，保证电力供应的可持续性、经济性和安全性。

美国能源部在其研究报告中将智能电网描述为：智能电网利用数字化技术改进电力系统的可靠性、安全性和运行效率，此处的电力系统涵盖大规模发电到输配电网再到电力消费者，包括正在快速发展的分布式发电和分布式储能。

中国国家电网公司将其提出的"坚强智能电网"描述为：以特高压电网为骨干网架、各级电网协调发展的坚强网架为基础，以通信信息平台为支撑，具有信息化、自动化、互动化特征，包含电力系统的发电、输电、变电、配电、用电和调度六大环节，涵盖所有电压等级，实现电力流、信息流、业务流的高度一体化融合，具有坚强可靠、经济高效、清洁环保、透明开放和友好互动内涵的现代电网。

从三方对智能电网的描述可以看出：美国强调了数字化技术在智能电网中的重要作用，认为现代数字化技术和新能源技术的结合是智能电网发展的动力，也是带动新型产业发展、增加就业的机遇，而这正是美国发展智能电网的驱动力之一；欧洲主要强调了对 Prosumer 的服务和管理，原因在于欧洲分布式能源和电动汽车发展迅速，配电网面临着巨大的压力和挑战，这是欧洲发展智能电网的主要驱动力之一；中国由于电力工业仍处在快速发展时期，国家电网公司强调在提高电网智能化水平的同时需要建设坚强的输电网，并强调各级电网协调发展。关于智能电网性能的描述，三方的基本观点相近，建设经济、环保、安全、高效的新型电网，是中、美、欧发展智能电网的共同追求。

11.1.3 常用术语

以下将介绍关于智能电网的常用术语。
（1）核心电网：包含由发电到配电的网络，包括初级和次级变电站。
（2）邻居区域网络（NAN）：变电站到家庭之间的网络，包括集中器和智能电表。
（3）家庭网络（HAN）：家庭网络包括智能家电、家庭能源控制器（HEC）等。

11.2 智能电网体系架构

智能电网要求电网资源优化配置、可靠运行、使用灵活，实现电力流、信息流和业务流的高度融合。而电网智能化的基础是信息交互。借用美国国家标准与技术研究院（NIST）智能电网工作组发布的智能电网信息描述，可用图 11-1 描述智能电网信息交互的模型。它共分为七大领域：用户、市场、服务机构、运营、发电、输电和配电。

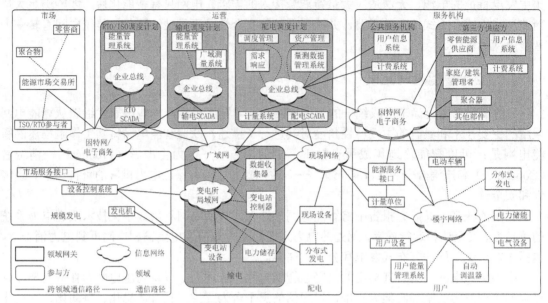

图 11-1　智能电网信息交互的模型

总的来说，智能电网的主要技术要求如下。

（1）具有坚强的电网基础体系和技术支撑体系，能够抵御各类外部干扰和攻击，能够适应大规模清洁能源和可再生能源的接入，电网的坚强性得到巩固和提升。

（2）信息技术、传感器技术、自动控制技术与电网基础设备有机融合，可获取电网的全景信息，及时发现、预见可能发生的故障。故障发生时，电网可以快速隔离故障，实现自我恢复，从而避免大面积停电的情况发生。

（3）柔性交/直流输电、网厂协调、智能调度、电力储能、配电自动化等技术的广泛应用，使电网运行控制更加灵活、经济，并能适应大量分布式电源、微电网及电动汽车充放电设备的接入。

（4）通信、信息和现代管理技术的综合运用，将大大提高电力设备使用效率，降低电能损耗，使电网运行更加经济和高效。

（5）实现实时和非实时信息的高度集成、共享与利用，为运行管理展示全面、完整和精细的电网运营状态图，同时，能够提供相应的辅助决策支持、控制实施方案和应对预案。

（6）建立双向互动的服务模式，用户可以实时了解供电能力、电能质量、电价状况和停电信息，合理安排电器使用；电力企业可以获取用户的详细用电信息，为其提供更多的增值服务。

为了支撑电力流、信息流和业务流高度融合，构建以信息化、自动化、数字化、互动化为特征的统一智能化电网，美国电气与电子工程师协会（IEEE）和美国国家标准与技术研究院联合制定了智能互动电网的标准和互通原则（简称 IEEEP 2030），基于物联网技术提出的参考架构如图 11-2 所示，在发、输、变、配、用、调度等环节全面实现信息化、自动化、数字化、互动化。

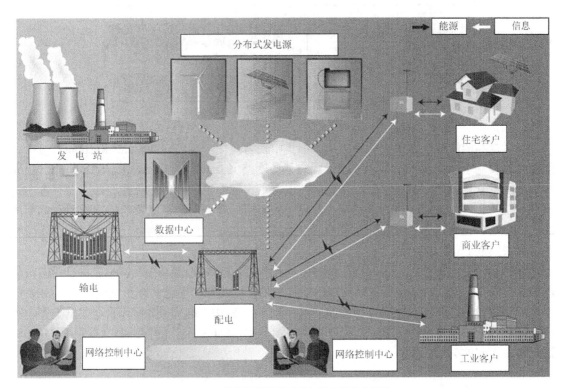

图 11-2 基于物联网技术的智能电网参考架构

11.3 智能电网典型案例：基于物联网的工厂设备能耗管控系统

11.3.1 通用信息模型和基于物联网的通信框架

由于工业应用中的高电力消耗，必须建立以行业为中心的能源管理系统，并确保以适当的方式利用该系统。通用信息模型在实现智能电网和设备之间的能源网络互操作性方面发挥着重要作用。

根据美国国家标准与技术研究院的定义，公用事业计量表和能源服务接口位于设备的边界，并在客户域和其他外部域之间交换通信数据（如配电、运营和市场）。智能电网中的其他外部域为客户域提供外部能源服务。通常，为了应对异构性，智能电网采用规范数据模型（Canonical Data Model，CDM）方法。具有智能电网的工业设备的概念模型如图 11-3 所示。在电网方面，把 IEC 信息通用模型（Common Information Model，CIM）标准系列作为主要的信息模型标准。如图 11-3 所示，开放式自动需求响应（Open Automated Demand Response，OpenADR）规范可以被视为电网和设备之间的智能电网用户界面桥梁。工业设备使用的通用信息标准是设备智能电网信息模型（Facility Smart Grid Information Model，FSGIM），它由负载、仪表、能源管理器（Energy Manager，EM）和发电机组件组成。

基于物联网的协议可用于数据采集和控制系统，并用感知、收集、存储、分析、显示来控制内部设备流程。

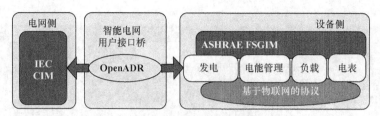

图 11-3　具有智能电网的工业设备的概念模型

　　为了提高能源管理效率，大量的工作都集中在客户需求响应（Demand Response，DR）能源管理实施上。以往提出了一种基于状态任务网络（State-task Network，STN）的工业设备 DR 能量管理模型和算法。但是，大多数现有工作都侧重于 DR 能源管理，而没有考虑到不同系统的集成和互操作。为了实现大规模 DR 应用，需要考虑更抽象的信息模型和标准化的通信协议。因此，为了增强能源管理系统的互联性和互操作性，需要一个通用信息模型和基于物联网的通信框架。

　　到目前为止，CIM 仅用于在电网侧提供互操作性。FSGIM 定义了一种抽象的、面向对象的信息模型，它使控制系统能够响应与电网的通信，以此来管理电负载和发电源。FSGIM 用于表示工业设备中的能耗、生产和存储系统。此外，FSGIM 定义了数据元素、数据类型、数据关联、语义检查和数据可选性。图 11-4 说明了 FSGIM 中标准化的信息类型以及 FSGIM 与通信协议之间的关系。

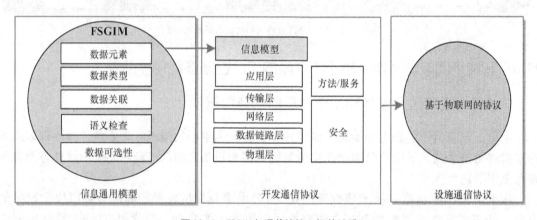

图 11-4　FSGIM 与通信协议之间的关系

　　如图 11-4 的中间部分所示，当将 FSGIM 应用于工业能源管理系统时，需要开发不同层的通信协议，以及安全性和附加服务。这些协议可以使用它们自己的现有机制来执行信息编码和通信。如图 11-4 右侧所示，存在若干种基于物联网的可用于支持工业能源管理系统的 FSGIM 的通信协议和解决方案。基于物联网的协议有几个优点，包括有效的无限扩展能力，以及在单个网络上容纳数百万个终端节点的能力。

　　使用基于物联网的能源管理框架的目的，是允许系统通过开放协议实现基于 IP 的远程访问。使用物联网可以提高交换能源相关数据的能力（从工厂车间和企业能源管理器中无处不在的设备收集），有利于节约成本。具有增强通信和感知功能的物联网通信服务，实现了能源生产者和终端用户之间的交互，并且促进了对分布式能源（Distributed Energy Resource，DER）的控制，以及它们与主电网的集成。

为了在工业设备中实施 FSGIM，需要设计骨干网络和无线网络协议。建议的相关通信协议如下。

（1）物理层和数据链路层

工业以太网技术已被广泛部署并促进了工厂控制和企业网络的融合。工业以太网的示例包括 PROFINET、EtherCAT、以太网 Powerlink、RAPIEnet 和 EPA。能源决策者可以通过访问制造应用程序级别的关键性能指标和数据分析来得到实时信息，且可以实时监控和调整工业过程，以提高生产灵活性。

使用 IEEE 802.15.4 标准的无线电收发器无处不在，且许多最近开发的工业无线电栈是基于 IEEE 802.15.4 的，如 ISA100.11a、WirelessHART 和 WIA-PA，因此，对于现场网络，建议使用无线电技术 IEEE 802.15.4 标准。

（2）网络层

对于工厂控制而言，透明的端到端通信，大型寻址空间，自动寻址方法，更高效的路由协议，增强的移动功能，以及自主网络的形成和配置，这些都具有强大的吸引力。而 IP 网络处于由 IPv4 向 IPv6 的过渡阶段，因此，工厂控制网络将迁移到 IPv6，并且企业内部网和因特网将相互集成。

除了 IPv6 过渡和不同网络的集成之外，支持 IP 的无线现场网络的出现是另一个重要趋势。与现有的有线解决方案相比，使用基于 IP 的无线技术，为工业能源管理提供了新的可能性和优势。这些技术可以更轻松地访问与流程本身和流程中使用设备相关的更多的信息。

轻量级 IP 堆栈和基于 IPv6 的通信协议，使得在无线现场网络中实现 IP 通信成为可能。6LoWPAN 是 IPv6 和 IEEE 802.15.4 之间的适配器层。它用于低功耗和有损网络（Low-power and Lossy Network，LLN），IEEE 802.15.4 链路用于互连节点链路。6LoWPAN 甚至可以应用于非常小的设备，包括具有有限处理能力的低功率设备，允许它们参与物联网。在这项工作中，能源管理器、负载和发电系统位于工业设备中，并通过无线或有线网络连接。

（3）传输层

基于 IoT 的骨干网络和无线网络选择 TCP（Transfer Control Protocol）或 UDP（User Datagram Protocol）。UDP over 6LoWPAN 适合许多智能对象应用。UDP 提供最大努力交付的数据报传送服务，但不保证数据报传送到目的地。UDP 的简单性和轻量级特性使其成为需要快速传输的数据（如传感器数据）的一个不错的选择。

（4）应用层

对于工业有线部分，选择应用层协议，如超文本传输协议（Hypertext Transfer Protocol，HTTP），用于 Web 式交互和 Web 服务基础结构，以及网络配置的简单网络管理协议（Simple Network Management Protocol，SNMP）。这些协议允许基于 IP 的智能对象与大量外部系统进行互操作。

对于无线部分，还需要考虑其他应用层协议。约束应用程序协议（Constrained Application Protocol，CoAP）是一种应用程序层协议，用于资源受限的节点。它是特别针对需要通过标准互联网远程控制或监控的小型低功率传感器、开关、阀门和类似组件的。CoAP 被设计为 HTTP 的简单转换，以简化与 Web 的集成，并且还要满足特殊要求，例如，低开销和简单性。因此可以在一对多和多对一通信模式中使用 CoAP。CoAP 用作应用层协议，用于在无线部分实现 DR 方案。

（5）Web 服务系统

通过将 Web 服务技术用于工业能源应用，可以直接应用现有的面向 Web 服务的系统、编程库和知识。对于能源网络，智能能源供应网络和应用可以通过使用相同的接口直接与现有管理系统集成。这使得可以在没有任何中间体的情况下将能量应用集成到企业资源规划系统，从而降低整个系统的复杂性。对于行业，能源管理应用程序可以使用现成技术构建，而无须任何定制界面或翻译器。

（6）服务发现

IP 体系结构没有任何默认服务发现框架。在服务发现机制中，自动地址配置尤其重要，可以使用集中协议，如动态主机配置协议（Dynamic Host Configuration Protocol，DHCP）或分布式机制（如 IPv4 自动地址配置或 IPv6 无状态地址配置）完成。另外，诸如服务定位协议（Service Location Protocol，SLP）、零配置网络服务规范（Zero configuration networking，Zeroconf）和通用即插即用（Universal Plug and Play，UPnP）的一些替代机制，可用在工业能量管理系统。

（7）安全

安全性包括 3 个属性：机密性、完整性和可用性。为了实现安全体系结构，可以采用加密将明文中的消息转换为密文，这是潜在的攻击者无法读取的。其他几种安全机制也可用于能源管理系统，例如，身份验证和密钥分发。对于计算受限的微处理器，可以采用硬件辅助加密措施来实现强加密。

11.3.2 基于物联网的 DR 能源管理系统与 FSGIM

基于物联网的 DR 能源管理系统架构如图 11-5 所示。系统架构中，蓝框表示工业应用中的过程任务。无箭头浅色实线代表电网，无箭头浅色虚线代表工业设备内的供电网络。粗体深色箭头线表示基于 IP 的骨干网络，深色细箭头线表示 6LoWPAN 网络，黑色虚线箭头线表示 ESS 和 EGS 内部的逻辑链路。

生产计划员/设备管理者负责执行生产计划。它响应基于来自过程的反馈以及其他内部或外部事件的实时变化，并负责设备的维护和操作。

发电厂（Utility Power Station）充当能源供应商和能源信息提供商。它与 EMS 和智能电网拥有的智能仪表进行交互。

智能仪表（Utility Meter）测量能源消耗或每次生成的费用，并将此信息提供给公用事业公司。智能电网提供与此设备的安全通信。

能源管理系统（Energy Manager System，EMS）是安装在工业设备中的任何设备/软件或两者的组合，提供能源管理、控制和规划功能，以及负责设备管理。EMS 运行 DR 算法，以确定任务的最佳操作点和 IES 的操作状态，以将电力需求从峰值需求时段转移到非峰值需求时段，并将控制信息发送到监视与控制系统（Monitoring and Control System，MCS）。EMS 位于工业网络的顶层，可以管理和监控所有任务的任务级属性和能源成本。

能源管理代理（Energy Manager Agent，EMA）监控电力消耗并控制每项任务的电力负荷。EMA 位于比工业网络中的 EMS 更低的层级，并且可以管理特定任务的任务级属性和能量成本。

监视与控制系统（MCS）是一个自动化系统，用于监控每个设备的运行。MCS 与工业网络中的 EMA 位于同一层级，可以监控特定任务的负载级属性和能源成本。

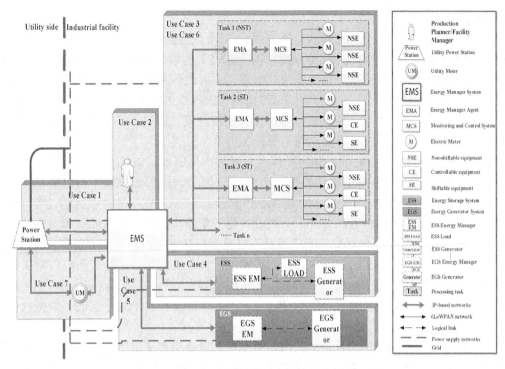

图 11-5 基于物联网的 DR 能源管理系统架构

仪表（Meter，M）是一个物理设备或子系统，其上定义了电表。

不可调的设备（Non-shiftable Equipment，NSE）是一种必须立即满足能源需求的设备。

可控设备（Controllable Equipment，CE）是一种具有多个操作级别的设备，它会导致电力需求的差异。

可变设备（Shiftable Equipment，SE）是一种可根据电力需求开启或关闭的设备。

能量存储系统（Energy Storage System，ESS）是一种物理设备或子系统，可以存储电能，可以在以后传送电能。例如，可充电电池。ESS 在逻辑上分为 ESS EM、ESS Load 和 ESS Generator。ESS EM 充当能量管理器，执行内部能量管理功能，以控制电存储设备。在存储设备充电时，ESS Load 充当负载；当存储设备提供电能时，ESS Generator 充当发电机。

发电系统（Electricity Generation System，EGS）在工业设备中发电，包括太阳能电池板、风力涡轮机、余热回收等。EGS 在逻辑上分为 EGS EM 和 EGS 发电机。EGS EM 执行内部能量管理功能，来控制发电系统；EGS Generator 充当发电机，而发电系统则提供电能。

信息模型实例如下。

（1）用例 1：确定能源/需求价格信息。在该用例中，发电站为设备提供动态定价。这些价格数据由发电站使用内部程序开发，以在使用时间附近维持发电和供电之间的平衡。通常，设备使用这些价格数据来管理其当前的运营消耗。设备控制系统使用价格数据来控制资源，同时，满足维持所有生产安全、性能和产品质量的要求。公用电站和 EMS 之间的通信基于使用广域网（WAN），其中，TCP/IP 可以保证分组传输的可靠性。

（2）用例 2：确定 DR 参数。在该用例中，EMS 准备 DR 算法的参数并进行 DR 判定。DR 算法使用 STN 模型和混合整数线性规划（Mixed Integer Linear Programming，MILP）来制定。这些参数包括 STN 模型参数、每个任务支持的工作点信息、EGS 的操作参数和 ESS

的操作参数。

基于包括日头电价、工业设备的 STN 表示，每个任务的操作信息以及 DER 的操作信息的输入，DR 算法针对每个预先指定的时间间隔选择 ST 的最佳操作点。通过调度具有不同操作点的 ST，DR 算法可以将部分电力需求从峰值需求时段转移到非峰值需求时段。

DR 算法还确定每个时段的最佳电源（即电网、EGS 或 ESS）。例如，在非高峰时段，电网向工业设备供电，ESS 从电网获取能量，而在高峰时段，EGS（可能是太阳能、风能或来自发电厂的废热）供电，ESS 排放，为工业设备供电。

（3）用例 3：管理每个时间间隔的操作点，以最小化成本。在做出 DR 决定之后，EMS 提供每个任务的 EMA、任务的最佳操作点和该操作点的操作时间。EMA 提出每项任务中设备的操作级别，并将此信息发送给 MCS，MCS 最终根据 EMA 安排的命令控制设备。当在接收到控制消息之后负载的状态改变时，无线设备将更新的状态转发到 MCS 和 EMA。EMA 将任务级别响应发送到 EMS。这些响应消息不仅充当确认消息，而且带有重要属性。

（4）用例 4：确定 ESS 的利用率。在该用例中，设备决定在每个时间间隔内购买电力或使用 ESS。由 IES 判断，在确定能源价格信息和 DR 参数之后，EMS 指定下一阶段的 ESS 操作模式和该模式的操作持续时间。EMS 和 ESS 之间的通信基于 TCP，保证了数据包传输的可靠性。

（5）用例 5：确定 EGS 的利用率。在该用例中，设备决定从电网购买电力或在每个时间间隔内使用 EGS。由 IES 判断，在做出 DR 决定之后，EMS 指定下一阶段的 EGS 操作模式和该模式的操作持续时间。在高电价期间，它鼓励 EMS 命令 EGS 为部分或全部处理任务供电，降低了工业设备的电力需求。

（6）用例 6：测量设备功耗。在该用例中，该设备测量每个任务和每个负载的设备功耗。在使用之前，操作管理器安装仪表，以测量设备或每项任务的能量。仪表定期测量每个设备的能耗，并向 MCS 发送能量测量消息，以跟踪负载的持续能源使用情况。MCS 将相关负载的能耗发送给 EMA，EMA 将每项任务的能耗发送给 EMS，EMS 向设备经理提供能源消耗情况。

（7）用例 7：测量工厂的所有能耗。在该用例中，设备测量所有设备电源并将此信息提供给公用电站和 EMS。公用事业仪表测量工厂的整体能耗。公用事业仪表将能量测量信息发送给 EMS，以跟踪工厂的持续能源使用情况。EMS 向设备管理者提供能耗信息，向公用仪表发送能量。

11.4 智能电网典型案例：核心网络

11.4.1 基于智能电网的配电自动化

配电自动化系统根据配电系统具有的容量大小，可以分成 3 种，分别为大型、中型和小型配电自动化系统，其结构图如图 11-6 所示。一般情况下，配电自动化系统在选取类型的过程中必须考虑实际的要求和目标，也要结合未来的发展规模，必须遵循经济性、可扩展性以及安全稳定性等几项基本原则。配电自动化系统最突出的一个优点：它具有非常好的灵活性，变电站在初期建设的过程中可以使用中型配电自动化系统，而且可以设置与之相应的主站、子站和终端等。当需要扩展配电系统的时候，可以在目前主站系统的基础上增加数量，再将其中一个主站作为该系统的中心站。除外部系统外，系统主要分成 3 个层次，根据实际需要可以对第二层以下结构进行适当的扩展。

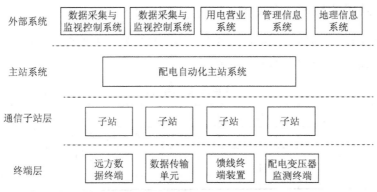

图 11-6　配电自动化系统层次结构图

自动化系统在配电网中占据举足轻重的地位，因此，对其有着非常高的要求。自动化系统不但必须安装满足相关标准的开关设备，而且要适合目前的管理系统运行要求。

1. 主站自动化系统

主站系统主要包含 3 个子系统。第一个子系统为配电主站系统。这个系统中的 RTU 服务器中包括了主前置服务器。当主前置服务器发生故障的时候，系统能够自动配置一台代替服务器，在一定程度上可以有效保证系统的稳定运行。而以上功能全部通过网络接口保护实现。而子站服务器通过与之相关联的交换机，能够给主前置服务器发送数据信号，这类数据信号由接收子站接收后再存入本地，从而让数据得到实时共享。第二个子系统为配电应用软件子系统。一般情况下，在已经完成配电网自动化改造工作后，为使系统满足技术发展要求，必须通过联机调试来测试系统故障恢复的能力，即配电系统自动化功能。调试前，必须满足相应的条件，即已完成主站配置库、系统主站与子站间有正常的通信、FTU 中的功能正常。第三个子系统为配电管理系统，主要是 AM/FM/GIS，它通过计算机技术与空间数据处理以及电力系统技术相结合，分析与显示电力设备空间的定位数据，与此同时也能够分析相应的属性资料。其中，AM 为自动绘图系统，FM 为设备管理系统，GIS 为地理信息系统，而这三者结合在一起，就成为 DMS 基本平台，并通过建立的 DMS 信息数据库为子系统提供一些共享资料。其主要优点：提供的资料的冗余度较小且具备统一性，而且有非常人性化的标准操作界面。除此之外，通过 GIS 系统的应用，电力系统具有了一种新颖的表示方法，具备了非常直观的特征，而且加强了空间的管理能力。

2. 子站自动化系统

配电系统中需要监控很多电气设备，其中，与配电主站直接关联的设备监控难度比较大，因此，必须通过中间级进行监控，而中间级就是子站自动化系统。子站自动化系统的主要功能是采集数据以及监控系统。除此之外，它还可以实时监控传输到配电主站的通信处理器内的实时数据，这样做不但可以节约主干通道，而且可以让配电自动化的主站顺利承载自动化的结果。

3. 终端自动化系统

对于城市配电系统来说，其终端自动化系统的主要功能为实时监控系统中的各类设备，如柱上开关或者配电变压器等设备。它不但需要完成遥测、遥控以及遥调，还必须识别和控制系统出现的故障，通过配合主站和子站，检测和优化电力系统的实时运行状态，而后重新构造网络，隔离故障。根据相关的要求，改造终端系统的方案主要有以下几个方面：其一是改造数据集中器；其二是改造开闭所自动化终端；其三是改造柱上自动化终端。

11.4.2　基于物联网的输电线路在线监测系统

符合智能电网要求的输电线路状态信息至少应当包括基础信息、运行信息、灾害预警信息和环境监测信息4个方面，如表11-1所示。

表 11-1　　　　　　　　　　　　输电线路状态信息

类　别	子　类	内　容
基础信息		台账信息、地理信息、管理信息
运行管理	日常管理 实时情况	缺陷信息、故障信息、隐患信息 载流能力、导线温度、接头温度、弧垂情况、外绝缘情况、风偏情况、荷载情况
灾害预警		雷电预警、强对流天气预警、冰灾预警、台风预警
环境监测		微气象监测、山火监测、人为破坏情况监测

1. 监测系统的基本结构

如图11-7所示，输电线路状态监测系统的结构可以分为应用系统、数据中心和数据应用3个层次。

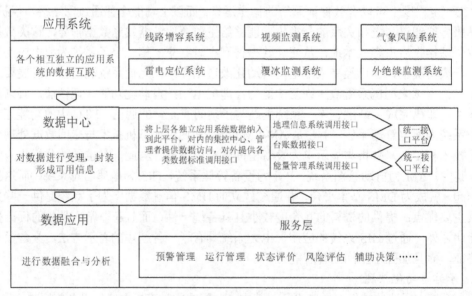

图 11-7　输电线路状态监测系统结构示意图

应用系统层由多个单独的应用系统组成，每个单独的应用系统反映线路运行状况的一个方面，如线路增容系统、视频监测系统、雷电定位系统等。这些应用系统有的已用于生产管理，但彼此独立，不利于发挥综合优势，输电线路监测中心建设时将根据标准化改造方案对其进行统一改造。

数据中心层将上层各独立应用系统的数据集成起来，进行统一管理、集中处理、综合分析，实现多系统的数据融合。

数据应用层能够基于实时监测数据建立输电线路的虚拟现实模型，并利用三维平台构建线路关键点的虚拟现实对象，实现监测系统的可视化。数据应用层将采用 B/S 架构，用户机可采用浏览器查询各类数据信息并进行自主分析，实现对生产管理的辅助决策支持。

2. 系统的通信方式

建立输电线路状态监测系统需要了解输电线路沿线的情况，包括数据和图像等内容，这些信息的传输需要大容量信道的支持。为了保证通信通道的可靠性和鲁棒性，考虑采用光纤复合架空地线（Optical Fiber Composite Overhead Ground Wire，OPGW）冗余的纤芯中的 4 根组成通信系统，并结合两变电站间的同步数字体系（Synchronous Digital Hierarchy，SDH）设备构建成光纤自愈环网拓扑结构。

OPGW 通信系统依托 OPGW 冗余光纤作为传输通道，在杆塔的 OPGW 接续盒处使用光纤交换机作为现场 OPGW 接入装置，通过多个光纤交换机级联组成 OPGW 通信系统环网，在杆塔上提供以太网方式的 100MB 的数据接入服务，对于没有 OPGW 接续盒的杆塔，则采用无线 Wi-Fi 的方式进行数据中继，这样可以使分布在各个杆塔上的在线监测装置能够使用以太网进行数据传输，保证整个通信系统 24h 不间断工作，如图 11-8 所示。

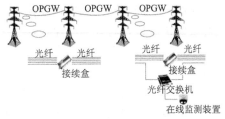

图 11-8　基于 OPGW 的分布式信息接入方式

11.4.3　基于云计算的智能电网信息平台

1. 基于云计算的智能电网信息平台的体系结构

参照云计算技术体系结构，并结合智能电网信息平台的实际需要，可将云计算技术引入智能电网信息平台，如图 11-9 所示。

基于云计算的智能电网信息平台技术架构，应该包括 4 个层次：云计算基础设备层、云计算平台层、业务应用层与服务访问层。

（1）云计算基础设备层：经虚拟化后的硬件资源和相关管理功能的集合，通过虚拟化技术对计算机、存储设备与网络设备等硬件资源进行抽象，实现内部流程自动化与资源管理优化，包括数据管理、负载管理、资源部署、资源监控与安全管理等，从而向外部提供动态、灵活的基础设备层服务，包括系统管理、用户管理、系统监控、镜像管理与账户计费等。

（2）云计算平台层：具有通用性和可重用性的软件资源的集合，为云应用提供软件开发套件（SDK）与应用编程接口（API）等开发测试环境，Web 服务器集群、应用服务器集群与数据库服务器集群等构成的运行环境，以及管理监控的环境。通过优化的"云中间件"，能够更好地满足电力业

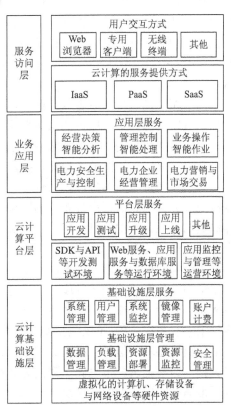

图 11-9　基于云计算的智能电网信息平台的体系结构

务应用在可伸缩性、可用性和安全性等方面的要求。

（3）业务应用层：云上应用软件的集合，对于智能电网信息平台而言，这些软件包括电力安全生产与控制、电力企业经营管理和电力营销与市场交易等领域的业务软件，以及经营决策智能分析、管理控制智能处理与业务操作智能作业等智能分析软件。

（4）服务访问层：作为一种全新的商业模式，云计算以IT服务的方式提供给用户使用，包括基础设备即服务（IaaS）、平台即服务（PaaS）和软件即服务（SaaS），能够在不同应用级别上满足电力企业用户的需求。IaaS为用户提供基础设备，满足企业对硬件资源的需求；PaaS为用户提供应用的基本运行环境，支持企业在平台中的开发应用，使平台的适应性更强；SaaS提供的支持企业运行的一般软件，使企业能够获得较快的软件交付，以较少的IT投入获得专业的软件服务。

考虑到智能电网信息平台规模庞大、业务种类众多，在实现过程中，可以结合业务的特点与实际需要进行必要的简化设计。下面以上述基于云计算的智能电网信息平台的体系结构为基础，以智能电网信息平台中的电力设备状态监测作为切入点，研究智能电网状态监测云计算平台的实现。

2. 智能电网状态监测云计算平台的设计

针对智能电网状态监测的特点，结合Hadoop开源云计算技术，提出智能电网状态监测的云计算平台；采用廉价的服务器集群，借助虚拟机实现资源的虚拟化；采用分布式的冗余存储系统，以及基于列存储的数据管理模式，来存储和管理数据，保证智能电网海量状态数据的可靠性和高效管理。另外，设计基于MapReduce的状态数据并行处理系统，可以为状态评估、诊断与预测提供高性能的并行计算能力，以及通用的并行算法开发环境。智能电网状态监测云计算平台如图11-10所示。

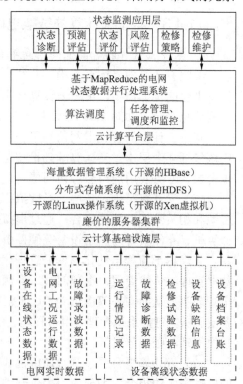

图11-10 智能电网状态监测云计算平台

为了充分利用目前各省或地区供电公司闲置的大量服务器资源，采用廉价的服务器集群，由于不要求服务器类型相同，可以大幅降低建设成本，并借助虚拟机来实现资源的虚拟化，提高设备的利用率。当然，廉价服务器集群虽然性价比高，但是机器故障率大，因此，采用分布式的冗余存储系统来存储数据，保证数据的可靠性，能以高可靠的软件来弥补硬件故障率大的缺陷。

智能电网使状态监测数据向高采样率、连续稳态记录和海量存储的趋势发展，这远远超出了传统电网状态监测的范畴。不仅涵盖一次系统设备，还囊括了二次系统设备；不仅包括实时在线状态数据，还应包括设备基本信息、试验数据、运行数据、缺陷数据、巡检记录、带电测试数据等离线信息；数据量极大，可靠性和实时性要求高。以绝缘子泄漏电流监测为例，假设10ms采集1次数据，1个杆塔在1个月内就达到了2.5亿条数据记录，对于关系数据库来说，在一张有2.5亿条记录的表内进行结构化查询语言（SQL）查询，效率极其低下乃至不可忍受。因此，不采用传统的关系数据库而采用基于列存储的数据管理模式来支持大数据集的高效管理。

智能电网需要在状态数据基础上进行各种电力系统计算与应用，如状态诊断、预测评估、状态评价、风险评估、检修策略、检修维护等。基于 MapReduce 的状态数据并行处理系统，可以为状态评估、诊断与预测提供高性能的并行计算能力以及通用的并行算法开发环境，其主要由算法调用和任务管理两部分组成。算法调度采用插件的形式调用第三方开发者实现的各种算法，如模糊诊断、灰色系统诊断、小波分析、神经网络以及阈值诊断等。任务管理实现基于 MapReduce 并行模型的任务管理、调度和监控系统。MapReduce 并行算法可以跨越大量数据节点将任务分割，使得某项任务可被拆分在多台机器上同时执行，能够在很多种计算中达到相当高的效率，而且可扩展。

11.5 智能电网典型案例：智能电表

通过增加新的特性使功能大大增强，新型电表不需要像以前的电表那样通过定期对每个电表进行人工读数来实现计量管理。

智能电表第一个增加的特性为自动抄表，通信功能使电表能够自动采集并监控电量消耗、负荷曲线、报警，并实现自动计费等功能。此外，实时功耗能够为用户提供准确的实时计费，而不是使用历史数据和预测。

智能电表进一步增加了更多的高级功能，如电能质量监测和故障报告，从而产生了先进计量基础设备（AMI）的概念。

无数的新兴应用，如动态定价、需求响应（DR），以及通过先进的传感能力实现的网格监控，使得智能电表和中控系统之间实现了真正的双向通信。动态定价和需求响应允许程序执行分级卸载，从而优化它们的基础设备。动态定价可由智能电表提供给最终用户（例如，部署有 HEC 的家庭），动态需求响应信号也支持通过互联网等其他方式获得。双向通信是 AMI 网络先进服务支持的基础。下面将列出智能电表与中央 SCADA 应用之间信息交互的内容。

- 动态定价。
- 负荷曲线。
- 断路器驱动。
- 对计量故障关闭和延迟。
- 报警重设。
- 在断路重新开启之前的通信延时。

SCADA 应用从智能电表接收到的数据如下。

- 每小时功耗的价格（每千瓦的价格）。
- 启动报警。
- 历史报警日志。
- 电源电池剩余寿命。
- 电量数据。
- 断路器状态。
- 智能电表参数，如编号、制造商、电表类型等。

此外，智能电表还可以用于提供一些额外的用户感兴趣的公共事业类的服务。

（1）通过地理信息系统跟踪电表的位置、仪表连接阶段，自动检测在低压网络上的变化，自动将数据上传至新加入的电表。

（2）网格监控。智能电表是网格的一部分，因此，可以用于电网监控。例如，它可以发出警报，从而帮助排查本地故障，或检测断路器所不能反馈的电压的相位缺失。

（3）实时报告附近停电状况，进行故障定位。

（4）智能电表也是一个传感装置，它可提供任一相位上的负载曲线给网络工程师，以减少消耗与压降。

智能电表将在未来进行大规模部署，并实现支持范围更广的服务，如实时功耗监视、在任何给定的时间内最大数量地改变功率、打开和关闭电源、停电自动检测等。

目前，在日本，智能仪表配备有各种感知能力。在美国，杜克能源部署的数以百万计的智能电表具有先进的 AMI 功能，如实时功耗监视、动态定价等。其他一些国家（如法国、英国、爱尔兰、德国、澳大利亚、新西兰、土耳其等）也开始了类似的大范围的部署。

11.6 智能电网典型案例：家庭网络

11.6.1 用电信息采集系统

用电信息采集系统是建设智能电网的物理基础，其应用高级传感、通信、自动控制等技术，实现数据采集、数据管理、电能质量数据统计、线损统计分析，及时采集、掌握用户用电信息，发现用电异常情况，对电力用户的用电负荷进行监测和控制，为实现阶梯电价、智能费控等营销业务策略提供技术支持。

基于物联网的智能用电信息采集系统，总体架构如图 11-11 所示，其利用无线传感网络、电力线宽带通信、TD-SCDMA 以及电力专用宽带通信网络，建设以双向、宽带通信信息网络及 AMI 为基本特征的用电信息实时采集与管理应用系统，实现计量装置在线监测和用户负荷、电量、计量状态等重要信息的实时采集，及时、完整、准确地为电力营销信息系统及智能配电网络提供基础数据。

系统主要由后台主站系统、集中器、智能采集网关、智能电表 4 部分及远程通信信道构成。集中器、智能采集网关均通过耦合器将电力线宽带通信信号耦合到电力线上。

（1）主站系统。主站系统通过光纤、TD-SCDMA、电力宽带无线等与集中器通信，实现一个供电区域或整个供电企业配网信息的实时采集与管理。

（2）集中器。集中器负责主站系统和智能采集网关之间的数据交互。集中器以台区变压器为单位设置，"向上"通过远程信道连接主站，"向下"通过电力线与采集网关通信，是本系统的枢纽装置。集中器至变电所之间的上行通道系统可采用 TD-SCDMA、专用宽带无线通信、无源光网络 EPON 等。

（3）智能采集网关。智能采集网关主要负责电能信息采集和电表控制，并负责与智能电表、集中器、家庭智能互动终端之间的通信。智能采集网关也可作为自动中继转发器使用，实现电力线数据通信的全覆盖、全采集。智能采集网关实现 3 个方向的通信：一是通过无线传感网络与智能电表通信，抄收电表数据并向电表转发来自集中器（主站）的指令及控制信息；二是实现与集中器的高速通信；三是与家庭智能网关通信，实现家庭互动，并为向电力用户提供增值服务提供宽带信道支持。

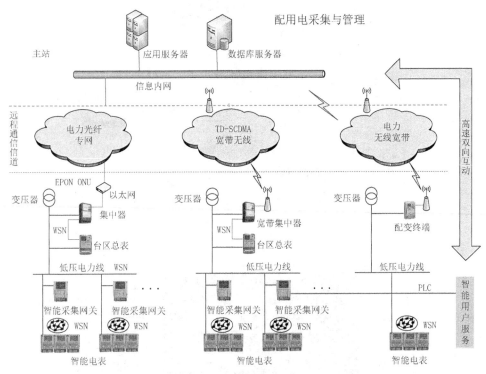

图 11-11 基于物联网的智能用电信息采集系统总体架构

（4）智能电表。智能电表是在复费率电表中内置无线传感模块而成的，用于电能计量，以及通过无线传感网络实现与采集网关的通信，能够对有功、无功电能进行双向计量，具备分时电价、复费率和阶梯电价的计费功能。在特定情况下，智能电表也可直接与集中器通信，作为复合通信模式的备用方式，在这种情况下要在集中器中内嵌无线传感通信模块。

11.6.2　智能电网家庭综合能源管理系统

智能家庭综合能源管理系统（Home Energy Management System，HEMS）是需求侧管理的重要依托。系统中智能电表、智能显示终端、储能系统、智能插座等设备组成的家庭网络，能够支持分布式能源和电动汽车等系统或设备的接入和计量、家用电器智能控制、综合家庭能耗监测、能源优化管理等功能。HEMS 结构图如图 11-12 所示。

其主要设备的功能设计如下。

1. 智能电表

单相智能电表及相关辅助设备是家庭能源管理系统中高级测量与控制的核心。其功能框架图如图 11-13 所示。

通过高精度、宽量程、大负载开断能力，智能电表主要实现有功双向和无功四象限电能计量、需量测量、阶梯电价、数据冻结、预付费、参数设置、事件记录及上报、远程通信、本地通信、数据采集存储、编程、电价计费、电能质量监测与分析、远程和本地控制等功能，满足智能电网测量及控制的智能化要求。

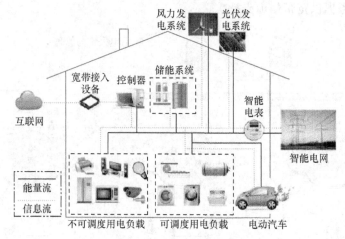

图 11-12　HEMS 结构图

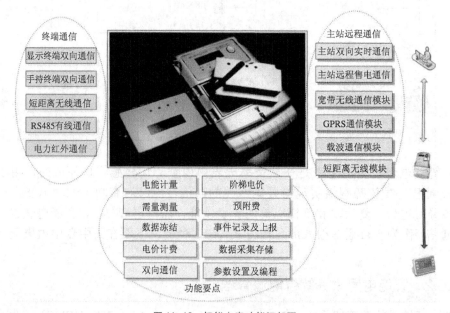

图 11-13　智能电表功能框架图

2. 智能显示终端

智能显示终端是智能家庭管理系统的交互门户，其功能框架图如图 11-14 所示。

基于智能显示终端的管理系统具有下列特点。

（1）面向电网公司，通过 RS485、短距离无线，智能显示终端可与智能电能表、智能手持终端通信。在户内，通过短距无线等方式，与智能插座、水气表等设备通信。

（2）用户可方便获得、全面掌握家庭能源消耗情况，包括用电量信息、分布式发电量信息、家电耗电量信息、水/气/热消耗信息等。

（3）通过智能电表和智能显示终端组成的交互门户，家电设备可与远程终端（如手机、计算机）联系，进而实现远程控制，提高生活质量。

（4）用户可足不出户实现电力等能源商品的交易与结算。

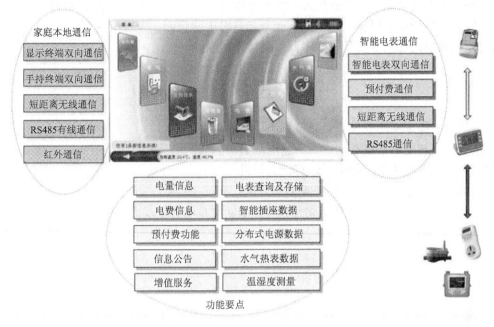

图 11-14　智能显示终端功能框架图

作为电网（力）公司与用户的交互门户，智能显示终端可实现综合能源（水、气、热）数据的抄读、显示与上报，支持信息的双向交流，实现了家用分布式能源的监控与管理。以智能显示终端与无线智能插座为核心的智能家居网络，实现了对家电的控制、能耗监测与能效诊断，可指导用户有序、经济用电，满足了智能电网下智能化需求侧管理的要求。

3. 分布式能源接入

根据世界分布式能源联盟的定义，分布式能源是分布在用户端的独立的各种产品和技术，包括高效的热电联产系统和分布式可再生能源，如光伏发电系统等。分布式电源具有体积小、成本低、容量小、效率高、使用方便等特点，使用太阳能、风能、空气能等发电方式的分布式电源发展迅速。家庭分布式电源主要包括光伏和小型风力发电，在北方一些地区可以实现家庭用电的自给自足。分布式电源入网的优势如下。

（1）分布式电源可以提高供电稳定性，为电网提供大量备用电源，当输电线路某处发生故障时，分布式电源可以向电网供电，缩短停电时间，减小停电范围。

（2）利用新能源发电，可以降低发电成本，减少输电损耗。

如图 11-15 所示，系统用户侧分布式能源采用太阳能光伏发电系统，家庭管理系统能够实现发电量数据的定时自动采集和自动补抄，

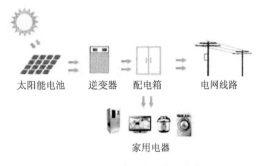

图 11-15　分布式能源接入方案

为用户展示分布式电源当前/日/月电量数据信息及接入状态信息等。

4. 储能系统

储能系统利用蓄电池组等将多余电能存储起来。家庭储能系统与分布式电源结合使用，

在天气条件有利的情况下，将自然界产生的电能存储在蓄电池中，在负荷高峰期将电能释放出来。同时，储能系统可从电网获取电能，起到对电网负荷"削峰填谷"的作用。储能系统对蓄电池的要求是使用寿命长、成本低以及转化效率高。

课后习题

1. 简述智能电网的发展背景以及智能电网的含义。
2. 什么是智能电网核心网络？智能电网邻居区域网络又是什么？
3. 在配电自动化中，配电子站有什么作用？
4. SCADA 能够从智能电表获得哪些数据？
5. 在智能电网用电信息采集系统中，主站可以通过哪些方式采集用电区域信息？

第 **12** 章 物联网应用案例——智能工业

12.1 智能制造及工业互联网发展趋势

12.1.1 工业 4.0

工业 4.0 概念源于 2011 年汉诺威工业博览会，德国提出该想法是想通过物联网等技术应用来提高德国的制造业水平。随后，德国成立了"工业 4.0 工作组"，发布了《保障德国制造业的未来：关于实施工业 4.0 战略的建议》的报告。同时，德国联邦教研部与联邦经济技术部也于 2013 年将工业 4.0 项目纳入了《高技术战略 2020》的十大未来项目。对德国工业 4.0 的核心内容进行概括的话，可以将其总结为：建设一大网络（Cyber-Physical System，信息物理系统），研究两大主题（智能工厂、智能生产），实现三大集成（横向集成、纵向集成与端对端集成），促进三个转变。

一是建设一大网络，即信息物理系统（CPS）。CPS 的核心思想是强调虚拟网络世界与实体物理系统的融合。换言之，即强调制造业在数据分析基础上的转型。进一步来讲，CPS 的主要特征可以用 6 个字母（6C）来定义，即 Connection（连接）、Cloud（云存储）、Cyber（虚拟网络）、Content（内容）、Community（社群）、Customization（定制化）。CPS 可以将资源、信息、物体以及人员紧密地联系在一起，从而创造物联网及相关服务，并将生产工厂转变为一个智能环境。

二是研究两大主题，即智能工厂与智能生产。实现工业 4.0 的核心是智能工厂与智能生产。作为目标核心载体的智能工厂，即分散的、具备一定智能的生产设备，在实现了数据交互之后，能够形成高度智能化的有机体，实现网络化、分布式的生产设施。智能生产的侧重点在于将人机互动、智能物流管理、3D 打印等先进技术应用于整个工业生产过程。未来智能工厂与智能生产的实现，意味着较之传统生产模式大幅提高资源利用率，产品生产过程中的实时图像显示使虚拟生产变为可能，从而减少材料浪费，个性化定制将成为可能，生产速度将大幅提升。

三是实现三大集成，即价值链上企业间的横向集成、网络化制造系统的纵向集成、端对端工程数字化集成。在生产、自动化工程以及 IT 领域，价值链上企业间的横向集成是指将用于不同生产阶段及商业规划过程的 IT 系统集成在一起，这包括了发生在公司内部以及不同公司之间的材料、能源以及信息的交换（如入站物流、生产过程、出站物流、市场营销）。横向集成的目的是提供端对端的解决方案。与此相对应，网络化制造系统的纵向集成是指将处于不同层级的 IT 系统进行集成（例如，执行器和传感器、控制、生产管理、制造和企业规划执行等不同层面），其目的同样是提供一种端对端的解决方案。端对端工程数字化集成是指贯穿于整个价值链的工程化数字集成，是在所有终端实现数字化的前提下所实现的基于价值链的一种整合，这将在最大限度上实现个性化定制。在此模式下，客户从产品设计阶段就参与到整条生产链之中，并贯穿加工制造、销售物流等环节，可实现随时参与和决策，并自由配置各个功能组件。

四是促进三个转变：一是实现生产由集中向分散的转变，规模效应不再是工业生产的关键因素，工业生产的基本模式将由集中式控制向分散式增强型控制转变；二是实现产品由大规模趋同性生产向规模化定制生产的转变，未来产品都将完全按照个人意愿进行生产，极端情况下将成为自动化、个性化的单件制造；三是实现由客户导向向客户全程参与的转变，客户不仅出现在生产流程的两端，而且广泛、实时参与生产和价值创造的全过程。

1. 关键特征

工业 4.0 是为整个社会提出的一个未来理念，工业 4.0 将更加灵活、更加坚强，包括工程最高质量标准、计划、生产、操作和物流过程。这将使动态的、实时优化的和自我组织的价值链成为现实，并带来诸如成本、可利用性和资源消耗等不同标准的最优化选择。工业 4.0 的关键特征如下。

（1）在制造领域的所有因素和资源间形成全新的互动。它将使生产资源（生产设备、机器人、传送装置、仓储系统和生产设施）形成一个循环网络，这些生产资源将具有以下特性：自主性、可自我调节以应对不同形势、可自我配置、基于以往经验、配备传感设备、分散配置。同时，它们也包含相关的计划与管理系统。作为工业 4.0 的核心，智能工厂将渗透到公司间的价值网络，并最终促使数字世界和现实完美结合。智能工厂以端对端的工程制造为特征，这种端对端的工程制造不仅涵盖制造流程，也包含了制造的产品，从而实现数字和物质两个系统的无缝融合。智能工厂将使制造流程的日益复杂性对于工作人员来说变得可控，在确保生产过程具有吸引力的同时使制造产品在都市环境中具有可持续性，并且可以盈利。

（2）工业 4.0 中的智能产品具有独特的可识别性，可以在任何时候被分辨出来。当它们还在被制造时，就可以知道整个制造过程中的细节。在某些领域，这意味着智能产品能半自主地控制它们生产的各个阶段。此外，智能产品也有可能确保它们在工作范围内发挥最佳作用，同时，在整个生命周期内随时确认自身的损耗程度。这些信息可以汇集起来供智能工厂参考，以判断工厂是否在物流、装配和保养方面达到最优，当然，也可以用于商业管理应用的整合。

（3）在未来，工业 4.0 将有可能使有特殊产品特性需求的客户直接参与产品的设计、构造、预订、计划、生产、运作和回收各个阶段。甚至，在生产前或者在生产的过程中，如果有临时的需求变化，工业 4.0 都可立即做出响应。当然，这有利于生产独一无二的产品或者小批量的商品。

（4）工业 4.0 的实施，将使企业员工可以根据形势和环境敏感的目标来控制、调节和配置智能制造资源网络和生产步骤。员工将从执行例行任务中解脱出来，专注于创新性和高附加值的生产活动，因此，他们将保持其关键作用，特别是在质量保证方面。与此同时，灵活的工作条件，将在他们的工作和个人需求之间实现更好的协调。

2. 新的商业机会和模式

工业 4.0 的重点是创造智能产品、程序和过程。其中，智能工厂构成了工业 4.0 的一个关键特征。智能工厂能够管理复杂的事物，不容易受到干扰，能够更有效地制造产品。在智能工厂里，人、机器和资源如同在一个社交网络里一般自然地相互沟通协作。智能产品理解它们被制造的细节以及将被如何使用。它们积极协助生产过程，回答诸如"我是什么时候被制造的""哪组参数应被用来处理我""我应该被传送到哪"等问题。其与智能移动性、智能物流和智能系统网络相对接，将使智能工厂成为未来的智能基础设施中的一个关键组成部分。这将导致传统价值链的转变和新商业模式的出现。这些模式可以满足那些个性化的、随时变化的顾客需求，同时，也将使中小企业能够应用那些在当今的许可和商业模式下无力负担的服务与软件系统。这些全新的商业模式，将为动态定价和服务水平协议（Service Level Agreement，SLA）质量提供解决方案。动态定价指的是要充分考虑顾客和竞争对手的情况，服务水平协议质量则关系到商业合作伙伴之间的连接和协作。这些模式将力争确保潜在的商业利润在整个价值链的所有利益相关人之间公平共享，包括那些新进入的利益相关人。更加宽泛的法规要求，如减少二氧化碳排放量，也可以而且应该融入这些商业模式，以便让商业网络中的合作伙伴共同遵守。

工业 4.0 往往被冠以"网络化制造""自我组织适应性强的物流""集成客户的制造工程"等特征，它将追求新的商业模式，以率先满足动态的商业网络而非单个公司，这将引发注入融资、发展、可靠性、风险、责任和知识产权及技术诀窍保护等问题。就网络的组织及其有别于他人的高质量服务而言，最关键的是要确保责任被正确地分配到商业网络中，同时，备有相关约束性文件作为支撑。

实时地针对商业模式的细节监测，也将在形成工艺处理步骤和监控系统状态上发挥关键作用，它们可以表明合同和规章条件是否得到执行。商业流程的各个步骤在任何时刻都可以被追踪，同时也可以提供它们完成的证明文件。为了确保高效地提供个体服务，清晰且明确地描绘出以下状态将是必要的：相关服务的生命周期模型、能够保证的承诺，以及确保新的合作伙伴可以加入商业网络的许可模型和条件，尤其是对中小企业来说。

3. 愿景

现在，将物联网和服务应用到制造业正在引发第四次工业革命。将来，企业将建立全球网络，把它们的机器、存储系统和生产设施融入信息物理系统。在制造系统中，信息物理系统包括智能机器、存储系统和生产设施，能够相互独立地自动交换信息、触发动作和控制。这有利于从根本上改善包括制造、工程、材料使用、供应链和生命周期管理的工业过程。正在兴起的智能工厂采用了一种全新的生产方法。智能产品通过独特的形式得到识别，可以在任何时候被定位，并能知道它们自己的历史、当前状态和为了实现其目标状态的替代路线。嵌入式制造系统在工厂和企业之间的业务流程上实现纵向网络连接，在分散的价值网络上实现横向连接，并可进行实时管理——从下订单开始，直到外运物流。此外，它们形成的且要求的端到端工程贯穿整个价值链。

工业 4.0 拥有巨大的潜力。智能工厂使个体顾客的个性化需求得到满足，工业 4.0 允许在设计、配置、订购、规划、制造和运作等环节考虑个体和客户的特殊需求，而且即使在最后阶段仍能变动，这意味着即使是一次性的生产也能获利。制造过程中提供的端到端的透明度，有利于优化决策。工业 4.0 也将带来创造价值的新方式和新的商业模式。特别是它将为初创企业和小企业提供发展良机，并提供下游服务。

工业 4.0 也将能够应对并解决当今世界所面临的一些挑战，如资源和能源利用效率、城市生产和人口结构变化等。在给定资源量（资源生产率）的前提下，得到尽可能高的产品输出；使用尽可能低的资源量，达到指定的输出（资源利用效率）。信息物理系统在贯穿整个价值网络的各个环节上，对制造过程进行优化。此外，系统可就生产过程中的资源和能源消耗或降低排放进行持续优化，而不是停止生产。通过工作组织和能力发展计划相结合，人与技术系统之间的互动合作将为企业提供新的机会。面对熟练劳动力的短缺和日益多样化的劳动力（如年龄、性别和文化背景），工业 4.0 将提供灵活多样的职业路径，让人们的工作生涯更长，保持生产能力。

12.1.2　工业互联网发展趋势

我国制造业正处于转型升级阶段，工业互联网同样是我国战略布局的关键。伴随制造业与数字经济的融合，云计算、物联网、大数据等信息技术与制造技术、工业知识的集成创新不断加剧，工业互联网平台应运而生。工业互联网平台已呈现出智能生产平台、设备运营平台等多种类型。从未来发展来看，多个平台共存将成为趋势。与此同时，跨领域平台的功能和技术路线不一致，使得平台与设备、平台与用户、平台与平台之间的互联互通成为瓶颈。统一的参考架构可以为平台规划设计、开发实现和测试验证等提供参考，同时，也是实现互操作和可移植的重要基础。

在智能制造网络体系中，大致可将网络分为工厂内网络及工厂外网络。网络互联框架如图 12-1 所示。

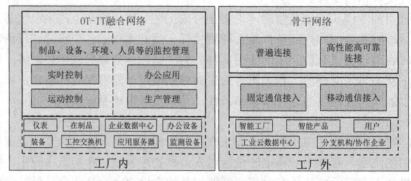

图 12-1　网络互联框架

工厂内网络即现场网络，主要涵盖集散控制系统、现场总线控制系统，以及工业以太网和工业无线，用于连接工厂内的各种要素，人员、材料、环境等都通过工厂内网络与企业数据中心及应用服务器互连，支撑工厂内的业务应用。

工厂外网络主要涵盖制造企业生产过程执行管理系统（Manufacturing Execution System，MES）、企业资源计划（Enterprise Resource Planning，ERP）以及互联网，用于连接智能工厂、分支机构、上下游协作企业、工业云数据中心、智能产品与用户等主体。

1. 工厂内网络的发展历程

工业互联网作为一种在实时性与确定性、可靠性与环境适应性、互操作性与安全性、移动性与组网灵活性等方面满足工业自动化应用需求的无线通信技术，为现场仪表、控制设备和操作人员间的信息交互提供了一种低成本的有效手段。

在计算机、通信、网络和嵌入式技术发展的推动下，经过几个阶段的发展，工业互联网技术正在逐渐成熟并被广泛应用。

第一阶段，20世纪60年代到70年代，模拟仪表控制系统占主导地位，现场仪表之间使用二线制的4~20mA电流和1~5V电压标准的模拟信号通信，只是初步实现了信息的单向传递，其缺点是布线复杂、抗干扰性差。虽然目前仍有应用，但随着技术的进步其最终将被淘汰。

第二阶段，集散控制系统（Distributed Control System，DCS）于20世纪80年代到90年代占主导地位，实现分布式控制，各上下机之间通过控制网络互连实现相互之间的信息传递。现场控制站间的通信是数字化的，数据通信标准RS-232、RS-485等被广泛应用，克服了模拟仪表控制系统中模拟信号精度低的缺陷，提高了系统的抗干扰能力。

第三阶段，现场总线控制系统（Fieldbus Control System，FCS）在21世纪初占主导地位，FCS采用全数字、开放式的双向通信网络将现场各控制器与仪表设备互连，将控制功能彻底下放到现场，进一步提高了系统的可靠性和易用性。同时，随着以太网技术的迅速发展和广泛应用，FCS已从信息层渗透到控制层和设备层，工业以太网已经成为现场总线控制网络的重要成员，逐步向现场层延伸。

第四阶段，随着组网灵活、扩展方便、使用简单的工业无线通信技术的出现，智能终端、泛在计算、移动互连等技术被应用到工业生产的各个环节，实现了对工业生产实施全流程的"泛在感知"和优化控制，为提高设备可靠性与产品质量、降低生产与人工成本、节能降耗、建设资源节约与环境友好型社会、促进产业结构调整与产品优化升级等提供了有效手段。

2. 工厂内网络架构及趋势

当前，工厂内网络呈现"两层三级"的结构，当前典型的工厂内网络如图12-2所示。"两层"是指存在"IT（Information Technology）网络"和"OT（Operation Technology）网络"两层技术异构的网络；"三级"是指根据目前工厂管理层级的划分，网络也被分为"现场级""车间级""工厂级/企业级"3个层次，每层之间的网络配置和管理策略相互独立。

在现场级，工业现场总线被大量用于连接现场检测传感器、执行器与工业控制器。大量现场设备仍采用电气硬接线直连控制器的方式，造成工业系统在设计、集成和运维各个阶段的效率受到极大制约。

车间级网络通信主要完成控制器之间、控制器与本地或远程监控系统之间，以及控制器与工厂级之间的通信连接。主流采用工业以太网通信方式，部分采用自有通信协议进行控制器和系统间的通信。

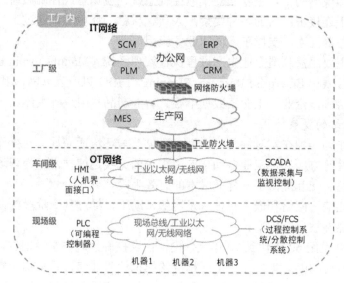

图 12-2 当前典型的工厂内网络

IT 级网络通常采用高速以太网，以及 TCP/IP 进行网络互联。在智能工厂中，关键在于高效便捷部署现场设备的通信互联，以及如何利用先进的网络技术实现现场与管理级系统间高实时性、高可靠性的数据通信。

工业互联网的业务发展，对网络基础设施提出了更高的要求和需求，工厂内网络呈现出融合、开放、灵活三大发展趋势。

（1）工厂内网络架构的融合趋势。一是网络结构的扁平化。随着大数据分析和边缘计算业务对现场级实时数据的采集需求，OT 网络中的车间级和现场级将逐步融合。而且，MES 等信息系统向车间和现场延伸的需求推动了 IT 网络与 OT 网络的融合。二是控制信息与过程数据共网传输。三是有线与无线的协同。网络覆盖需求使无线网络的部署成为必然。

（2）工厂内网络的开放趋势。一是技术的开放。实现网络各层协议间解耦合而不再与某项具体网络技术强绑定。二是数据的开放。三是产业的开放。打破少数巨头对全产业链的控制，进而推动产业开放。

（3）工厂内网络的灵活友好趋势。一是网络形态的灵活。能够根据智能化生产、个性化定制等业务灵活调整形态，快速构建生产环境。二是网络管理的友好。

3. 工厂内网络新兴技术

（1）时间敏感网络 TSN

工业控制网络存在大量对时间非常敏感的应用，比如，传感器数据实时上报、控制指令下发、音视频文件传输等。这些数据需要在确定时限内发送到目标，以支持工控设备和应用的正常运转。时间敏感网络（Time-Sensitive Network，TSN）是面向工业智能化生产的新型网络技术，为工业生产环境提供了一种既支持高速率、大带宽的数据采集又兼顾高实时控制信息传输的网络。其基于标准以太网，凭借时间同步、数据调度、负载整形等多种优化机制来保证对时间敏感数据的实时、高效、稳定、安全传输。简要地说，TSN 通过一个全局时钟和一个连接各网络组件的传输调度器来实现网络内的确定性实时通信。调度器依据相应调度策略，控制时间敏感数据流的实际传输时间和传输路径，以避免链路争抢所导致的传输性能下降和不可预测性，从而保证时间敏感应用的点对点实时通信。

（2）5G 高可靠低时延技术 uRLLC

5G uRLLC 是 5G 三大应用场景之一，满足高可靠、低时延需求。2016 年年初，国际移动通信标准组织 3GPP 启动了 5G 技术标准的制定，计划到 2019 年年底，5G uRLLC 标准化完成。5G uRLLC 的特点是高可靠、低时延、极高的可用性，面向工业控制、工厂自动化、智能电网、设备、车联网通信、远程手术等场景。

5G uRLLC 实现低时延的主要技术：引入更小的时间资源单位，如 mini-slot；上行接入采用免调度许可的机制，终端可直接接入信道；支持异步过程，以节省上行时间同步开销；采用快速 HARQ 和快速动态调度等。

5G uRLLC 当前的可靠性指标：在时延 1ms 内，一次传送 32 字节的用户数据包，可靠性为 99.999%。

（3）工厂软件定义网络 SDN

目前，工厂内的 IT 网络和 OT 网络相互独立运行，跨网络的信息交互和管理困难。工业 SDN（Software Defined Networking）借鉴了软件定义网络的思想，是为实现 IT 网络与 OT 网络的深度融合，建立灵活和敏捷的工业网络而提出的。

工业 SDN 的核心是通过软件定义的方式，对交换机等网络设备进行管理和配置，可以支持面向未来的 TSN 网络设备。工业 SDN 网络能够支持 IT 设备和 OT 设备的统一接入和灵活组网，为 IT 业务提供高带宽的传输保障，并为 OT 业务提供端到端实时性的保障。通过工业 SDN 网络，可以对 IT 和 OT 设备和流量进行统一的监控和管理。

工业 SDN 网络由多种协议的终端设备、可编程的工业 SDN 交换机和集中式的工业 SDN 控制器构成。终端设备通过北向接口向工业 SDN 控制器提交数据的流量特征和传输需求，集中式的工业 SDN 控制器根据流量特征和传输需求，生成工业 SDN 网络的转发规则，并通过标准的南向接口分发到各工业 SDN 交换机中执行，工厂内的软件定义网络如图 12-3 所示。

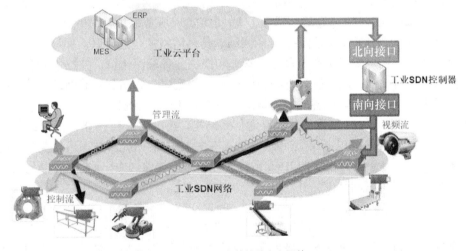

图 12-3　工厂内的软件定义网络

4. 工厂外网络发展趋势

随着工业生产智能化、网络化的发展，工厂内的系统与应用逐步向外扩展，工业互联网工厂外网络的服务呈现出普遍化、精细化、灵活化的趋势。

（1）工厂外网络服务普遍化

传统工厂外网络主要提供商业信息的沟通，企业的应用系统也都部署在工厂内网络，工厂外网络连接对象少，服务单一。随着云平台技术的发展，一些企业信息系统（如 ERP、CRM 等）正在外网化。随着工业产品和装备远程服务业务的发展，未来海量设备的远程监控、维修、管理、优化等业务，也都将基于工厂外网络开展，这将推动工厂外移动网络的建设和广覆盖服务的快速发展。

（2）工厂外网络服务精细化

工业互联网工厂外网络将实现全产业链、价值链的泛在互联，复杂多样的连接场景促进了服务的精细化发展。

（3）工厂外网络服务灵活化

网络虚拟化、软件化的发展，提高了网络服务的灵活性，工厂外网络将能够根据企业要求快速开通、快速调整；大量移动通信网络技术的应用，提高了网络接入的便捷程度和部署速度，为企业实现广泛互联提供了更灵活的选择。

5．泛在化感知

根据 ISO/IEC JTC1 SWG5 物联网特别工作组给出的物联网的定义，物联网是一个将物体、人、系统和信息资源与智能服务相互连接的基础设施，可以利用它来处理物理世界和虚拟世界的信息并做出反应。物联网的要点首先是对环境的自然感知性，要求部署在工业现场的各种设备能够被感知网智能地识别出来，同时拥有更小的体积、更高效的响应，处理设备将会拥有更快的响应和更加稳定的处理能力。

6．工业网络 IP 化步伐加快

工业互联网对工业通信的要求变得越来越高，最终的目的是实现人和人、人和物、物和物之间毫无困难的交流，即在任何时间、任何地点，任何人、任何物使用任何设备都能进行通信。

虽然目前无线传感网组网仍以非 IP 技术为主，但将 IP 技术特别是 IPv6 技术延伸应用到工业现场，已经成为重要的趋势。IP 网络连接是实现物联网优势的显著一步，全 IP 的工厂没有混乱的现场总线，基于互联网的工厂联网将实现服务联网和物联网。基于因特网的 TCP/IP 架构，可实现工厂管理网络、控制网络、传感网络的全面互联，并与因特网集成，实现无缝信息传输；还可实现工厂全覆盖，管理和控制业务混流传输，并提供安全可靠的组网与传输技术。针对 IPv6 互联技术，探索基于 IPv6 的底层物联网到互联网统一编码技术，研究面向无线现场网络和智能设备的分段重组、路由等 IPv6 关键技术，有助于建立基于 IPv6 的现场网络、骨干网络、控制网络互联互通体系结构，提出基于 IPv6 的现场网络与全网络互联安全方案。目前已有 50 多个国家和地区加入有关 IPv6 的研究。法、日、美等国的研究机构分别研制开发了基于不同平台的 IPv6 系统软件和应用软件，这些研究和产品为工业互联网 IPv6 的应用打下了良好的基础。

12.1.3　工业互联网面临的挑战与机遇

从全球经济和信息产业发展趋势来看，物联网时代即将来临。物联网依托物品识别、传感和传动、网络通信、数据存储和处理、智能物体等技术形成庞大的产业群。据初步预测，未来十年我国物联网重点应用领域的投资将达到 4 万亿元，产出达到 8 万亿元，将创造就业岗位 2 500 万个。改革开放以来，中国经济的快速增长为物联网产业的发展提供了坚实的物质基础，加上良好的产业环境、趋于成熟的技术条件和广阔的市场空间，物联网在中国蓬勃兴起，而其面临的也正是前所未有的历史机遇。

工业互联网通过 IoT（物联网）与 IoS（服务联网）的融合来改变当前的工业生产与服务模式，将各个生产单元全面联网，实现物与物、人与物的实时信息交互与无缝连接，使生产系统按照不断变化的环境与需求进行自我调整，从而大幅提升生产效率，降低能耗。

与此同时，工业互联网也面临着如下挑战。

（1）现场设备级的挑战。现场设备级挑战主要与能耗、体积大小和成本有关。工业互联网（工业无线）严格的能耗限制，对硬件、软件、网络协议甚至网络架构都有重要的影响。节点级资源限制也与网络级有着密切的关系。由于每个智能物件内存大小的限制，网络协议将根据节点能力进行设计和调整。

（2）网络级的挑战。单一的无线通信技术不能满足所有需求，IP 协议的优势使其在自动化网络中的使用成为趋势。现场网络大规模的特性，使节点编址变得复杂。在一个大规模的网络中，每一个节点都必须是可寻址的，这样才能发送消息给它。为了让每个节点在大规模网络中都拥有一个独立地址，地址必须足够长。然而基于 IPv6 的工业互联网的解决方案目前还比较欠缺。同时，无线通信技术所面临的最大问题之一，是无线通信技术方案运行起来是非常困难的，无线设备的物理位置是由监控装置或控制装置而非好的无线电通信环境所决定的，这也大大影响了无线系统的性能。同时，网络安全也是工业互联网面临的另一大挑战。

（3）互联互通的挑战。对于工业互联网来说，互通性涉及多个方面。智能物件从物理层直到应用层或集成层，都需要互通。当来自不同供应商的设备需要在物理层上相互通信时，物理层需要实现互通性，例如，通信使用的物理频率、物理信号承载的调制方式以及信息的传输速率应相同。在网络层，节点通过物理信道发送和接收的信息格式、节点编址方式以及消息通过网络传输的方式应一致。在应用层或集成层，智能设备必须在网络数据输入和提取以及外部系统应该怎样联系智能物件方面达成共识。

（4）标准化。标准化是智能物件一个关键的成功因素。工业互联网系统不仅以大量的设备和应用为特征，还有大量为此技术工作的团体、厂商、公司。离开了标准化，设备制造商和系统集成商将需要在每个已安装的系统上重新建立新的系统。另一种选择是制造商和集成商使用同一供应商的专有技术。有了标准化技术，技术就与其供应商、生产者和用户独立开来。任何一个供应商都可以自由地选择基于该技术的系统，设备制造商和系统集成商也可以将其系统构建在任意供应商的技术上。

12.2 工业互联网体系架构

工业互联网平台是面向制造业数字化、网络化、智能化需求，构建基于海量数据采集、汇聚、分析的服务体系，支撑制造资源泛在连接、弹性供给、高效配置的工业云平台，包括边缘、平台（工业 PaaS）、应用三大核心层级。工业互联网平台是工业云平台的延伸发展，其本质是在传统云平台的基础上叠加物联网、大数据、人工智能等新兴技术，建立更精准且实时的数据采集体系，建设集存储、集成、访问、分析、管理功能于一体的使能平台，最后实现工业应用。

在工业环境的应用中，工业互联网与传统的物联网系统架构有两个主要的不同点。一是大多数工业控制指令的下发以及传感器数据的上传有实时性的要求。在传统的物联网架构中，数据需要经由网络层传送至应用层，由应用层处理后再进行决策，对于下发的控制指令，需要再次经过网络层传送至感知层进行指令执行。由于网络层通常采用的是以太网或者电信网，这些网络缺乏实时传输保障，在高速率数据采集或者进行实时控制的工业应用场合下，传统的物联网架构并不适用。二是在现有的工业系统中，不同的企业有属于自己的一套数据采集与监视控制系统（Supervisory Control And Data Acquisition，SCADA），在工厂范围内实施数据的采集与监视控制。SCADA 系统在某些功能上会与物联网的应用层产生重叠，如何把现有的 SCADA 系统与物联网技术融合，例如，哪些数据需要通过网络层传送至应用层进行数据分析；哪些数据需要保存在 SCADA 的本地数据库中；哪些数据不应该送达应用层，因为它们涉及部分传感器的关键数据或者系统的关键信息，只能由工厂内部进行处理。

工业互联网平台功能架构如图 12-4 所示。

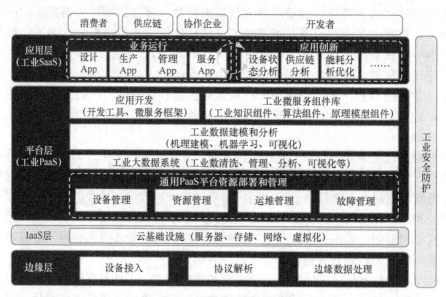

图 12-4　工业互联网平台功能架构

1．边缘层

通过大范围、深层次的数据采集，以及异构数据的协议转换与边缘处理，构建工业互联网平台的数据基础。一是通过各类通信手段接入不同设备、系统和产品，采集海量数据；二是依托协议转换技术实现多源异构数据的归一化和边缘集成；三是利用边缘计算设备实现底层数据的汇聚处理，并实现数据向云端平台的集成。

（1）设备接入

基于工业以太网、工业总线等工业通信协议，以太网、光纤等通用协议，3G/4G、NB-IOT等无线协议，将工业现场设备接入平台边缘层。

（2）协议解析

一方面，运用协议解析、中间件等技术兼容 MODBUS、OPC、CAN、Profibus 等各类工业通信协议和软件通信接口，实现数据格式的转换和统一。另一方面，利用 HTTP、MQTT等方式，从边缘侧将采集到的数据传输到云端，实现数据的远程接入。

（3）边缘数据处理

基于高性能计算芯片、实时操作系统、边缘分析算法等技术支撑，在靠近设备或数据源头的网络边缘侧进行数据预处理、存储以及智能分析应用，提升操作响应灵敏度，消除网络堵塞，并与云端分析形成协同。

2. IaaS 层

IaaS 层基于虚拟化、分布式存储、并行计算、负载调度等技术，实现网络、计算、存储等计算机资源的池化管理，根据需求进行弹性分配，并确保资源使用的安全与隔离，为用户提供完善的云基础设施服务。

3. 平台层

该层基于通用 PaaS，叠加大数据处理、工业数据分析、工业微服务等创新功能，构建可扩展的开放式云操作系统。一是提供工业数据管理能力，将数据科学与工业有机结合，帮助制造企业构建工业数据分析能力，实现数据价值挖掘；二是把技术、知识、经验等资源固化为可移植、可复用的工业微服务组件库，供开发者调用；三是构建应用开发环境，借助微服务组件和工业应用开发工具，帮助用户快速构建定制化的工业应用。

4. 应用层

应用层形成满足不同行业、不同场景的工业 SaaS 和工业应用，形成工业互联网平台的最终价值。一是提供了设计、生产、管理、服务等一系列创新性业务应用；二是构建了良好的工业应用创新环境，使开发者基于平台数据及微服务功能实现应用创新。

12.3　工业互联网标准和关键技术

12.3.1　工业无线技术

工业无线技术是一种新兴的面向设备间信息交互的无线通信技术，适合在恶劣的工业现场环境使用，具有抗干扰能力强、能耗低、通信实时性好等特征，是一类特殊的传感器网络。近年来无线技术得到了迅猛的发展，成为工业通信市场的增长点，引起了越来越多人的关注。2017 年全球工业无线设备市场收入值为 85.02 亿美元，预计到 2022 年年底收入值为 164.65 亿美元。在工业无线设备的主要生产者中，艾默生公司在 2017 年占全球工业无线设备收入市场份额的 10.29%。其他生产者占 10.27%，包括霍尼韦尔国际公司和西门子公司。为什么工业无线技术发展如此迅速？这跟它本身特有的优点是分不开的。它的优点有以下几个方面。

（1）在工业环境中，用户经常遇到在某些恶劣条件下设备只能通过铜缆连接或者根本无法连接的情况。这种情况多发生在需要向运动、旋转或者移动着的设备传输数据的应用中。使用机械的方法难以满足数据传输质量的高要求，这是因为存在持续的机械损耗和相应的电缆磨损。

（2）在过程工程系统中，由于距离太远或范围难以达到，从传感器中采集数据相当费力。而且，为了在扩展系统中包含其他设备，水泥、供水系统和电力等行业运营时通常缺少通信基础设施。由于这些系统在最近几十年中的不断发展，问题通常来自老旧的电缆。使用无线 I/O 和无线串口，可以避免高昂的电缆安装和故障维护费用。

（3）在许多工业应用中，由于临时性或移动性等因素，通常只在一段时间内需要电气安装。因此，每种特别应用下的电气设备都不得不拆卸后再重新安装。如果通过电缆传输来自传感器和自动化设备的数据，将会耗费大量的时间和金钱。电气连接部分的频繁连接和断开，会导致更高的磨损率，从而引起故障。使用无线 I/O 和无线串口进行无线传输，极大地削减了这方面费用。

（4）如果要运行一台大型机器或装置，或者需要对其进行维护，通常希望能够自由移动功能单元而不受烦人的电缆的影响，在这种应用中，无线串口和无线以太网是利用无线技术将笔记本电脑、掌上电脑（Personal Digital Assistant，PDA）等移动终端连接到系统网络的理想选择。无论何时何地，始终能够获得所有相关数据，从而提升工厂的可用性和生产力。

（5）无线技术为临时安装提供了额外的优越性，例如，那些需要频繁变动和改进的应用。

12.3.2　工业无线标准情况

当前，在工业互联网领域已形成三大国际标准，分别是由我国自主研发的面向工业过程自动化的工业无线网络标准技术（Wireless Networks for Industrial Automation Process Automation，WIA-PA）标准、由国际自动化协会（International Society of Automation，ISA，原美国仪器仪表协会）发布的 ISA100.11a 标准和由可寻址远程传感器高速通道的开放通信协议（Highway Addressable Remote Transducer，HART）基金会发布的 WirelessHART 标准。

ISA 2005 年启动了工业无线标准 ISA100.11a 的制定工作，ISA100 委员会致力于通过制定该领域的一系列标准、建议规范、技术报告来定义工业自动化控制环境下的无线系统实现技术。考虑到技术的广泛覆盖，ISA100 委员会已成立了若干工作组，分别从事不同的具体任务。目前，国内仅有两家单位（重庆邮电大学、北京科技大学）具有 ISA100 的投票权。ISA100.11a 标准可解决与其他短距离无线网络的共存性问题，以及无线通信的可靠性和确定性问题，其核心技术包括精确时间同步技术、自适应跳信道技术、确定性调度技术、数据链路层子网路由技术和安全管理方案等，并具有数据传输可靠、准确、实时、低功耗等特点。

WirelessHART（Wireless HART）标准是 HART 通信协议的扩展，专为工业环境中的过程监视和控制等应用而设计。WirelessHART 标准在 2007 年 6 月经 HART 通信基金会批准，作为 HART 7 技术规范的一部分，加进了总的 HART 通信协议族。国际电工委员会（International Electrotechnical Commission，IEC）于 2010 年 4 月批准发布了完全国际化的 WirelessHART 标准 IEC 62591（Ed.1.0），这是第一个过程自动化领域的无线传感器网络国际标准。该网络使用运行在 2.4GHz 频段上的无线电 IEEE 802.15.4 标准，采用直接序列扩频（DSSS）、通信安全与可靠的信道跳频、时分多址（TDMA）同步、网络上设备间延控通信（Latency-controlled Communications）等技术。

在国内，中科院沈阳自动化所、重庆邮电大学等单位抓住工业设备无线化的机会，从 2006 年便开始联合制定我国自主的工业无线国家标准 WIA-PA，并将该标准提交到国际电工委员会。WIA-PA 已于 2011 年正式成为 IEC 62601 国际标准。它的研发成功，为我国推进工业化与信息化相融合提供了一种新的高端技术解决方案，也标志着我国在工业无线通信技术领域的研发已处于世界领先地位。WIA-PA 协议与另外两种标准相比，在规模可扩展性、抗干扰性和低能耗运行等关键性能方面具有明显优势，在拓扑结构、自适应跳频、分簇报文聚合等方面具有创新性。

由上述内容可知，工业无线领域形成了 ISA100.11a、WirelessHART、WIA-PA 3 个标准共存的局面，由此带来了标准之间互通性差、多标准支持设备研发周期长、成本高等问题。为此，以 NAMUR 为首的用户组织，经过研究发布了 NE133（《无线传感器网络：对现有标准的融合需求》）报告，希望 3 种工业无线国际标准能够融合为单一的标准，从而方便全球工业互联网设备和网络的部署。为了响应用户需求，国际上成立了融合工作组（Heathrow Wireless Convergence Team）负责融合技术的研究与标准制定。基于重庆邮电大学在工业无线领域的技术优势，重庆邮电大学的成员成为国际工业无线融合标准 Heathrow 工作组 5 人小组成员和

技术融合工作组的核心成员，长期参与工业无线融合技术标准的制定。2011 年至今，Heathrow
工作组总体组和技术组协调工作，已经起草了意见书，完成了议事规则的制定，完成了对 3
个标准的前期分析及融合框架及路线图的制定工作，正在积极推进相关工作。

12.3.3　工业以太网技术

近几年，以太网广泛应用于工业领域，其原因主要是以太网技术的发展使得阻碍以太网
应用于工业环境的难题逐渐得到解决，具体表现在以下几个方面。

（1）电缆从难以应用的昂贵的 10BASE-5 发展到细缆 10BASE-2 和现在常用的双绞线
10BASE-T。抗干扰能力强的双绞线的应用，提高了以太网运行于工厂环境的能力。

（2）以太网通信速度一再提高，从 10Mbit/s 提高到 100Mbit/s，目前 1000Mbit/s 以太网
已在城域网、局域网中普遍使用，10Gbit/s 以太网也正在研制。对于同样的通信量，通信速
度的提高意味着网络负荷的减轻，而减轻网络负荷则意味着提高确定性，这使以太网有能力
满足实时性的要求。

（3）交换技术的快速发展，已经消除了以太网应用于控制领域的障碍。交换式以太网技
术产生于 1992 年，它使得多个网上设备之间同时进行通信不会发生冲突。

（4）以太网可以克服现场总线不能与计算机网络技术同步发展的弊病。以太网作为现场
总线，尤其是高速现场总线结构的主体，可以避免现场总线技术游离于计算机网络技术的发
展之外，使现场总线技术与计算机网络技术很好地融合而形成相互促进的局面。

（5）以太网是当今最流行、应用最广泛的通信网络，具有价格低、多种传输介质可选、
高速度、易于组网应用等优点，而且其运行经验最为丰富，拥有大量安装维护人员。

（6）现场总线标准的特点是通信协议比较简单，通信速度比较低。例如，基金会总线（FF）
的 HI 和 PROFIBUS-PA 的传输速度仅为 31.25kbit/s，但随着仪器仪表智能化的提高，传输的
数据将趋于复杂，所以网络传输的高速度在工业控制中越来越重要。以太网以其廉价、高速、
方便的特性受到青睐。

将以太网应用于工业领域的目的，是形成一个真正的开放式协议，实现不同厂商以太网
产品的互连。下面是两种典型的工业以太网协议。

Ethernet/IP：该协议是 2000 年 3 月由控制网国际（Control Net International）组织和开放
式设备网供货商协会（Open Devicenet Vendors Association，ODVA）共同开发的工业以太网
标准。Ethernet/IP 实现实时性的方法是在 TCP/IP 层上增加了用于实时数据交换和运行实时
应用的 CIP 协议。Ethernet/IP 在物理层和数据链路层采用标准的以太网技术，在网络层和传
输层使用 IP 协议和 TCP、UDP 协议来传输数据。

EPA 协议：该协议是我国自主制定并用于工业测量和控制系统的实时以太网标准。EPA
实现实时性的方法是在 ISO/IEC 8802.3 协议所规定的数据链路层之上增加了一个通信管理实
体。它支持两种通信调度方式：非实时通信使用 CSMA/CD 通信机制，不进行任何缓冲和处
理；实时性通信使用确定性调度方式。这样避免了网络中报文的碰撞。

12.3.4　基于 IPv6 的工业互联网技术

基于 IPv6 的工业互联网，能将不同的工业在线控制系统整合融汇成更为宽泛的端对端系
统，将其与人相连，彻底实现其与企业系统、商业流程和分析解决方案的融合，这些端到端
系统即工业互联网系统（IIS）。在 IPv6 工业互联网系统中，IPv6 传感器（设备）数据和人机

互动配合组织信息或公共信息的联合使用，能够实现高级分析等其他先进的数据处理（如规则导向性策略和决策系统）。这些分析和处理结果，将极大地优化大规模自动化控制系统的决策、运行和合作能力。工业互联网的发展带动了 IPv6 的应用，基于 IPv6 的工业互联网的应用和实施，将为工业数字化、网络化、智能化的发展提供新的动力。基于 IPv6 的工业互联网网络架构如图 12-5 所示。

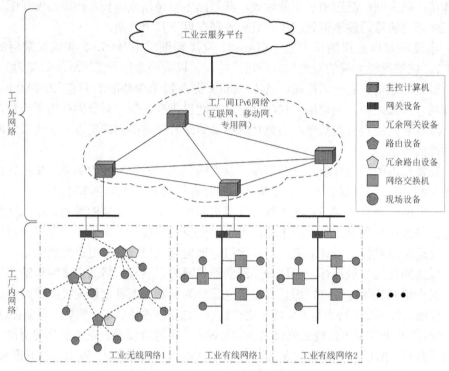

图 12-5　基于 IPv6 的工业互联网网络架构

发展工业互联网需要夯实网络基础，因此，需推动全面部署 IPv6。加强对产业的支撑，其核心内容之一是加快 IPv6 等核心技术的攻关，促进边缘计算、人工智能、增强现实、虚拟现实、区块链等前沿技术在工业互联网中的应用。IPv6 不仅增加了更多的地址空间，它还将对各类网络应用提供更好的支撑。目前对 IPv6 应用于工业互联网中的技术如 6TiSCH 通信、IPv6 地址分配和管理、无线网络传输等的研究，得到了业界多方关注。

12.4　工业互联网中的新兴技术

为了推进工业互联网的发展，许多应用于工业网络的新兴技术如边缘计算、OPC UA 等，已被业界深入挖掘研究。

12.4.1　边缘计算

工业互联网体系架构变革，淡化了 DCS 功能而建立起了边界网关桥梁，工业互联网的体系结构变为平面结构。因此，对于工厂机器产生的海量数据，需要进行及时且智能化的处理，以此减轻云端计算的负荷。

据互联网数据中心数据统计，2020 年有超过 500 亿的终端设备联网，未来超过 50% 的数据需要在网络边缘侧分析、处理、存储。当大量的智能化终端和设备通过工业网络接入时，企业需要计算和处理的日常业务数据就越来越庞大。同时，工业上有大量需要实时处理的场景，需要在毫秒级别进行实时响应。由于网络的限制，云计算架构难以实现实时响应。而边缘计算充分利用物端的嵌入式计算能力，以分布式信息处理的方式实现物端的智能化和自治，并与云计算结合，通过云端的交互协作，实现系统整体的智能化。

边缘计算聚焦实时、短周期数据的分析，能更好地支撑本地业务的实时智能化处理与执行。边缘计算既靠近执行单元，又是云端所需高价值数据的采集单元，可以更好地支撑云端应用的大数据分析。

1. 边缘计算的 3 个发展阶段

（1）联接。实现终端及设备的海量、异构与实时联接，网络自动部署与运维，并保证联接的安全、可靠与互操作性。

（2）智能。边缘侧引入数据分析与业务自动处理能力，智能化在本地执行本地业务逻辑，大幅度提升效率，降低成本。

（3）自治。在人工智能等新技术使能下，不但可以自主进行业务逻辑与计算，而且可以动态、实时地自我优化，调整执行策略。

2. 边缘计算在工业网络中的位置

边缘计算节点在工业互联网中的位置如图 12-6 所示，工业现场中的边缘计算所部署的位置，是工厂设备接入网络的第一个节点。边缘计算的载体设备可以是工业控制器、传感器、边缘计算网关、边缘云和智能生产装备等各类设备。将业务部署到工业现场中的边缘设备，有助于实现数据的实时处理，以及从现场设备节点到云端中心控制节点的网络端到端的保障。

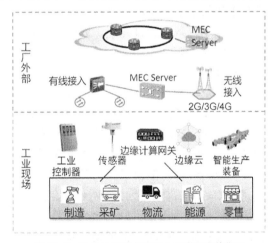

不同于工业现场的边缘计算，移动网边缘计算 MEC 在工厂外网络中，靠近工厂的网络边缘，提供 IT 服务环境以及云计算能力，旨在进一步减小网络时延，提高网络服务效率，满足工业现场对网络的低时延、安全隔离、现场服务等要求。MEC 的部署位置，可与宏基站或

图 12-6 边缘计算节点在工业互联网中的位置

者厂区室内站共址，避免绕经广域网络，实现工厂在哪网络和计算服务在哪的本地就近服务。

12.4.2 OPC UA

OPC 是一个工业标准，经典 OPC 规范基于微软 Windows 系统提供的 COM/DCOM 技术，是用于软件之间数据交换的规范。例如，定义了包括数据值、更新时间与数据品质信息的相关标准；定义了查询、分析历史数据和含有时标的数据的方法；定义了报警与时间类型的消息类信息，以及状态变化管理等相关标准。工业自动化通信协议之一的 OPC UA（OPC Unified Architecture），是应用程序和现场控制系统连接的标准。OPC UA 技术与平台无关，可在任何操作系统上运行，适用于嵌入式设备和云设施。其目的是为工厂车间和企业之间的数据和信息传递提供一个与平台无关的互操作性标准，便于不同制造商及运行不同操作系统的设备间进行数据交互。

1. OPC UA 的特点和优势

（1）OPC UA 的特点

可以解决智能设备研发及使用过程中面临的多数据源集成的互通问题。OPC UA 的基础是传输机制和数据建模，即如何兼容各种设备异构的接口以及通信协议，以及如何统一异构设备之间的信息模型。

（2）OPC UA 传输机制：解决复杂设备的互联互通

设备之间难以实现互联互通，主要是因为数据在不同的系统、不同的语言、不同的通信协议之间流转。OPC UA 的通信独立于具体的编程语言，也独立于应用程序运行的操作系统，是一种不与专有技术或供应商绑定的开放式标准。OPC UA 在整体上使得在工厂的各个环节的横向与纵向数据实现了透明交互，并且配置效率更高，程序与应用模块化更强，使工厂组织更为便利，即使面对复杂的变化，也可以实现快速的切换。

（3）OPC UA 信息模型：解决面向生产过程的信息模型异构

数据收集以后，需要解决如何使用的问题。例如，想实现机器人与数控机床的协同工作时，首先需要清楚二者间需要哪些数据来保证工作的一致性。OPC UA 信息模型从应用层提供了一种解决方案：提供生产过程中的数据及其语义，利用服务为其提供标准的接口，实现服务与设备的解耦。由于建立在一个基本模型上，OPC UA 信息模型具有很高的灵活性，包括标准化的信息模型或者供应商特有的信息模型，不仅数据以互操作形式交互，而且具有明确被定义的语义。

2. 适用场景

工业互联网需要在企业内部建立各环节信息的无缝链接，沿信息流实现底层设备、控制层、MES 至 ERP 的纵向集成，解决信息网络与物理设备之间的联通问题，以及企业内部的信息孤岛问题。

OPC UA 部署如图 12-7 所示，信息通过级联的 OPC UA 组件，安全、可靠地从生产层传输到 ERP 系统。现场设备层的嵌入式 OPC UA 服务器和企业层中 ERP 系统内的集成式 OPC UA 客户端，直接相互连

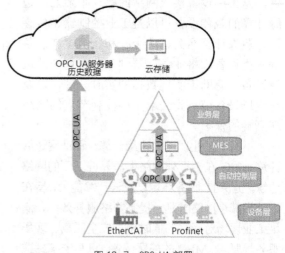

图 12-7　OPC UA 部署

接。同时，OPC UA 可以将历史数据上传至云端，实现数据的云端管理，从而构建一个具有工业 4.0 能力的系统。OPC UA 提供了一个具有统一性、跨层安全性和可扩展的架构，从而确保了信息的双向联通。

12.5　工业互联网应用

具有环境感知能力的各类终端、基于泛在技术的计算模式、移动通信等，不断融入工业生产的各个环节，大幅提高了制造效率，改善了产品质量，降低了产品成本和资源消耗，将

传统工业提升到智能工业的新阶段。从当前技术发展和应用前景来看，物联网在工业领域的应用主要集中在制造业供应链管理、生产过程工艺优化、环保监测及能源管理、工业安全生产管理几个方面。

12.5.1 制造业供应链管理方面的应用

物联网应用于企业原材料采购、库存、销售等领域，通过完善和优化供应链管理体系，提高了供应链效率，降低了成本。在此，主要就销售领域说明物联网在工业中应用的重要性。

在网络营销过程中，遇到的客户投诉很多集中在物流配送服务的质量上。虽然和前几年相比现在的物流网络已经有很大的改善，但在物流服务质量上还有很多不尽如人意的地方，比如送错目的地，物流状态网络上查询不到，送货不及时。这主要是由企业和消费者对物流过程不能实时监控造成的。物联网通过对包裹进行统一的产品电子编码，在包裹中嵌入 EPC 标签，在物流途中通过 RFID（射频识别）技术读取 EPC 编码信息，并通过工业无线网络传输到处理中心供企业和消费者查询，实现了对物流过程的实时监控。这样，企业或消费者就能实现对包裹的实时跟踪，以便及时发现物流过程中出现的问题，可有效提高物流服务的质量，切实增强消费者网络购物的满意程度。图 12-8 是智能物流信息系统示意图。

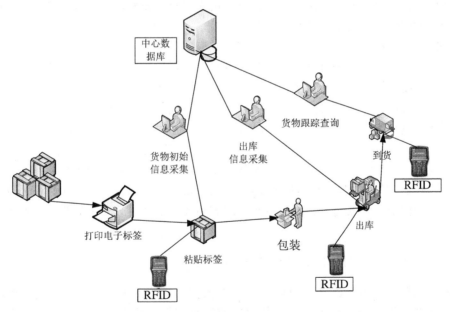

图 12-8 智能物流信息系统示意图

在网络购物如火如荼的今天，仍有一些消费者对这种"看不见、摸不着"的购物方式望而却步。究其原因，除了对网络安全不认同、购买习惯等因素外，对产品质量的不放心是一个主要的原因。相比而言，消费者觉得在实体店那种"看得见、摸得着"的购物更踏实。消费者的这种对网络购物商品质量的疑问，在物联网中将得到有效解决。从地方产品生产（甚至是原材料生产）开始，就在产品中嵌入 EPC 标签，记录产品生产、流通的整个过程。消费者在网上购物时，根据卖家所提供的产品 EPC 标签，可以查询到产品从原材料到成品再到销售的整个过程，以及相关的信息，从而决定是否购买。这样就彻底解决了目前网上购物中商品信息仅来自于卖家介绍的问题，消费者可以主动了解产品信息，而这些信息是不以卖家的意志而改变的。这样就可以消除顾客的忧虑，从而促进电子商务行业的快速发展。

12.5.2 交通运输方面的应用

智能交通系统是指以现代信息技术为核心，利用先进的通信、计算机、自动控制、传感器技术，实现对交通的实时控制与指挥管理的系统。

1. 道路监控系统

道路监控系统是公安指挥系统的重要组成部分，它是对现场情况最直观的反映，是实施准确调度的基本保障。重点场所和监测点的前端设备将视频图像以各种方式（光纤、专线等）传送至交通指挥中心，进行信息的存储、处理和发布，使交通指挥管理人员对交通违章、交通堵塞、交通事故及其他突发事件做出及时、准确的判断，并相应调整各项系统控制参数与指挥调度策略。道路监控系统主要包括摄像、传输、控制、显示及记录、电子警察。

2. 自动收费系统

停车场车辆收费及设备自动化管理系统将车场完全置于计算机管理中，以感应卡——IC卡或ID卡为载体，在出入口处放置验卡设备，每辆车在入口处刷卡，卡中存有一定的金额，刷卡器会自动扣减每次泊车费用。系统能有效地堵塞收费漏洞，降低操作成本，提高经济效益和减轻劳动强度，提高工作效率。

3. 实时车辆跟踪系统

（1）企业管理者通过平台可直观查看车辆当前位置信息及分布情况，随时查询货物实时状态，科学调度，管理轻松又精准。

（2）轨迹查询。管理者可查看车辆每天的行程路线，据此判断车辆行驶路线是否科学、合理。平台将对轨迹进行分析，使得行程路线安排更加科学、合理，大大节约时间和燃料成本。

（3）电子站牌系统。面向乘客出行服务的系统，实时显示最近一班车的到达时间、离本站的距离等信息。通过实体电子站牌的LCD液晶屏或者LED屏，可以观看时政新闻、娱乐节目、广告促销、气象信息、股市行情、旅游路线、日期、政府公告等，充实公众的候车时间。

12.5.3 环保监测及能源管理方面的应用

目前国内外物联网已经在污染防治、生态保护等环境保护领域发挥了巨大作用，如澳大利亚用于监测蟾蜍分布和栖息情况的生态监测系统等。建立"感知中国"中心以来，物联网技术的重要性在中国进一步凸显，并成为我国重点发展的战略性新兴产业的重要组成部分。

内蒙古自治区环保厅利用了物联网、云计算、3G、3S等技术，建成了全国第一个基于物联网理念的"三位一体"环保监控平台，基本形成了全区重点污染源"三位一体"（在线、视频、工况监控）的监控手段和措施；建成了全区统一的环境数据中心和环境空间数据共享服务平台；建立了跨平台、异构网络的多业务协同信息化支撑系统。在此基础上，首次将污染源监控、环境质量监测和环境应急管理等环保业务集成整合在统一平台，基本实现了全区环境数据的服务与共享，基本满足了全区环境监控和环境信息化应用需求。

图 12-9 是环保监控系统应用框架。

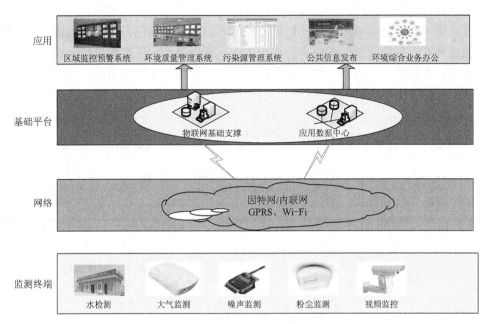

图 12-9 环保监控系统

12.5.4 工业安全生产管理方面的应用

在工业安全生产管理中，把感应器嵌入和装配到电厂设备、油气管道、矿工设备等，可以感知危险环境中工作人员、设备机器、周边环境等方面的安全状态信息，将现有的网络监管平台提升为系统、开放、多元的综合网络监管平台，实现实时感知、准确辨识、快捷响应及有效控制。

典型的应用范例是美国 Accutech 公司针对疏水阀等工业阀门的泄漏监测需求开发的无线检漏系统，系统由无线监测节点、通信网关等设备组成。节点由内部电池供电，可持续工作 5 年之久。多个无线超声检漏装置的数据可由一个无线基站收集。每个无线基站最多可收集来自 250 个无线超声检漏装置的数据。与基站相连的工作站，还配备了数据处理及网络管理功能，可以组成一个简单的组态软件。这套系统已在美国多个工厂得到成功应用。图 12-10 所示为一个安装在阀门上的无线泄漏监测装置。实践证明，采用工业无线通信技术的阀泄漏监测系统的成本，不到传统有线监控方法成本的 1/10。

图 12-10 安装在阀门上的无线泄漏监测装置

12.5.5 生产过程工艺优化方面的应用

工业互联网技术的应用，提高了生产线过程检测、实时参数采集、生产设备监控、材料消耗监测的能力和水平，生产过程的智能监测、智能控制、智能诊断、智能决策、智能维护水平不断提高。在此介绍工业互联网在钢铁企业生产过程中的应用。

随着钢铁企业生产线生产效率的不断提高，对生产设备安全、可靠及高效运行提出了更高的要求，生产线检修手段落后和检修能力不足等问题逐渐暴露，并越来越成为钢铁生产安全、可靠及高效运行的瓶颈。钢铁企业应用工业互联网技术，在生产过程中实现对加工产品宽度、厚度、温度的实时监控，可提高产品质量；对生产设备实时监控，可防止设备故障造成安全事故，优化生产流程是必然的趋势。图 12-11 为钢铁智能生产线的监控系统。

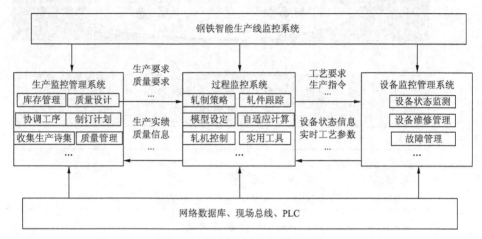

图 12-11　钢铁智能生产线的监控系统

1. 设备监控管理系统

设备监控管理系统通过采集设备的实时信息来进行基于状态的设备维修，将数据检测和自动化结合起来，实现设备的监管一体化。本部分主要可分为对生产状态的检测和对设备的维修管理。通过对实时状态信息的监控，将调整的生产计划和工艺指令发送给生产过程监控系统，使工艺参数及时调整，实现设备状态实时控制，确定维修计划，对生产工艺和生产计划进行制订，利用对智能化仪表信息的实时掌握，对设备进行动态维护管理，预防故障发生。

2. 过程监控系统

过程监控系统通过将数学模型和智能控制结合起来，对生产线设备运行进行控制，保证产品质量和设备的正常状态。可以根据系统功能和对象的不同，将其分为多个子系统。设备监控管理系统接收到生产线设备的实时数据后，会将其传送到过程监控系统的数据通信子系统，数据通信子系统能够对接收到的数据进行识别和检验，并将过程监控系统对数据处理分析后设定的新指令传送到设备监控管理系统进行生产控制。轧件跟踪子系统用于对轧件的跟踪，判断实际位置并保存，能够根据工艺要求进行自动控制。过程监控子系统能够将上级系统接收到的实时生产数据通过画面显示出来，以供操作人员观看，并能够对系统检测到的设备故障进行诊断和存放。

3. 生产监控管理系统

生产监控管理系统通过掌控的实时生产信息辅助生产动态调度，按照其管理范围，分为生产任务管理、技术信息管理和质量管理。生产任务管理系统接收上级系统下发的任务订单和产品工艺要求，制订生产计划，确定工艺流程，对生产线进行质量管理。技术信息管理系统的任务是对生产计划和生产控制系统的信息进行收集和整理，通过对这些数据的分析处理，制定生产线的工作数据，实现对工艺的优化，并对各类数据进行存储，以备今后对比使用。

上级管理系统将实时生产数据传输给质量管理系统，通过质量管理系统对生产数据和技术标准的对比判定产品质量并返回结果，将调整的生产指令送回现场，控制产品质量。

随着工业互联网技术的日趋完善，未来的工业互联网技术应用将会延伸到工业的各个领域，包括化工、冶金、造纸等，一个"工业互联网时代"已经到来。

课后习题

1. 简述工业互联网发展面临的挑战。
2. 工业互联网标准有哪些？它们各有何特点？请简要描述。
3. 谈谈你是如何理解工业互联网未来的发展趋势的。
4. 谈一下你对工业 4.0 的想法。

第13章 物联网应用案例——智能交通

学习要求

知 识 要 点	能 力 要 求
智能交通概述	掌握智能交通基本概念 了解智能交通系统的功能与特征 了解智能交通中的物联网技术
智能交通系统平台架构	理解基于物联网的智能交通系统平台架构
城市智能交通管理系统	了解城市智能交通管理系统 了解智能交通管理系统的建设案例
车联网	了解车联网的概念 了解车联网的发展史 掌握车联网的技术框架 了解车联网的发展前景

13.1 智能交通概述

13.1.1 智能交通系统概述

交通是每一个人日常生活的重要方面，同时也是整个国家的战略基础之一，关系政治、经济、军事、环境等各个方面。如图 13-1 所示，四通八达的交通是国民经济的重要基础。

交通运输方式主要包括铁路运输、道路运输、水路运输、航空运输和管道运输。其中，铁路运输、道路运输是主要的地面运输方式。铁路运输以两条平行的铁轨引导火车来达到运输的目的，为了更好地管理列车车厢，通常会在每节车厢上装一个 RFID 芯片，另外，在铁路两侧隔一段距离放置一个读写器，这样就可以随时掌握全国所有的列车在铁路线路上所处的位置，便于列车的

图 13-1 四通八达的高速公路系统

跟踪、调度和安全控制。随着高铁（高速铁路）的开通，铁路运输正在国民经济和社会发展

中发挥着越来越重要的作用。

道路运输是一种能实现"门"到"门"的最快捷的地面运输方式,与铁路运输相比,其具有机动灵活、适应性强的特点,这一特点也决定了它在城市交通中的地位是无可取代的。但是随着汽车的普及、交通需求的急剧增长,进入 20 世纪 80 年代以来,道路运输给城市交通带来的交通拥堵、交通事故和环境污染等负面效应也日益突出,逐步成为经济和社会发展中的全球性问题。本章将重点介绍如何使道路运输更好、更环保、更人性化地为城市交通服务,即所谓的"车路协同"。

当前,车路协同不仅是国际智能交通领域研究的新热点,更是各国智能交通发展路线图中的关键环节。从国内外智能交通系统发展的历程和现状来看,尽管各国对车路协同称谓不一,内容也不尽相同,但研究的方向一致,有专家这样概括车路协同:"以道路和车辆为基础,以传感技术、信息处理与通信技术为核心,以出行安全和行车效率为目的"。车路协同系统将道路交通基础设施的智能化及其与车载终端一体化系统的协调合作作为研发方向和突破重点,车路、车车协同系统已经成为现阶段各国发展的重点。欧美等发达国家都在积极推进相关技术的研究,通过调整运输系统、计划以及预算,将其作为实现道路交通运输政策的核心议题。目前,美国在"汽车与道路基础设施的集成(VII)"计划的基础上,成立了 IntelliDrive 项目组织,通过开发和集成各种车载和路侧设备以及通信技术,使驾驶者在驾驶中能够做出更好和更安全的决策。

在第 10 届 ITS 世界大会上,欧洲 ITS 组织 ERTICO 最先提出 eSafety 基本概念并将其列入欧盟计划,eSafety 70 余项研发项目,都将车路通信与协同控制作为研究重点之一。经过多年的发展,日本的 ITS 计划已完成第四期的"先进安全汽车(ASV)"项目,基本进入了实用技术开发阶段,其开发的车路协同系统已经形成了成熟的产品和庞大的产业。"智能道路(SmartWay)"计划将重点发展、整合日本各项 ITS 的功能及建立车上单元的共同平台,使道路与车辆成为 Smartway 与 Smartcar,以减少交通事故和缓解交通拥堵,目前已进入技术普及阶段。一方面,以美国、欧盟和日本为代表的发达国家对车路协同系统的应用场景基本定义完毕,不同组织对应用场景的定义基本一致;另一方面,美国和欧盟分别定义了车-车、车-路通信协议标准,美国将位于 5.9GHz 频段的 75MHz 专用于车车、车路协同通信的专用短程通信(DSRC)。我国车路协同实施起步较晚,目前仍处于初步探索阶段。部分高校和研究机构进行了相关智能化车路协同控制技术的研究,如国家科技攻关专题"智能公路技术跟踪"、国家 863 课题"智能道路系统信息结构及环境感知与重构技术研究""基于车路协调的道路智能标识与感知技术研究"等,同时,设立"智能车路协同关键技术研究"主题项目。建立我国车路协同技术体系框架,抢占车路协同前沿技术战略制高点,并结合我国道路交通基础设施的发展现状,以及智能车载信息终端的应用现状,发展适合我国国情和满足市场需求的车路协同综合交通运输管理系统,是我国目前首要的研究课题。

解决车和路的矛盾,常用的有两个办法:一是控制需求,最直接的办法就是限制车辆的增加;二是增加供给,也就是修路。但是这两个办法都有其局限性。交通是社会发展和人民生活水平提高的基本条件,经济的发展必然带来出行的增加,而且我国汽车工业正处在发展迅猛的时期,因此,限制车辆的增加并不是解决问题的好办法。而采取增加供给,即大量修筑道路基础设施的办法,在资源、环境矛盾越来越突出的今天,面对越来越拥挤的交通、有限的资源和财力以及环境的压力,也将受到限制。这就需要依靠除限制需求和提供道路设施之外的其他方法来满足日益增长的交通需求。智能交通系统(Intelligent Transportation System,

ITS）正是解决这一矛盾的途径之一。

智能交通系统（见图 13-2）是未来交通系统的发展方向，它是将先进的信息技术、数据通信传输技术、电子传感技术、控制技术及计算机技术等有效地集成运用于陆路、海上、航空、管道等交通形式而建立的一种在大范围内、全方位发挥作用的，高效、便捷、安全、环保、舒适、实时、准确的综合交通运输管理系统。它通过信息的收集、处理、发布、交换、分析，实时、准确、高效地为交通参与者提供多样性的服务。

物联网作为智能交通最重要的支撑技术，将通过路车联网、轨道联网、航道联网、局部气象联网，实现人车"路"的有机融合。

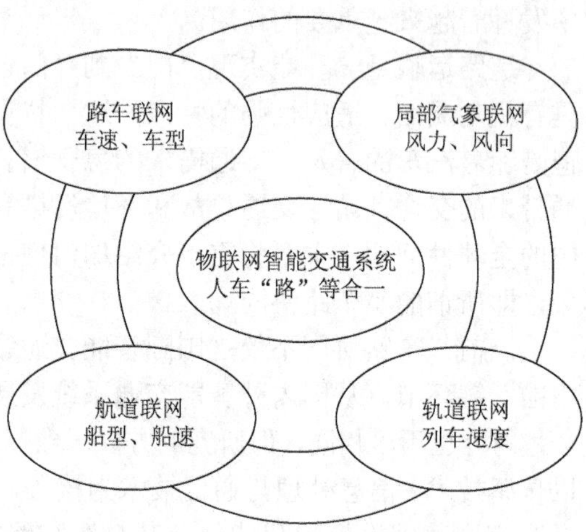

图 13-2　基于物联网的智能交通系统示意图

13.1.2　智能交通系统功能与特征

智能交通系统实质上是利用高新技术对传统的运输系统进行改造而形成的一种信息化、智能化、社会化的新型运输系统。它能使交通基础设施发挥出最大的效能，提高服务质量；同时，使社会能够高效地使用交通设施和能源，从而获得巨大的社会经济效益。它不但有可能解决交通的拥堵，而且对交通安全、交通事故的处理与救援、客货运输管理、道路收费系统等方面都会产生巨大的影响。ITS 的功能主要表现在以下几个方面。

（1）顺畅功能：增加交通的机动性，提高运营效率；提高道路网的通行能力，提高设施效率；调控交通需求。

（2）安全功能：提高交通的安全水平，降低事故的可能性/避免事故；减轻事故的损害程度；防止事故后灾难的扩大。

（3）环境功能：减轻堵塞；低公害化，降低汽车运输对环境的影响。

ITS 可以有效地利用交通设施，减少交通负荷和环境污染，保证交通安全，提高运输效率。因此，21 世纪将是公路交通智能化的世纪，人们将要采用的是智能交通系统，在该系统中，车辆靠自己的智能在道路上自由行驶，公路靠自身的智能将交通流量调整至最佳状态，借助于这个系统，管理人员对道路、车辆的行踪将掌握得一清二楚。

智能交通系统具有两个特点：一是着眼于交通信息的广泛应用与服务；二是着眼于提高既有交通设施的运行效率。与一般技术系统相比，智能交通系统建设过程中的整体性要求更加严格，这种整体性体现在以下几个方面。

（1）跨行业：智能交通系统建设涉及众多行业领域，是社会广泛参与的复杂巨型系统工程，从而会造成复杂的行业间协调问题。

（2）技术领域：智能交通系统综合了交通工程、信息工程，通信技术、控制工程、计算机技术等众多科学领域的成果，需要众多领域的技术人员共同协作。

（3）政府、企业、科研单位及高等院校共同参与，恰当的角色定位和任务分担是系统有效展开的重要前提条件。

（4）智能交通系统将主要由移动通信、宽带网、RFID、传感器、云计算等新一代信息技术做支撑，更符合人的应用需求，可信任程度提高并变得"无处不在"。

公路智能交通以交通信息应用为中心，将汽车、驾驶者、道路以及相关的服务部门相互连接起来，并使道路与汽车的运行功能智能化，提供实时、全面、准确的交通信息，从而使公众能够高效地使用公路交通设施和能源。

13.1.3　智能交通中的物联网技术

智能交通系统需要多领域技术协同构建，从最基本的交通管理系统（如车辆导航、交通信号控制、集装箱管理、车牌号码自动识别、测速相机），到各种交通监控系统如安全闭路电视系统，再到更具有前瞻性的应用技术。这些应用通过整合来自多维数据源的实时数据及反馈信息，为人们提供泛在的信息服务，如停车向导系统和天气报告。智能的交通系统建模和流量预测技术，也将成为优化交通调度、增大交通网络流量、确保车辆行驶安全和改善人们出行体验的重要支撑。

物联网技术的发展，为智能交通提供了更透彻的感知：道路基础设施中传感器和车载传感设备能够实时监控交通流量和车辆状态信息，监测数据通过泛在移动通信网络传送至管理中心。物联网技术为智能交通提供了更全面的互联交通：遍布于道路基础设施和车辆中的无线和有线通信技术的有机整合，为移动用户提供了泛在的网络服务，使人们在旅途中能够随时获得实时的道路和周边环境信息，甚至在线收看电视节目。物联网技术为智能交通提供了更深入的智能化，智能化的交通管理和调度机制能够充分发挥道路基础设施的效能，最大化交通网络流量并提高安全性，优化人们的出行体验。下面介绍应用于智能交通的物联网技术。

1. 无线通信

目前已经有多种无线通信解决方案可以应用在智能交通系统。UHF 和 VHF 频段上的无线调制解调器通信，被广泛用于智能交通系统中的短距离和长距离通信。

短距离无线通信（小于几百米）可以使用 IEEE 802.11 系统协议来实现，其中，美国智能交通协会（Intelligent Transportation Society of America）以及美国交通部（United States Department of Transportation）主推 WAVE 和 DSRC（Dedicated Short Range Communication）两套标准。理论上说，这些协议的通信距离可以利用移动自组网络和 Mesh 网络进行扩展。目前提出的长距离无线通信方案，是通过基础设施网络来实现的，如 WiMAX（IEEE 802.16）、GSM、3G 技术。使用上述技术的长距离通信方案目前已经比较成熟，但是和短距离通信技术相比，它们需要进行大规模的基础设施部署，成本较高。目前还没有一致认可的商业模式来支持这种基础设施的建设和维护。

目前车辆已经能够通过多种无线通信方式与卫星、移动通信设备、移动电话网络、道路基础设施、周围车辆等进行通信，并利用广泛部署的 Wi-Fi、移动电话网络等途径接入互联网。

2. 计算技术

目前汽车电子占普通轿车成本的 30%，在高档车中占到 60%。根据汽车电子领域的最新进展，未来车辆中将配备数量更少但功能更为强大的处理器。2000 年一辆普通的汽车拥有 20～100 个联网的微控制器/可编程逻辑控制模块，使用非实时的操作系统。目前的趋势是使用数量更少但是更加强大的微处理器模块，以及硬件内存管理和实时的操作系统。同时，新的嵌入式系统平台将支持更加复杂的软件应用，包括基于模型的过程控制、人工智能和普适计算，其中，人工智能技术的广泛应用有望为智能交通系统带来质的飞跃。

3. 感知技术

电信、信息技术、微芯片、RFID 和廉价的智能信标感应等技术的发展，以及在智能交通系统中的广泛应用，为车辆驾驶员的安全提供了有力保障。智能交通系统中的感知技术基于车辆和道路基础设施的网络系统。交通基础设施中的传感器嵌入道路或者道路周边设施（如建筑），因此，它们需要在道路的建设维护阶段进行部署或者利用专门的传感器植入工具进行部署。车辆感知系统包括部署道路基础设施至车辆以及车辆至道路基础设施的电子信标来进行识别通信，同时，利用闭路电视技术和车牌号码自动识别技术对热点区域的可疑车辆进行持续监控。

4. 视频车辆监测

利用视频摄像设备进行交通流量计量和事故检测，属于车辆监测的范畴。视频监测系统（如车牌号码自动识别）和其他感知技术相比具有很大优势，它们并不需要在路面或者路基中部署任何设备，因此，也被称为"非植入式"交通监控。当有车辆经过的时候，黑白或者彩色摄像机捕捉到的视频将被输入处理器进行分析，以找出视频图像特性的变化。摄像机通常固定在车道附近的建筑物或柱子上。大部分的视频监测系统需要一些初始化的配置来"教会"处理器处理当前道路环境的基础背景图像。该过程通常包括输入已知的测量数据，例如，车道线间距和摄像机到路面的高度。根据不同的产品型号，单个的视频监测处理器能够同时处理 1～8 个摄像机的视频数据。视频监测系统的典型输出结果，是每条车道的车辆速度、车辆数量和车道占用情况。某些系统还提供了一些附加输出，包括停止车辆检测、错误行驶车辆警报等。

5. 全球定位系统

目前，为了取得广泛的覆盖范围和降低系统投入成本，GPS 系统普遍采用成熟的公共移动通信网作为通信通道。当前 GPS 可用的较先进的通信网有 GPRS 网和 CDMA 1X。基于 GPRS 网的传输速度，理论上可以达到 100kbit/s 以上，而 2003 年正式开通的 CDMA 1X 网络，由于采用了反向相干解调、前向快速功率控制等技术，理论带宽可达 300kbit/s，目前实际应用带宽在 100kbit/s 左右（双向对称传输），传输速率高于 GPRS，可提供更多的中高速率业务。目前，智能导航终端和电子地图的应用已非常普遍。

6. 探测车辆和设备

所谓的"探测车辆"，通常是出租车或者政府车辆配备了 DSRC 或其他的无线通信技术。这些车辆向交通运营管理中心汇报它们的速度和位置，管理中心对这些数据进行整合分析，从而得到广大范围内的交通流量情况，以检测交通堵塞的位置。同时，有大量的科研工作集中在如何利用驾驶员持有的移动电话来获得实时的交通流量信息，移动电话所在的车辆位置信息能够通过 GPS 系统实时获得。例如，北京已经有超过 10000 辆出租车和商务车辆安装了 GPS 设备，并发送它们的行驶速度信息到一个卫星。这些信息将最终传送到北京交通信息中心，在那里这些信息经过汇总处理后反映北京各条道路上的平均车流速度状况。

13.2 智能交通系统平台架构

基于物联网架构的智能交通综合解决方案，由感知、网络和应用 3 层组成，全面涵盖了信息采集、动态诱导、智能管控等环节。综合采用线圈、微波、视频、地磁检测等固定式的多种交通信息采集手段，通过对机动车信息和路况信息的实时感知和反馈，实现了车辆从物理空间到信息空间的唯一性双向交互式映射，通过对信息空间的虚拟化车辆的智能管控，实现对真实物理空间的车辆和路网的"可视化"管控，如图 13-3 所示。

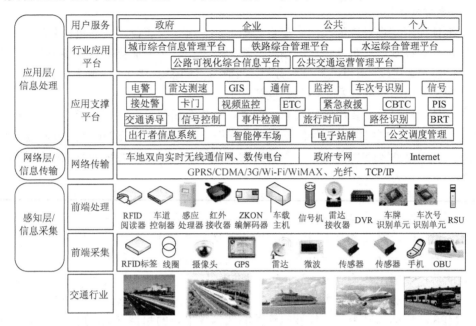

图 13-3　智能交通系统体系架构

感知层，支持多种物联网终端，如 RFID、GPS 终端、摄像头、传感器等，提供多样化的、全面的交通信息感知手段。

网络层，通过电信能力汇聚网关，接入电信运营商的各种核心能力，如短信、彩信、定位和 IVR 等。

应用层，通过服务总线，方便地接入行业能力、物联网能力以及企业内部 IT 系统，打造融合的多样化智能交通物联网应用。

智能交通感知层主要是数据采集与收集系统，以及车体控制系统。网络层主要包括信息传输系统与安全规约。应用层主要包括信息存储与处理系统、综合控制系统，从而实现信息的优化处理与资源的动态配置。其主要系统模块包括以下几个方面。

1. 数据采集与收集系统

要实现绿色、环保、节能、快捷、高效的交通系统，首先必须采集完整的交通信息。交通信息采集技术伴随汽车产业的发展不断丰富和完善。早期交通信息采集一般采用环形线圈检测器、磁感应检测器等，随着技术的发展，光辐射检测器、雷达检测器、射频识别采集器等逐步进入主流领域，近年来视频检测器逐渐成为交通信息的主要检测设备和手段之一。

城市交通信息主要包括城市出入口车辆通行信息、城市内部车辆通行信息、停车位信息。城市出入口车辆通行信息通过在所有出入口设置电子篱笆实施采集。城市内部车辆通行信息通过在交通要道和关键交通点设置视频检测器来获取。通过对所有停车场车辆停车位状态信息的实时采集来获取停车位信息。这些信息为交通调度和智能交通控制系统提供了基础信息数据。

车载 GPS 导航仪器、GPS 导航手机为交通信息的采集提供了便捷的途径。利用 GPS 导航系统，能够采集到车辆的位置信息，为智能交通提供最基础的信息。所有交通信息采集装置构成交通信息采集系统，采集的信息包括视频信息、位置信息、车辆速度信息、车辆流通量信息等多种模式。信息的收集、融合和处理是智能交通最为基础也是最为重要的组成部分。

2. 车体控制系统

汽车车体控制是指对诸如车门、车窗、车灯、空调、仪表盘、发动机、制动装置等汽车车身部件进行的控制。汽车车体控制系统的控制对象比较多，而且分布于整个车体，系统应用的电子控制单元 ECU 节点安装位置分散，如前节点和仪表节点在驾驶台部位，后节点在车尾部位，左、右门节点则在左、右门部位等。

汽车车体控制系统主要用于监视和控制与汽车安全相关的功能，并像 CAN（双线通信）和 LIN（单线通信）网络的网关那样工作，负载控制可以直接来自 DBM 或者通过 CAN/LIN 与远程 ECU（电子控制单元）通信。车身控制器通常融入了遥控开锁和发动机防盗锁止系统等 RFID 功能。

（1）电源管理：电源同 12V 或 24V 网板相连接，上/下调节电压以适用于 DSP、uC、存储器和 IC 及其他功能，如驱动器 IC、LF、UHV 基站以及各种通信接口。当尝试小型、低成本且高效的设计时，需要多个不同的电源轨，因此，电源设计就成了一项关键任务。具有低静态电流的线性稳压器，有助于在待机操作模式（关闭点火）过程中减少电池漏电流。除了提供增强的转换效率，开关电源还为 EMI 改进提供了开关 FET 的转换率控制、跳频，用于衰减峰值光谱能量的扩频或三角测量法、低 Iq、用于电源定序和浪涌电流限制的软启动，用于多个 SMPS 稳压器以减少输入纹波电流并降低输入电容的相控开关，用于较小组件的较高开关频率（L 和 C 的）和用于欠压指示的 SVS 功能。

（2）通信接口：允许车内各个独立的电子模块之间以及车身控制器的远程子模块之间进行数据交换。高速 CAN（速率高达 1Mbit/s，ISO 119898）是一款双线容错差动总线。它采用宽输入共模范围和差动信号技术，充当互连车内各个电子模块的主要汽车总线类型。LIN 支持低速（高达 20kbit/s）单总线有线网络，主要用于与信息娱乐系统的远程子功能进行通信。

（3）负载驱动器：车身控制器中的主负载驱动器类型是车灯和中继驱动器。通常情况下，用于控制外灯的开关和驱动器直接安装在控制器上。继电器用来为其他电子模块或高功率负载供电。电流监控功能用于监视其他 ECU 的负载分配，并且可用于汽车电池的充电和负载管理。

（4）RFID 功能：两个最常见的汽车 RFID 功能是发动机防盗锁止系统和遥控开锁系统。TI 提供用于与点火开关钥匙（发动机防盗锁止系统）进行加密通信的 LF 基站 IC，以及用于与远程控制进行通信的超低功耗（低于 1GHz）UHF 收发器，以对车门和报警系统进行锁定/解锁。

智能交通系统需要采集汽车车门状况信息、车窗状况信息、车灯状况信息、空调状况信息、汽车电子产品运行状况信息、发动机状况信息、制动装置状况信息等，并将相关信息及时传输给控制平台（车主或综合管理控制平台），以便对车辆的安全状况实施实时控制。

3. 信息传输系统与安全规约

将交通信息采集起来，传输到处理终端平台，再经过“大脑”的思考做出决策，然后再发布相关信息或控制指令，构成完整的智能交通系统。其中，关键部分之一就是信息的传输。通常信息的传输有两种：有线信息传输与无线信息传输。

充分利用已有的资源，如有线电视网，电信通信网，计算机网如局域网、城域网、广域网、因特网等，实现交通信息传输。重新布设专用通信网络（有线或无线），实施交通信息传送。这个过程涉及利用资源是否充分，信息传输的实时性和可靠性能否得到保障，对原有网络传输信息是否构成影响等难题。重新布设专用通信网络，涉及投资大、资源浪费等难题。交通车辆遭遇不安全事故时，应能及时发布信息给附近车辆，以便规避，同时，对事件车辆实施远程控制。交通信息传输网络如图 13-4 所示。

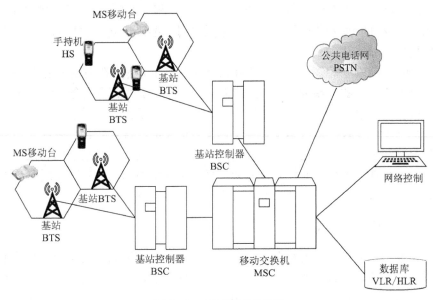

图 13-4　交通信息传输网络

信息传输过程必须保障信息的真实性，因此，必须制定专用的信息传输规约。目前交通领域信息传输常用的通信协议有 GPRS/CDMA/3G/WiMAX 以及 TCP/IP 等。

配合专用交通通信网络，有必要制定交通信息传输专用协议或规约，以确保信息传输过程的保真性，从而确保交通安全。

4. 信息存储、处理与综合控制系统

交通信息采集并传输出来，必须建立专用存储系统，同时，对信息进行分析、归类、整理，做出决策并实施控制。因此，数据库系统是智能交通控制系统的关键部分之一。电子地图库是智能交通控制系统的基础，必须首先建立并实时更新，为 GPS 导航的准确性提供保障。道路信息库、交通流量信息库、车辆状态信息库、停车位信息库必须确保实时性，以保障交通调度的准确性和安全性。视频信息占用资源比较大，因此，应建立专门的视频信息库，为城市安全、交通事故鉴定与处置、车辆调度等提供依据。应构建的各种服务系统包括交通信息发布系统、最佳交通导引系统、停车库空位信息系统、交通信号灯控制系统、交通安全控制系统、紧急事故处理系统等。

13.3　城市智能交通管理系统

随着改革开放的不断深入，我国的国民经济持续稳定增长，人们对交通的要求日益提高，虽然城市道路不断进行改、扩建，但是城市交通拥挤等问题依然存在。以北京市 20 世纪 90 年代以来的交通状况为例，北京市机动车保有量年增长率高达 13.48%，道路长度年增长率却仅为 1.836%，交通堵塞每年超过 2 万起，市区平均车速为 15km/h，而主干道平均车速仅为 12km/h，实际饱和交通量只有发达国家的 70% 左右。机动车和非机动车都为主要交通工具，交通结构不合理、道路容量不足、交通控制管理设施不健全、行人自行车违章以及交通事故、乱停车等，是导致交通拥挤、机动车车速不断下降的直接原因。交通事故的频繁发生，也使交通阻塞加剧，形成恶性循环。这也是我国多数城市交通管理存在的普遍问题。20 世纪 80 年代以来，计算机技术、电子控制技术和通信技术有了极大的发展，利用这些新技术把车辆、道路、使用者和交通管理者紧密结合起来，形成及时、准确、高效的智能交通管理系统，是解决上述问题的有效方法。

美国的 Mobility2000 计划给交通管理系统下了这样的定义：在街道与公路上，为了监视、控制和管理交通而设计的一系列法规、工作人员、硬件与软件等的组合。在这个定义中，"监视"是一个关键的概念，即交通监测，它是信息采集、分析处理的过程，是进行有效的交通控制与管理的前提，监视的最终结果是使交通运行的实时状况可视化。智能交通管理系统利用先进的信号检测手段获得交通状况信息，通过有效的交通控制模型形成有效的交通控制方案，以多种信息传递方式使交通控制设备或管理人员和道路的使用者获得道路信息和交通管理方案，最终最大限度地发挥整个交通系统的运输和管理效率。

13.3.1 城市智能交通管理系统方案设计

城市的交通由于流量大，自行车、公共汽车、小客车等不同类型交通工具的出行空间完全叠加，道路交通需求极大，造成道路交通系统极为脆弱，稍有扰动就会形成突发性交通拥堵，而且拥堵造成的影响区域越来越大。因此，设计出一个满足需求的城市智能交通管理系统方案，已经迫在眉睫。

城市智能交通管理系统的整体框架如图 13-5 所示，目标是建成"高效、安全、环保、舒适、文明"的智能交通与运输体系，大幅度提高城市交通运输系统的管理水平和运行效率，为出行者提供全方位的交通信息服务和便利、高效、快捷、舒适、经济、安全、人性化、智能的交通运输服务，为交通管理部门和相关企业提供及时、准确、全面和充分的信息支持和信息化决策支持。智能交通整体框架主要包括感知数据源、整合集成平台和分析预测及优化管理的应用。感知数据源对交通状况及流量进行感知采集；整合集成平台对各感知终端的信息进行整合、转换处理，以支撑分析预警与优化管理的应用系统建设；分析预

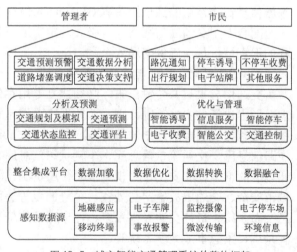

图 13-5　城市智能交通管理系统的整体框架

测及优化管理应用主要包括交通规划、交通监控、智能诱导、智能停车等应用系统。城市智能交通系统主要包括智能停车与诱导系统、电子不停车收费系统、监控与管理系统、智能公交系统和综合信息平台与服务系统等内容。

（1）智能停车与诱导系统。智能停车与诱导系统可提高驾驶员停车的效率，减少停车难导致的交通拥堵、能源消耗问题，包括两方面内容：一是对出行市民发布相关停车场、停车

位、停车路线的指引信息，引导驾驶员抵达指定的停车区域；二是停车的电子化管理，实现停车位的预订、识别、自动计时收费等。

（2）电子不停车收费系统。电子不停车收费系统的特点是不停车、无人操作和无现金交易，主要包括两部分内容：一部分是车辆的电子车牌系统，它是车辆的唯一标识，存储了车辆的相关信息，实时与收费站的控制设备进行通信；另一部分是后台计费系统，由管理中心与银行组成，包括收费专营公司、结算中心和客户服务中心等，后台根据收到的数据文件在收费专营公司和用户之间进行交易和结算。

（3）监控与管理系统。利用地磁感应与多媒体技术，对各道路的车流量情况进行实时采集与整理，实时监控各交通路段的车辆信息与数据，同时，自动检测车辆的车重、轴距轴重等信息，对违规车辆通过自动拍照与录制视频的方式进行辅助执法。

（4）智能公交系统。智能公交系统通过对域内公交车进行统一组织和调度，提供公交车辆的定位、线路跟踪、到站预测、电子站牌信息发布、油耗管理等功能，以及公交线路的调配和服务能力，实现区域人员集中管理、车辆集中停放、计划统一编制、调度统一指挥，人力、运力资源在更大的范围内的动态优化和配置，降低公交运营成本，提高调度应变能力和乘客服务水平。

（5）综合信息平台与服务系统。综合信息平台与服务系统是智能交通系统的重要支撑，是连接其他系统的枢纽，对交通感知数据进行全面的采集、梳理、存储、处理、分析，为管理和决策提供必要的支撑依据，同时，将综合处理过的信息以多种渠道（大屏、网站、手机、电视等）及时发布给出行市民。

13.3.2　智能交通管理系统的建设案例

智能交通管理信息系统的建设目标，是建成一个基于网络环境的、实时的、可视化的智能交通管理信息服务平台。它以专业化、综合性、可视化的基础地理信息为基础，综合集成现有系统，将监控视频、交通控制信号、122 接处警、警车定位、交通违章监测等实时动态信息及警力分布、交通标志、停车场位置及容量等各种数据采集起来，进行集中管理、分析，为交管局各支队、交管局领导、出行者等提供实时的城市各主要道路的交通流量、车速、交通密度、事故发生情况等可视化初级辅助决策信息，以便交通管理人员和出行者做出快速响应，也可将部分信息通过网络主动发布到交通诱导屏、交通信息台，甚至因特网，向公众提供全方位的交通信息服务，从而达到疏导交通、缓解拥堵、充分发挥道路和设施系统全部功能的目标，进一步提高交通管理的现代化水平。

以北京市为例，北京市交通管理局已经建成以该局指挥中心为核心的 ATM 主干网，采用 DDN 和 ISDN 的方式与各下属中队、站、远郊区县连接，其 ATM 的主干网带宽能达到 55Mbit/s，基本满足通信任务的要求，因此，智能交通管理系统就采用此种网络结构。利用交管局建设的交通流量检测系统和交通视频监控系统等所采集的数据，实时更新并显示路段的流量信息，使用系统提供的交通警用巡逻车全球定位系统与 122 事故联动功能，警员可以迅速到达事故现场，处理交通事故。交通基础设施信息的更新，由交管局的设施处负责，保证了基础地理信息的现实性。

系统提供了交通信号控制、交通诱导大屏、交通违章自动检测、122 接处警、交通电子收费、动态路段查询等一系列功能，管理人员可以迅速地实施交通管制方案，出行者可以通过信息台或者上网的形式获得交通信息，更新出行计划。考虑到与其他系统的兼容性设计了接口，以保证两个系统可以进行信息交流，例如，系统可以与智能公交管理系统、城市战略规划系统进行信息交流与共享，提高了系统的通用性，减少了重复建设。各种级别的用户通过统一的形式共享服务，由于交通管理者与出行者都可以得到及时的路况信息，因此可以避免交通过分拥挤，实现交通流的半自主诱导。

13.4 车联网

未来，智能交通的发展将向以热点区域为主、以车为对象的管理模式转变，即建立以车为节点的信息系统——"车联网（Internet of Vehicle，IoV）"。车联网技术旨在解决交通问题，首先，车联网能有效预防交通碰撞事故的发生，一些最早研究车联网技术的国家已取得显著成绩。其次，车联网可以使系统运营商和用户对出行方式做出最佳选择。最后，车联网技术降低了交通对环境的影响，在环境保护方面发挥着重要作用。

13.4.1 车联网概述

"车联网"是指使用车辆和道路上的电子传感装置，感知和收集车辆、道路和环境信息，通过车与人、车与车、车与路的协同互联实现信息共享，实现在信息网络平台上对所有车辆的属性信息和静、动态信息的提取和有效利用，并根据不同的功能需求对所有车辆的运行状态进行有效的监管和提供综合服务，确保车辆移动状态下的安全、畅通。车联网信息网络平台对多源采集的信息进行加工、计算、共享和安全发布，根据不同的功能需求对车辆进行有效的引导与监管，以及提供专业的多媒体与移动互联网应用服务。

一般地讲，车联网系统的功能要求有如下几方面。

（1）无线电通信能力，如单跳无线通信范围；使用的无线电频道；可用带宽和比特率；无线通信信道的鲁棒性；无线电信号传播困难的补偿水平，例如，使用路侧单元（Road Side Unit，RSU）来满足车辆与基础设施间的信息交换要求。通过泛在无线网络通信模块，实现车与人、车与车、车与互联网之间的连接，为用户提供丰富多样的服务体验。

（2）网络通信功能，如传播方式（单播，广播，组播），特殊区域的广播；数据聚合；拥塞控制；消息的优先级；实现信道和连通性管理方法；支持 IPv6 或 IPv4 寻址；与接入互联网的移动节点相关的移动性管理。

（3）车辆绝对定位功能，如全球导航卫星系统（GNSS），全球定位系统（GPS）；组合的定位功能，如由全球导航卫星系统和本地地图提供的信息相结合的组合定位。

（4）车辆的安全通信功能，如尊重匿名和隐私；完整性和保密性；抗外部攻击；接收到数据的真实性；数据和系统完整性。

（5）语音识别技术，如驾驶者获取信息、互动娱乐、程序操控。

（6）车辆的其他功能，如车辆提供传感器和雷达接口；车辆导航功能。

车联网是物联网在汽车领域的一个细分应用，是移动互联网、物联网向业务实质和纵深发展的必经之路，是未来通信、环保、节能、安全等的融合性技术，其技术框架如图 13-6 所示。

从图 13-6 可以看出，IoV 系统是一个 3 层体系。

第一层（感知层）：感知层是汽车的智能传感器，负责采集与获取车辆的智能信息，感知行车状态与环境，是具有车内通信、车间通信、车网通信功能的泛在通信终端，同时，还是让汽车具备 IoV 寻址和网络可信标识等能力的设备。

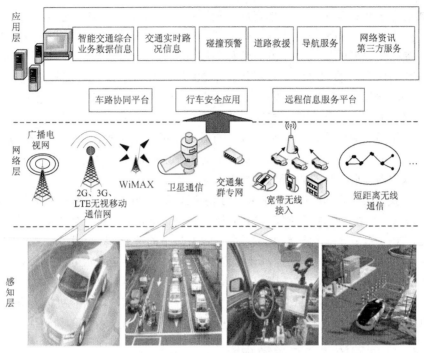

图 13-6　"车联网"的技术框架

第二层（网络层）：解决车与车（V2V）、车与路（V2R）、车与网（V2I）、车与人（V2H）等的互联互通，实现车辆自组网及多种异构网络之间的通信与漫游，在功能和性能上保障实时性、可服务性与网络泛在性，同时，它是公网与专网的统一体。

第三层（应用层）：车联网是一个云架构的车辆运行信息平台，它的生态链包含了 ITS、物流、客货运、危特车辆、汽修汽配、汽车租赁、企事业车辆管理、汽车制造商、4S 店、车管、保险、紧急救援、移动互联网等，是多源海量信息的汇聚，因此，需要虚拟化、安全认证、实时交互、海量存储等云计算功能，其应用系统也是围绕车辆的数据汇聚、计算、调度、监控、管理与应用的复合体系。

13.4.2　国内外车联网的发展史

早在 20 世纪 50 年代，部分美国私营公司就开始为汽车研发自动控制系统。20 世纪 60 年代，美国政府交通部门开始研究电子路径引导系统（Electronic Route Guidance Systems，ERGS）。20 世纪 70 年代初至 80 年代，美国对智能交通系统的研究处于停滞阶段。2006 年，为解决迫在眉睫的安全问题，美国交通运输部联手部分汽车制造商，对 V2V 安全应用程序原型进行开发和测试，旨在提高车载安全系统在自适应控制方面的性能。开发和测试成果对美国高速公路安全管理（NHTSA）未来的决策起到了非常重要的参考作用。同年，美国提出车辆基础设施一体化（VII）概念。2009 年，美国启动商用车基础设施一体化工程（Commercial Vehicle Infrastructure Integration），发布了《智能交通系统战略研究计划：2010—2014》，目标是利用无线通信建立一个全国性多模式的地面交通系统。针对车联网技术，美国在 6 个不同地区进行了现实环境下驾驶员安全驾驶测试，用以评估用户对新的 V2V 技术接受程度。2012 年秋天到 2013 年秋天，美国继续开展对安全驾驶模型的研究工作，以测试车联网安全技术的有效性。2012 年 12 月，美国发布了《2015—2019 ITS 战略计划》，就美国下一代 ITS 战略研究计划草案进行了对话与讨论，该报告显示美国在保持以往研究项目连续性的同时，已开始制订2015年—2019年ITS研究计划，确立研究和发展的重点和主题，以满足新兴的研究需求，进一步提高车联网的安全性、流畅性和环境保护。

日本ITS的研究始于20世纪70年代。至20世纪90年代中期，其相继完成了路—车通信系统（RACS）、交通信息通信系统（TICS）、超智能车辆系统（SSVS）、安全车辆系统（ASV）等方面的研究。2011年，日本全国高速公路系统引进"ITS站点智能交通系统"，它能够及时向车载导航系统提供海量交通信息和图像，有效地缓解了交通拥堵，改善了驾驶环境。

欧洲正在全面应用、开发远程信息处理技术（Telematics），在全欧洲建立交通专用无线通信网，并以此为基础开展交通管理、导航和电子收费。

1986年，我国第一套国产信号控制系统在南京开发。2009年，车载信息服务系统的推出，标志着中国进入了车载信息服务时代。2010年，首届"车联网"研讨会成功召开，提出了"车联网"概念。2010年后分别出现了"互联网+"大背景下的智能车、网联车、互联网汽车、自动驾驶等概念。2015年，中国汽车工业协会对智能网联汽车（Intelligent Connected Vehicle）进行了定义：搭载先进的车载传感器、控制器、执行器等装置，融合现代通信与网络技术，实现车与X（人、车、路、后台等）智能信息交换共享，具备复杂的环境感知、智能决策、协同控制和执行等功能，可实现安全、舒适、节能、高效行驶，并最终可实现无人操作的新一代汽车。

13.4.3 车联网的功能与关键技术

1. 车联网的主要功能

车联网具有提供信息服务、状态监测与数据分析、提高行车安全与效率及促进节能减排等功能。车联网网络模型及主要功能如图13-7所示，图中eNodeB为增强型基站。

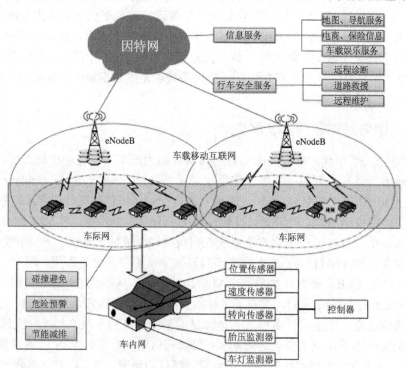

图13-7 车联网网络模型及主要功能

（1）信息服务功能。车载终端通过车载移动互联网与信息管理平台及外部网络服务器交互，可获取交通管理、位置、导航、电商、保险、车辆服务等信息，以及互联网广播及视频等车载娱乐信息，从而为驾乘人员带来更好的驾乘体验及更低的沟通成本。

（2）提高行车安全与效率。车内网的各传感器节点监测车辆设备状态，并通过车际网及车载移动互联网实现车辆危险预警，如车辆碰撞预警、盲点预警、行人及非机动车预警，以及车辆管理，如远程诊断、道路救援、远程维护等，从而减少交通事故，提高安全通行效率。例如，车载诊断系统（On-Board Diagnostic，OBD）和汽车连通，读取汽车数据并通过无线网络存储到云端，车主通过手机客户端就可以知道汽车目前的状态，如油耗、排气系统、故障代码等。当云端数据和汽车经销商连接以后，车辆数据会被经销商获得，经销商就可以及时获知汽车情况，从而免去了致电 4S 店的麻烦，并且汽车经销商能够在汽车出现严重故障之前提醒车主维护车辆安全。

（3）节能减排。车载终端及车内传感器节点通过对车辆设备状态以及车主驾驶习惯的监测，可提供经济驾驶建议及动力系统优化方案等，从而有效降低油耗成本，实现节能减排。

2. 车联网的关键技术

车联网的核心部件包括车载终端、路边单元、车联网服务平台、局域网络、因特网网络等。随着传感技术、射频识别技术、语音技术、普适计算与云计算、实时系统等信息技术的飞速发展，应用于车联网的关键技术不断更新。

（1）RFID 射频识别技术。目前车联网中主要采用可以实现更远读/写距离的有源 RFID 技术实现通信。RFID 读写器获取的各种数据信息经过中间件提取、解密、过滤、格式转换导入车联网的应用程序。针对不同应用，可以开发不同的中间件，如紧急事件处理中间件等。

（2）智能传感技术。智能传感技术的研究内容包括人工智能理论、智能控制系统、信号处理识别、信息融合等。具体来说，车辆通过传感器采集车辆、道路等交通基础设施的运行参数；根据驾驶者的意图和环境信息确定车辆的运行状态，如车辆制动、发动机等运行参数。车联网中传感技术的应用，主要是车的传感器网络和路的传感器网络。车内传感器网络主要向人提供车的状况信息，如远程诊断信息，以供分析、判断车的状况；而车外传感器网络是用来感应车外环境状况的，如防碰撞的感应信息等。路的传感器网络是指设置在路边的传感器设备网络，用于感知车速和路况等。因此，整合传感器网络的信息是车联网系统的重要技术之一。

（3）语音技术。语音识别技术提升了车联网的交互能力，它将是车联网发展的助推器。成熟的语音技术能够让司机通过语音来对车联网发出命令、获得服务，通过耳朵来接受车联网提供的服务。语音识别技术依赖于强大的语料库及运算能力，因此，车载语音技术的发展本身就依赖于网络，因为车载终端的存储能力和运算能力都无法解决好非固定命令的语音识别问题，而必须要采用基于服务端技术的"云识别"技术。

（4）服务端计算与服务整合技术。类似互联网及移动互联网，车联网终端能力有限，通过服务端计算才能整合更多信息和资源向终端提供及时的服务。云计算将在车联网中用于分析计算路况、大规模车辆路径规划、智能交通调度、基于庞大案例的车辆诊断计算等，通过服务整合，可以使车载终端获得更合适、更有价值的服务。

（5）通信技术。在实现信息互通时，需要各种无线通信技术，主要包括车内通信、车外通信、车路通信及车间通信 4 种无线通信技术，车联网通信技术如表 13-1 所示。

表 13-1　　　　　　　　　　　　　　　车联网通信技术

类型	用　　途	特　　点	技　　术
车内通信	汽车内部信息传输	实时性、可靠性要高，距离短	CAN、LIN、MOST、FlexRAY、Bluetooth
车外通信	车外无线通信	距离长、高速移动	GSM、GPRS、3G、GPS
车路通信	车辆与外部交通设施的无线通信	距离较短、高速移动	微波、红外技术、专用短程通信
车间通信	移动车辆之间的双向传输	安全性、实时性	微波、红外技术、专用短程通信

目前在汽车定位、通信及收费领域应用较多的是专用短程通信技术（Dedicated Short Range Communication，DSRC）和车辆定位管理系统（Vehicle Positioning System，VPS）技术。专用短程通信技术是一种高效的无线通信技术，可以实现在特定小区域内对高速运动的移动目标的识别和双向通信，目前主要应用在电子道路收费方面。而车辆定位管理系统 VPS 则是一种 GPS + GSM 技术，可以实现车辆定位、行车路线查询回放、远程断油断电功能，在汽车导航、求助及语音通信方面有着较广泛的应用。GPS 未来主要应用于车辆导航、车辆防盗、紧急救援等汽车安防服务。

13.4.4　车联网发展展望

车辆生产企业的参与对整个车联网产业链来说有着非常重要的作用，推动了相关设备在前装市场的发展。目前车联网发展呈现出以下趋势。

1. 技术趋势

车联网发展的热点技术逐步聚焦，分布在端、管、云和信息安全 4 个层面。

（1）端：端指的是车载终端、路侧终端以及手持终端等。各类终端智能化、网联化的进程加快，使车载操作系统、汽车电子成为产业各方力量积极布局的焦点。未来车载操作系统将主要朝着云服务和自动驾驶两个方向发展。云服务主要基于车载操作系统的多样化应用，而自动驾驶将融合传感器、图像技术、通信技术和人工智能技术做出分析决策。

（2）管：管是指通信网络。目前 LTE-V 和短距离无线通信（Dedicated Short Range Communication，DSRC）等无线通信技术在车联网的应用逐步走向成熟，基于 5G 技术的车联网应用进入探索阶段。早期信息网联主要形态是实现汽车和外界环境的基础信息交互，如 Telematics 业务等，主要实现卫星定位导航、道路救援、车载多媒体娱乐等应用，这些应用对通信系统的实时性和可靠性要求不高。随着 LTE、5G 等通信技术的不断发展，许多依赖低时延、高可靠性的新应用有了发展空间，这使得基于 V2X 通信的智能辅助驾驶（Advanced Driver Assistant System，ADAS）及自动驾驶成为可能。

（3）云：联网大数据和云服务平台功能逐渐多样化，同类型的运营平台将由分散走向集中。公有云提供各类信息娱乐导航服务，如视频、音频、地图导航、社交等服务，互联网公司将是主要的服务提供商；私有云包括用户个人数据、政府监管、行业、企业等私有数据，如用户的位置信息、运营车辆车内音频或视频监控信息、汽车厂商收集的相应 CAN 总线信息等。

（4）信息安全：大多数车型的车内网络架构安全防护能力十分薄弱，一旦走向开放，亟须进行安全设计。信息安全目前面临的主要威胁集中在 CAN 总线、OBD 接口设备以及部分远程收发部件，如通信模块 T-BOX、移动端 App 以及云端平台等。黑客对车辆信息接口的攻击，会造成车辆信息泄露，甚至汽车控制系统瘫痪，进而引起事故，后果不堪设想。目前亟须加快推进信息安全标准、规范的编制，规范行业安全管理，加强信息安全技术研发和测试认证平台建设，提高技术支撑保障和市场服务能力。

（5）导航技术将更加直观、更加易用。传统的静态导航将逐渐被动态导航所取代，导航将不断向 3D 导航及实景导航及在线化方式发展，地图增量更新技术、动态交通信息技术将在导航技术中全面应用。车联网终端将从产品化向服务化方向发展。提供动态交通信息将是未来 TSP 服务的一项主要内容。虽然我国目前在动态交通信息方面依然落后于发达国家，但通过浮动车技术、手机等方式也可以获取实时交通信息。随着技术的不断发展及用户需求的日益增长，动态交通信息必将成为 TSP 服务的主要内容。

（6）位置和熟人将成为私家车领域车联网的核心元素。随着互联网技术的不断发展，位置服务将成为车联网的一个基本功能，熟人演变的关系将成为产业链上最受关注的话题。既然是车联网，"联"是车联网的灵魂，"联"包括终端和车辆本身联接，即车与车之间的联接、车与手机之间的联接、车与后台之间的联接。中国是典型的熟人社会，因为熟人社会的信用有保障。而中国的文化善于把生人变成熟人，把熟人变成亲人或者准亲人，因此，无论是圈子、SNS、口碑营销、泛关系链营销还是车友会，其本质都离不开熟人这一核心。车联网通过车与车、车与人之间的联接，形成一个熟人关系链，从而实现新的商业模式。

（7）未来的车联网终端必将和车紧密地结合在一起，获取关于发动机、变速箱、安全气囊、刹车系统、ABS、空调以及免钥匙模块和门模块的数据，实现对车辆的远程控制，可实时查看发动机的温度、机油情况、车辆是否需要保养，车辆存在什么样的故障。一方面，通过远程故障的预警，确保司机的安全驾驶环境；另一方面，通过远程故障的分析，给 4S 店、维修站带来利益，有助于产业链的健康有序发展。

（8）未来在行业领域，车联网终端将从目前单一的被动式监控逐步向主动式交互演进，车载终端逐步从传统的无屏或简单的调度屏演变为功能强大的调度屏。商用车辆方向盘比较重，司机如果在行车过程中用手持电话，势必会影响车辆行驶的安全性，同时，交通法规也禁止司机在行车过程中拨打电话，因此，传统的手柄将逐步退出舞台。另一方面，GPS 企业要考虑的一点就是不要给司机太多操作设备的机会，司机的主要工作就是开车，为了行车安全，不要用其他设备影响司机的注意力。因此，GPS 设备一定要具备语音播报功能。

2．整体趋势

（1）智能网联汽车将成为主流产品。以传感技术、信息处理、通信技术、智能控制为核心，车路、车车协同系统与高度自动驾驶已经成为现阶段各国发展的重点，也已成为市场竞争制胜的关键因素。我国未来将逐步向部分自动驾驶、高度自动驾驶和无人驾驶过渡。目前自动驾驶技术的发展方向日趋明确，技术体系基本形成，ADAS（智能辅助驾驶）已经成为自动驾驶商业化的切入点，前向碰撞预警、车道偏离预警、障碍物预警、智能泊车等技术已经开始广泛使用并得到认可。

（2）车联网与大数据云计算相融合。车联网能够将车辆本身信息、车辆位置信息、驾驶员信息、天气情况、交通状况等数据收集起来，通过大数据分析，实现深层次的洞察，例如，对驾驶员驾驶习惯和出行模式的理解，对车辆故障的识别和预警等。车联网移动云服务也将得到广泛应用。

（3）跨界合作和服务创新日益显著。随着生态系统的健全，车联网将提供更加多样化的服务，并向 O2O 与汽车后市场渗透，跨界合作和服务创新日益显著。例如，在保险行业，通过车联网技术，可以更为精准地评估并做风险定价，更好地匹配保险费和实际风险，并以驾驶行为和里程为基础，提供个性化的汽车保险费率。

（4）未来在行业领域，产品定位将更精准，行业定位将更清晰。目前，车联网产品功能冗杂，一款产品可能适合所有行业，未来，每个行业不同的需求将对应不同的终端。比如，对于出租车行业，应结合电召、广告的下推等功能，能获取车辆的空驶里程、载客里程及空重状态；对于物流行业，要有准确的里程数据及油耗数据，设备具备后台导航功能，能实现一键通，也能通过车联网终端获取货物运输信息；对于长途客运行业，随着4G和5G的发展，需要实时上传车辆运行视频，并且终端能识别司机的身份，配合交通运管平台进行身份验证。

课后习题

1. 请描述智能交通系统的基本概念。
2. 智能交通有何功能与特征？运用了哪些物联网技术？
3. 简述智能交通系统平台架构。
4. 什么是车联网？谈谈你对车联网的认识。

学习要求

知 识 要 点	能 力 要 求
智能化住宅小区	掌握国内智能化住宅的概况 了解智能化住宅小区案例
智能楼宇	掌握智能楼宇的基本概念 了解智能楼宇控制方法
智能家居	了解智能家居国内发展现状 了解智能家居的应用案例

14.1 智能化住宅小区

14.1.1 智能化住宅小区概述

住宅小区智能化,是指从生活需求出发,综合运用物联网、计算机信息、通信控制等科学技术,以社区信息平台安防系统、物业管理系统和综合信息服务系统为核心,用高科技手段构造服务平台,以期实现快捷、高效的超值服务与管理,为小区住户提供安全、环保、舒适、方便的居家环境。采用物联网技术,可有效提升传统的住宅服务功能。

本章以小区安防为例,介绍物联网安防系统的设计和应用。

14.1.2 物联网小区安防系统设计与应用

基于物联网的智能小区安防系统的设计原则如下。

(1)准确性。准确性是安防系统开发时需要遵循的重点开发原则之一。当突发状况或者告警发生时,系统需要准确地给予响应或提示。此外,系统网络传输过程中的丢包也可能会导致误判。鉴于此,在设计实现该系统时,应尽可能全面地考虑各个方面,以确保系统在软件层面的高准确性。

(2)稳定性。在小区这种人群密集的地方,安防系统的可靠性和可用性必不可少。系统在设计和实现的时候,将稳定性作为了一种重要的指标。

(3)实时性。实时性是信息系统开发时需要遵循的另外一个原则。在突发情况产生时,系统需要快速做出响应,安防系统的实时性至关重要。此外,系统的软件架构以及网络选择,也可能影响交互的实时性。系统在设计时应尽可能全面地考虑各个方面，以提升系统的性能，确保系统的高实时性。

（4）交互友好性。界面的友好性能将大大提升用户对系统的好感度。简洁但不简单是系统用户界面设计时应遵循的准则，以便用户快速地找到所需信息。系统在设计时，除了要注重功能的实现外，对系统界面的布局、色彩搭配、用户体验等，都应予以精细的考虑。

图 14-1 是一种安防系统的网络拓扑结构设计图。该系统在小区的每个单元楼都架设了传感器，系统主要由 3 个部分组成：管理中心、网关、传感器设备。每个传感器设备都通过 Wi-Fi 与各个单元的网关相互连接，然后与管理中心相连接，组成一个大的局域网。底层的采集器通过 Wi-Fi 连接到网关，通过网关上传和接收数据或网络管理指令。

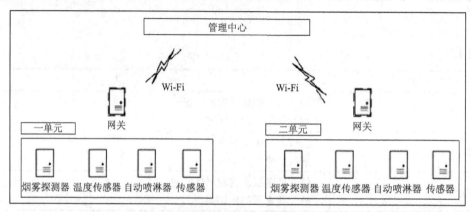

图 14-1　一种安防系统的网络拓扑设计图

此安防系统主要功能模块结构如图 14-2 所示。其按功能分为 4 个子系统：安全监控子系统、报警响应子系统、报警管理子系统、辅助功能子系统。

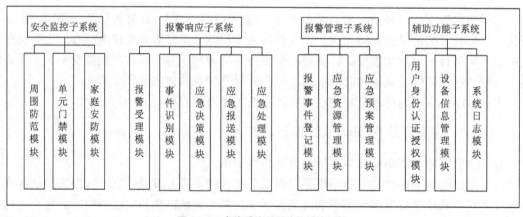

图 14-2　安防系统主要功能模块结构

14.2　智能楼宇

智能楼宇的核心是 5A 系统：BA——建筑设备自动化系统，CA——通信自动化系统，

OA——办公自动化系统，FA——火灾报警与消防连动自动化系统，SA——安全防范自动化系统。智能楼宇就是通过通信网络系统将此 5 个系统进行有机的综合，实现结构、系统、服务、管理的最优化组合，使建筑物具有安全、便利、高效、节能的特点。智能楼宇是一个边沿性交叉性的项目，涉及计算机技术、自动控制、通信技术、建筑技术等，并且有越来越多的新技术在智能楼宇中应用。智能楼宇架构如图 14-3 所示。

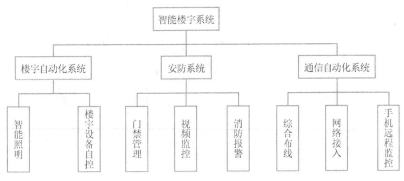

图 14-3　智能楼宇架构

1. 楼宇自动化系统（这里指通常所说的小 BA 系统或狭义 BA 系统）

采用先进的计算机控制技术、管理软件和节能系统程序，使建筑物机电或建筑群内的设备有条不紊、综合协调、科学地运行，有效地保证建筑物内有舒适的工作环境，实现节能、节省维护管理工作量和运行费用的目的。

楼宇能量管控系统通过智能化的用电服务手段，利用物联网加强用户与电网之间的信息集成与实时互动，有效提高终端用户用能效率，发展低碳经济，促进节能减排，服务"两型"社会建设，实现国家能源可持续发展的战略目标。

楼宇能量管控网络关键技术如下。

（1）基于物联网的楼宇能量管控网络体系结构

通过分析基于物联网的智能用电管理技术、网络化控制体系结构以及异构网络技术，明确定义需要实现和开发的通信协议，基于物联网的智能楼宇能量管控网络成功的关键是体积小、重量轻、低成本的网络设备，泛在网中的节点必须使用超低功耗的移动节点，以避免频繁更换电池。特别是对自组织、路由、寻址和对不同等级服务的支持，应作为网络层主要解决的问题。

（2）基于物联网的通信协议传感通信模块以及一系列智能电器设备

基于复合组网技术，智能模块需要支持家电用电信息采集双向通信功能和复合组网技术的通信协议，监测目标电器、具有远程通断电功能的智能电表及智能终端设备。智能楼宇网关设备应满足楼宇智能设备小型化、低功耗及高性能的需求。以传感器网络和无线自组网为基础的物联网系统，关注移动终端在迅速组建网络过程中的移动性和灵活性。针对物联网网络与无线传感器网络和自组网拥有的一些不同的特性，如异构性、资源限制、计算能力和能量限制等，需要对物联网通信协议进行跨层设计。图 14-4 所示是基于物联网的楼宇能量主要控制设备和管控软件关系图。

（3）物联网的智能楼宇能量管控系统用电管理软件

在集成优化智能楼宇能量管控算法的基础上，智能楼宇能量管控软件能够收集来自物联网传感模型及控制设备的所有数据，并对数据进行分析，实行能量优化管理，设计智能建筑的能源优化机制，如图 14-5 所示。

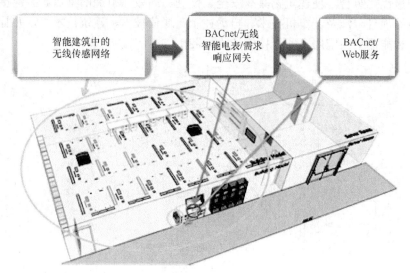

图 14-4　基于物联网的楼宇能量主要控制设备和管控软件关系图

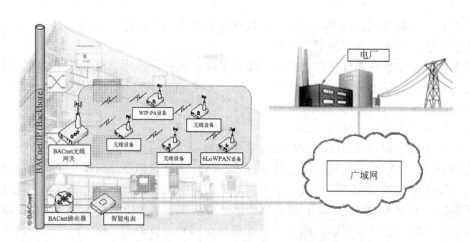

图 14-5　基于物联网的智能楼宇能量管控系统

2.　安防自动化系统

安防系统由视频监控系统、消防报警系统及门禁管理系统组成。

（1）视频监控系统。随着 4G 的健壮发展，以及 5G 技术试点应用的展开，视频监控可以实现远距离、跨地域大范围的远程监控。视频监控系统如图 14-6 所示。

视频监控主要内容：实时音视频浏览，通过客户端可以实时浏览前端设备采集的音频、视频信息；音视频存储回放，支持前端录像、硬盘录像等本地存储和存储服务器后台存储功能；报警联动，报警事件触发后，系统自动执行预先设定的报警预案动作，如警灯闪烁、摄像头巡航或转到预置点、前端设备录像、抓拍等；系统管理，可以提供用户管理、设备管理以及网络管理功能。

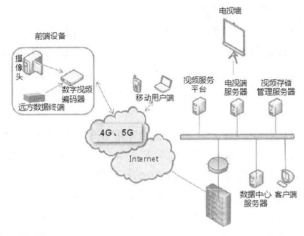

图 14-6 视频监控系统

（2）消防报警系统。主要由楼宇主机、中心服务器、下位机、各类传感探测器组成，如烟雾传感器、红外探测器。采取无线接入的方式，将传感器发出的信号通过楼宇主机端的无线接收器接收并处理，最后发出警报。

（3）门禁管理系统。主要核心是 RFID 电子标签。合法人员通过佩戴的电子标签在大门进出口的阅读器上进行身份验证。只有有合法电子标签，才发出开门信号。一旦检测到非法电子标签，则发出报警信号。

3. 通信自动化系统

通信自动化系统连接其他楼宇子系统，协调工作，真正实现楼宇的自动化、智能化。该系统主要实现综合布线、网络接入、终端远程监控。通信自动化系统拓扑图如图 14-7 所示。

（1）综合布线。综合布线系统涉及供电照明、空调、供暖、通信等各个工程环节，所以需要解决线路相互干扰等问题。

图 14-7 通信自动化系统拓扑图

（2）网络接入。网络的接入是为了实现内部信息与外部信息的交换。随着无线网络的发展与应用，无线技术在智能楼宇的建设中扮演了重要角色。

（3）终端远程监控。终端包括手机或者个人计算机等。楼宇管理员可以在任何一个有手机信号或者 Wi-Fi 的地方，运用智能终端，控制智能楼宇中任何一个功能模块，真正实现对楼宇内部环境的远程监控。

14.3 智能家居

微软联合创始人比尔·盖茨的私人豪宅——"未来之家"耗费巨资，铺设了 52 英里（1英里≈1.61 公里）电缆，房内所有电气设备连接成一个绝对标准的家庭网络，每间房都使用触摸感应器控制照明、音乐、室温、灯光等设定都可自动调整。"未来之家"超前的理念和周全的设计堪称世界经典，羡煞世人。"未来之家"展示了人类未来智能生活的场景，但其价格之高、科技之先进，使普通人望尘莫及。

随着人们生活水平的提高、消费观念的转变，以及智能家居技术的成熟、三网融合的实现、物联网的发展，实现更加自动化、舒适化、安全化、节能化的家居生活已成为可能。同时，政府部门的大力支持，以及IT、家电、媒体等各行业的加入，极大地扩展了智能家居市场。智能家居经10余年的发展，已悄然走进百姓之家。"未来之家"对于百姓不再是遥不可及的梦想。

所谓智能家居，是以住宅为平台，利用综合布线技术、网络通信技术、智能家居系统设计方案、安全防范技术、自动控制技术、音视频技术，将与家居生活有关的设施集成，构成高效的住宅设施与家庭日程事务的管理系统，提升家居的安全性、便利性、舒适性、艺术性，同时，创造环保节能的居住环境。智能家居的理念是有效地将先进的科学技术和个人的需求结合在一起，在充分发挥科学技术作用的同时改善自然环境，为人们提供更加安全、舒适、健康的生活环境。实现智能化、自动化、现代化、安全化的智能家居，主要是通过构建8个子系统来达到，这8个子系统分别为家庭网络子系统、家庭能量管理子系统、背景音乐子系统、智能照明子系统、智能安防子系统、家庭娱乐子系统、家庭信息处理子系统、家庭环境子系统，如图14-8所示。

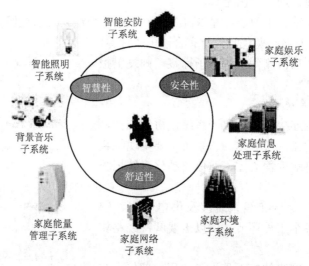

图14-8　智能家居的8个子系统

（1）家庭网络子系统。家庭网络子系统的构建，能够有效地优化和保护人们居住环境所依赖的网络，促使与广域网连接的计算机、手机、网络电视等具有良好的应用性，避免断网、病毒入侵、黑客破坏等现象，使人们能够安全、高效地上网。

（2）家庭能量管理子系统。在人们的居住环境中，属于能量的有电、水、天然气等。家庭能量管理子系统能够对人们所消耗的电、水、天然气等进行计算，确定用户需缴费用，并自动帮业主缴费，真正意义上实现便民。

（3）背景音乐子系统。背景音乐子系统的构造，是在住宅内部设置音乐线路，并有效地利用自动感应技术使背景音乐具有感应功能。人们居住在住宅中，能够随时随地地开启音乐。

（4）智能照明子系统。智能照明子系统的应用，不仅能够节约用电，还能够呵护人们的眼睛。智能照明子系统具有自动开关电灯的功能，在人们离开灯源一段时间后，照明系统将会自动关闭电灯。照明系统具有灯光调节的功能，能够按照人们的需求调节灯光的亮度，保护人们的眼睛。

（5）智能安防子系统。智能安防子系统具有报警功能，并与公安系统联网，一旦住宅出现偷盗、煤气泄漏、火灾等情况，系统将会自动发出报警响铃，并将报警信号传输到公安系统，在事故发生的第一时间进行报警。

（6）家庭娱乐子系统。家庭娱乐子系统的构建，能够使人们在足不出户的状态下开展游戏、观影、家庭 KTV 等娱乐活动。

（7）家庭信息处理子系统。人们的生活不仅仅局限于住宅，当人们不在家时，家庭信息管理子系统就会发挥作用，接收与家庭相关的信息，如小区、物业等发布的信息，筛选掉垃圾信息后，将重要的信息传送到用户的手机，使人们能够实时掌握家中的一切动态。

（8）家庭环境子系统。家庭环境子系统能够根据每天的天气情况，自动地调节空气、采暖、湿度等，为人们营造良好的居住环境。

以上子系统结合智能化家电，能够将智能手机变成家中的"万能遥控器"，用手机可直接操控灯光、电视、空调，甚至浴缸上的水龙头放出的水的温度。当外出旅游时，可设置主人在家的虚拟场景，迷惑小偷。未来的智能镜子会突破传统的用途，当人站到镜子面前时，镜子会自动进行扫描，然后进行呼吸测试，检测我们的身体健康状况，同时精确记录我们体形的变化，并测算出脂肪含量及体重。主人可以通过智能电器控制，在规定的时间强行关闭儿童卧室中的电器，对孩子进行有效的约束。

物联网、三网融合等技术对智能家居的发展起到了有力的推动作用。以下简单阐述物联网对智能家居的促进作用。

14.3.1　智能家居感知层设备

物联网的感知层利用多种传感器、传感网、二维码、GPS 等感知物理世界的各种信息。智能家居感知层配合各种传感器节点，实现对室内的实时监控，包括对家庭环境的监控、安防等。这里以安防和健康监测系统为例介绍其工作原理。图 14-9 所示为智能家居安防系统功能模块。

该安防系统运用了许多不同类别的传感器设备，用以采集不同的信息，并将这些信息提供给中央处理器进行处理，传感器具体功能如下所述。

1. 光线传感器

该传感器配合光电开关可直接取代家中的墙壁开关面板。它可以像正常开关一样使用，更重要的是它已经和家中的所有物联网设备自动组成了一个无线传感控制网络，可以通过无线网关向其发出开、关、调光等指令。其意义在于主人离家后无须担心家中的电灯是否忘了关掉，只要主人离家，所有未关的电灯都会自动关闭。用户在睡觉时，也无须逐个房间去检查灯是否开着，只需按下装在床头的睡眠按钮，所有灯光都会自动关闭。用户夜间起床时，灯光会自动调节至柔和，从而保证睡眠质量。

2. 无线温湿度传感器

该传感器主要用于探测室内、室外温湿度。虽然绝大多数空调都有温度探测功能，但由于空调的体积限制，它只能探测到出风口附近的温度，这也正是很多消费者感觉其温度显示不准的重要原因。有了无线温湿度探测器，用户就可以确切地知道室内的温湿度。其现实意义在于，当室内温度过高或过低时能够提前启动空调调节温度。例如，用户在回家的路上时，无线温湿度传感器探测出家中的房间温度过高，则会启动空调自动降温，用户到家时，家中已经温度宜人了。

图 14-9　智能家居安防系统功能模块

3. 无线红外防闯入探测器

该传感器主要用于防止非法入侵。床头的无线睡眠按钮不仅会关闭灯光，还会启动无线红外防闯入探测器，此时，一旦有人入侵，系统就会发出报警信号并按设定自动开启入侵区域的灯光，吓退入侵者。当用户离家后，它也会自动设防，一旦有人闯入，会通过网络自动向终端发出警情处理指令。

4. 无线空气质量传感器

该传感器主要探测卧室内的空气是否混浊。它通过探测空气质量告诉用户目前室内空气是否影响健康，并可通过无线网关启动相关设备来调节空气质量。

5. 无线门铃

这种门铃对于大户型或别墅来说很有价值。出于安全考虑，大多数人睡觉时都会关闭房门，此时若有人来访按下门铃，在房间内很难听到声响。这种无线门铃能够将按铃信号传递给床头开关，以提示主人有客人造访。另外，在家中无人时，按门铃的动作会通过网络传递给应用终端，这对用户了解家庭的安全现状和来访信息是非常重要的。

6. 无线门磁、窗磁

该设备主要用于防入侵。当用户在家时，门磁、窗磁会自动处于撤防状态，不会触发报警；当用户离家后，门磁、窗磁会自动进入布防状态，一旦有人开门或开窗，就会通知应用终端并发出报警信息。另外，对于有保险柜的家庭来说，这种传感器还能够侦测并记录下保险柜每次被打开或者关闭的时间，并及时通知授权终端。

7. 无线燃气泄漏传感器

该传感器主要用来探测家中的燃气泄漏情况，它无须布线，一旦有燃气泄漏，会通过网关发出报警并通知授权终端。

基于物联网的智能家居安防系统功能架构如图 14-10 所示。

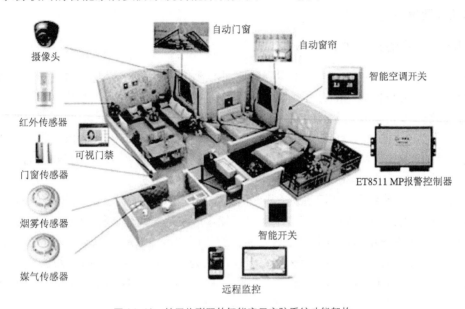

图 14-10　基于物联网的智能家居安防系统功能架构

借助智能家居的系统平台与医疗服务系统，用户足不出户即可享受到基本的医疗服务，这极大地提高了医疗健康服务的便利性和实效性。近年来，随着社会人口老龄化的趋势，人们对医疗健康方面的需求与日俱增，健康监护功能在智能家居系统中越来越突显出重要作用，它可以及时获取主人的健康状态，有效改善医疗资源的使用效率，提升居民的健康水平和生活质量。图 14-11 是智能家居中基于脉搏和活动状态检测的健康监护系统。

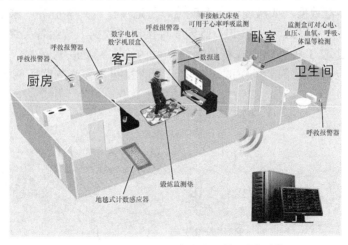

图 14-11　基于物联网的智能家居健康监护系统

　　健康监护系统当中，用于检测人体健康状态的传感器是一种便携的可穿戴设备。它是一个具有脉搏检测、活动检测以及无线数据传输功能的腕戴式传感器。传感器将数据以无线方式发送到智能家居网络，再通过家居网关转发到智能家居服务器，由服务器对这些数据进行分析处理。通过服务器访问，监护人或者医生可掌握监护对象的实时状态，以便做出及时的响应，或提供相应的医疗服务。腕戴式传感器还具有紧急呼叫功能，便于在紧急状况下主动发出求助报警信号。无线数据接收器分布于居室内的固定位置，与智能家居总线连接，负责接收传感器数据并进行转发。

14.3.2　智能家居网络层设备

　　物联网网络层能够把感知到的信息无障碍、可靠、安全地进行传送，得益于传感器网络与移动通信技术、互联网技术的融合。物联网是互联网应用拓展的重点，是战略性新兴产业的增长点，是加快转变经济发展方式的切入点。在物联网概念正式提出之前，智能家居实际上是以"数字家居"为主导，把多种家电通过计算机技术和网络技术进行互连，以实现各类数据快速便捷的交换的，这个时期的家居生活还处于对数据的获取阶段。而物联网兴起之后，智能家居应该说是"智慧家居"，这个时期的家居生活不再是被动的数据接收，而是主动的控制和交互。物联网给智能家居带来了第二次生命，物联网的发展重新定义了智能家居的概念，把智能家居从"数字家居"升级到"智慧家居"。下面以智能家居系统的家庭物联网网关为例做详细介绍。

　　家庭智能网关在家庭网络中起着重要的桥梁作用，可使家庭内部无线传感器网络与互联网建立连接，并可通过现有的计算机网络技术将家庭内各种家电和设备联网，实现家庭设备的网络化。本系统家庭网关选用 Linux 开发平台，以 Arm11 为控制器，集成了蓝牙模块、网络模块、串口模块以及其外围基本电路，具有如下优点。

　　（1）所有无线节点的数据都将发往网关进行统一处理，实现家庭网络的简单化。

　　（2）蓝牙和 Wi-Fi 通信技术实现手机与家庭网关之间的通信，节约手机上网流量，同时省去各种遥控器，方便用户携带。

　　（3）将数据上传到服务器，用户无论在什么地方都能对家庭设备进行控制和管理，对数据进行查看。

　　结合家庭物联网网关的功能需求，无线传感器网络设备按照其时隙不断地向家庭物联网网关上传各类传感器数据，如温度值、湿度值、舒适度值、烟雾值等。家庭物联网网关接收到各类传感器值后，从以太网、Wi-Fi、蓝牙 3 种接口将数据上传给各类终端设备，同时，各终端设备也可通过这 3 种网络形式将控制命令发送给家庭物联网网关，再由网关下发到无线传感器网络相应节点设备，以完成对节点设备的控制。家庭物联网网关协议转换示意图如图 14-12 所示。

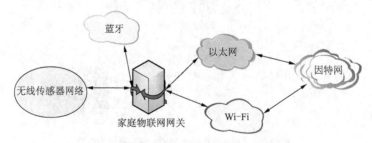

图 14-12　家庭物联网网关协议转换示意图

家庭物联网网关要完成图 14-12 所示的 4 种便捷、动态的数据传输与协议转换，以实现不同技术设备之间的互联互通。为此需采用面向具体应用的应用层转换机制，即 4 种网络在相互通信的过程中使用的不同格式数据必须要经过家庭物联网网关应用层的翻译转换，最后以新的格式发送。家庭物联网网关多协议转换数据流如图 14-13 所示。

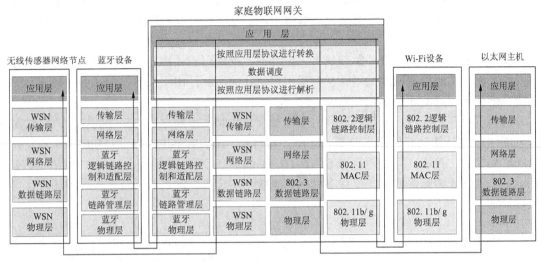

图 14-13　家庭物联网网关多协议转换数据流

从图 14-13 中的数据流向可以看出，WSN 节点、蓝牙设备、Wi-Fi 设备以及以太网主机的数据，经由自身协议栈汇入家庭物联网网关相应通信模块后，通信模块将对 4 种协议栈从底层解析到应用层，最终将 WSN 节点、蓝牙设备、Wi-Fi 设备和以太网主机的应用层数据交由家庭物联网网关应用层进行处理。应用层协议转换机制如图 14-14 所示。

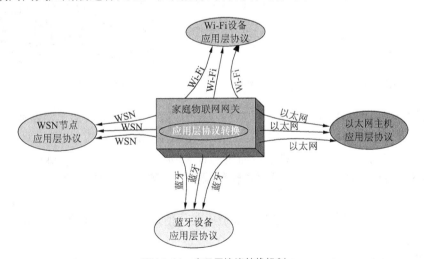

图 14-14　应用层协议转换机制

这种应用层协议转换机制，需要有统一的应用层协议，接入的网络只有遵守这一协议才能进行协议转换。根据国家行业标准，制定适用于本案例的应用层统一设备管理协议（UDCP），家庭物联网网关按照 UDCP 对 4 种接口数据进行解析，由 UDCP 报文的帧控制字判断出数据帧是否为转发帧，由帧类型判断出数据帧的报文功能，包体信息包含了数据帧的长度、源设备类型、目的子设备号、包体数据信息等内容，由数据的通信接口来源和 UDCP 报文可解析出数据的源网络和目的网络类型。根据应用层协议解析出的数据业务类型，可判断出数据包的优先级，由数据包优先级决定调度顺序，最后按照 UDCP 报文格式对数据包进行封装，将数据从目的网络的通信接口转发出去，以此完成协议的转换。WSN 节点、蓝牙设备、Wi-Fi 设备以及以太网主机接收到数据后，经过自身协议栈解析出数据，然后做下一步处理。

根据家庭网关需求分析，从低成本、低功耗、准确可靠性出发，结合多协议转换总体方案的可行性，家庭物联网网关硬件平台采用模块化的机制，由主控开发板和各外接通信模块构成，硬件平台方案如图 14-15 所示。

（1）主控开发平台：家庭物联网网关需要满足长时间不断电稳定工作的要求，经过对家庭物联网网关具体功能的需求分析，选择 Arm11 架构的 FriendlyArm 的 Mini6410 开发板作为家庭网关的主控板，其处理器为 S3C6410。Mini6410 开发板（见图 14-16）具有体积小、耗电低、处理能力强等特点，支持多种操作系统，用户可在此系统平台上根据需要进行自主软件开发。

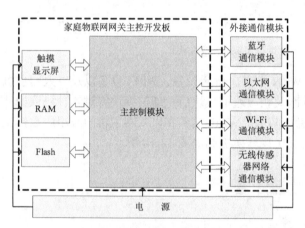

图 14-15　家庭物联网网关硬件平台方案

图 14-16　Mini6410 开发板外观图

（2）无线传感器网络通信模块：以自主开发的模块为例进行介绍。网络协议选用 IEEE 802.15.4E 标准，该标准增强了 IEEE 802.15.4 的 MAC 层和 PHY 层，支持多种拓扑结构，自组织网和终端设备自适应入网，数据传输速率有 250kbit/s（2.4GHz）、40kbit/s（915MHz）、20kbit/s（868MHz）几种，满足低速率传输数据的应用需求，与 IEEE 802.15.4 比较，其具有以下改进。

① 采用时隙化跳频技术，支持两种信道模式（信道跳频模式和信道自适应），增强了动态信道条件下的网络健壮性。

② 低时延低功耗网络，协调采样监听、接收发起通信技术，提出 CAP 关断和组确认机制。

③ 采用 DMSE 复合超帧结构，实现精确演示，提高了网络的灵活性和可扩展性。

本智能家居系统 WSN 采用 IEEE 802.15.4E 树形动态组网，各类传感器节点设备通过路由将数据上传到汇聚节点（又称为协调器），家庭物联网网关只需要完成与 WSN 协调器节点的通信，便可实现与 WSN 的通信，智能家居 WSN 所使用的传感器节点和协调器设备，都由实验室硬件组开发，与家庭物联网网关之间通过串口进行通信。

（3）Wi-Fi 通信模块：Wi-Fi 通信模块选用基于 Marvell 88W8686 单芯片的解决方案，该方案支持 IEEE 802.11b/g 两个无线局域网标准，其 802.11 MAC 媒体介入控制器完成数据帧的封装和解封装，支持 Ad-hoc 和 Infrastructure 两种操作模式，Baseband 基带处理部分完成 IEEE 802.11b 中的直接序列扩频（DSSS）调制和 IEEE 802.11b/g 中的正交频分复用（OFDM）调制，射频系统完成基带信号的调制与解调，支持 G-SPI 和 SDIO 两种接口。

Wi-Fi 通信采用 USI 公司设计的 WM-G-MR-09 模块，该模块对 88W8686 进行了模块化封装，屏蔽了射频和基带两个硬件协议层，对滤波系统、时钟系统、存储系统进行了统一的封装，在硬件上完全分离了 Wi-Fi 主机与控制层，且提供了 SDIO 接口实现与主机的无缝链接。家庭物联网网关选用的 Mini6410 开发平台，专门为此类 Wi-Fi 模块提供 SDIO 接口，通过 2.0mm 间距的 20Pin 插针座 CON9 引出，以方便 Wi-Fi 模块插拔，Mini6410 开发平台的 Wi-Fi 接口电路原理图及 Wi-Fi 模块实物图如图 14-17 所示。

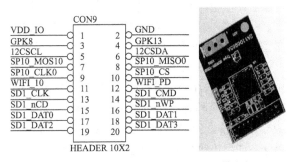

图 14-17　Wi-Fi 接口电路原理图及 Wi-Fi 模块实物图

（4）蓝牙通信模块：家庭物联网网关通过 HC-07 蓝牙模块来实现与移动终端的蓝牙通信。该模块集成了 CSR 公司的 BlureCore4-External 芯片与 8MB Flash，支持蓝牙规范 2.0+EDR（Enhanced Data Rate）版本，支持 PIO0-PIO11、USB、SPI、UART 以及 PCM 接口。BlureCore4-External 结构框图如图 14-18 所示。

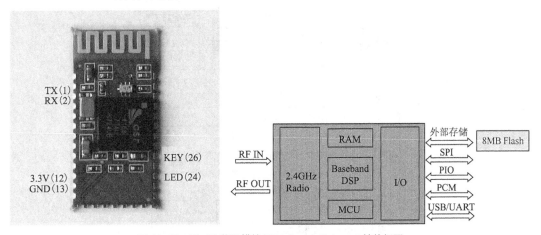

图 14-18　HC-07 蓝牙模块 BlureCore4-External 结构框图

由图 14-18 可知，BlureCore4-External 自带 MCU，便于开发者对其进行开发，且拥有一个基带处理器以及内存控制单元，可用于处理蓝牙的数据包，实现链路控制和链路管理，因此，使用集成了 BlureCore4-External 芯片的 HC-07 蓝牙模块来进行二次开发，将缩短开发时间。HC-07 蓝牙模块的 BlureCore4-External 芯片，符合蓝牙 2.0+EDR 规范，功率级别为 Class2，与蓝牙 1.1 和蓝牙 1.2 设备兼容，数字 2.4GHz 无线收发，数据传输速率最大能达到 2Mbit/s。

14.3.3 智能家居应用层设备

物联网的应用层，主要完成数据的管理和数据的处理，并将这些数据与各行业应用相结合。应用层主要技术包括云计算技术、软件和算法、标示与解析技术、信息和隐私安全技术。智能家居中的家电系统，将可以依赖云计算系统监控和管理家电的工作状态，空调可以自动为室内提供适宜的温度，窗户可以根据天气的变化自动开关，使原本呆板的家庭设备具有智慧，使物与物、物与人之间能有效互动，也使各种设备为主人的生活提供更加贴心的服务。云计算技术可以跨不同网络并支持各种类型的终端，以及各种互联网应用，所以采用手机或计算机，可在任何时间、任何地点了解家中各项电器和安防设备的运行状况，并根据用户的意愿控制家中所有的设备，这样主人回到家中就可以享受适宜的温度，有热水喝，也可以随时洗热水澡。

终端控制器在智能家居中扮演着重要的角色，它为用户提供了触摸屏接口，用以控制家电设备。受控设备的状态信息通过服务器传送到客户端。使用 TCP 连接上中央控制器，可通过制定的协议获取设备的信息，发送命令给中央控制器。用户可以用它来开门，查看监控视频，使用内部的 SIP 呼叫，检查安全检测点的状态和控制家居设备，如灯光、空气空调系统、电动风扇、窗帘、电视或音响设备。终端控制器还可以通过 HTTP 形式访问网络摄像头。终端控制器之间可以通过基于 SIP 协议的 VoIP 电话实现视频通话。

1. 移动终端

移动终端主要是智能手机，通过手机进行控制，可以真正地做到触手可及。但是，目前采取这种控制终端的设计还不是很多，而且大多操作复杂，缺乏良好的用户体验。移动终端手机通信示意图如图 14-19 所示。

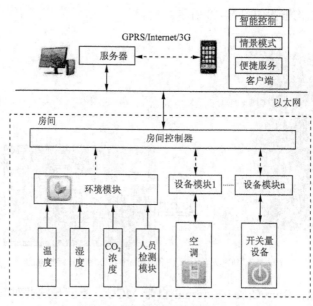

图 14-19 移动终端手机通信示意图

移动终端可实现许多功能，为用户的生活带来许多便利，具有可视对讲扩展分机功能、家电设备控制功能、安防报警功能、留言留影记录查询功能、视频监控功能、社区电子商务功能等。以家电控制功能为例，相应的移动终端界面如图 14-20 所示。

家电控制系统在智能家居中占有举足轻重的地位，对家电进行控制，可有效防止危险事件的发生，如火灾事件。利用移动终端远程控制家电设备，如电源的通断、家电的开关等，都是非常必要的，而且方便快捷。无论在哪，用户都可对家电设备的状态及使用情况进行查询，适时地开启或关闭家电设备开关。用户可在上班期间，用手机、平板电脑或者笔记本电脑等移动终端，适时地开启电饭煲开关开始煮饭，在到家前可开启空调，营造进门后的适宜温度。可以看出，移动终端可以对智能家电进行一体化控制，无须多种定时器分开操作。如图 14-20 所示，只要手机联网，用户便能够远程通过手机查询室内的温、湿度，并能够通过手机远程控制家中空调的开关，调节室内温度，甚至能够通过移动终端控制家中冰箱的温度。

图 14-20 移动终端家电控制界面

2. 室内终端

室内终端是一个固定放置在家庭室内的触摸屏控制终端，位置在客厅入门处。它具有一个可根据用户需要修改的网络地址，通过家庭交换机与家庭网关和智能家居服务器连接。通过与它相连的网络协调器（家庭网关），对家庭内的各种与它同网段的前端设备（家电、传感器）进行信息交互，从而达到远程控制室内家电的目的。下面以能量监控系统为例进行介绍。

该系统主要负责监控家庭能量的消耗，每所住宅内至少安装一个物联网网关，根据户型安装适当的智能开关及智能插座，如果用户关心电器的耗电量，则安装带电能计量功能的智能插座，具有红外遥控功能的电器则安装智能红外遥控器。应用服务器、数据库服务器和 Web 服务器，均采用浪潮英信 NF5225 机架式服务器。图 14-21 所示通过浏览器看到的某用户的客厅远程监控图，用户可以查看房间内的环境参数、电器的工作参数，也可以使用下拉列表改变电器的工作参数，从而实现实时监控电气设备运行的目的。图 14-22 所示为从浏览器上看到的某住宅用电量日表，从表中可以看出冰箱和饮水机的用电量相对于其功率而言比较大。经分析得知，该冰箱已使用 12 年，随着内部元器件的老化，耗电量会逐渐增大。饮水机的用电量较大则与用户的使用习惯有关，用户一般在早晨上班时关闭饮水机，晚上下班时打开饮水机，夜晚睡觉时饮水机一直处于工作状态，从而造成电能的浪费。

智能家居是物联网技术的一个重要应用，物联网为智能家居提供的视频识别、网络通信、综合布线等技术，为智能家居的发展引入了新的概念，提供了发展空间。物联网智能家居为人们提供了更加舒适、方便的生活工作环境，也为建筑设备节能提供了有效的手段。

图 14-21　通过浏览器看到的客厅监控图

图 14-22　住宅用电量日表

课后习题

1. 请简述如何利用物联网技术对现有的小区安防系统进行升级。

2. 请针对楼宇设计一种基于传感网的能量管控方案。

3. 请针对智能家居的环境监测方案设计一种能够支持不同终端访问的网络架构和具体连接方式。